高手指引

Word Excel PPT 高效办公应用

案例视频教程（全彩版）

未来教育◎编著

中国水利水电出版社
www.waterpub.com.cn
·北京·

内 容 提 要

《Word Excel PPT 高效办公应用（案例视频教程）》是一本以“职场故事”为背景，讲解 Word、Excel、PPT 三合一办公应用软件技能的经典图书。《Word Excel PPT 高效办公应用（案例视频教程）》内容由职场真人真事改编而成，以对话的形式巧妙地剖析了职场任务的解决思路及处理方法。

本书共 11 章，内容涵盖 Word 办公文档的编辑与处理、Excel 数据表格的制作与统计分析、PPT 幻灯片的制作与放映设置等内容。书中的主人公或许就是职场中你的“影子”，跟着书中主人公的步伐，会让你在轻松有趣的氛围中不知不觉就学会 Office 职场技能。

《Word Excel PPT 高效办公应用（案例视频教程）》既适合职场中的办公室“小白”——因为不能完成工作而经常熬夜加班、被领导批评的加班族，也适合即将走向工作岗位的广大毕业生，还可以作为广大职业院校、计算机培训班的教学参考用书。

图书在版编目(CIP)数据

Word Excel PPT高效办公应用：案例视频教程 / 未来教育编著. —北京：中国水利水电出版社，2021.3

（高手指引）

ISBN 978-7-5170-9057-1

Ⅰ. ①W… Ⅱ. ①未… Ⅲ. ①办公自动化－应用软件 Ⅳ. ①TP317.1

中国版本图书馆CIP数据核字(2020)第240144号

丛 书 名	高手指引
书　　名	Word Excel PPT 高效办公应用（案例视频教程） Word Excel PPT GAOXIAO BANGONG YINGYONG
作　　者	未来教育　编著
出版发行	中国水利水电出版社 （北京市海淀区玉渊潭南路 1 号 D 座　100038） 网址：www.waterpub.com.cn E-mail：zhiboshangshu@163.com 电话：（010）62572966-2205/2266/2201（营销中心）
经　　售	北京科水图书销售中心（零售） 电话：（010）88383994、63202643、68545874 全国各地新华书店和相关出版物销售网点
排　　版	北京智博尚书文化传媒有限公司
印　　刷	河北华商印刷有限公司
规　　格	180mm×210mm　24 开本　15.5 印张　533 千字
版　　次	2021 年 3 月第 1 版　2021 年 3 月第 1 次印刷
印　　数	0001—5000 册
定　　价	79.80 元

互联网时代风云变幻。一个5年前还热火朝天的行业，5年后就可能面临衰落；一个3年前还闻所未闻的职业，3年后就可以有千万从业者；一项2年前还能通吃的技能，2年后就可能再也用不上了。

面对这个变化的时代，焦虑感袭击着每一位职场人士的内心。大家都在思考一个问题：如何努力，才能在职场中立于不败之地？

从小李的职场故事中，你或许能受到启发！

刚毕业那两年，我就像一只无头苍蝇，找不到职业方向。我不停地换工作，参加不同的学习班，耗费了大量时间与精力，迷茫、焦虑、惶恐如影随形。

直到我进行了职业咨询，咨询师点醒了我：在基础能力没有得到提升之前，任何职业转换都无法改变命运。基础能力除了专业能力外，还需要办公能力、表达能力等无论哪个岗位都需要的能力。

我开始思考：在基础能力中，办公能力是非常重要的。下至底层职员，上至高层管理，均需要通过专业文档传递信息，通过表格统计数据，通过PPT进行培训、项目提案。

我花了半个月时间集中学习Office使用技能，最后结合自己行政管理专业的背景，获得了总经理助理的职位。

我欢天喜地地进入实习期，谁知难题接踵而至。我不断接到赵经理安排的工作任务，我的办公能力在这些任务面前捉襟见肘。唯一幸运的是，遇到问题我可以求助行政主管张姐。

我当时决定聘用小李，一是因为她的专业背景；二是因为她的办公水平确实比普通人好一点儿，毕竟总经理助理需要处理各类文件，对办公能力要求极高。

在我筛选过的数千份简历中，至少有70%的人在简历会写“熟练使用Office”，但是在面试现场，大多数人却连Word目录编排、Excel数据汇总都不会，更别提设计出既有内涵又有外表的PPT了。

小李很诚实地告诉我，她集中学习了Office技能。虽然她掌握的只是基础技能，但是我相信在这个基础上努力学习、提高，她一定会越来越有能力胜任这个职位。

张姐

赵经理

总经理助理是一个既能开阔眼界又能培养综合能力的岗位。可以这么说，做好总经理助理，就是成为总经理的左膀右臂。

相同的工作任务，交给不同的人，会有不同的效果。小李刚进公司时，工作能力并不比前任助理强，但是她胜在比别人多思考了一步。

正是这份思考，让她的工作水平直线提高。就拿她的文档水平来说，让她做文档，她会确定了格式后再拟定；如果文档使用频繁，她会将文档保存为模板，随时调用，提高效率。又如，让她统计数据，她不仅能制作规范的表格，还会考虑这份数据的作用、背后的意义，根据实际需求进行简单的处理分析，甚至附上图表。看她的文件，总是很省心。

我之前也学习过Office，但是学习效率很低。慢慢地我发现，只有将功能与实际工作任务相结合，才能学得快、记得牢。而且Office功能这么多，总不能每个都学，学最实用的就行。

最重要的是，我开始有了更多的思考。我发现做好文档制作这件事，靠的绝不仅仅是软件技能，更需要考虑Word文档如何做才能实现人性化阅读、Excel如何做才能符合行业规范、PPT如何设计才能逻辑顺畅。

我每次接到赵经理的任务，都会先进行思考，然后请教张姐，最后凭借出色的办公能力实现职业期望。

小李

如果问快速通关职场的必备技能是什么？那一定就是Office！Word、Excel、PPT是职场办公的“三件宝”。企业的招聘启事中，也总是有一项要求“精通Office”。然而事实是，职场中真正精通Office的人不到10%。

Office初级水平，在百度的帮助下可以勉强制作出文档；中级水平，可以提升工作效率；高级水平，工具与思维合二为一，不仅可以告别加班，还能在文档中体现职业素养。举个简单的例子，使用Excel，需要掌握制表规范、数据分析思路；制作PPT，需要懂逻辑、懂文案。

然而，Office功能多达数千项，职场人士没有那么多的精力来全面学习。为了让职场人士花最少的时间学习到最实用的Office技能，本书选用功能强大且完善的Office 2016版本，以“掌握Office软件70%的功能解决职场中90%的难题”为宗旨，通过职场新人——小李使用Office完成不同工作任务为切入点，讲解如何利用Word制作专业的办公文档、利用Excel制作严谨的数据报表、利用PPT制作精美的演示文稿。

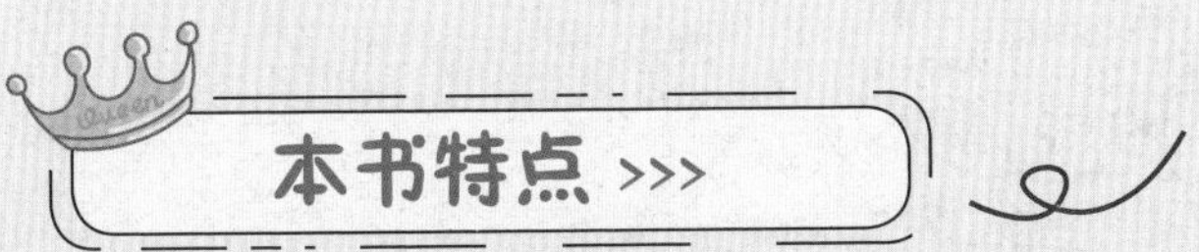

本书特点 >>>

1. 漫画教学，轻松有趣

本书将小李及身边的人物虚拟为漫画角色，以对话的形式阐述内容。小李每接到一项办公任务时，她的困惑和思考，以及张姐提供的解决任务的关键思路，能让读者朋友在轻松有趣的氛围中学习。跟随小李的步伐，不知不觉就学会了Office技能。或许书中的小李，就是职场中你的“影子”！

2. 典型任务，案例教学

本书每一个小节，均以小李接到赵经理的工作任务为起点，剖析任务难点、厘清思路后，再图文并茂地讲解任务完成步骤。全书共包含100多项Office任务，每项任务对应1个经典职场难题。这些任务极具代表性，读者朋友完全可以将任务中的技能方法应用到实际工作中。相信读者攻破这些任务后，Office水平将突飞猛进。

3. 掌握思路，事半功倍

很多人学习Office，今天学了明天就忘，或者不会对操作举一反三，其问题就在于没有真正想明白操作背后的原理及思路。本书针对每一个案例在讲解操作方法之前，均以人物对话的形式列出了解决思路，让读者不再“雾里看花”，学得更扎实。

4. 提取精华，学了就用

Word、Excel、PPT功能多达数千项。如果学习全部功能，费时费力，并且这些功能在职场中不一定全部用得上！学习Office的目的在于提升工作效率，完成工作任务。工作中用不到的功能，学了也很容易忘记。本书内容结合真实职场，精心选取Office精华内容，使读者朋友学了都能用。

5. 技巧补充，查漏补缺

Office的很多技巧是一环扣一环的，为了巩固学习效果，本书穿插了“温馨提示”和“技能升级”栏目，及时对当前内容进行补充，帮助读者朋友在学习时少走弯路。

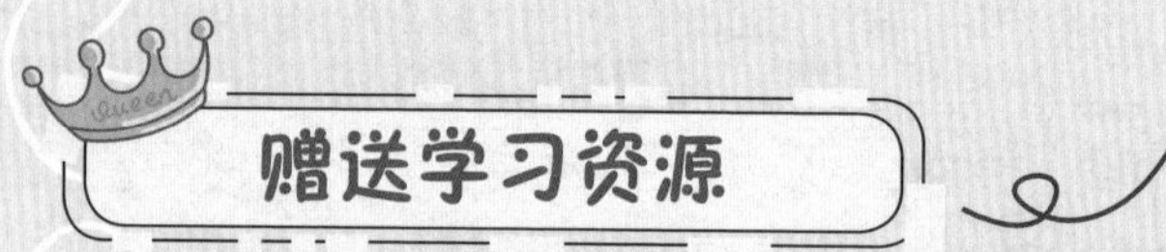

赠送学习资源

本书赠送以下学习资源，多维度学习，真正超值实用！

››› 1000个Office商务办公模板文件。包括Word模板、Excel模板、PPT模板，拿来即用，不用再花时间与精力收集、整理。

››› 《电脑入门必备技能手册》电子书。即使你不懂电脑，也可以通过本手册的学习，掌握电脑入门技能，更好地学习Office办公应用技能。

››› 12集电脑办公综合技能视频教程。即使你一点儿电脑基础都没有，也不用担心学不会，学完此视频就能掌握电脑办公的相关入门技能。

››› 《Office办公应用快捷键速查手册》电子书。帮助你快速提高办公效率。

官方微信公众号

以上资源，请扫描上方二维码关注公众号，输入代码FF2021ER，获取下载地址及密码。

本书由IT教育研究工作室策划，一线办公专家和多位MVP（微软全球最有价值专家）教师合作编写，他们具有丰富的Office办公实战经验，对于他们的辛苦付出在此表示衷心的感谢！同时，由于计算机技术发展非常迅速，书中疏漏和不足之处在所难免，敬请广大读者及专家指正。

读者学习交流QQ群：566454698

第1篇 Word文档大师速成指南

CHAPTER 1
经典操作：文档制作必学必会

1.1 有70%的人不懂如何设置页面布局

1.1.1 根据需要自定义页面尺寸 …… 4
1.1.2 根据需要调整纸张方向 …… 6
1.1.3 分栏，你的文档就会与众不同 …… 7
1.1.4 原来分隔符应该这样用 …… 9

1.2 让文字乖乖听话

1.2.1 一键实现文字简繁转换 …… 12
1.2.2 为生僻字贴心地加上拼音 …… 13
1.2.3 特殊符号这样输入 …… 15
1.2.4 公式简单复杂都不怕 …… 17

1.3 让表格灵活编辑

1.3.1 正确创建Word表格的方法 …… 22
1.3.2 编辑、调整复杂表格不用烦 …… 24
1.3.3 Word表格也能做运算 …… 30

1.4 让图表直观漂亮

1.4.1 在数据报告中创建图表 …… 32
1.4.2 试试这三招，让Word图表更美观 …… 35

1.5 让SmartArt图形不再“调皮”

1.5.1 轻松制作简单流程图 …… 37
1.5.2 轻松制作复杂结构图 …… 39

1.6 用细节征服领导

1.6.1 在页眉中插入公司Logo …… 43
1.6.2 对特别内容添加注释 …… 45
1.6.3 为引文添加来源说明 …… 47

CHAPTER 2
排版美化：做出媲美海报的文档

2.1 图文排版真的很简单

2.1.1 文档排版千万别犯这5大低级错误 …… 51
2.1.2 让段落整齐又美观的4个诀窍 …… 53
2.1.3 编号让文档结构清晰 …… 55
2.1.4 项目符号让文档更有条理 …… 58
2.1.5 文本框让排版更自由 …… 60
2.1.6 Word竟然也有P图功能 …… 62
2.1.7 图片与文字完美结合的两种方法 …… 65

2.2 文档艺术化，没有最好只有更好

2.2.1 艺术字，想说爱你不容易 …… 69
2.2.2 用简单图形来修饰文档 …… 72
2.2.3 又快又好制作精美文档的大招 …… 76
2.2.4 用美观封面增加文档高级感 …… 78

CHAPTER 3
自动化：做一个会偷懒的职场达人

3.1 通过样式实现文档自动化排版

3.1.1 使用现成样式快速排版文档 …… 83
3.1.2 自定义个性样式排版企业文档 …… 85

3.1.3 一键改变文档中的字体和颜色 …… 89

3.2 让文档目录自动生成和更新

3.2.1 有多少人不会正确生成目录 …… 93
3.2.2 有多少人会生成目录却不会更新目录 …… 95
3.2.3 图片也可以自动生成目录 …… 97

3.3 从此告别页码烦恼

3.3.1 设置漂亮的自动页码 …… 99
3.3.2 页码从第几页开始，你说了算 …… 101

3.4 编号自动化就是这么简单

3.4.1 图片编号自动化 …… 104
3.4.2 增减图片后，让图片编号自动更新 …… 107

3.5 善用粘贴技巧，拯救加班的你

3.5.1 粘贴方式决定效率 …… 109
3.5.2 使用【剪贴板】这个神奇的窗格 …… 113

3.6 查找和替换，功能大拓展

3.6.1 一次性删除文档中的空白行 …… 116
3.6.2 使用通配符进行模糊查找 …… 118
3.6.3 用【定位】功能定位文档对象 …… 119

3.7 创建100张贺卡，只用了1分钟

第2篇 Excel数据达人速成指南

CHAPTER 4
高效化：用正确的方法制表

4.1 数据输入5大规范

4.1.1 掌握两类典型数据序列的输入法 …… 128
4.1.2 这4种数据格式不能错 …… 130

4.1.3 让细分项目缩进显示 ……134
4.1.4 单位和数据要分家 ……135
4.1.5 你真的会对齐数据吗 ……137

4.2 高效修改错误表格

4.2.1 处理表格中的单元格合并 ……139
4.2.2 处理空白单元格 ……141
4.2.3 处理重复数据 ……143
4.2.4 数据核对只要1分钟 ……144

4.3 不会批处理，都不好意思混职场

4.3.1 批量生成数据 ……146
4.3.2 批量导入数据 ……150
4.3.3 批量替换错误数据 ……152
4.3.4 快速完成批量运算 ……154

4.4 报表美化，既有内涵又有颜值

4.4.1 一键美化报表 ……156
4.4.2 设计与众不同的报表样式 ……158

CHAPTER 5
数据处理：不会英语也能玩转公式函数

5.1 公式函数就是“纸老虎”

5.1.1 看清公式函数的真面目 ……163
5.1.2 分清引用方式再下手 ……166
5.1.3 函数，不一定要自己写 ……168

5.2 如何借助函数判断逻辑

5.2.1 用IF函数判断商品销量是否达标 ……171
5.2.2 用IF函数判断业务员优秀与否 ……173
5.2.3 用IF函数找出符合双重条件的商品 ……175

5.3 如何借助函数实现汇总

5.3.1 用SUM函数实现常规汇总 ……176
5.3.2 用SUMIF函数进行条件汇总 ……178

5.4 如何借助函数进行数据查找

5.4.1 用VLOOKUP函数查找数据 …… 180
5.4.2 用VLOOKUP函数模糊查找数据 …… 182

5.5 如何借助函数计算时间长短

5.5.1 用DATEDIF函数计算间隔天数 …… 185
5.5.2 用YEAR函数计算工龄 …… 187

CHAPTER 6
数据分析：发现隐藏的数据价值

6.1 用条件格式分析数据

6.1.1 根据数据特征快速找出数据 …… 191
6.1.2 一眼看出数据现状 …… 193
6.1.3 如虎添翼，学会自定义条件规则 …… 195

6.2 强大的排序筛选功能，你只用过50%

6.2.1 简单排序和简单筛选 …… 197
6.2.2 多条件排序和文字序列排序 …… 198
6.2.3 自定义筛选 …… 200
6.2.4 设置条件进行高级筛选 …… 202

6.3 用好分类汇总，统计数据不用愁

6.3.1 一学就会的数据简单汇总 …… 204
6.3.2 必要时使用的数据嵌套汇总 …… 207

6.4 数据透视表有多强大，你真的懂吗

6.4.1 1分钟就能创建数据透视表 …… 209
6.4.2 用两招灵活查看数据透视表 …… 213
6.4.3 更改值显示方式，数据透视表大变样 …… 215
6.4.4 数据透视表两大神器这样用 …… 217
6.4.5 用数据透视图做完美数据汇报 …… 223

CHAPTER 7

数据展现：稳准狠做专业图表

7.1 图表创建指南

7.1.1 图表创建不再犯选择困难症 …… 227

7.1.2 三步实现图表的创建与编辑 …… 230

7.1.3 彻底明白什么是图表布局 …… 232

7.2 用动态图表进行工作汇报

7.3 用迷你图辅助说明数据

第3篇 PPT演说家速成指南

CHAPTER 8

操作技能：打开PPT不再无从下手

8.1 软件设置，找到舒心的工作方式

8.1.1 保存设置，让PPT不丢失内容也不丢失质量 …… 250

8.1.2 工具栏有哪些工具，你说了算 …… 252

8.1.3 视图调整，解救眼睛 …… 255

8.2 有70%的人不会正确使用模板和母版

8.2.1 如何高效使用模板 …… 258

8.2.2 如何高效使用母版 …… 262

8.3 面对空白PPT，如何下手做封面

8.3.1 思维短路，就用半图型封面 …… 267

8.3.2 想高大上，就用全图型封面 …… 269

8.3.3 想艺术化，就用形状做封面 …… 271

8.4 有了封面，如何下手做目录页和标题页

8.4.1 目录页要根据目录数量来设计 …… 274

8.4.2 标题页，醒目大气就对了 …… 276

8.5 告别内容页图文排版之痛

8.5.1 如何将普通文字用得出神入化 …… 278
8.5.2 文字太多不用怕 …… 280
8.5.3 好用又高效的6大图片处理法 …… 283
8.5.4 手残党一学就会的SmartArt图形排版 …… 287

8.6 别忘记尾页，让观众意犹未尽

8.6.1 想省事，尾页就参照封面设计 …… 290
8.6.2 想出彩，试试这5种别出心裁的尾页 …… 291

CHAPTER 9
可视化：让每个信息都惊艳出场

9.1 图形可视化，不一定要自己画

9.1.1 让形状自由变幻的秘诀 …… 297
9.1.2 用图标帮助信息展示 …… 301

9.2 丑陋的表格如何不拉低PPT的颜值

9.2.1 表格从零变美只要4步 …… 302
9.2.2 4张值得借鉴的商业表格 …… 306

9.3 从这一刻起克服图表难关

9.3.1 PPT图表创建指南 …… 308
9.3.2 向《华尔街日报》学习专业图表制作 …… 310
9.3.3 图表配色思路剖析 …… 313
9.3.4 图表美化，只有想不到没有做不到 …… 315

CHAPTER 10
媒体动画：真正会用的人不到30%

10.1 音频让PPT有色更有声

10.1.1 如何添加和编辑音频文件 …… 321

10.1.2 根据作用设置音频播放方式 ······ 323

10.2 用视频赶走观众的瞌睡虫

10.2.1 如何避免视频在PPT中格格不入 ······ 325
10.2.2 根据情况设置视频效果 ······ 327

10.3 动画是天使还是魔鬼取决于你

10.3.1 用好切换动画的关键思维 ······ 329
10.3.2 用好内容动画的关键思维 ······ 330
10.3.3 用触发动画调出图片 ······ 333
10.3.4 用超链接实现目录跳转 ······ 334

CHAPTER 11
疑难杂症：解决PPT放映的10个常见问题

11.1 放映前，如何防止他人修改PPT内容

11.2 为什么换台计算机播放PPT，内容就丢失了

11.3 如何解决PPT兼容性问题

11.4 如何只播放部分幻灯片

11.5 开网络会议时如何同步播放PPT

11.6 播放PPT时如何让观众看不到备注

11.7 事先排练PPT，确保万无一失

11.8 如何让演讲者手动放映PPT

11.9 让PPT自动循环播放

11.10 放映幻灯片时的十八般武艺

第1篇

Word文档大师速成指南

用Word来码字，记事本“笑”了；简历上写精通Word，HR“笑”了。Word绝不只是一个记流水账的工具，它能打字，更能调整段落格式；能编辑文档，也能自动生成目录；能插入图片，还能图文排版，制作表格、图表、流程图……

很多人觉得Word简单，不是因为小看了Word，而是因为从来没想过、发现过Word的强大功能。从使用频率的角度来看，花点儿时间学习Word操作技能，让每次使用Word完成工作任务的时间减少10分钟，能极大地提高工作效率。

CHAPTER 1

经典操作：
文档制作必学必会

在做总经理助理之前，我专门学习过Office，我以为我掌握的技能能满足基本工作需求。尤其是Word文档制作，在我看来太简单了。

谁知，在实习期间，赵经理给了我不少文档制作的任务。面对这些任务，我发现我竟然只掌握了10%的Word功能。

值得庆幸的是，我加班加点努力完成了赵经理给的任务，并通过请教张姐，力求每项任务都完美完成。

所有的努力都有回报，实习第一周，我快速突破了Word的实用技能，强化掌握了页面设置、文字输入、表格编辑、图表编辑、SmartArt图形编辑、文档细节内容设置等必备的Word技能。

觉得Word“很简单”，是职场人士普遍会犯的错误。空格键和Enter键是大部分人使用Word的“两件宝”：用空格键设置缩进，用Enter键分页，甚至设置段落间距也用Enter键。啪啪啪敲几下键盘就完成了所谓的文档排版，真是让我哭笑不得。

小李实习第一周，虽然受到了很多打击，但是她立刻调整心态，面对每一项任务都事先进行思考，然后谦虚地向我请教。

我告诉小李：Word用得好就是办公利器，用不好就是打字软件。不需要将所有功能都学一遍，只要掌握最核心的基础功能，就可以轻松应对60%的办公问题。

1.1 有70%的人不懂如何设置页面布局

普通人打开Word文档后，就会开始输入文字，而文档高手会先确定文档的作用、规范，从而调整文档的页面尺寸、纸张方向、分栏方式。在编辑文档时，还会根据实际情况，利用不同的分隔符控制内容布局。

1.1.1 根据需要自定义页面尺寸

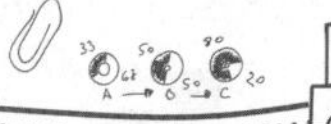

赵经理

小李，我传一份宣传文件给你，你检查编辑一下，然后发给印刷店的对接人，制作成100份宣传册。

小李

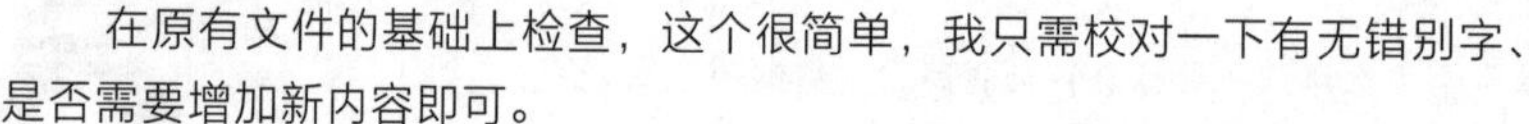

在原有文件的基础上检查，这个很简单，我只需校对一下有无错别字、是否需要增加新内容即可。

可是这份文件需要制作成宣传册，我得问问张姐，公司制作宣传册的尺寸大小和页边距是多少；否则当我好不容易完成检查并排版后，却发现尺寸需要调整，岂不是又要重新排版……

张姐

小李，为你的认真点赞。我们公司制作的宣传册，并不是使用的标准A4尺寸，而是12cm × 15cm的尺寸。为了保证宣传册四周有恰当的留白，页边距上、下、左、右均设为0.3cm。快去完成你的任务吧！

打开“企业宣传.docx”文件，调整页面尺寸和页边距，具体操作方法如下。

Step1：打开【页面设置】对话框。图1-1所示是原始的“企业宣传”文件，纸张大小为默认的A4大小。选择【布局】选项卡下的【纸张大小】下拉列表中的【其他纸张大小】选项。

Step2：设置纸张大小。如图1-2所示，❶在弹出的【页面设置】对话框中，选择【自定义大小】选项；❷在【宽度】和【高度】中输入新的纸张尺寸，此时便完成了纸张大小的设置；❸选择【页边距】选项卡，进行页边距的设置。

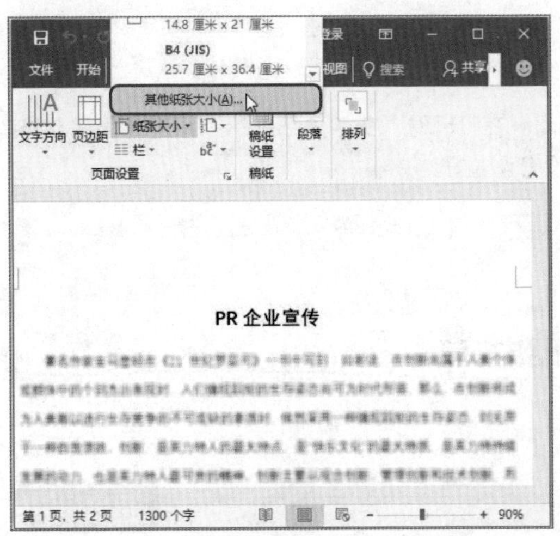

图1-1 选择【其他纸张大小】选项

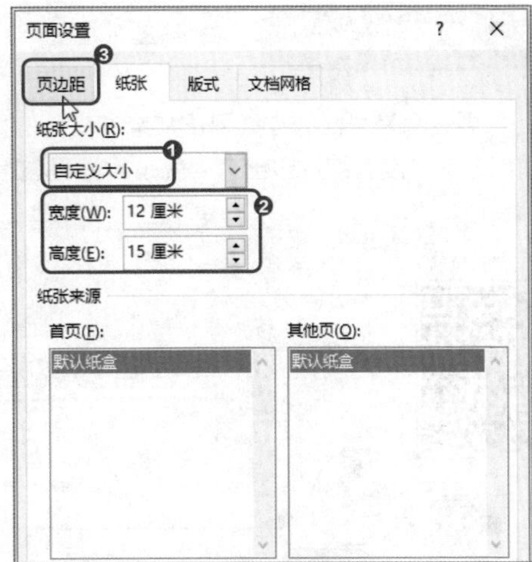

图1-2 设置纸张大小

Step3：设置页边距。如图1-3所示，❶在【页边距】选项卡中输入页边距的上、下、左、右尺寸；❷单击【确定】按钮。完成页面尺寸和页边距调整后，效果如图1-4所示。

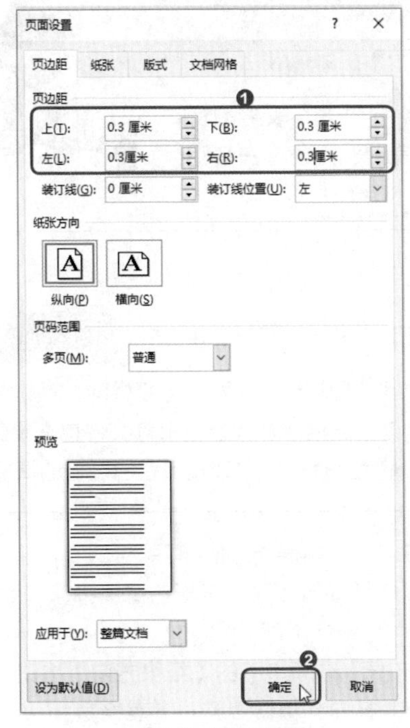

图1-3 设置页边距

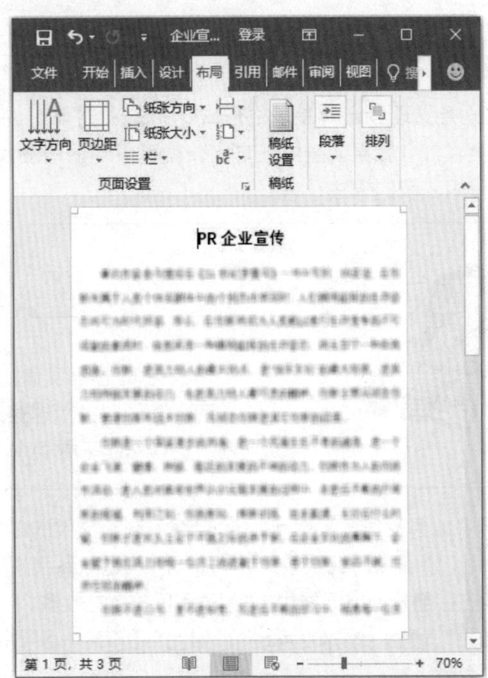

图1-4 查看设置效果

温馨提示

页边距是页面的边线到正文文字之间的距离。在打印时，文字离纸张的边缘距离很宽，或者有部分文字没有被打印出来，就是因为页边距没有调整好。

1.1.2 根据需要调整纸张方向

赵经理

小李，你制作一份业务受理登记单并打印出来，在所有子公司的前台均放一份，让前来办业务的客户填写。

小李

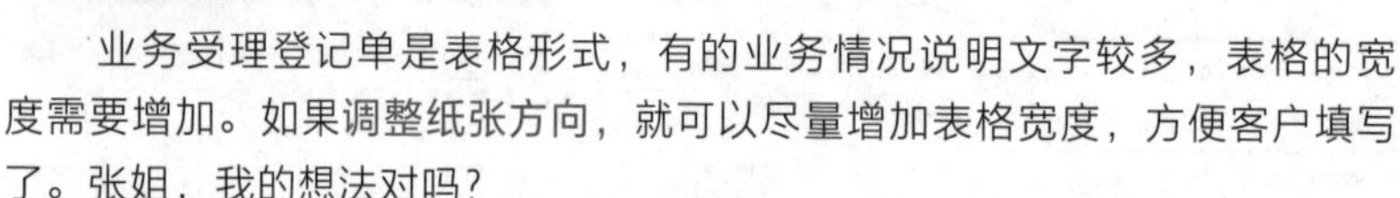

业务受理登记单是表格形式，有的业务情况说明文字较多，表格的宽度需要增加。如果调整纸张方向，就可以尽量增加表格宽度，方便客户填写了。张姐，我的想法对吗？

张姐

小李，你的思考没错。Word的纸张方向分为纵向和横向，默认情况下是纵向。除了业务受理登记单外，邀请卡、荣誉证书等文件也需要调整为横向。这样看起来更美观，也避免文件下方出现过多空白区域的情况。

打开“业务受理登记单.docx”文件，调整文件的纸张方向，具体操作方法如下。

Step1：查看纵向纸张效果。图1-5所示是默认情况下纵向纸张的效果，表格的宽度不够，业务受理文字只能挤在细长的单元格中，且页面下方空白较多。

Step2：调整纸张方向为横向。如图1-6所示，❶单击【布局】选项卡下的【纸张方向】按钮；❷选择下拉列表中的【横向】选项，就能将纸张成功地从纵向调整为横向。稍微调整一下表格宽度，可实现如图1-7所示的横向纸张效果。

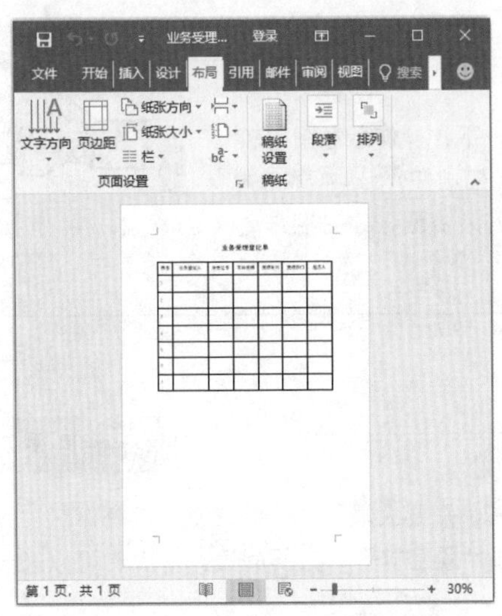

图1-5　查看纵向纸张效果

图1-6　调整纸张方向为横向

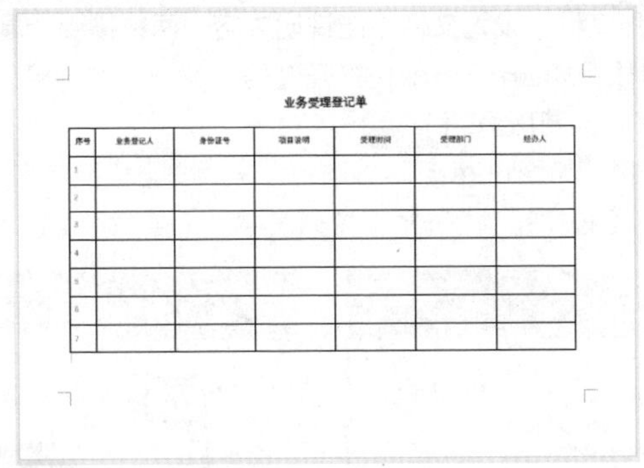

图1-7　横向纸张效果

1.1.3 分栏，你的文档就会与众不同

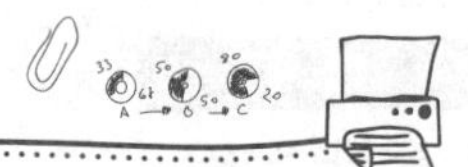

赵经理

小李，你利用产品部的资料，拟定一份产品使用说明书。记得要配上操作示意图。

小李

产品使用说明书，需要配上操作示意图。我看了一下，操作示意图比较多，而且大部分图片尺寸都属于宽度小于高度的情况。如果在Word中直接输入文字，再在文字下方配图，图片左右的留白较多，既浪费纸张，又不方便看。张姐，是否还有其他的排版方式？

张姐

小李，类似于这种说明书，需要大量配图，建议使用双栏排版，既能节约版面，又能让文字和图片紧密排列，方便阅读。排版时可以加一条分隔线，区分不同栏的文字。

打开“使用说明书.docx”文件，设置文件中的说明内容为两栏排版，具体操作方法如下。

Step1：查看当前文件排版。如图1-8所示，打开文档，“一、安全标识”下方的文档为默认的一栏排版方式，图片左右留白较多，浪费版面。

Step2：打开【栏】对话框。如图1-9所示，❶选中“一、安全标识”下方的所有文字及图片；❷单击【布局】选项卡下的【栏】的下拉按钮；❸选择下拉列表中的【更多栏】选项。

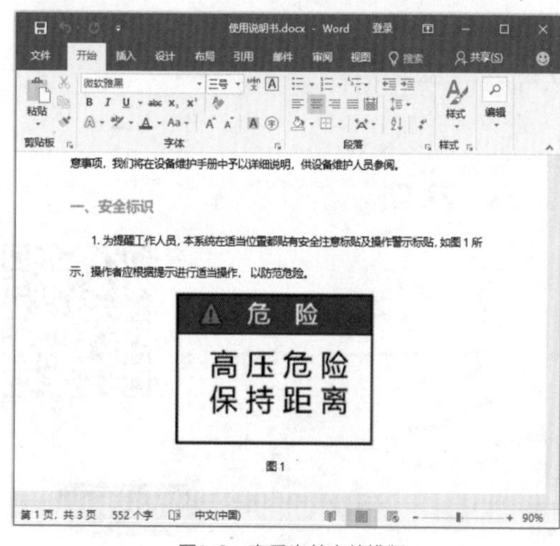

图1-8　查看当前文件排版

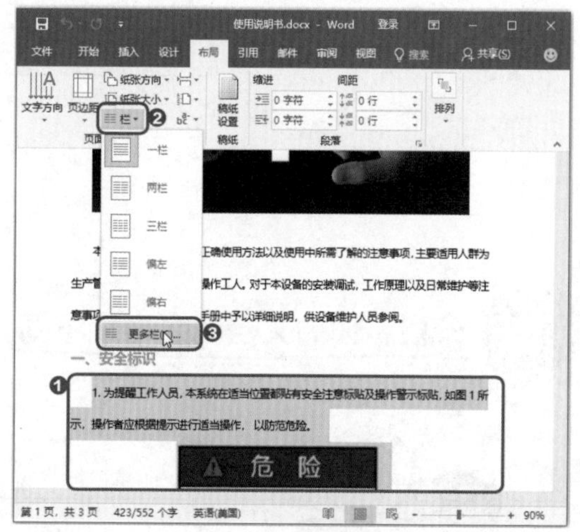

图1-9　打开【栏】对话框

Step3：设置两栏排版。如图1-10所示，❶在弹出的【栏】对话框中，选择【两栏】排版方式；❷勾选【分隔线】复选框；❸单击【确定】按钮。此时，文档中选中的内容就变成了两栏排版方式，且栏与栏之间有分隔线，效果如图1-11所示。

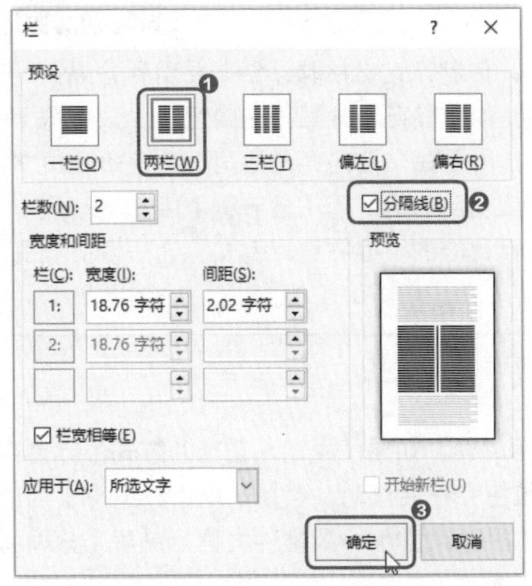

图1-10　设置两栏排版

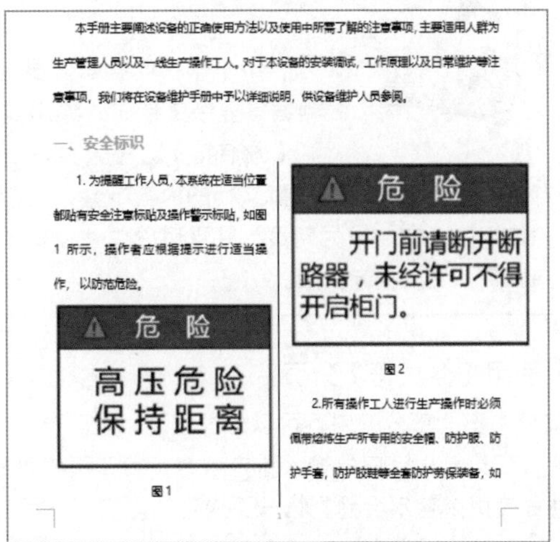

本手册主要阐述设备的正确使用方法以及使用中所需了解的注意事项，主要适用人群为生产管理人员以及一线生产操作工人。对于本设备的安装调试，工作原理以及日常维护等注意事项，我们将在设备维护手册中予以详细说明，供设备维护人员参阅。

一、安全标识

1. 为提醒工作人员，本系统在适当位置都贴有安全注意标贴及操作警示标贴，如图1 所示，操作者应根据提示进行适当操作，以防危险。

危　险
高压危险
保持距离

图1

危　险
开门前请断开断路器，未经许可不得开启柜门。

图2

2.所有操作工人进行生产操作时必须佩带熔炼生产所专用的安全帽、防护服、防护手套，防护胶鞋等全套防护劳保装备，如

图1-11　查看两栏排版效果

1.1.4 原来分隔符应该这样用

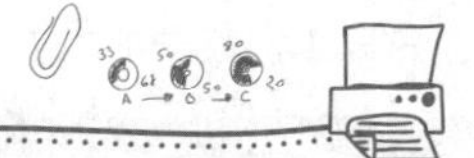

赵经理

小李，最近又到招聘季了，你根据公司现状，拟订一份招聘计划书。

小李

根据公司目前的情况来看，要从招聘要求、招聘流程、招聘规则、招聘安排4个方面来拟订。为了方便阅读，这4项内容应该分页排版。张姐，第四项招聘安排是一张计划表，请问是否可以单独将这页的纸张方向调整为横向呢？

张姐

小李，你考虑得很全面。你制作这份招聘计划书要用到分隔符。在编辑复杂文档时，通常需要使用分隔符。分隔符主要包括【分页符】和【分节符】。【分页符】的作用是让文档内容分为两页，在第一页文档中继续输入内容时，第二页文档的内容不会改变位置或受到影响。而【分节符】中【下一页】符号的作用是将文档分为两页，并且可以单独设置不同页文档的页面布局。例如，让一份文档既有纵向排版，又有横向排版。

1 使用【分页符】分页

文档中不同部分的内容可以分页显示，以方便区分和阅读。如果使用输入空格的方式强行为内容分页，那么在第一页空白处输入新内容时，第二页内容的位置会往后移动。但是使用【分页符】为内容分页，则第二页内容不会受到第一页内容的影响。下面以“招聘计划.docx”文件为例，讲解【分页符】的使用方法，具体操作方法如下。

Step1：查看文档情况。如图1-12所示，打开文件，可以看到第二部分的内容紧接着第一部分。

Step2：插入分页符。如图1-13所示，❶将光标放到“二、企业的招聘流程”文字前，表示要在这里开始分页；❷单击【布局】选项卡下的【分隔符】下拉按钮；❸选择下拉列表中的【分页符】选项。

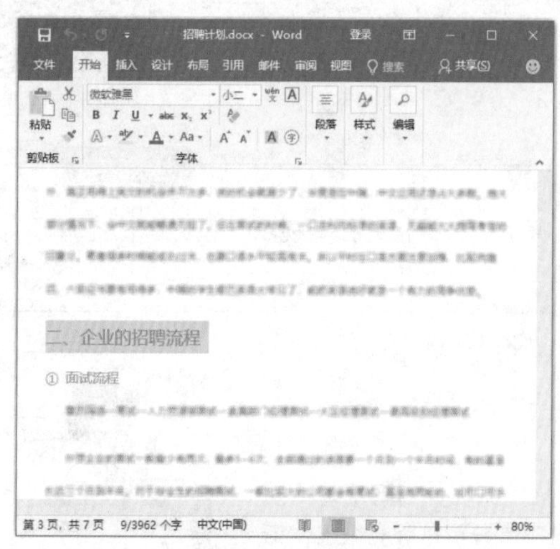

图1-12 查看文档情况

图1-13 插入分页符

Step3：查看分页效果。如图1-14所示，此时第二部分的内容就成功在新的页面中显示。用同样的方法，将第三部分的内容调整到新的页面中，如图1-15所示。

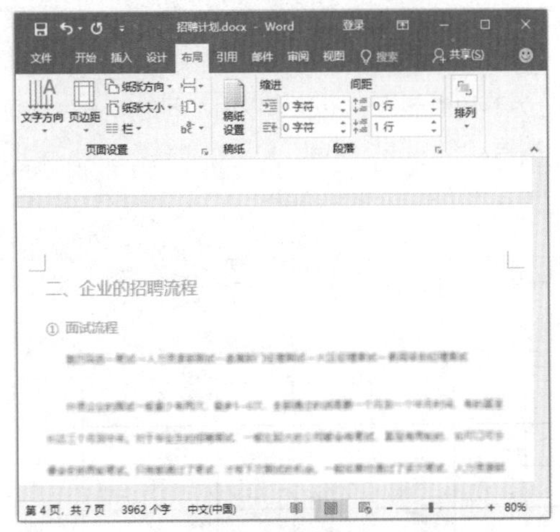
图1-14 查看分页效果（1）

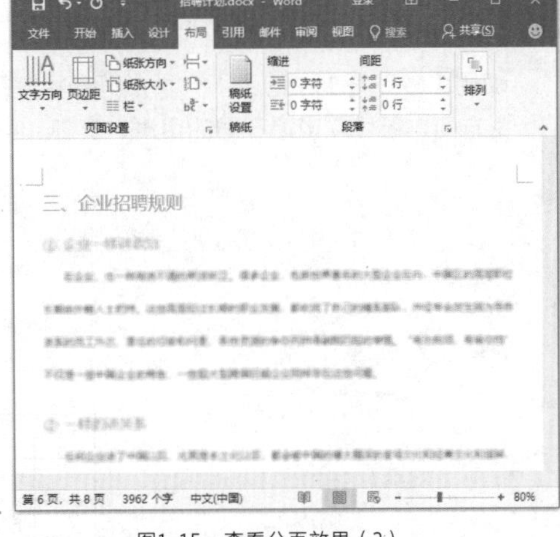
图1-15 查看分页效果（2）

2 使用【分节符】实现一份文档两种布局

要想为一份文档设置两种布局格式，需要使用【分节符】中的【下一页】符号，将文档分为两个部分，从而单独设置不同部分的布局格式。下面以“招聘计划.docx”文件为例，讲解【下一页】符号的使用方法，具体操作方法如下。

Step1：插入【下一页】分节符。如图1-16所示，❶将光标放到“四、招聘安排”文字前，表示要从这里开始分页；❷单击【布局】选项卡下的【分节符】下拉按钮；❸选择下拉列表中的【下一页】选项。

Step2：改变纸张方向。如图1-17所示，❶保持光标在“四、招聘安排”页面中，表示要对这一页进行设置；❷选择【布局】选项卡下的【纸张方向】下拉按钮；❸选择下拉列表中的【横向】选项，这一页就被调整为横向纸张方向，实现了一份文档两种布局效果，如图1-18和图1-19所示。

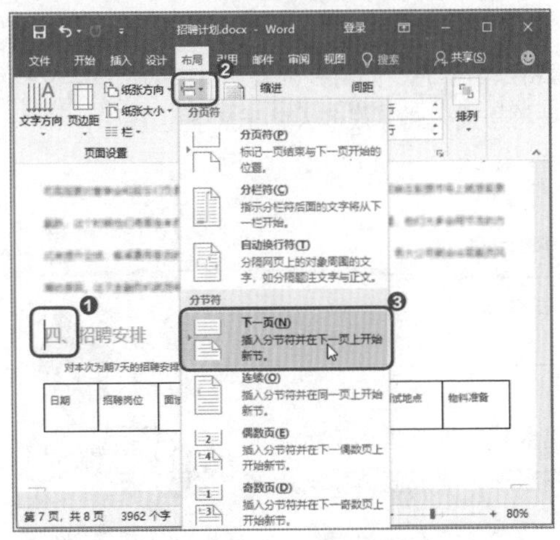
图1-16 插入【下一页】分节符

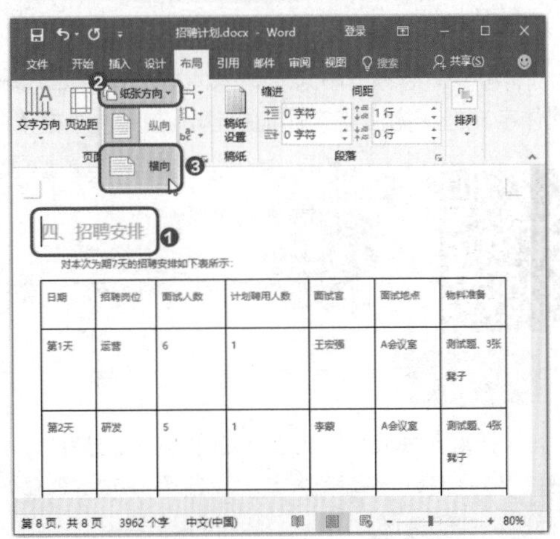
图1-17 改变纸张方向

技能升级

使用【分节符】中的【下一页】符号将文档分为不同的节后，不仅可以为不同的节设置不同的纸张方向，还可以设置不同的页眉、页脚、页码编号。

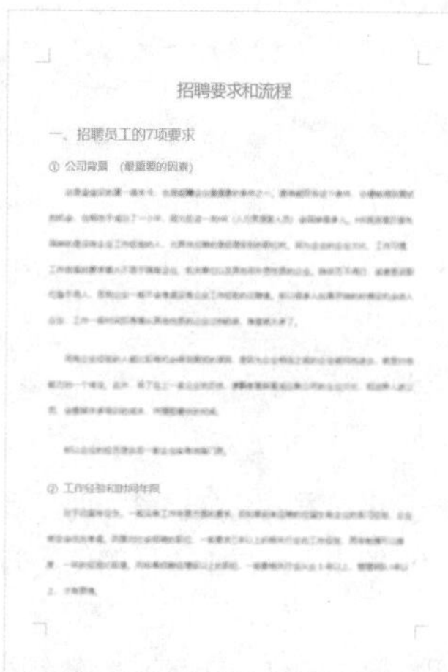

招聘要求和流程

一、招聘员工的7项要求

① 公司背景 （最重要的因素）

② 工作经验和过往所有…

图1-18　文档中的纵向纸张

四、招聘安排

对本次为期7天的招聘安排如下表所示：

日期	招聘岗位	面试人数	计划聘用人数	面试官	面试地点	物料准备
第1天	运营	6	1	王宏鑫	A会议室	测试题、3张凳子
第2天	研发	5	1	李豪	A会议室	测试题、4张凳子
第3天	市场	8	2	王宏鑫	B会议室	测试题、3张凳子
第4天	运营	7	1	李豪	A会议室	运营计划书、3张凳子
第5天	市场	6	2	罗小英	B会议室	市场策划书、3张凳子
第6天	行政	5	1	王宏鑫	A会议室	3张凳子
第7天	研发	6	2	罗小英	A会议室	测试题、3张凳子

图1-19　文档中的横向纸张

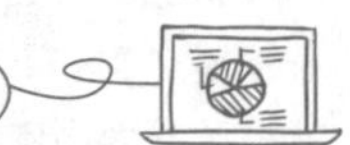

1.2　让文字乖乖听话

在Word中输入常用文字，人人都会。但是在编辑特殊内容时，如将外部发送过来的繁体字文档编辑成简体字文档、为生僻字添加拼音、在文件中插入特殊符号或公式，很多人就无从下手了。

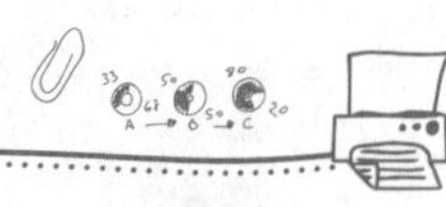

1.2.1　一键实现文字简繁转换

小李

张姐，我收到一份其他区传送来的文件，我需要将文件整理后交给赵经理。但是文件中有繁体字，我是否应该将繁体字挑出来，改成简体字，以方便赵经理阅读呢？

张姐

小李，你能站在赵经理的角度考虑文档阅读是否方便，值得表扬。但是你不需要将繁体字挑出来进行更改，使用Word自带的简繁转换功能就可以实现一键转换了。

下面以“项目说明.docx”文件为例，讲解如何实现繁体字转换成简体字，具体操作方法如下。

Step1：执行【繁转简】命令。如图1-20所示，打开文件，文件中的字体为繁体字，❶按Ctrl+A组合键选中文件中的所有内容；❷选择【审阅】选项卡下的【中文简繁转换】下拉列表中的【繁转简】选项。

Step2：查看转换效果。如图1-21所示，文档中选中的所有内容均被转换成简体字。

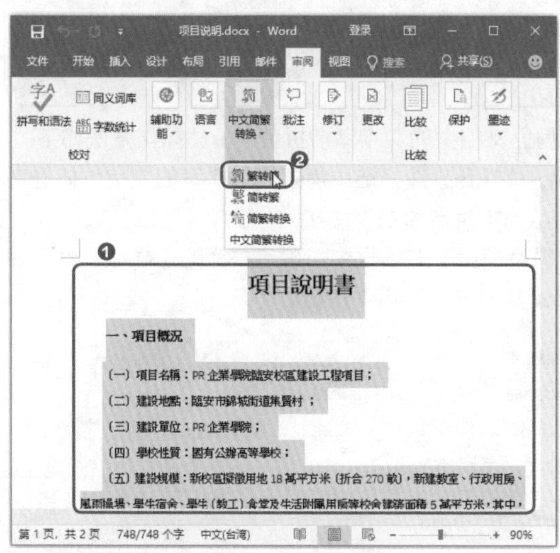

图1-20　执行【繁转简】命令

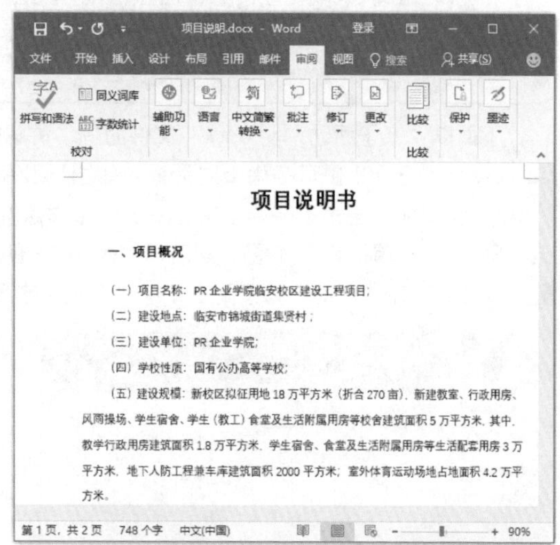

图1-21　查看转换效果

1.2.2 为生僻字贴心地加上拼音

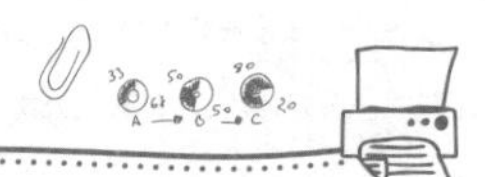

赵经理

小李，市场部策划了一场亲子营销活动，你写一份亲子活动说明并打印出来，给现场的父母和儿童每人都发一份。

小李

既然是亲子活动说明，那现场就会有小朋友。我应该在亲子活动说明中给比较难读的文字添加拼音，既体现我们的贴心，又给小朋友增加了一个识字的机会。可是拼音要如何添加呢？我得去问问张姐。

张姐

小李，你可以选中文档中需要添加拼音的文字，打开【拼音指南】对话框，设置拼音与文字的【对齐方式】【偏移量】【字体】【字号】。尤其要注意字体，拼音属于字母文字，如果使用中文字体，可能不方便阅读。

下面以“亲子活动说明.docx”文件为例，讲解如何为文档中的文字添加拼音，具体操作方法如下。

Step1：打开【拼音指南】对话框。如图1-22所示，❶打开文件，选中需要添加拼音的文字，如选中“挖掘”二字；❷单击【开始】选项卡下的【字体】组中的【拼音指南】按钮 wén 文 。

Step2：设置拼音。如图1-23所示，❶在打开的【拼音指南】对话框中，确定拼音的正确性，然后设置拼音的【对齐方式】【偏移量】【字体】和【字号】；❷单击【确定】按钮。

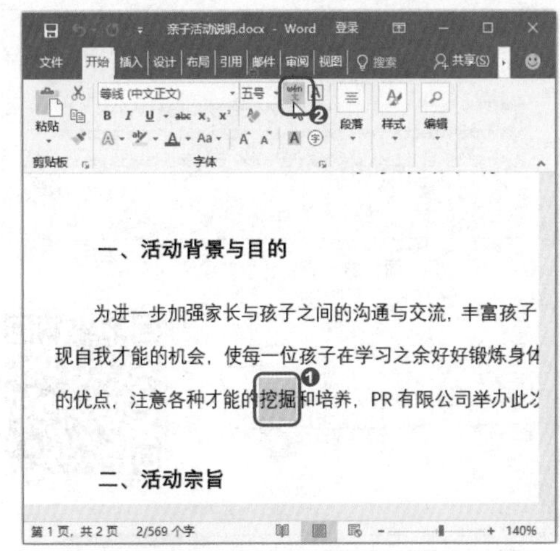

图1-22 单击【拼音指南】按钮

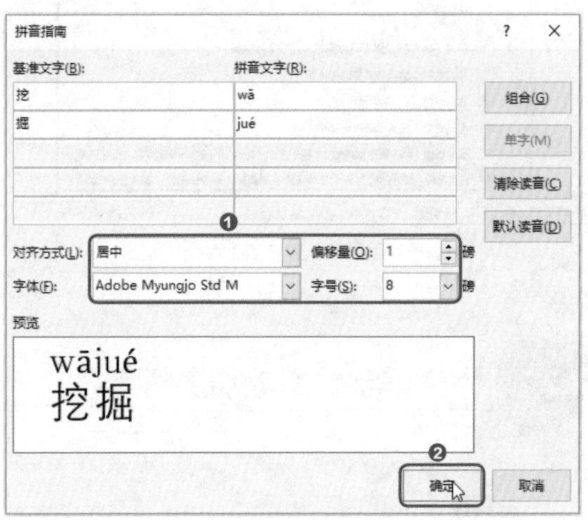

图1-23 设置拼音

Step3：查看拼音添加效果。完成拼音添加后，关闭该对话框，效果如图1-24所示，选中的文字添加了拼音。

Step4：为其他文字添加拼音。使用同样的方法，选中其他需要添加拼音的文字，设置拼音，效果如图1-25所示。需要注意的是，同一文档中，拼音的【对齐方式】【偏移量】【字体】【字号】要统一。

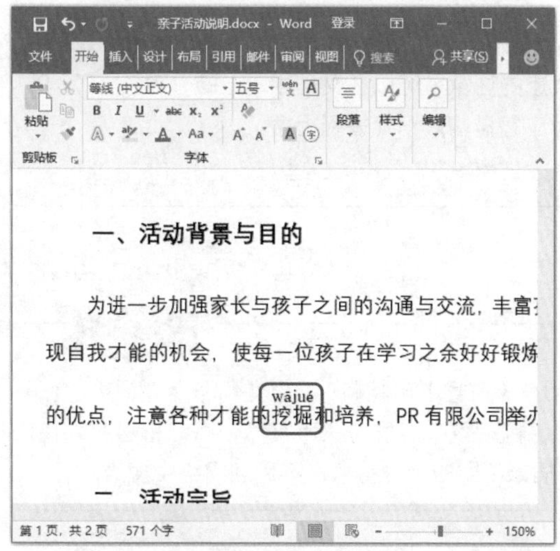

图1-24 查看拼音添加效果

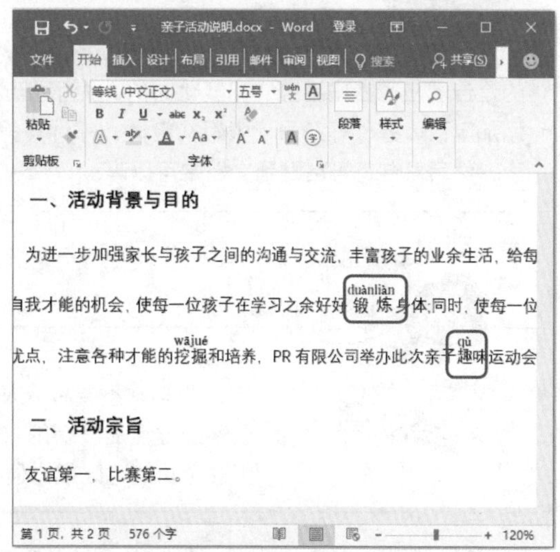

图1-25 为其他文字添加拼音

温馨提示

在文档中为文字添加拼音，只能单独选择文字后为其添加拼音，其他方式均不可。

1.2.3 特殊符号这样输入

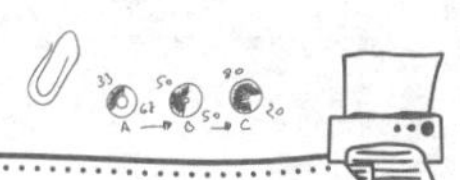

赵经理

小李，公司准备招聘两名前台，你根据人事部的要求制作一份招聘启事文档，到时通过各种招聘渠道发布该招聘启事。

小李

招聘启事文档中主要是将招聘岗位的相关要求阐述清楚，而比较重要的是告诉应聘者联系方式和截止时间。为了引起大家的注意，可以在文档中添加电话、邮件等符号。张姐，电话、邮件等符号应怎样输入？我去网上搜索，然后复制符号粘贴到文档中可以吗？

张姐

小李，不要忘记Word有【符号】功能啊！打开【符号】对话框，可以添加键盘上没有的符号，包括数字符号、货币符号、商标符号等。使用这个功能可以很方便地插入不同的特殊符号，不用到网络中搜索。

下面以“招聘启事.docx”文件为例，讲解如何添加特殊符号，具体操作方法如下。

Step1：打开【符号】对话框。如图1-26所示，❶打开文件，将光标放到“联系人：”文字前，表示要在这里插入特殊符号；❷选择【插入】选项卡下的【符号】下拉列表中的【其他符号】选项。

Step2：选择笑脸符号。在【符号】对话框中选择不同的字体，会有不同的符号类型。如图1-27所示，❶在【符号】选项卡下选择Wingdings字体；❷选择笑脸符号☺；❸单击【插入】按钮，就能成功地在文档中添加笑脸符号。

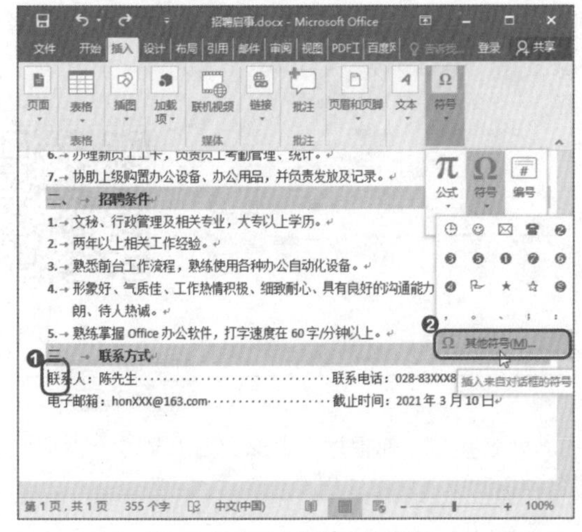

图1-26 打开【符号】对话框

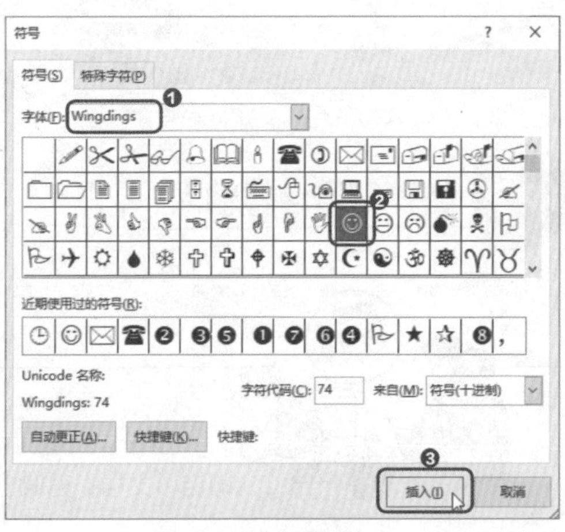

图1-27 选择笑脸符号

Step3：设置笑脸符号格式。插入文档中的符号，可以当作普通文字进行格式调整，让符号更美观、更符合文档风格。如图1-28所示，❶选中插入文档中的笑脸符号；❷在【字体】组中设置符号的字体、字号、颜色以及加粗格式。

Step4：添加其他符号。使用同样的方法，添加电话、邮件和时钟符号，并设置格式，效果如图1-29所示。

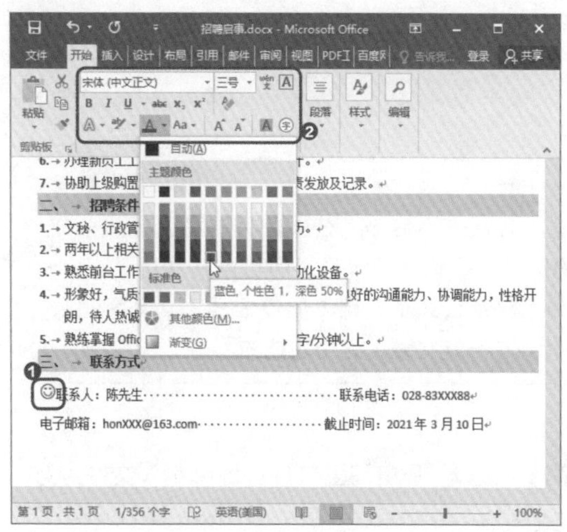

图1-28　设置笑脸符号格式

图1-29　添加其他符号

1.2.4 公式简单复杂都不怕

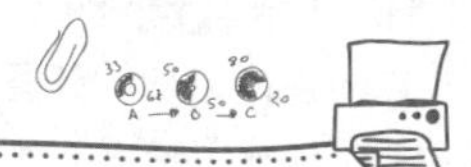

赵经理

小李，我看你之前做的产品使用说明还不错，既有配图，格式又规范，有专业水准。这样吧，你与产品部负责新品研发的同事沟通一下，做一份新材料介绍书，帮助明天企业合作会议上的参会人员了解我们的新材料。

小李

这份新材料介绍书，从内容角度来看，难度不大，只需整理研发部同事提供的资料即可。可问题是，介绍书中涉及材料的相关计算公式。简单的公式我还能轻松输入到Word中，复杂的公式，我就要花很多时间来输入了。张姐，相信您之前做这种带公式的文档也很头疼吧？

张姐

小李，实话告诉你吧，我从来不怕输入公式。只要将公式拆分成不同的部分，选择正确的结构进行输入就行了。而且自从我用了Word 2016，我就更不用担心输入复杂公式了，用【墨迹公式】功能手写公式，实在是太方便了。我相信你一定会爱上这个功能的。

1 使用公式结构输入简单公式

在Word中输入公式，需要对公式的结构进行拆解。下面以“压电陶瓷材料介绍.docx”文件为例，讲解如何通过结构选择输入公式：$k=\sqrt{\frac{u_{12}^2}{u_2*u_2}}$，具体操作方法如下。

Step1：插入新公式。如图1-30所示，❶打开文件，将光标插入第四部分内容的最后，表示要在这里插入公式；❷单击【插入】选项卡下的【公式】下拉按钮；❸选择下拉列表中的【插入新公式】选项。

Step2：选择公式的整体结构。如图1-31所示，❶输入公式的前面部分“*k*=”；❷在选项卡中选择【结构】下拉列表中的【根式】结构，这是公式的大结构。

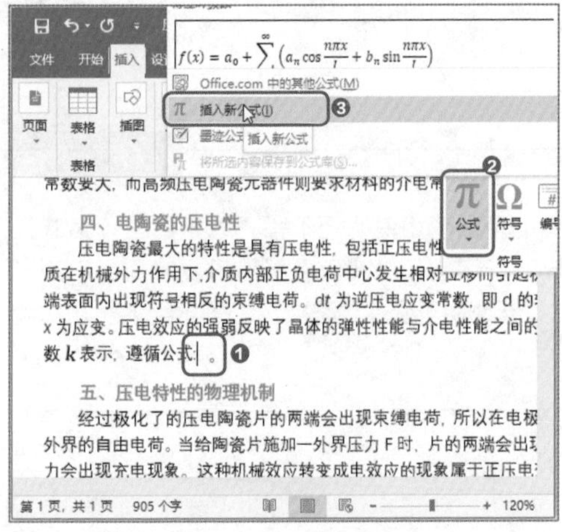

图1-30　插入新公式

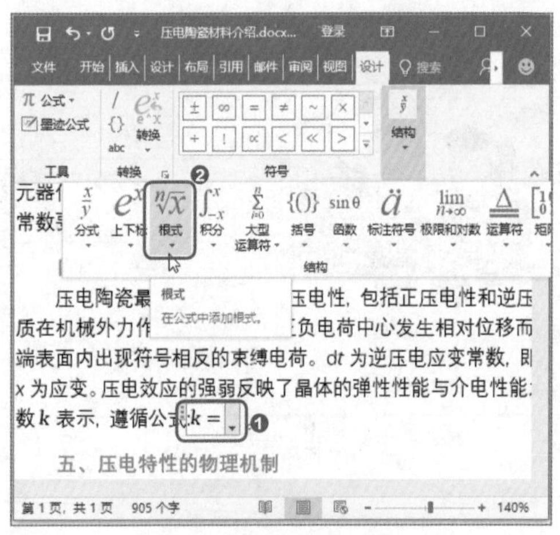

图1-31　选择公式的整体结构

Step3：选择【分式】结构。公式的大结构是【根式】结构，根号中又是【分式】结构。如图1-32所示，❶选中公式中根号内的方块，表示要将方块的结构变为分式；❷单击【结构】下拉按钮，选择【分式】下拉列表中的【分式（竖式）】结构。

Step4：选择【下标-上标】结构。公式根号内的分数中，分子为带上标和下标的结构。如图1-33所示，❶选中分子方块，表示要改变分子的结构；❷选择【上下标】下拉列表中的【下标-上标】结构。

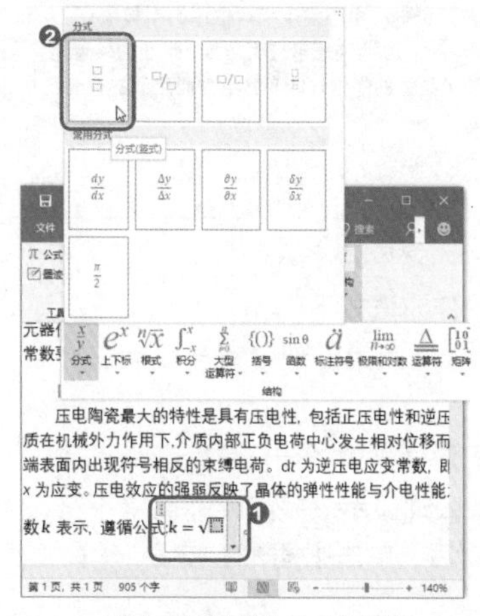

图1-32　选择【分式】结构

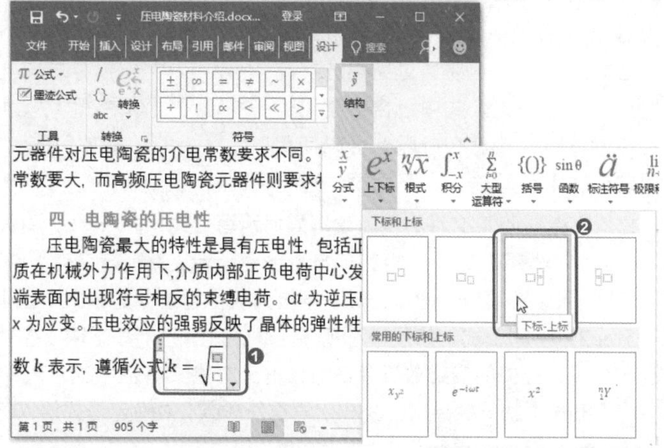

图1-33　选择【下标-上标】结构

Step5：选择【下标】结构。公式分母为带下标的结构。如图1-34所示，❶选中分母方块；❷选择【上下标】下拉列表中的【下标】结构。

Step6：增加一个下标结构。公式分母包含两个带下标的结构。如图1-35所示，❶将光标放在分母位置；❷选择【上下标】下拉列表中的【下标】结构，即可为分母增加一个带下标的结构。

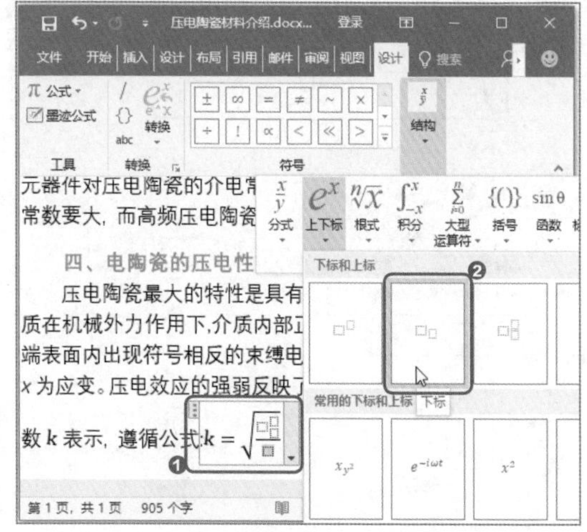

图1-34　选择【下标】结构（1）

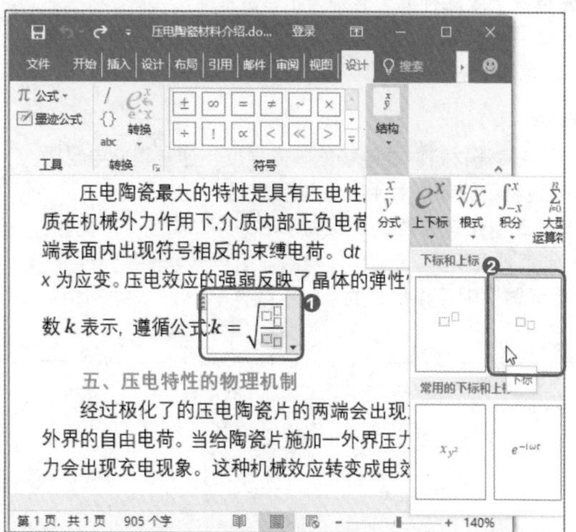

图1-35　选择【下标】结构（2）

Step7：根据结构输入内容。此时，就完成了公式的结构设置，选中不同结构的方块，输入相应的字母或数字即可，效果如图1-36所示。

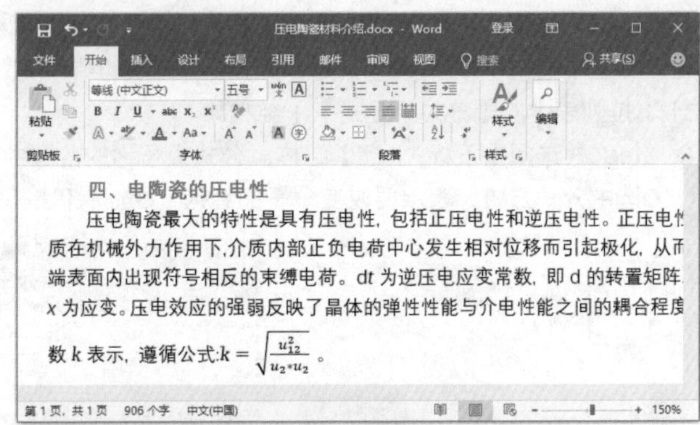

图1-36　完成公式输入

2 使用【墨迹公式】输入复杂公式

根式、分式、上下标等结构是常见的公式结构，很容易通过结构选择完成输入。但是如果公式中包含不常见的结构或字符时，该怎么办呢？可以使用【墨迹公式】手写输入。下面以“压电陶瓷材料介绍.docx”文件为例，讲解如何手写公式：$\vec{p}=\varepsilon_0 x\vec{E}$，具体操作方法如下。

Step1：选择【墨迹公式】。如图1-37所示，❶打开文件，将光标插入第三部分第一段话的最后；❷选择【插入】选项卡下的【公式】下拉列表中的【墨迹公式】选项。

Step2：手写公式。如图1-38所示，❶在弹出的【数学输入控件】对话框中，按住鼠标左键不放，手动输入公式。公式的最终效果会在对话框上方的文本框中显示。如果公式显示效果与实际需求不符，可以使用【擦除】功能擦除部分公式，再重新输入；❷确定公式输入无误后，单击【插入】按钮。

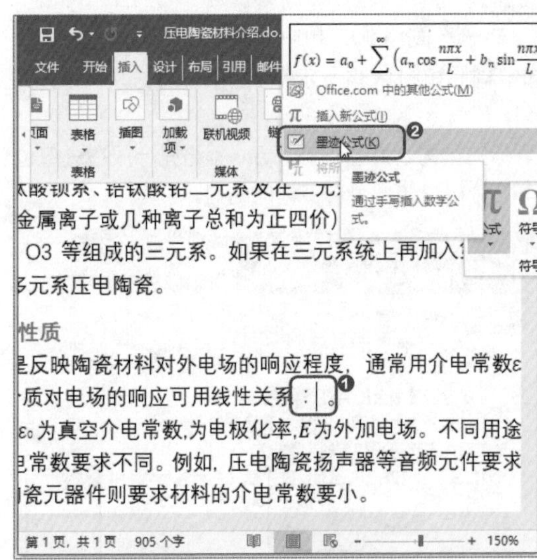

图1-37　选择【墨迹公式】选项

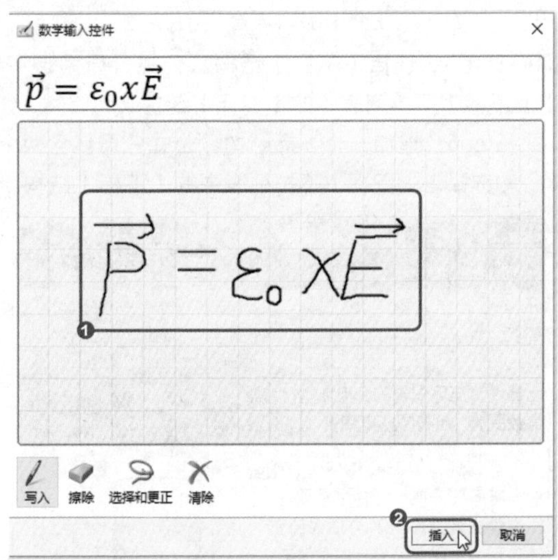

图1-38　手写公式

Step3：查看公式效果。此时，在光标插入的位置就成功地插入了手动输入的公式，效果如图1-39所示。

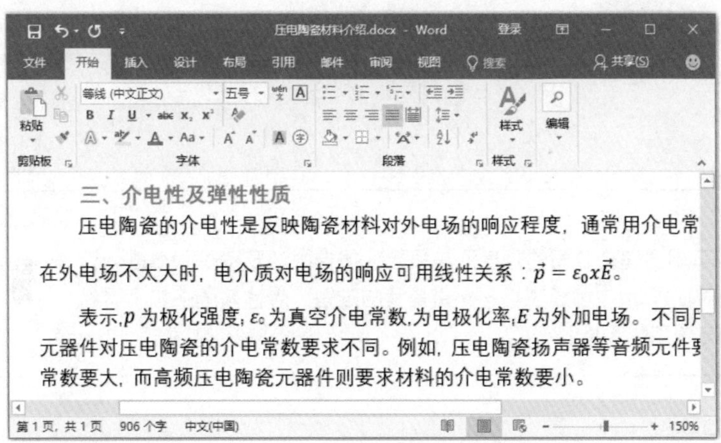

图1-39 完成公式输入

技能升级

如果经常使用特定类型的公式，在完成公式输入后，可以单击【公式】右边的下拉按钮，在弹出的下拉列表中选择【另存为新公式】选项，保存公式，下次就可以直接调用了。

1.3 让表格灵活编辑

在Word文档中常常需要制作简历表、人事表、出差申请表等表格。很多人很苦恼，Word中的表格移动不方便、框架调整太难，更别提在Word表格中进行数据计算了。其实只要了解表格属性，用正确的方法来建表，就可以灵活编辑表格。

1.3.1 正确创建Word表格的方法

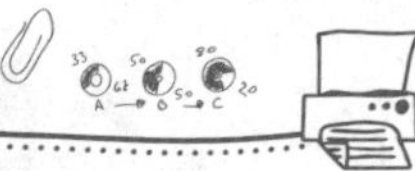

小李

张姐，我下周要递交公司的月度汇总报告，报告中涉及不少预算表、计划表、评定表。在Word中创建表格，一直是我的难题。想请教一下您，看看是否有更好的方法创建表格。

张姐

小李，在Word中创建表格并不难。教你一个方法，先在草稿纸上绘制表格草图，分别数一下行数和列数，然后直接根据行数和列数创建表格。此外，建议你用Word 2016中的【快速表格】功能，里面提供了一些常见的表格，这些表格样式简洁，稍加修改就能用。

1 快速创建内置表格

Word 2016中提供了一些带有内容的常见表格，通过选择即可创建相应的表格，再根据需要修改表格内容，就能快速完成表格制作了。下面以“计划表.docx”文件为例，讲解快速创建内置表格，具体操作方法如下。

Step1：插入光标后单击【表格】下拉按钮。启动Word 2016软件，如图1-40所示，❶将光标放到页面中间的位置并双击，这样创建的表格就会在页面水平方向上居中；❷单击【插入】选项卡下的【表格】下拉按钮。

Step2：选择内置表格样式。如图1-41所示，在【快速表格】下拉列表中选择一种符合需求的表格样式。

Step3：完成表格制作。创建内置表格样式后，只需修改文字，将多余的行或列删除，标题居中后即可完成表格制作，如图1-42所示。

图1-40　插入光标后单击【表格】下拉按钮

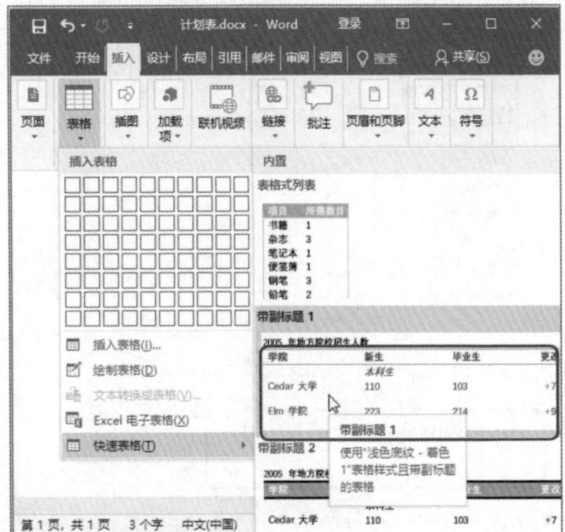

图1-41　选择内置表格样式

2021 年 3 月招聘计划表

部门	目标人数	计划招聘人数	招聘日期
运营部	110	15	3 月 2 日
研发部	223	29	3 月 6 日
市场部	197	36	3 月 14 日
设计部	134	17	3 月 16 日
总计	**664**	**97**	

图1-42　完成表格制作

2 根据行数和列数创建表格

下面继续在同一文件中，根据行数和列数创建表格，具体操作方法如下。

Step1：插入光标后单击【表格】的下拉按钮。如图1-43所示，❶在文档中输入表格的名称，将光标插入名称下一行中间的位置；❷单击【插入】选项卡下的【表格】按钮。

Step2：选择表格行列数。如图1-44所示，在【表格】下拉列表中拖动鼠标选择4列5行的表格。

Step3：完成表格制作。释放鼠标后即可创建表格，编辑文字内容完成表格制作，效果如图1-45所示。

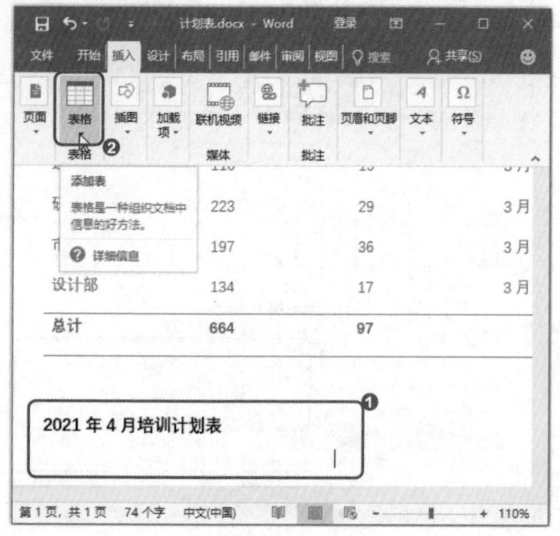

图1-43　插入光标后单击【表格】下拉按钮

图1-44　选择表格行列数

2021 年 4 月培训计划表

培训对象	培训人数	培训内容	培训日期
运营部新人	15	公司制度	4 月 2 日
市场部新人	36	公司制度	4 月 10 日
全体新人	97	工作流程	4 月 16 日
所有正式员工	567	时间管理	4 月 25 日

图1-45　完成表格制作

1.3.2 编辑、调整复杂表格不用烦

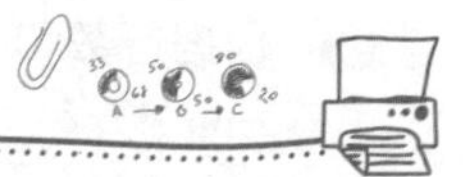

赵经理

小李，我看了你做的月度汇总报告，其中还差一张人事动态表。你根据本月情况制作一张表，补充到月度汇总报告中。

小李

人事动态表是复杂表格，既包含斜线表头，又有大小不统一的单元格，在制表时，行数和列数也时常需要调整。张姐，这张表真让我头疼，我该如何制作这种复杂表格呢？

张姐

小李，其实复杂的表格也是在简单表格的基础上调整出来的。根据行列数创建普通表格后，需要使用的主要操作有插入行/列、删除行/列、合并单元格、调整行高和列宽、绘制表格、调整表格对齐方式、设置表格样式。能灵活应用这些操作，制作复杂表格全不在话下。

下面以“人事动态表.docx”文件为例，讲解如何在普通表格的基础上进行编辑调整。

1 合并与拆分单元格

合并单元格可以将多个单元格合并成为一个，拆分单元格可以将一个单元格拆分成多个单元格。掌握合并与拆分单元格操作，可以任意更改表格的单元格数量及布局，具体操作方法如下。

Step1：合并单元格。打开文件，如图1-46所示，是一张普通的表格。❶选中第1行右边的6个单元格；❷单击【表格工具-布局】选项卡下的【合并单元格】按钮。此时，选中的单元格就被合并成了一个。

Step2：继续合并单元格。如图1-47所示，❶使用同样的方法，选中第1列中第2～5个单元格；❷单击【合并单元格】按钮。此时，选中的单元格就被合并成了一个。

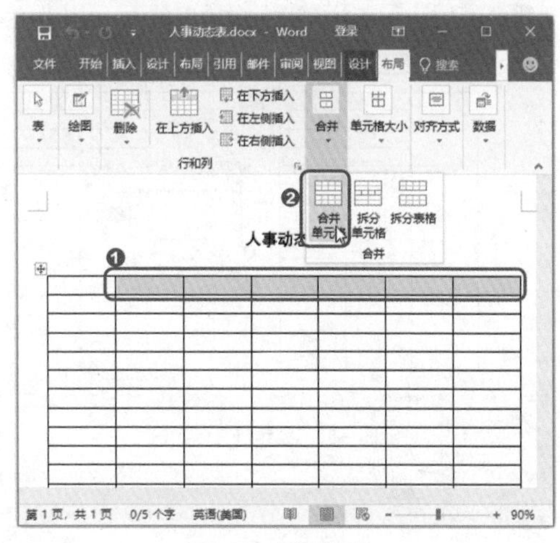

图1-46 合并单元格

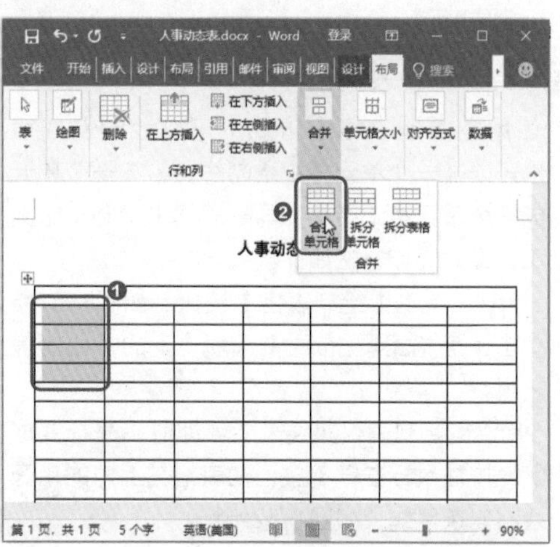

图1-47 继续合并单元格

Step3：完成单元格合并。使用同样的方法，继续合并表格中需要合并的单元格，效果如图1-48所示。

Step4：拆分单元格。如图1-49所示，❶将光标放到需要拆分的单元格中，表示要对该单元格进行操作；❷单击【表格工具-布局】选项卡下的【拆分单元格】按钮；❸在弹出的【拆分单元格】对话框中，设置单元格需要拆分的列数和行数；❹单击【确定】按钮。此时，选中的单元格就被拆分成2列。使用同样的方法，将该列后面的2个单元格也拆分成2列。

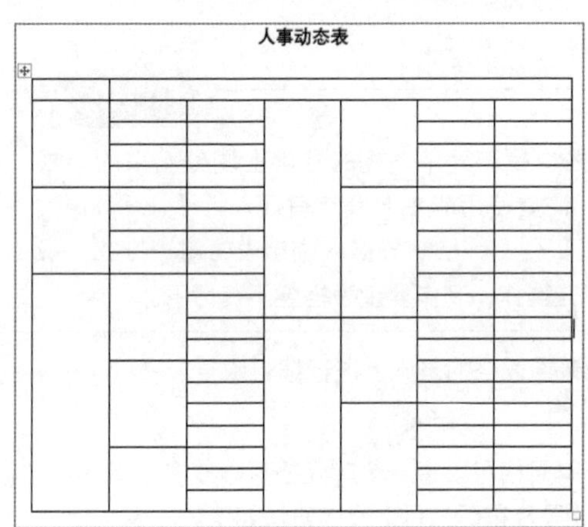

图1-48　完成单元格合并

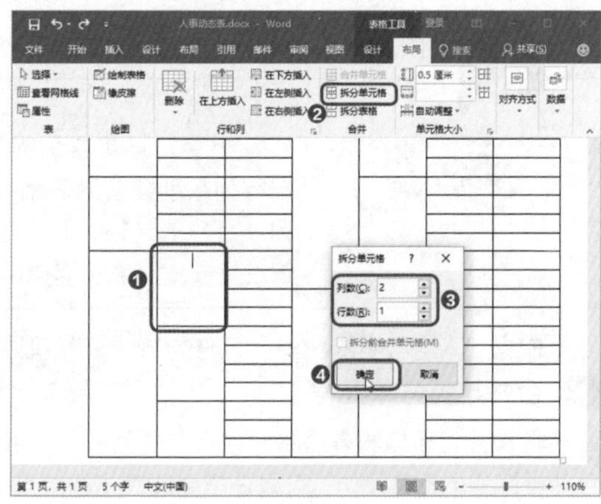

图1-49　拆分单元格

Step5：继续拆分单元格。如图1-50所示，❶将光标放到单元格中；❷打开【拆分单元格】对话框，设置将此单元格拆分成4行；❸单击【确定】按钮。使用同样的方法，将此单元格后面的2个单元格也拆分成4行。

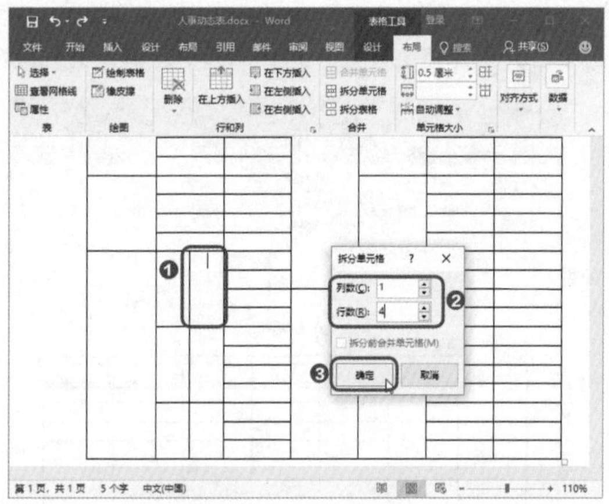

图1-50　继续拆分单元格

2 绘制斜线表头

使用【绘制表格】功能，可以绘制斜线表头，也可以在一个单元格中绘制线条，将一个单元格变成多个单元格。继续在同一表格中绘制一个斜线表头，具体操作方法如下。

Step1：单击【绘制表格】按钮。如图1-51所示，单击【表格工具-布局】选项卡下的【绘制表格】按钮。

Step2：绘制表格斜线表头。此时，光标变成笔形状，按住鼠标左键不放，在表格左上角的单元格中绘制一条斜线，如图1-52所示。

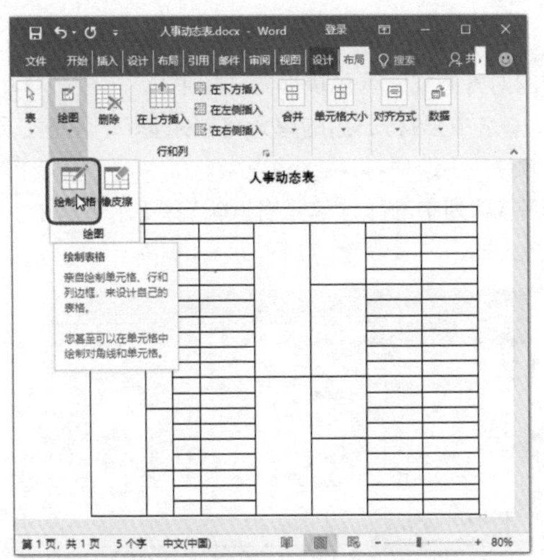

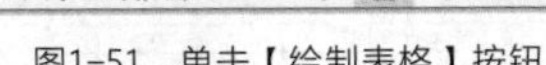
图1-51　单击【绘制表格】按钮

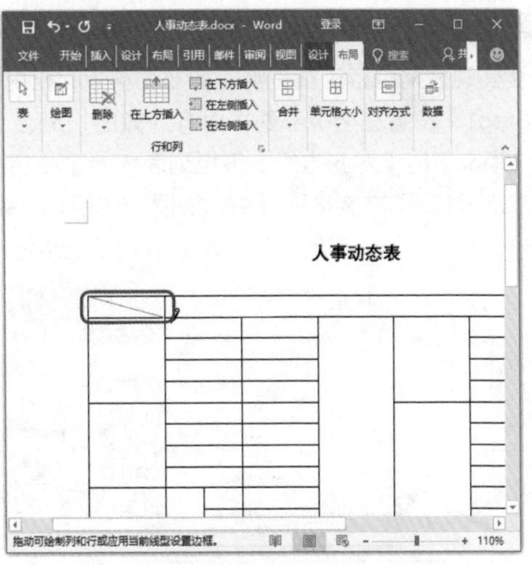

图1-52　绘制表格斜线表头

3 调整行高和列宽

表格框架制作完成后，输入文字，根据字数的多少调整单元格的列宽。其方法是拖动单元格的线框。如果只需调整部分单元格的列宽，选中部分单元格再拖动线框即可，具体操作方法如下。

Step1：输入文字调整列宽。如图1-53所示，选中需要调整列宽的单元格，如选中“月薪”“津贴”“奖金”字样的单元格，按住鼠标左键不放，移动单元格线框，缩小列宽。

Step2：继续调整其他单元格的列宽，表格列宽的最终调整效果如图1-54所示。

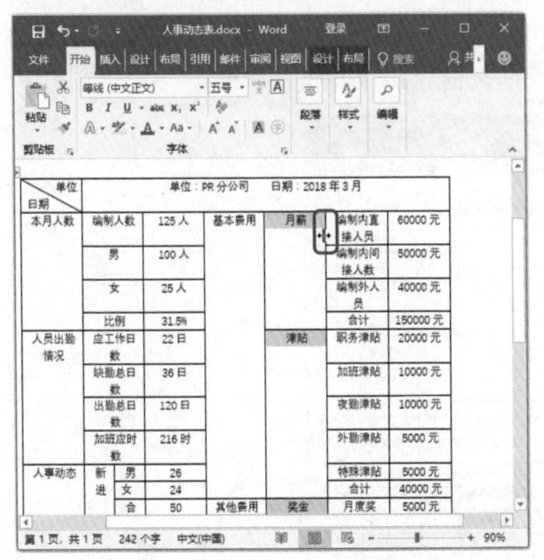

图1-53　输入文字调整列宽

人事动态表

单位 日期	单位：PR 分公司　日期：2018 年 3 月						
本月人数	编制人数		125 人	基本费用	月薪	编制内直接人员	60000 元
	男		100 人			编制内间接人数	50000 元
	女		25 人			编制外人员	40000 元
	比例		31.5%			合计	150000 元
人员出勤情况	应工作日数		22 日		津贴	职务津贴	20000 元
	缺勤总日数		36 日			加班津贴	10000 元
	出勤总日数		120 日			夜勤津贴	10000 元
	加班应时数		216 时			外勤津贴	5000 元
人事动态	新进	男	26			特殊津贴	5000 元
		女	24			合计	40000 元
		合计	50	其他费用	奖金	月度奖	5000 元
		新进率	11.2%			全勤奖	4000 元
	离职	男	12			劳模奖	1000 元
		女	11			合计	10000 元
		合计	23		计划外支出	公伤医药费	5000 元
		离职率	9.78%			抚恤金	5000 元
	调动	男	5			培训费	2000 元
		女	9			接待费	2000 元
		合计	14			合计	14000 元

图1-54　完成表格列宽调整

4 设置单元格内容的对齐方式

要实现表格内容工整美观，需要调整单元格内容的对齐方式，具体操作方法如下。

Step1：设置文字中部两端对齐。如图1-55所示，❶选中第1行右边的单元格；❷选择【表格工具-布局】选项卡下的【对齐方式】下拉列表中的【中部两端对齐】选项。

Step2：调整文字水平居中。如图1-56所示，❶选中第2列中的部分单元格；❷选择【水平居中】的对齐方式。然后使用同样的方法，调整其他单元格的对齐方式。

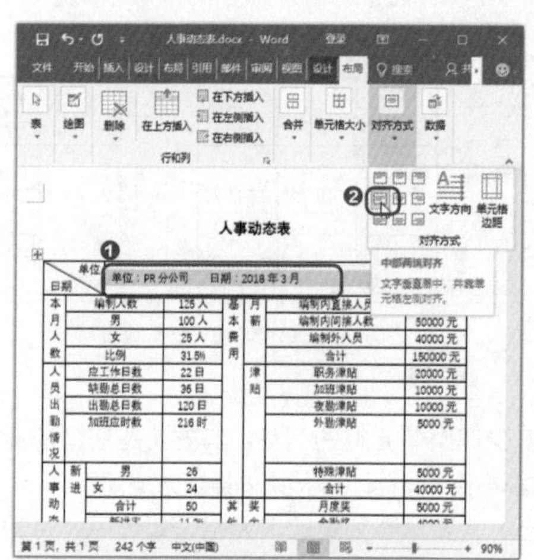

图1-55 设置文字中部两端对齐

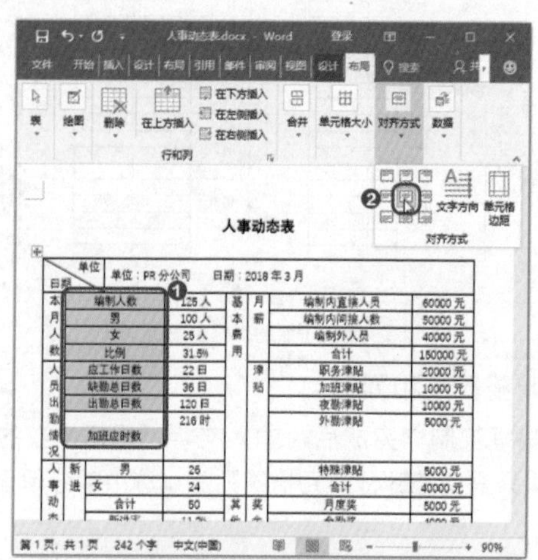

图1-56 调整文字水平居中

Step3：调整表格行高。此时，表格调整已接近尾声，观察一下表格行高是否匀称，如果不匀称，❶单击表格左上角的⊞按钮，选中整张表格；❷在【表格工具-布局】选项卡下的【单元格大小】下拉列表中设置一个固定的单元格高度，如图1-57所示。此时，所有的单元格高度将保持一致。

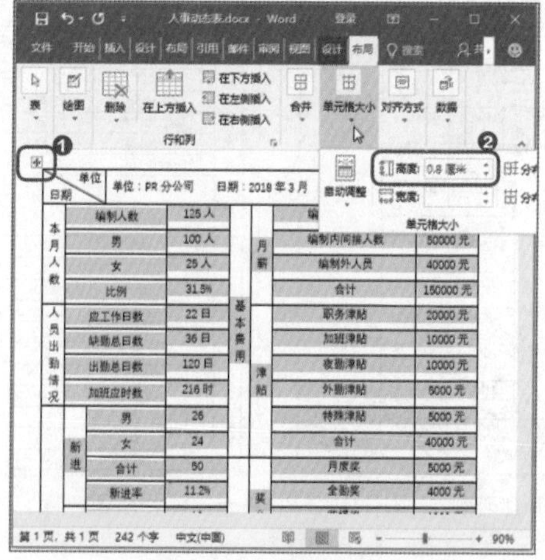

图1-57 调整表格行高

5 美化表格

完成表格制作后，可以为表格选择一种样式，快速美化表格，具体操作方法如下。

Step1：打开样式列表。如图1-58所示，单击【表格工具-样式】选项卡下的【表格样式】组中的【其他】按钮。

Step2：选择一种样式。在打开的样式列表中选择一种表格样式，如图1-59所示。

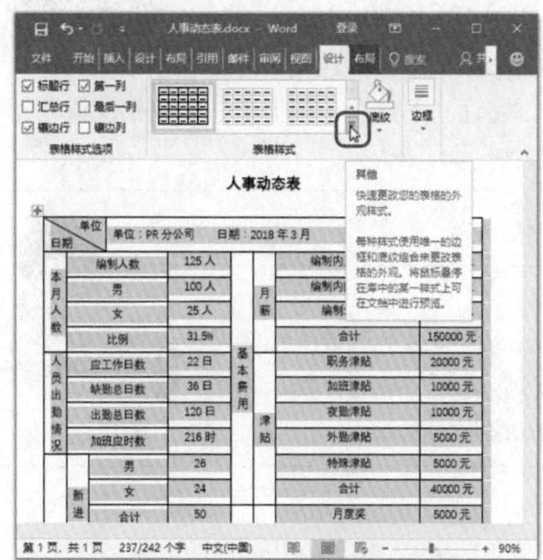

图1-58　打开样式列表

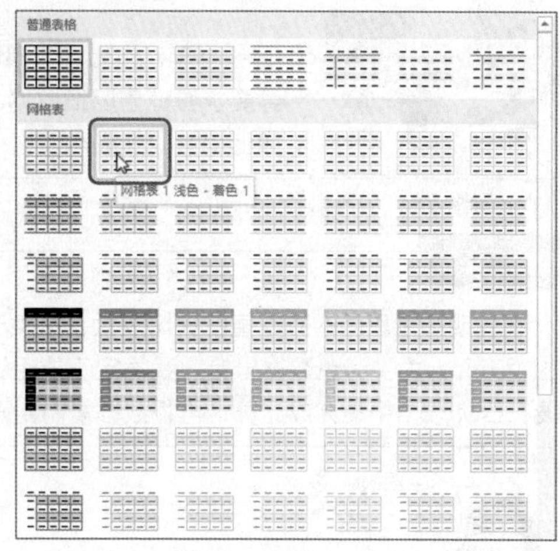

图1-59　选择一种样式

Step3：完成表格制作。为表格选择样式后，表格的对齐方式可能有所不同，斜线表头也可能消失。此时，再微微调整一下对齐方式，或绘制斜线表头即可，最终效果如图1-60所示。

人事动态表

单位／日期	单位：PR 分公司　　日期：2018 年 3 月						
本月人数		编制人数	125 人	基本费用	月薪	编制内直接人员	60000 元
		男	100 人			编制内间接人数	50000 元
		女	25 人			编制外人员	40000 元
		比例	31.5%			合计	150000 元
人员出勤情况		应工作日数	22 日		津贴	职务津贴	20000 元
		缺勤总日数	36 日			加班津贴	10000 元
		出勤总日数	120 日			夜勤津贴	10000 元
		加班应时数	216 时			外勤津贴	5000 元
人事动态	新进	男	26			特殊津贴	5000 元
		女	24			合计	50000 元
		合计	50	其他费用	奖金	月度奖	5000 元
		新进率	11.2%			全勤奖	4000 元
	离职	男	12			劳模奖	1000 元
		女	11			合计	10000 元
		合计	23		计划外支出	公伤医药费	5000 元
		离职率	9.78%			抚恤金	5000 元
	调动	男	5			培训费	2000 元
		女	9			接待费	2000 元
		合计	14			合计	14000 元

图1-60　最终效果

1.3.3 Word表格也能做运算

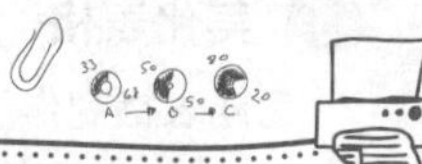

赵经理

小李，你做的人事动态表很好。不过还差一张销售明细表，这次领导要求看销售明细数据。你整理一下数据，在报告的销售情况说明部分加上销售明细表。

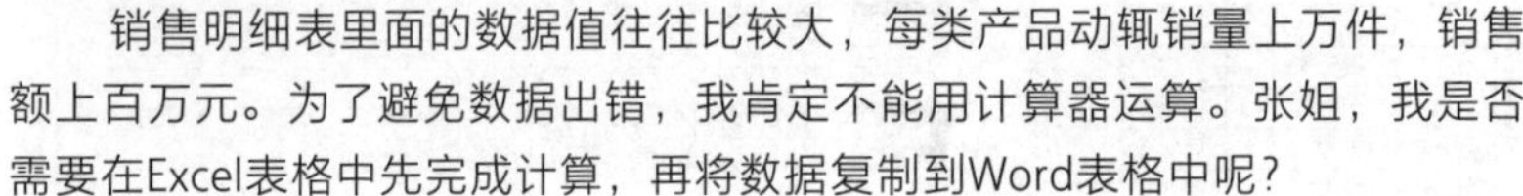

小 李

销售明细表里面的数据值往往比较大，每类产品动辄销量上万件，销售额上百万元。为了避免数据出错，我肯定不能用计算器运算。张姐，我是否需要在Excel表格中先完成计算，再将数据复制到Word表格中呢？

张 姐

小李，谁说Word表格就不能做运算啦？你将Word表格看成Excel表格，打开【公式】对话框，输入公式就可以进行计算了，简单方便，又不会出错。

在Word表格中进行数据计算的原理和Excel表格相同。只不过Word表格中没有显示单元格的列字母和行编号。如果将Word表格复制到Excel表格中，可以清楚地看到每一个单元格由字母和数字组成的“名称”。如图1-61所示，选中的单元格名称为B2，这个名称在Word表格中同样适用。

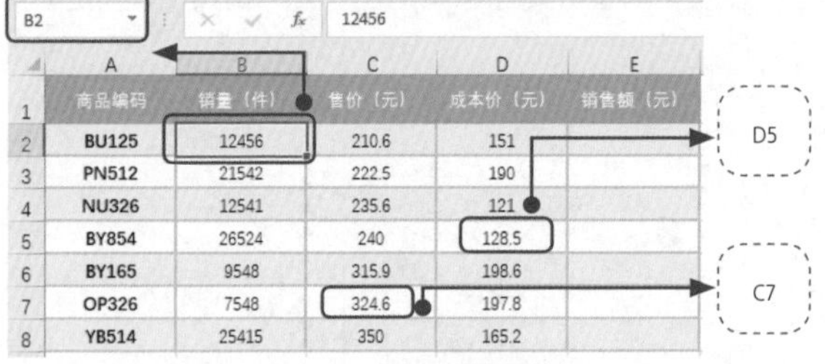

	A	B	C	D	E
1	商品编码	销量（件）	售价（元）	成本价（元）	销售额（元）
2	BU125	12456	210.6	151	
3	PN512	21542	222.5	190	
4	NU326	12541	235.6	121	
5	BY854	26524	240	128.5	
6	BY165	9548	315.9	198.6	
7	OP326	7548	324.6	197.8	
8	YB514	25415	350	165.2	

图1-61　将Word表格放到Excel表格中

当明白Word单元格的名称原理后，下面以“销售明细表.docx”文件为例，讲解Word表格的计算，具体操作方法如下。

Step1：打开【公式】对话框。如图1-62所示，打开文件，需要计算销售额。❶将光标插入第一个需要计算销售额的单元格中；❷单击【表格工具-布局】选项卡下的【公式】按钮。

Step2：输入公式。如图1-63所示，❶在打开的【公式】对话框中输入公式。该公式表示用B2单元格的数据乘以C2单元格的数据，正好是BU125商品的销量乘以售价；❷单击【确定】按钮。此时，便完成了第一个销售额数据的计算。

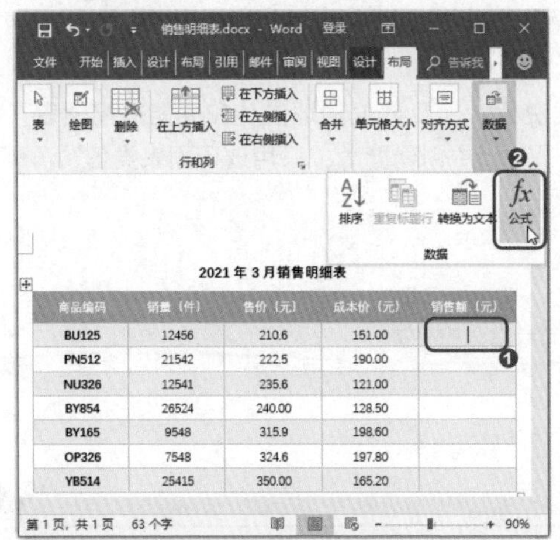

图1-62　打开【公式】对话框

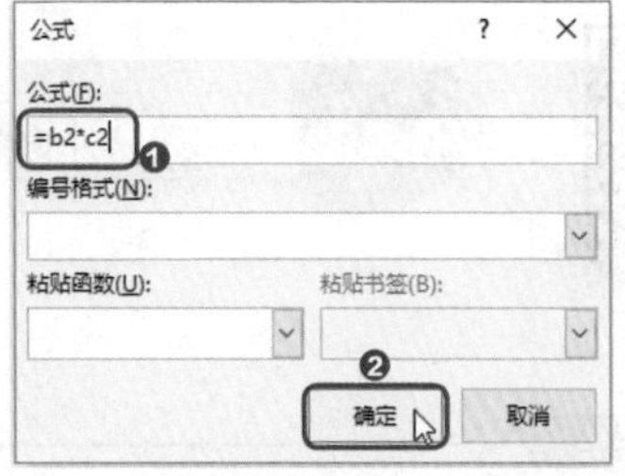

图1-63　输入公式

Step3：继续计算销售额。如图1-64所示，❶选中第二个需要计算销售额数据的单元格；❷打开【公式】对话框，输入公式；❸单击【确定】按钮。此时，就能完成第二个销售额的计算。使用同样的方法，完成其他商品的销售额计算即可。最终结果如图1-65所示。

2021 年 3 月销售明细表

商品编码	销量（件）	售价（元）	成本价（元）	销售额（元）
BU125	12456	210.6	151.00	2623233.6
PN512	21542	222.5	190.00	
NU326	12541	[illegible]	[illegible]	[illegible]
BY854	26524	[illegible]	[illegible]	[illegible]
BY165	9548	[illegible]	[illegible]	[illegible]
OP326	7548	[illegible]	[illegible]	[illegible]
YB514	25415	[illegible]	[illegible]	[illegible]

公式
公式(F):
=b3*c3
编号格式(N):
粘贴函数(U):　粘贴书签(B):
确定　取消

图1-64　继续计算销售额

2021 年 3 月销售明细表

商品编码	销量（件）	售价（元）	成本价（元）	销售额（元）
BU125	12456	210.6	151.00	2623233.6
PN512	21542	222.5	190.00	4793095
NU326	12541	235.6	121.00	2954659.6
BY854	26524	240.00	128.50	6365760
BY165	9548	315.9	198.60	3016213.2
OP326	7548	324.6	197.80	2450080.8
YB514	25415	350.00	165.20	8895250

图1-65　完成Word表格计算

温馨提示

当完成Word表格数据计算后，如果又对表格数据进行了更改，如更改了销量和售价数据，此时不用重新计算销售额数据，使用【更新域】功能即可更新数据。其具体操作方法是右击完成公式计算的单元格，从快捷菜单中选择【更新域】选项，即可更新公式。

1.4 让图表直观漂亮

用Word做方案、做汇报，少不了用数据说话。涉及数据的地方，如果能搭配图表，将大大减少Word文档的枯燥程度，增加文档的可读性。在Word中创建图表，只用选择图表类型，再修改图表数据源、设置图表样式，即可完成图表创建。

1.4.1 在数据报告中创建图表

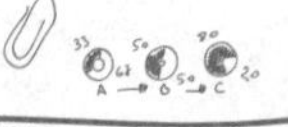

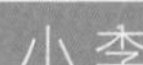

小李

张姐，赵经理给了我一份市场调查资料，让我做成规范的报告。我看了一下资料，里面涉及大量的数据。关于数据，我想用图表来展示，让方案看起来更专业、更美观。可是我不太会用Word做图表，您能教教我吗？

张姐

小李，不瞒你说，用Word做图表，比用Excel做图表还要简单。你在Word中选择一种符合要求的图表插入后，打开图表的源数据表格，“照葫芦画瓢”，修改表格数据就可以了。

下面以“市场调查报告.docx”文件为例，讲解Word图表的创建方法，具体操作方法如下。

Step1：打开【插入图表】对话框。如图1-66所示，打开文件，❶将光标插入第3段话下面一排的中间位置，表示要在这里创建图表；❷单击【插入】选项卡下的【添加图表】按钮。

Step2：选择图表。如图1-67所示，❶在打开的【插入图表】对话框中，选择图表类型。由于这里创建图表的目的是体现2011—2017年的数字市场规模，因此选择普通的柱形图；❷选择好图表后，单击【确定】按钮。

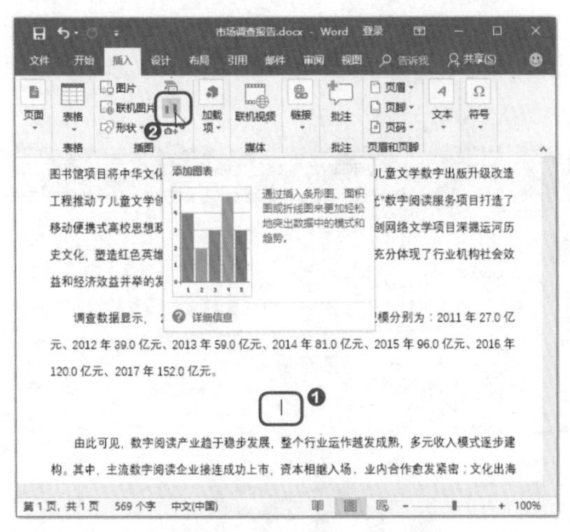

图1-66 打开【插入图表】对话框

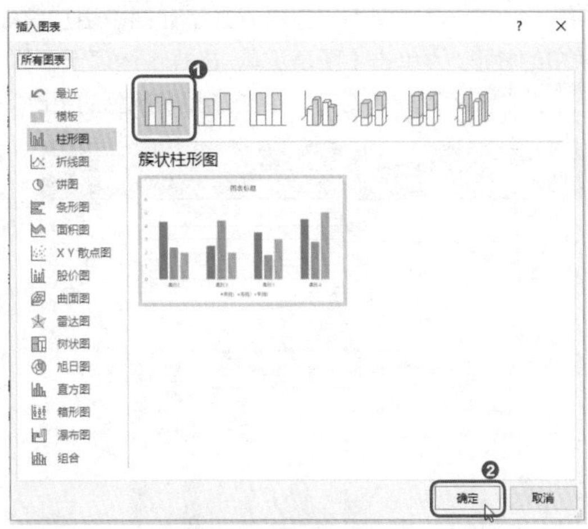

图1-67 选择图表

Step3：删除图表多余的数据。如图1-68所示，创建图表后，会弹出【Microsoft Word中的图表】窗口，对照表格中的数据和Word创建的图表，会发现有多余的数据。选中C列和D列数据，右击，选择【删除】命令。

Step4：编辑数据。如图1-69所示，❶在表格中编辑数据，编辑时可以对照观察Word图表的变化，判断数据编辑是否正确；❷完成数据编辑后，单击【关闭】按钮，关闭表格。

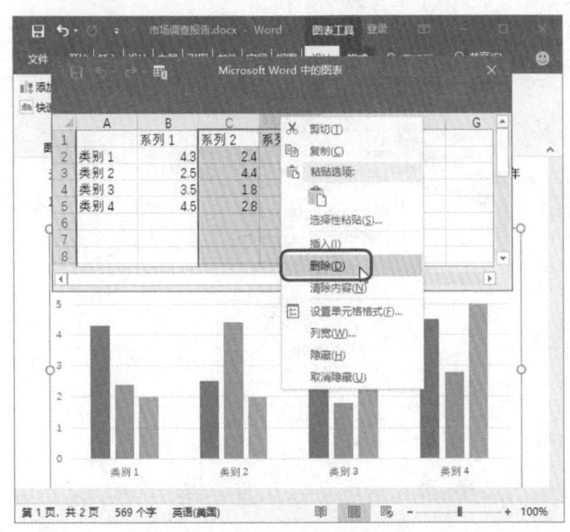

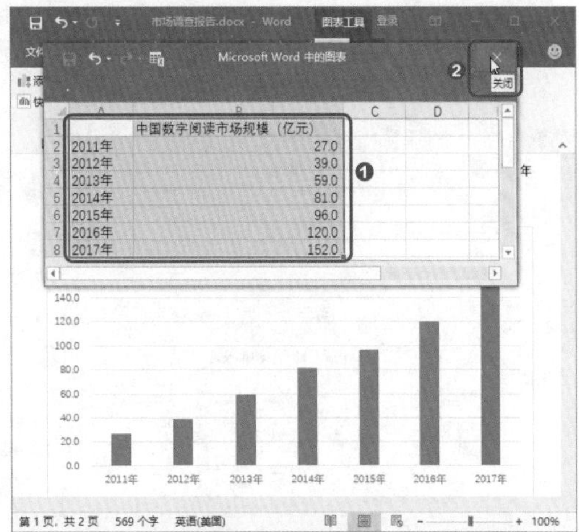

图1-68 删除图表多余的数据

图1-69 编辑数据

Step5：编辑图表的标题格式。图表的标题在默认情况下是数据系列的名称，通常需要修改。如图1-70所示，❶将光标插入标题文本框中，删除原标题文字，输入新的标题文字；❷选中标题文本框，可以在【字体】组中设置标题的字体、字号和加粗格式。

Step6：调整图表的颜色。为了让图表更加美观，可以改变一下图表颜色。如图1-71所示，选中图表中的柱形，❶单击【图表工具-格式】选项卡下的【形状填充】下拉按钮；❷从颜色列表中选择一种颜色。此时，就完成了对文档中柱形图表颜色的更改。

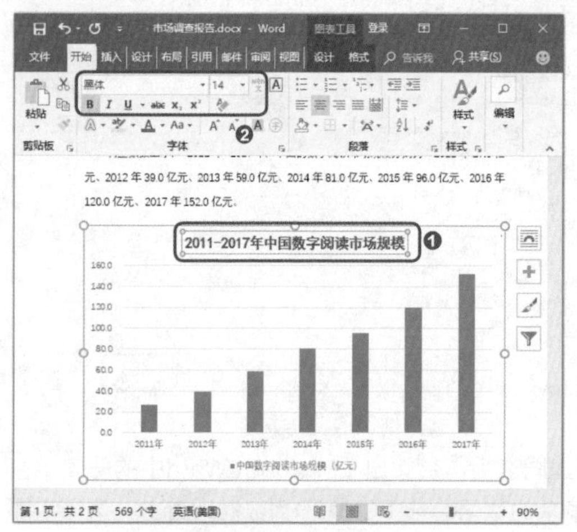

图1-70 编辑图表的标题格式

图1-71 调整图表的颜色

Step7：继续完成文档图表创建。根据文档内容需要，可以继续为文档创建其他类型的图表，如饼图。最终效果如图1-72和图1-73所示，在文档中添加图表后，文档的可读性得到了极大的提升。

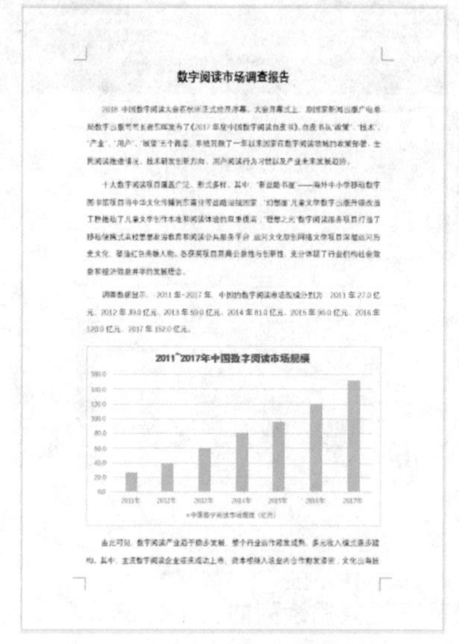

图1-72 添加了图表的文档效果（1）

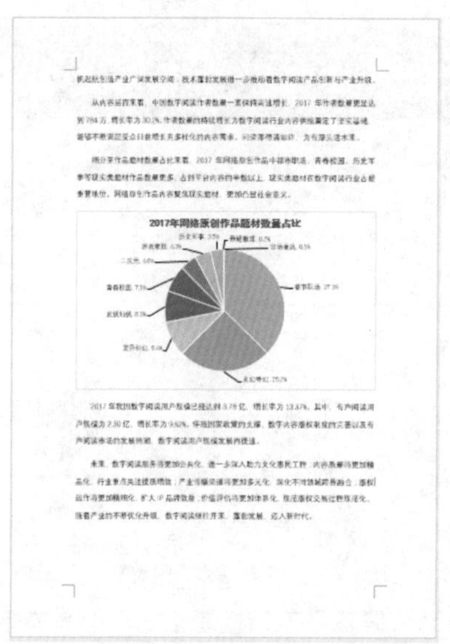

图1-73 添加了图表的文档效果（2）

1.4.2 试试这三招，让Word图表更美观

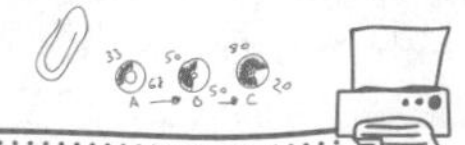

赵经理

小李，你上次做的市场调查报告很专业，里面配的图表恰到好处地展现了数据，方便阅读。这次你使用同样的方法制作一份产品宣传册文档，到时候要给客户看。

小李

既然是宣传册，又需要给客户看，这类文档应该更注重页面元素的美化。文档中的图表应该既简洁又美观。张姐，我可不是美术专业的学生啊，有没有什么美化图表的“秘诀”呢？

张姐

小李，你找我要“秘诀”算是找对人了。我制作过无数包含图表的文档，我发现很多人费尽心思地美化图表，不如直接使用【快速布局】【更改颜色】【图表样式】三大功能，直接让图表变身。这三个功能提供 的美化效果都是系统搭配好的，比普通人搭配的效果更好。

下面以“产品宣传.docx”文件为例，讲解如何调整图表的样式，具体操作方法如下。

Step1：选择布局。图表的布局是指图表中包含了哪些布局元素，如标题、坐标轴、图例等都属于图表的布局元素。并不是每一个布局元素都需要显示，根据图表的作用不同，选择恰当的布局即可。布局影响图表的美观程度。如图1-74所示，❶选中图表，单击【图表工具-设计】选项卡下的【快速布局】下拉按钮；❷在弹出的下拉列表中选择一种布局。将光标放到布局样式上，就可以看到图表应用这种布局的预览效果。

Step2：选择色调。如图1-75所示，❶单击【图表工具-设计】选项卡下的【更改颜色】下拉按钮；❷在弹出的下拉列表中选择一种配色。如这里选择由浅到深的配色，代表销售额增加。

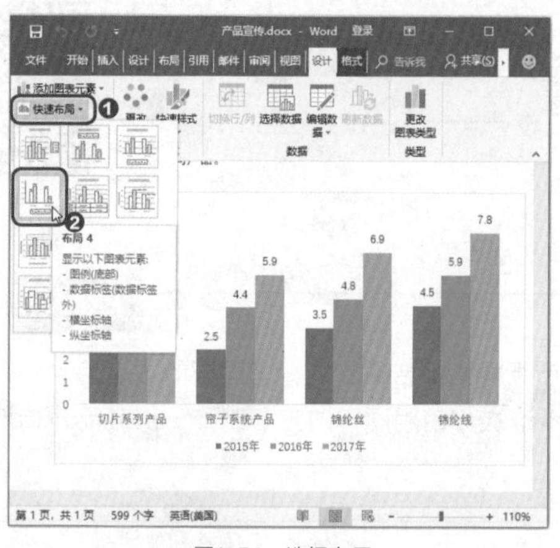

图1-74　选择布局

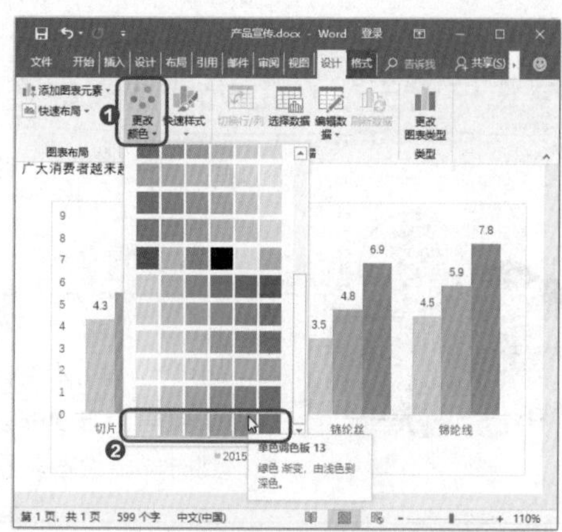

图1-75　选择色调

Step3：选择样式。如图1-76所示，❶单击【图表工具-设计】选项卡下的【快速样式】下拉按钮；❷在弹出的下拉列表中选择一种样式。

Step4：调整图表元素。使用前面3种方法调整布局、色调和样式后，需要观察图表是否满足实际要求。如这里图表中没有了标题元素。如图1-77所示，❶单击图表右边的【+】按钮；❷勾选【图表标题】复选框，编辑标题后，便完成了图表的美化。

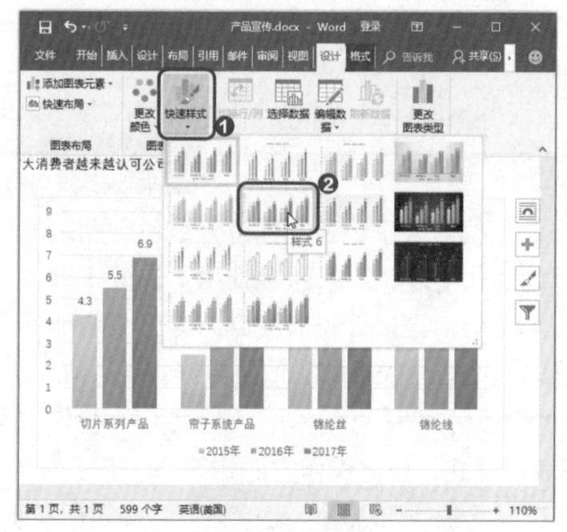

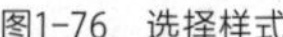

图1-76　选择样式

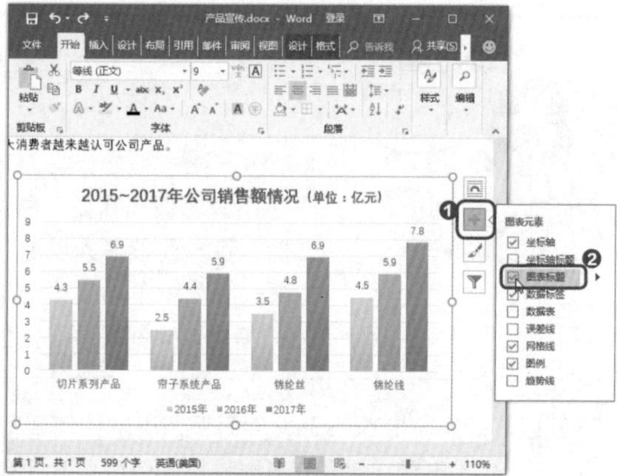

图1-77　调整图表元素

技能升级

单击图表右侧的按钮，可以打开【样式】和【颜色】列表，从中可以选择样式和颜色，实现图表的快速美化。

1.5 让SmartArt图形不再“调皮”

“信息可视化”常被人们挂在嘴边。要想在Word文档中实现信息可视化，一定要利用好SmartArt图形。SmartArt图形其实就是示意图，通过图形可以快速、轻松、有效地传递信息。对于不具备设计水平的人来说，只要了解如何调整SmartArt图形的结构和样式，就可以快速创建出高水平的插图。

1.5.1 轻松制作简单流程图

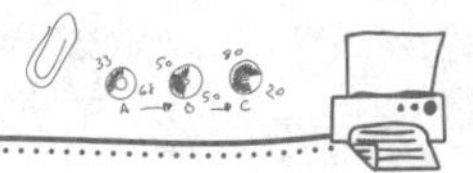

赵经理

小李，下周的新人培训，你准备好了吗？这次培训时一定要让新人明白工作流程，尽快在实习第一周熟悉流程，不在流程上犯错。

小李

赵经理放心，我已经将培训文档准备好了。为了让新人快速理解我们的工作流程，我制作了流程图。在张姐的帮助下，我明白了SmartArt图形制作的关键就在于选择正确的示意图类型，然后根据实际情况增减图形数量，最后再编辑文字、调整配色和样式就可以了，太简单了。

制作SmartArt图形关键在于选择正确的图形。如图1-78所示，打开【选择SmartArt图形】对话框，对话框左边的类型名称显示了图形能体现的含义，如体现【流程】【关系】含义；中间展示了这类图形包含的种类；选中一种图形，在右边有相关的图形介绍。只要仔细甄别图形分类、阅读介绍，通常就能选择符合实际需求的图形。

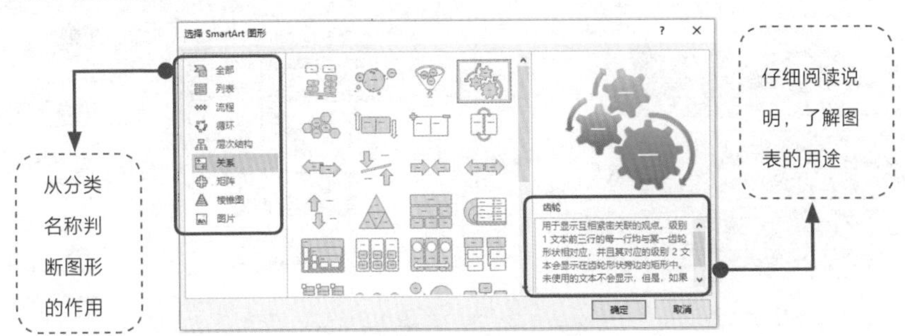

图1-78　正确选择SmartArt图形

下面以“流程图.docx”文件为例，讲解如何制作简单的流程图，具体操作方法如下。

Step1：打开【选择SmartArt图形】对话框。打开文件，如图1-79所示，❶将光标放到文字后面的空白行中间；❷单击【插入】选项卡下的【插入SmartArt图形】按钮。

Step2：选择图形。如图1-80所示，❶在打开的【选择SmartArt图形】对话框中选择【流程】类型；❷在中间的图形列表中选择一种符合需求的流程图；❸单击【确定】按钮。

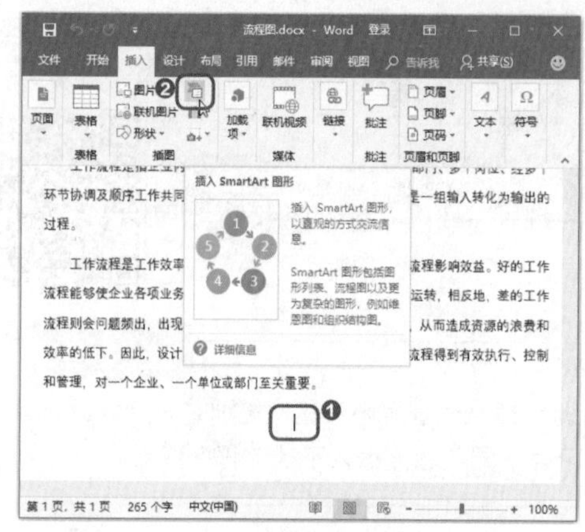

图1-79　打开【选择SmartArt图形】对话框

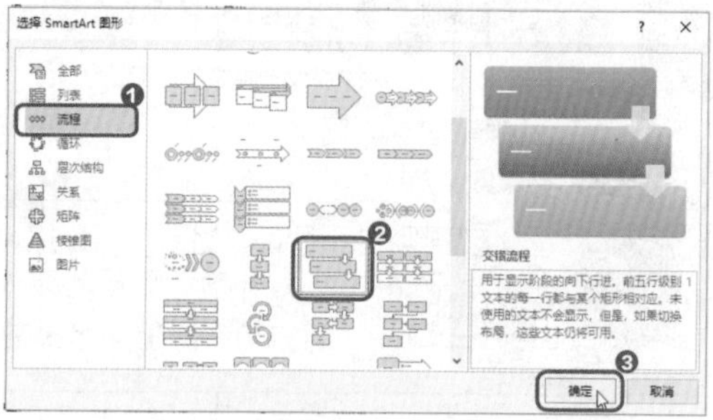

图1-80　选择图形

Step3：添加形状。创建流程图后，需要根据实际需求调整形状数量。对于多余的形状，选中形状后按Delete键删除即可。添加形状，如图1-81所示，❶选中一个形状；❷单击【SmartArt工具-设计】选项卡下的【添加形状】下拉按钮；❸从下拉列表中选择需要添加形状的位置，如这里选择【在后面添加形状】选项。完成形状数量调整后，就可以选中每一个形状，输入流程说明文字了。

Step4：更改图形配色。如图1-82所示，❶选中完成文字编辑的图形，单击【SmartArt图形-设计】选项卡下的【更改颜色】下拉按钮；❷选择一种配色。

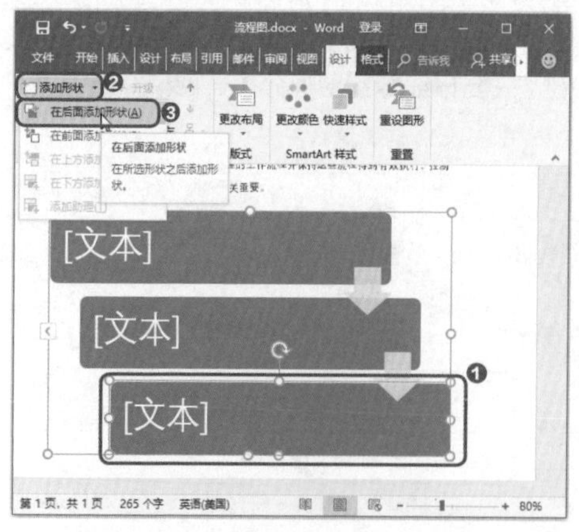

图1-81　添加形状

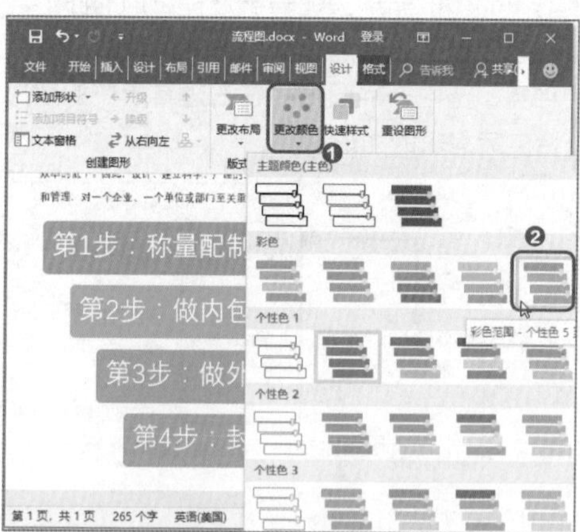

图1-82　更改图形配色

Step5：选择图形样式。如图1-83所示，❶单击【SmartArt图形-设计】选项卡下的【快速样式】下拉按钮；❷选择一种样式，如这里选择【强烈效果】样式。此时，就完成了一个简单的流程图制作，最终效果如图1-84所示。

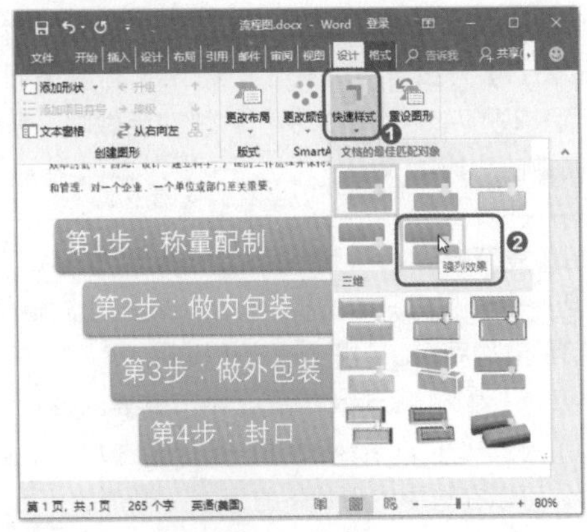

图1-83　选择图形样式

图1-84　最终效果

温馨提示

制作SmartArt图形时，最好不要选择【三维】样式。【三维】样式会让SmartArt图形变得立体，影响文字阅读，且风格怪异。

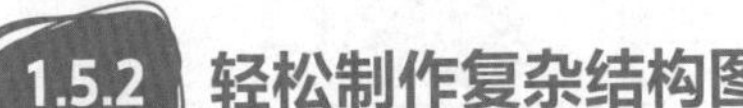

1.5.2 轻松制作复杂结构图

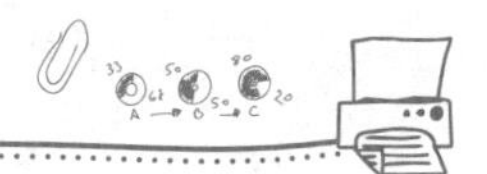

赵经理

小李，我上次培训使用的流程图的效果挺不错呀。我明天要到集团总部开培训会，你帮我做一幅公司的人事结构图。

小李

在SmartArt图形中，有表示层次结构的示意图，可是默认的结构与公司的实际人事结构有区别。张姐，请问这种情况下，我是否需要借助第三方软件完成示意图的制作？

张姐

小李，不要低估Word中的SmartArt图形。创建简单的SmartArt图形后，可以使用【添加形状】【升级】【降级】【布局】功能来调整SmartArt图形的结构，从而实现复杂结构图的制作。快动手做吧，所谓文档大师，其实就是玩转简单的功能。

下面以“组织结构图.docx”文件为例，讲解如何制作复杂的SmartArt图形，具体操作方法如下。

Step1：选择SmartArt图形。打开文件，将光标放到空白处，打开【选择SmartArt图形】对话框，如图1-85所示。❶选择【层次结构】类型；❷选择第一种组织结构图；❸单击【确定】按钮。

Step2：删除多余的形状后再添加形状。如图1-86所示，❶选中SmartArt图形中不需要的形状，按下Delete键删除，最终只剩下两个形状。选中下面的形状；❷选择【SmartArt工具-设计】选项卡下的【添加形状】下拉列表中的【在下方添加形状】选项。此时，可以在选中的形状下方添加一个形状。

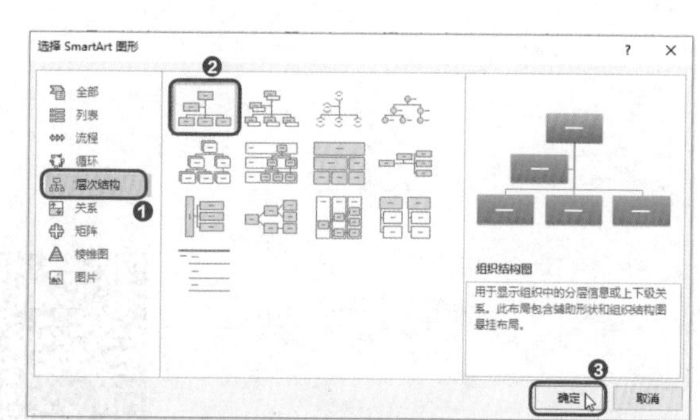

图1-85　选择SmartArt图形

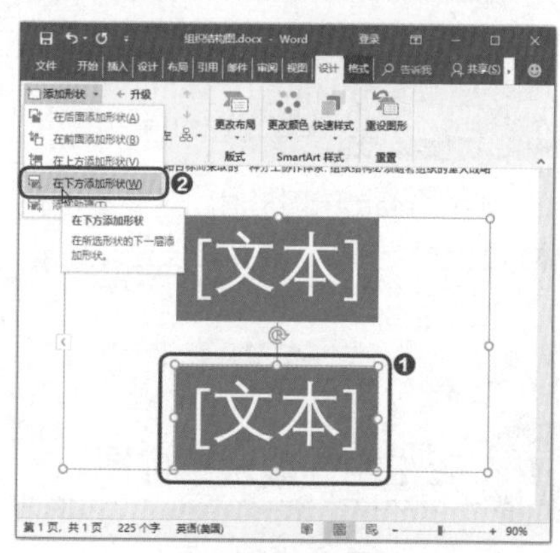

图1-86　删除多余的形状后再添加形状

Step3：继续添加形状。如图1-87所示，❶选中形状；❷选择【SmartArt工具-设计】选项卡下的【添加形状】下拉列表中的【在下方添加形状】选项。此时，可以在选中的形状下方添加一个形状。使用同样的方法继续添加形状，直到选中的形状下面有4个形状为止。

Step4：选择布局。如图1-88所示，❶选中形状；❷单击【SmartArt工具-设计】选项卡下的【布局】下拉按钮；❸从【布局】下拉列表中选择【标准】布局。

Step5：添加形状，选择布局。如图1-89所示；❶在选中的形状下方添加一个形状，保持选中形状；❷从【布局】下拉列表中选择【标准】布局。

Step6：再次添加形状，选择布局。如图1-90所示，继续在SmartArt图形中添加形状，选中第4排的形状，将其布局调整为【右悬挂】模式。此时，就完成了组织结构图的框架制作。

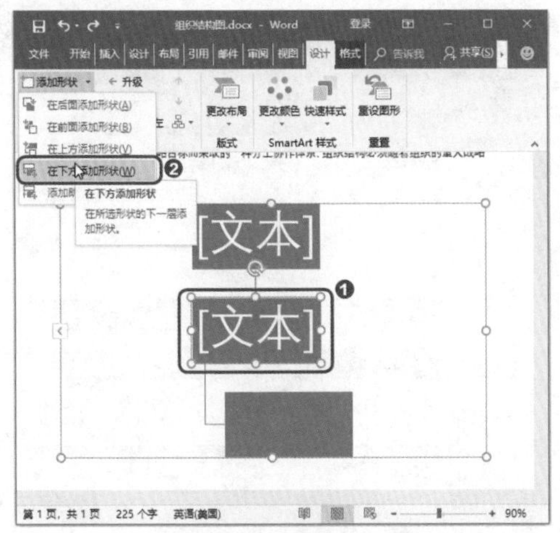

图1-87　继续添加形状

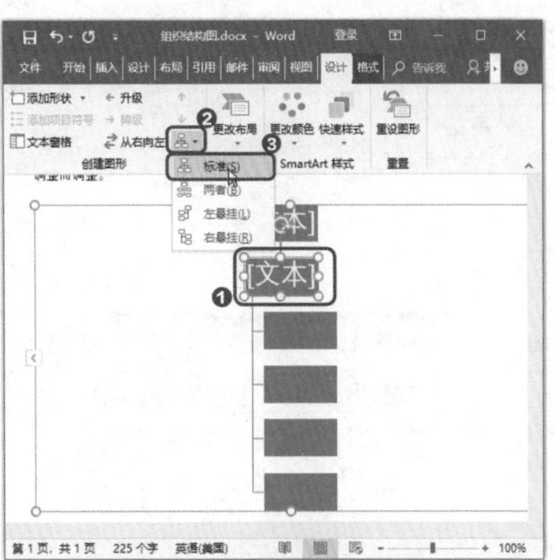

图1-88　选择布局

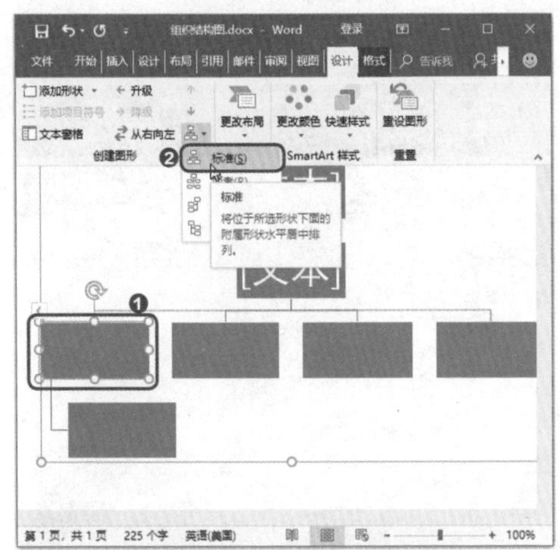

图1-89　添加形状，选择布局

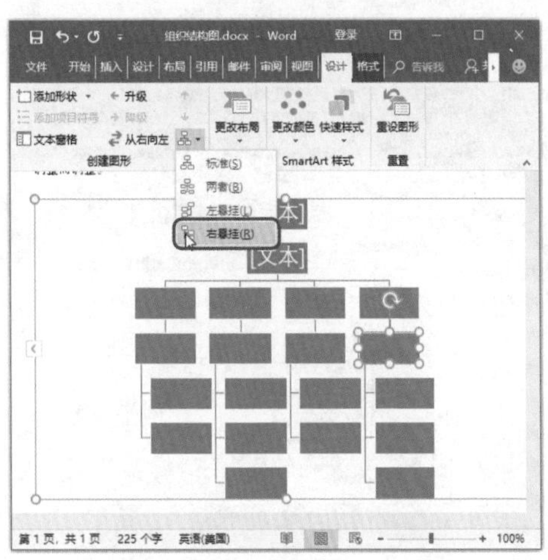

图1-90　再次添加形状，选择布局

Step7：输入文字调整级别。如图1-91所示，❶在完成的SmartArt图形中输入文字内容。完成文字输入后，发现组织结构图中的结构有误。例如，“店长”应该与“督察”平级。此时，可以直接调整“店长”形状的级别。选中“店长”形状；❷单击【SmartArt工具-设计】选项卡下的【升级】按钮。此时，就可以升级“店长”形状，让其与“督察”平级，如图1-92所示。

Step8：更改形状。为SmartArt图形应用一种配色。此时，为了强调组织结构图中的特殊部分，可以更改形状。❶如图1-93所示，选中上面的两个形状；❷单击【SmartArt工具-格式】选项卡下的【更改形状】的下拉按钮；❸如图1-94所示，从下拉列表中选择【椭圆】形状。

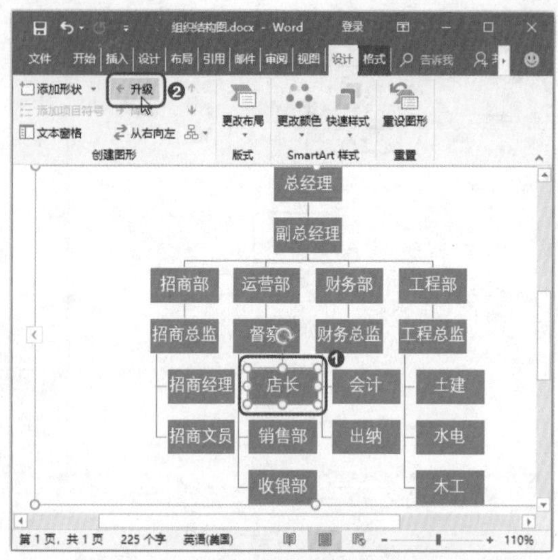

图1-91　输入文字调整级别

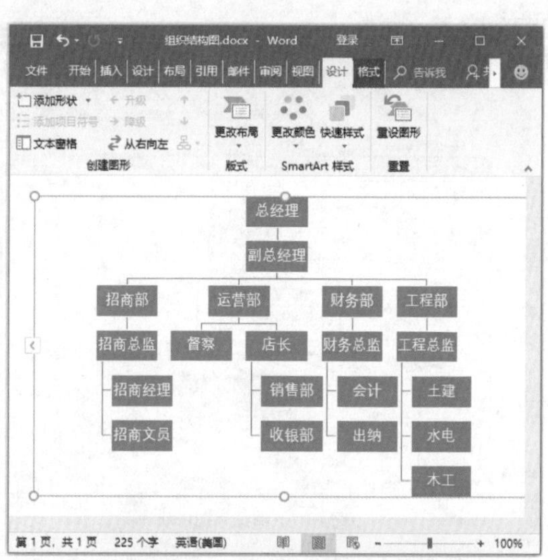

图1-92　级别调整后的效果

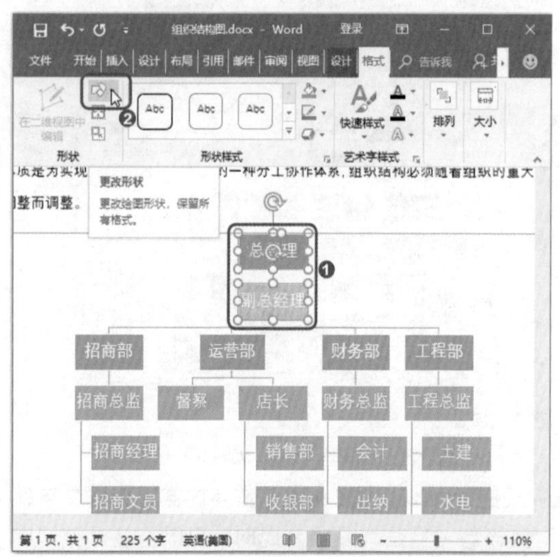

图1-93　更改形状

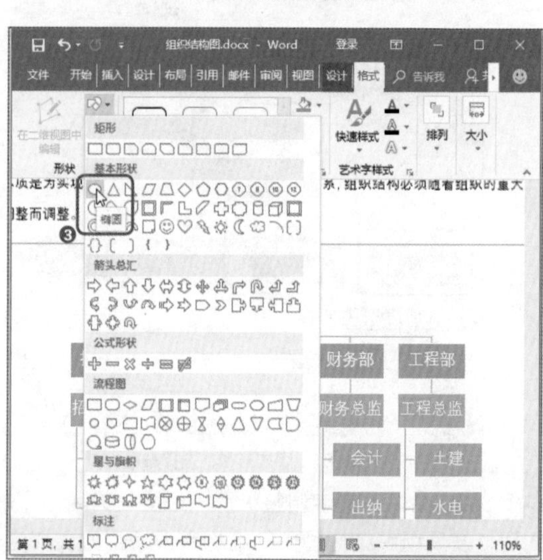

图1-94　选择形状

Step9：调整连接线箭头格式。默认情况下，SmartArt图形的连接线是直线，可以改成带箭头的线段。如图1-95所示，❶右击“总经理”与“副总经理”之间相连的线段，选择快捷菜单中的【设置形状格式】命令，❷在打开的【设置形状格式】窗格中，选择【结尾箭头类型】为【箭头】。此时，选中的连接线就变成带箭头的线段。使用同样的方法，选中SmartArt图形中其他的连接线，将其统一调整为带箭头的线段。完成调整后，SmartArt组织结构图的最终效果如图1-96所示。

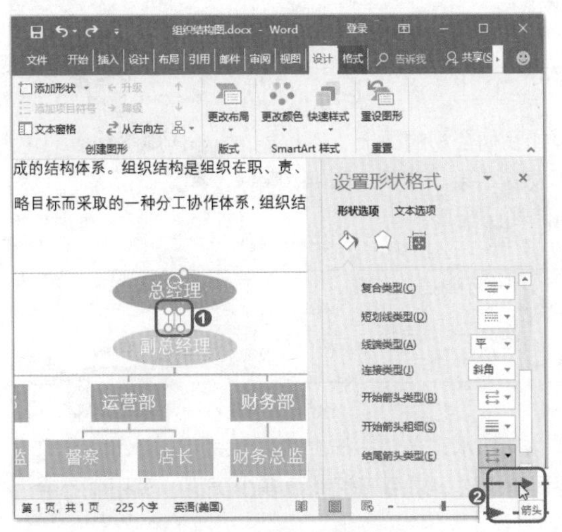

图1-95 调整连接线箭头格式

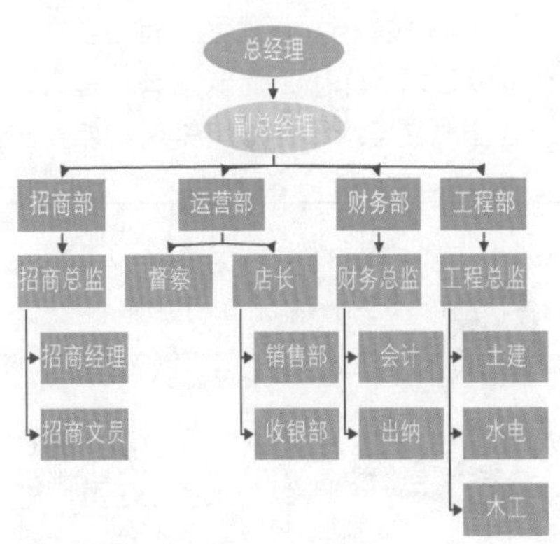

图1-96 最终效果

1.6 用细节征服领导

“细节决定成败”，这句话放到文档制作中同样适用。为文档设置页眉信息、对特殊内容添加注释、为引文添加引用来源说明，这些细节无不彰显文档制作者的严谨态度，让文档更加专业、正式。

1.6.1 在页眉中插入公司Logo

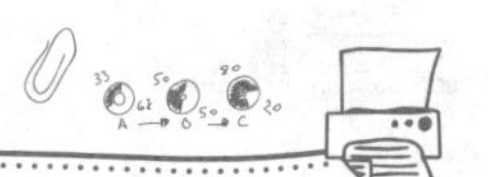

赵经理

小李，我记得你之前做过产品宣传类文档，做得很好。这次你要再根据公司的新材料，拟定一份新品介绍文档。不同的是，这次文档是要给科研合作伙伴看的，不必过度追求页面的美观程度，但是尽量做得正式 一点儿。

小李

为了体现文档的正式性，有必要在文档中添加我们公司的Logo，不仅能起到宣传公司的作用，还能强调这是公司辛勤研发的结果。对了，张姐，将Logo制作成文档水印会影响美观，那我应该如何添加Logo呢？

张姐

小李，将Logo制作成文档水印当然不行。通常情况下，公司Logo可以添加在页眉处。只需设置一次，之后无论新建多少页面，页眉中都会有Logo标记。

下面以“新品介绍.docx”文件为例，讲解如何在页眉处添加Logo信息，具体操作方法如下。

Step1：进入页眉设计。打开文件，如图1-97所示，❶双击页眉处，就可以进入页眉编辑状态；❷单击【页眉和页脚工具-设计】选项卡下的【插入】组中的【图片】按钮。

Step2：插入Logo图片。如图1-98所示，❶在打开的【插入图片】对话框中，按照路径“素材\第1章\原始文件\Logo.png”选择图片；❷单击【插入】按钮。

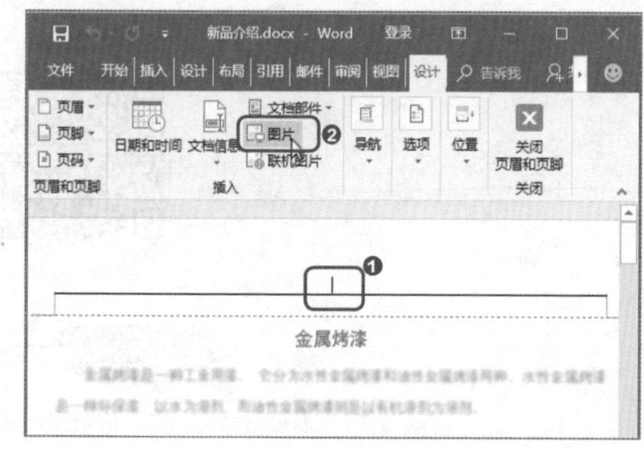

图1-97　进入页眉设计

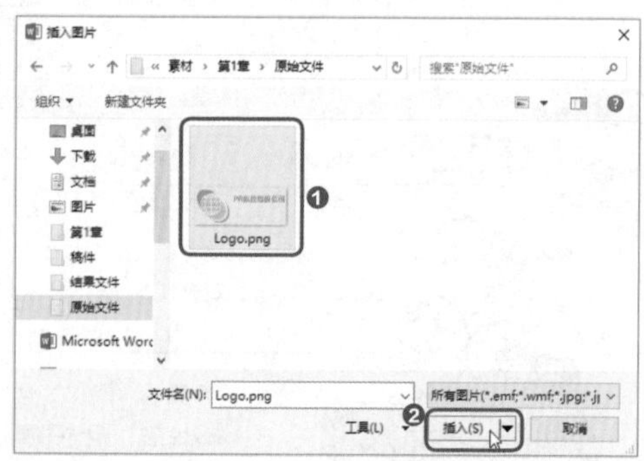

图1-98　插入Logo图片

Step3：调整Logo图片大小。如图1-99所示，❶在页眉处插入图片后，将光标放到图片的某一个角上，按住鼠标左键不放并拖动调整图片大小；❷完成图片大小调整后，单击【关闭页眉和页脚】按钮。

Step4：查看页眉Logo添加效果。如图1-100所示，此时就在页眉处成功添加了Logo图片。后面新建的页面中，同样会有相同的页眉效果。

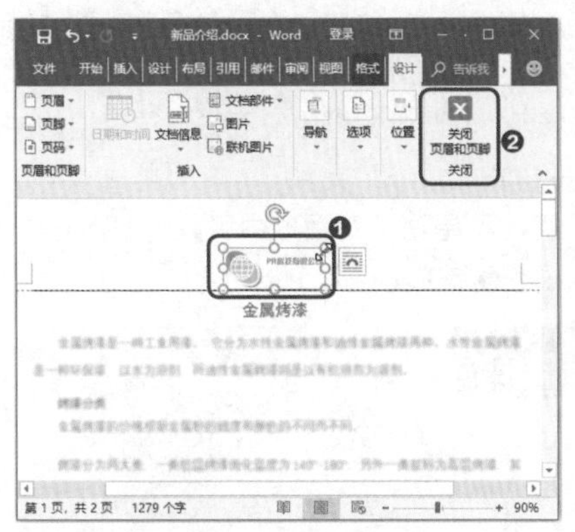

图1-99 调整Logo图片大小

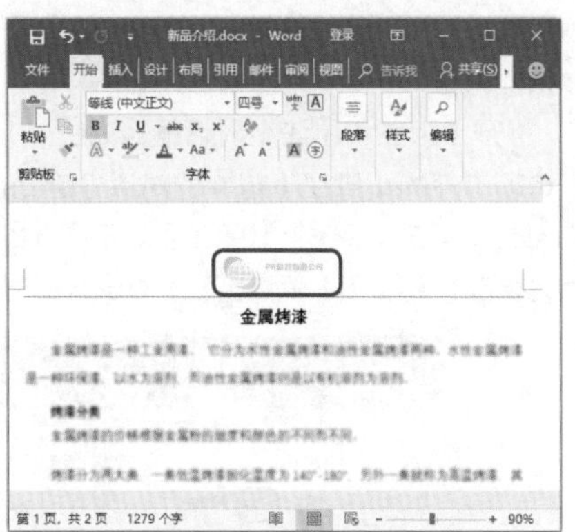

图1-100 查看页眉Logo添加效果

温馨提示

如果在页眉处添加Logo图片后影响了正文内容的排版，可以减少【页眉顶端距离】，让页眉的内容不影响正文显示。

1.6.2 对特别内容添加注释

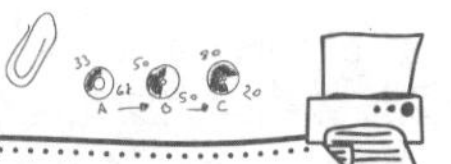

小李

张姐，赵经理让我做的新品介绍文档中，我已经添加好Logo了。但是我发现新品介绍中有一些内容需要进行特别说明。我可以在内容后面添加括号，再将说明内容放在括号中吗？

张姐

小李，用括号的方法对内容进行说明是不专业的做法。Word中的【脚注】和【尾注】就是专业添加注释的功能。如果你分不清什么是脚注，什么是尾注，建议你打开【脚注和尾注】对话框，一看就懂了。

下面使用1.6.1小节完成的添加了Logo的“新品介绍.docx”文件为例，讲解如何为特别内容添加注释，具体操作方法如下。

Step1：打开【脚注和尾注】对话框。如图1-101所示，❶选中文档中需要进行注释说明的内容；❷单击【引用】选项卡下的【脚注】组中的对话框启动器按钮。

Step2：插入尾注。如图1-102所示，在打开的【脚注和尾注】对话框中可以清楚地看出脚注和尾注的位置特点。❶选中【尾注】单选按钮；❷设置编号格式；❸单击【插入】按钮。

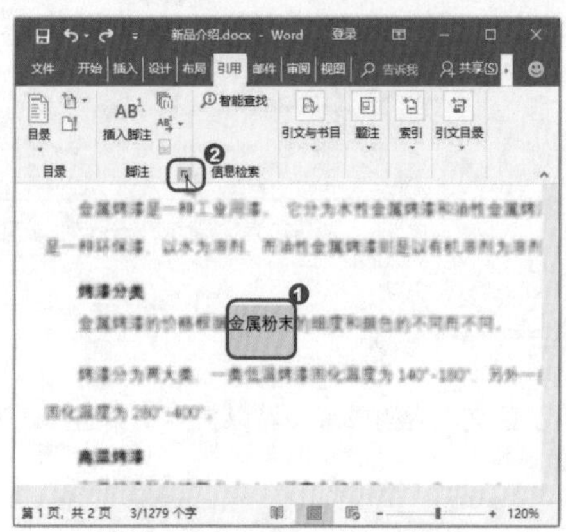

图1-101　打开【脚注和尾注】对话框

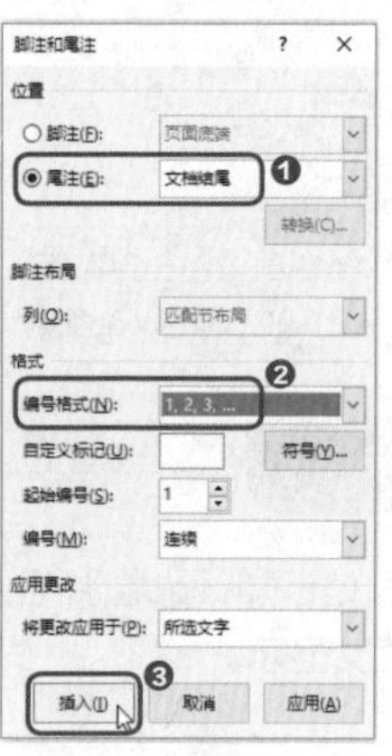

图1-102　插入尾注

Step3：输入尾注内容。如图1-103所示，此时打开尾注输入窗格，在其中输入对文档特别内容的说明文字。

Step4：查看尾注效果。完成尾注输入后，回到文档中，会发现增加了题注的内容右上角会带有1字样的尾注编号，读者可以对照这个编号，找到文档后面的尾注，查看尾注说明。将鼠标放到添加了尾注的内容上，也会显示出对该内容的注释，如图1-104所示。

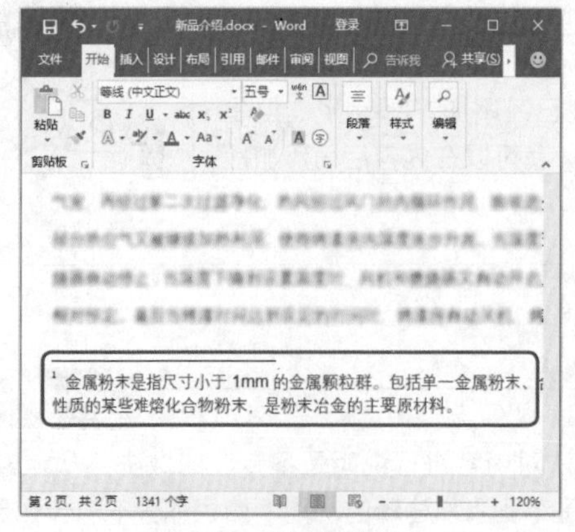

图1-103　输入尾注内容

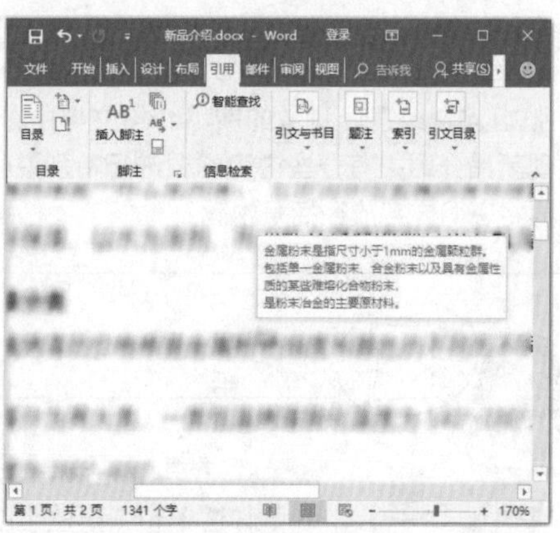

图1-104　查看尾注效果

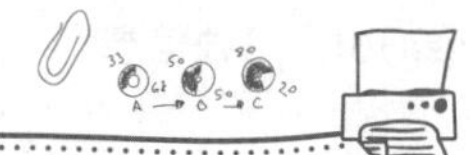

1.6.3 为引文添加来源说明

小李

张姐，上次您教我的区别脚注和尾注的方法很好用。但是我又遇到了一个问题，这份新品介绍文档中不仅有需要进行特殊说明的内容，还有引用其他书籍、报纸中的内容。为了尊重原作者，同时增加内容的权威性，我想对引文进行说明。这该如何做呢?

张姐

小李，你使用【脚注】功能时没发现这个功能旁边有一个【引文与书目】功能吗？你打开【源管理器】对话框，将文档中所有用到的书籍、报纸等引文出处都建立好，然后在文档中的位置选择建立好的引文来源说明进行插入就行了。

下面使用1.6.2小节完成的“新品介绍.docx”文件为例，讲解如何为引文添加来源说明，具体操作方法如下。

Step1：打开【源管理器】对话框。如图1–105所示，选择【引用】选项卡下的【引文与书目】下拉列表中的【管理源】选项。

Step2：新建源。如图1–106所示，在【源管理器】对话框中单击【新建】按钮。

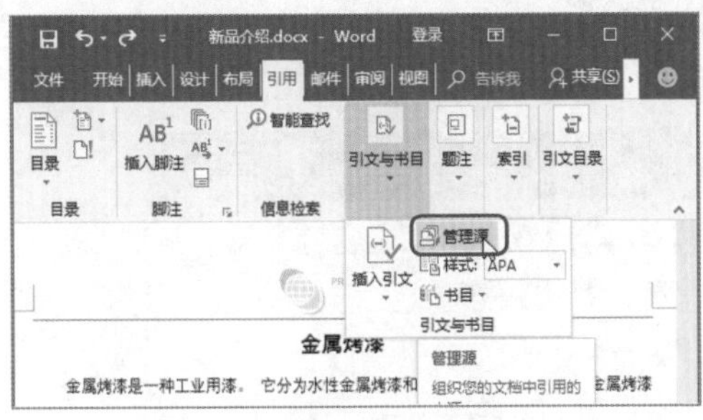

图1–105　打开【源管理器】对话框

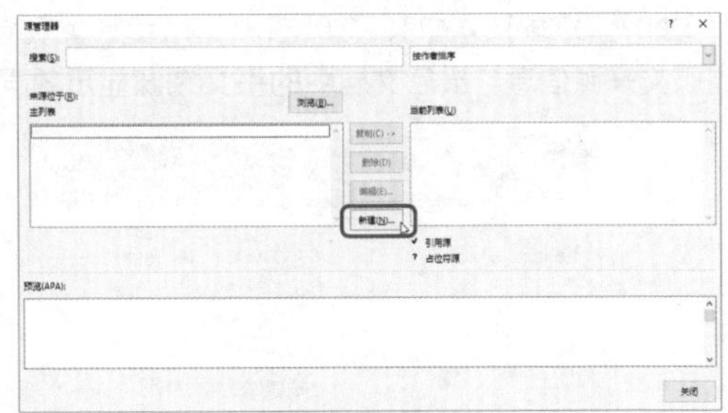

图1–106　新建源

Step3：创建源。如图1–107所示，❶在【创建源】对话框中输入引用书籍的信息；❷单击【确定】按钮。

Step4：继续创建源。使用同样的方法，单击【源管理器】对话框中的【新建】按钮，继续打开【创建源】对话框，如图1–108所示，❶输入其他引文来源信息；❷单击【确定】按钮。

Step5：关闭【源管理器】对话框。当文档中所有的引文来源信息都被创建后，单击【源管理器】对话框的【关闭】按钮，关闭该对话框，如图1–109所示。

Step6：插入引文。如图1-110所示，❶将光标放到需要添加引文来源信息的位置；❷选择【插入引文】下拉列表中正确的引文来源信息。

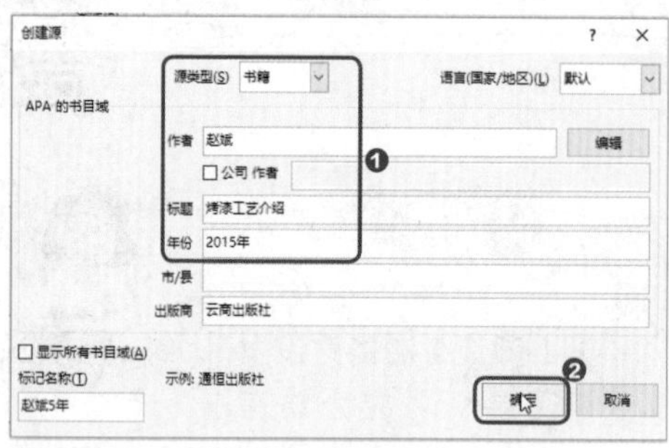

图1-107　创建源

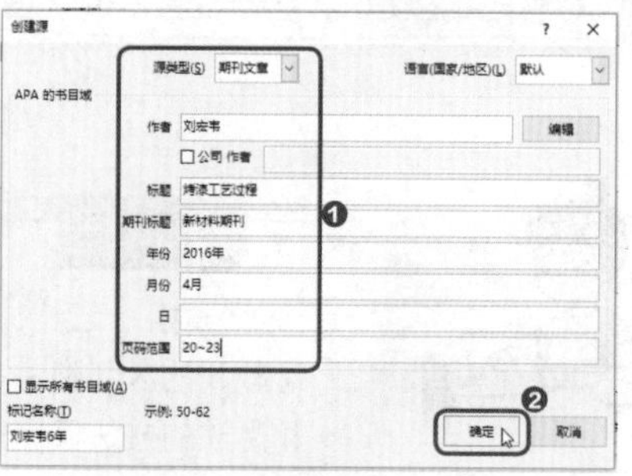

图1-108　继续创建源

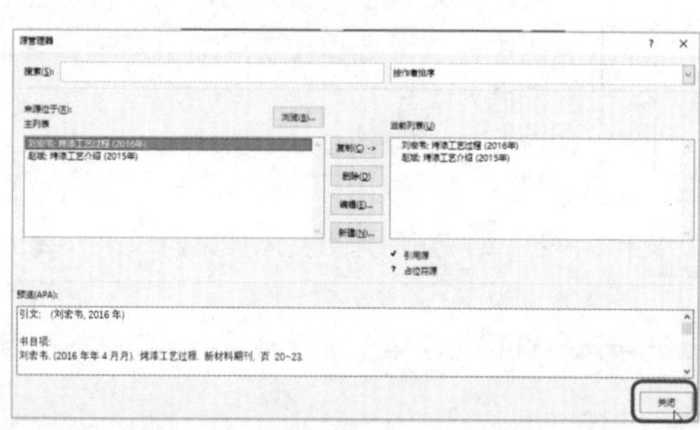

图1-109　关闭【源管理器】对话框

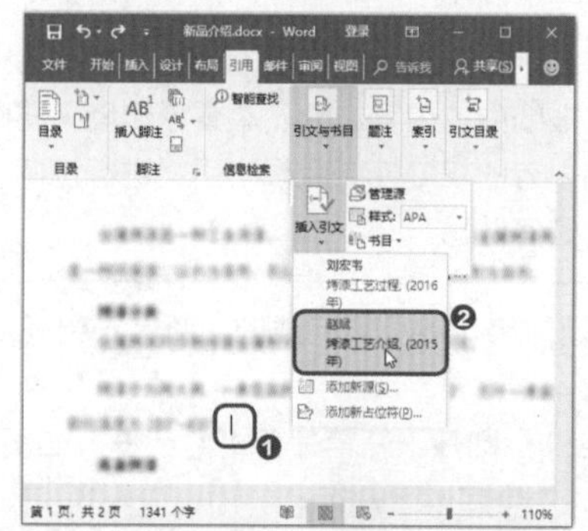

图1-110　插入引文

Step7：继续插入引文。如图1-111所示，❶将光标插入其他需要添加引文来源信息的地方；❷插入恰当的引文来源信息。最后文档中的引文来源显示效果如图1-112所示。

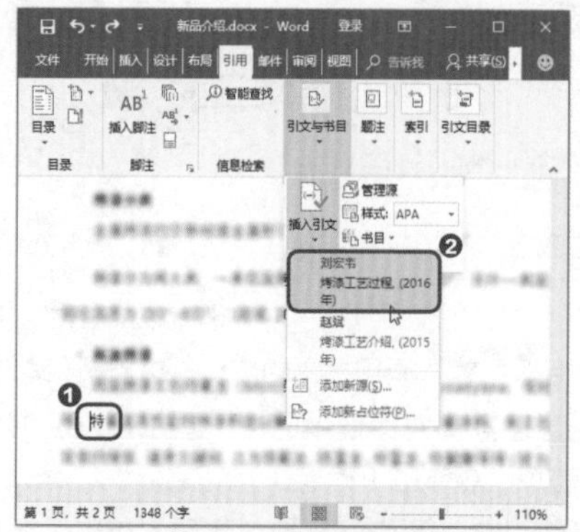

图1-111　继续插入引文

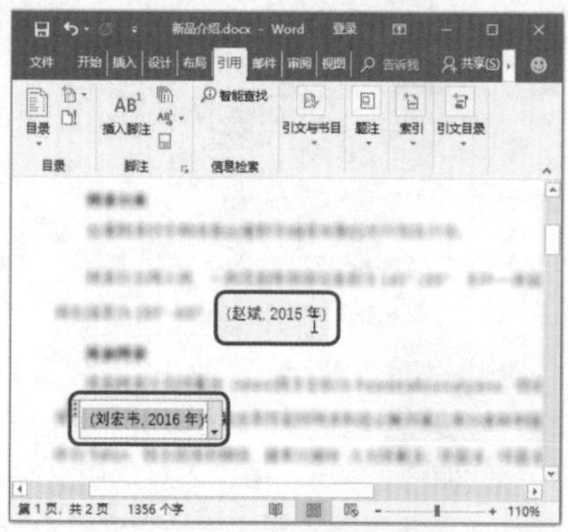

图1-112　查看引文插入效果

CHAPTER 2

排版美化：做出媲美海报的文档

过去我一直错误地认为PPT才是负责美观的，Word只要文字整齐就可以了。这种错误的认知，让我在做文档时，使用了下面这些最原始的方法。

打开文档开始编辑文字，文字编辑完成就以为大功告成。

想增加段与段之间的距离，使用敲空格键的方法。

图文排版，只会在文字下方插入图片。

不会给文档设置大气、美观的封面。

……

排版Word文档，我见过不少“笑话”。例如，在段落间加空格、在段首敲两下键盘作为缩进、在文档中使用花哨又浮夸的艺术字……这些操作实在太不专业了！

Word是一个专业的文字处理工具，排版功能非常强大。用透Word排版功能的秘诀有以下两个。

一是掌握基本功。知道如何设置字体、段落格式，如何设置文本框、图片位置等，否则排版将无法落到实处。

二是具备基本的审美。知道什么样的形状、艺术字是可以增加文档美感的，什么样的封面能提高文档的内涵，这样才能让掌握的基本功用得恰到好处。

2.1 图文排版真的很简单

Word文档的图文排版是一项基础技能，只要懂得规避基本的排版雷区，掌握字体、段落、图片的排版参数设置方式，就可以轻松制作出效果不错的文档。

2.1.1 文档排版千万别犯这5大低级错误

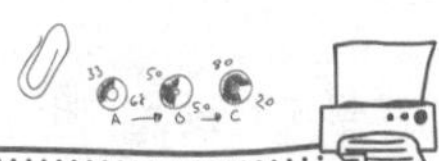

小李

张姐，最近赵经理对文档的要求越来越高，我水平有点儿跟不上了。时间紧急，您先给我讲讲文档排版最不能犯的错误吧，我先规避基本错误，其他的排版技能，我再慢慢琢磨，向您请教。

张姐

说到排版的低级错误，我可真的见过不少，下面给你说几个千万不要犯的错误。

（1）轻易给字体设置倾斜、加粗、下划线、颜色等效果。

（2）字号过大或过小，不能清晰阅读。

（3）标题与正文样式无区别。

（4）使用空格来排版。

（5）编号分级太多。

1 字体格式的错误

一般来说，文档正文的常规格式设置为宋体、五号字，不加粗、不倾斜、不添加下划线。典型的字体格式设置上的错误如图2-1所示。

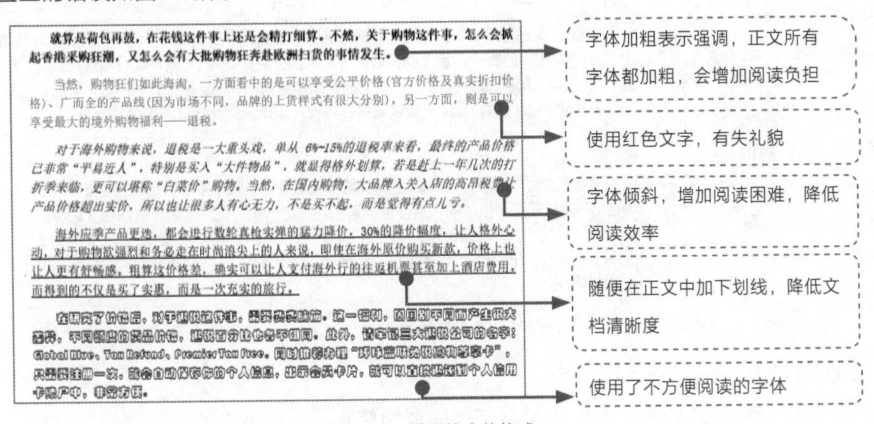

就算是荷包再鼓，在花钱这件事上还是会精打细算。不然，关于购物这件事，怎么会掀起香港采购狂潮，又怎么会有大批购物狂奔赴欧洲扫货的事情发生。

当然，购物狂们如此海淘，一方面看中的是可以享受公平价格(官方价格及真实折扣价格)、广而全的产品线(因为市场不同，品牌的上货样式有很大分别)，另一方面，则是可以享受最大的境外购物福利——退税。

对于海外购物来说，退税是一大重头戏，单从 6%~15%的退税率来看，最终的产品价格已非常“平易近人”，特别是买入“大件物品”，就显得格外划算，若是赶上一年几次的打折季来临，更可以堪称“白菜价”购物。当然，在国内购物，大品牌入关入店的高昂税费让产品价格超出实价，所以也让很多人有心无力，不是买不起，而是觉得有点儿亏。

海外应季产品更迭，都会进行数轮真枪实弹的猛力降价，30%的降价幅度，让人格外心动，对于购物欲强烈和务必走在时尚浪尖上的人来说，即使在海外原价购买新款，价格上也让人更有舒畅感，粗算这价格差，确实可以让人支付海外行的往返机票甚至加上酒店费用，而得到的不仅是买了实惠，而是一次充实的旅行。

在研究了价格后，对于退税这件事，需要费费脑筋。这一福利，因国别不同而产生很大差异，不同额度的货品价格，退税百分比也各不相同。此外，请牢记三大退税公司的名字：Global Blue、Tax Refund、Premier Tax Free。同时推荐办理“环球蓝联免税购物尊享卡”，只需要注册一次，就会自动保存你的个人信息，出示会员卡片，就可以直接退还到个人信用卡账户中，非常方便。

图2-1　错误的字体格式

2 字号错误

Word文档中的字号不宜过大，也不宜过小。建议一级标题使用三号字，二级标题使用小三号字，三级标题使用小四号字，正文使用五号字。字号过小如图2-2所示，难以清晰辨认。字号过大如图2-3所示，让文档显得粗糙，没有水平。

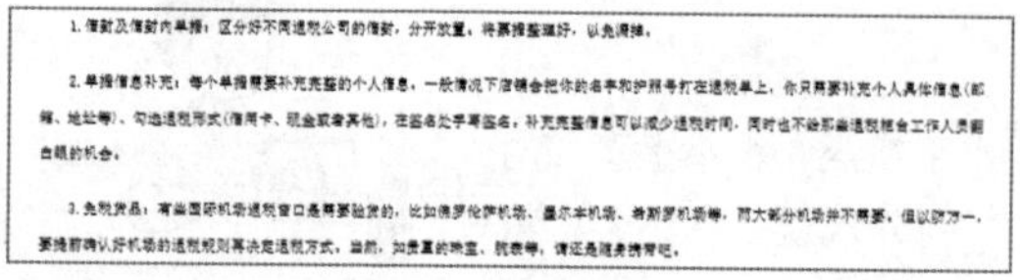

1. 信封及信封内单据：区分好不同退税公司的信封，分开放置，将票据整理好，以免调换。

2. 单据信息补充：每个单据需要补充完整的个人信息，一般情况下店铺会把你的名字和护照号打在退税单上，你只需要补充个人具体信息（邮编、地址等）、勾选退税形式（信用卡、现金或者其他），在签名处手写签名，补充完整信息可以减少退税时间，同时也不给那些退税柜台工作人员留白额的机会。

3. 免税货品：有些国际机场退税窗口是需要验货的，比如佛罗伦萨机场、墨尔本机场、希斯罗机场等，而大部分机场并不需要，但以防万一，要提前确认好机场的退税规则再决定退税方式，当然，如贵重的珠宝、钟表等，请还是随身携带吧。

图2-2　字号过小

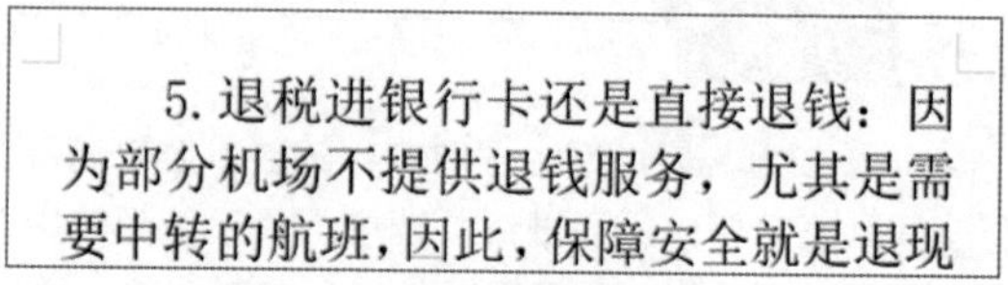

5. 退税进银行卡还是直接退钱：因为部分机场不提供退钱服务，尤其是需要中转的航班，因此，保障安全就是退现

图2-3　字号过大

3 标题与正文样式无区别

一份正式的文档中，标题字号要比正文大，可以加粗显示，其目的是让标题与正文有所区别；并且标题要设置成大纲级别，以方便后续样式设计、目录提取。如图2-4所示，图中标题与正文毫无区别，这样的文档显得十分随意。

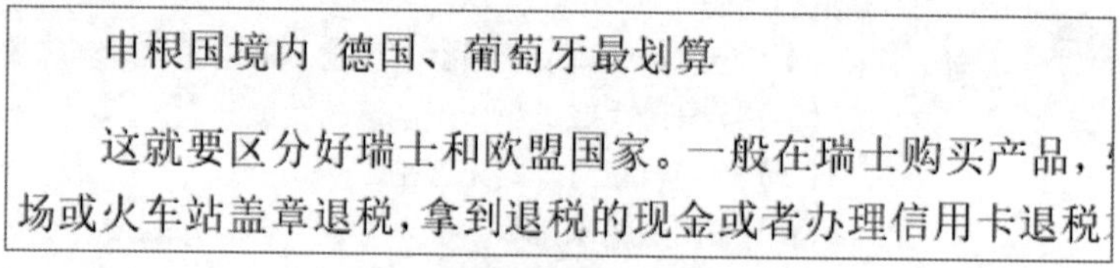

申根国境内 德国、葡萄牙最划算

这就要区分好瑞士和欧盟国家。一般在瑞士购买产品，场或火车站盖章退税，拿到退税的现金或者办理信用卡退税

图2-4　标题与正文样式无区别

4 使用空格排版

很多新手在制作文档时，都会在段落开头按空格键进行缩进，在段落之间按Enter键增加段落之间的距离。这种做法十分缺乏专业性。使用空格排版的文档如图2-5所示。

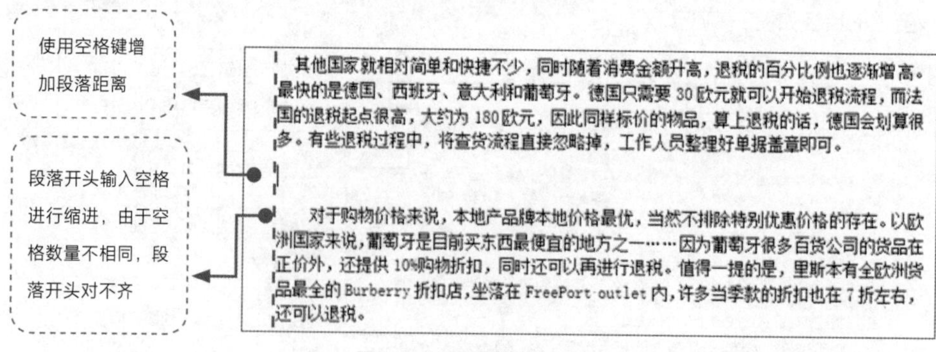

其他国家就相对简单和快捷不少，同时随着消费金额升高，退税的百分比例也逐渐增高。最快的是德国、西班牙、意大利和葡萄牙。德国只需要 30 欧元就可以开始退税流程，而法国的退税起点很高，大约为 180欧元，因此同样标价的物品，算上退税的话，德国会划算很多。有些退税过程中，将查货流程直接忽略掉，工作人员整理好单据盖章即可。

对于购物价格来说，本地产品牌本地价格最优，当然不排除特别优惠价格的存在。以欧洲国家来说，葡萄牙是目前买东西最便宜的地方之一……因为葡萄牙很多百货公司的货品在正价外，还提供 10%购物折扣，同时还可以再进行退税。值得一提的是，里斯本有全欧洲货品最全的 Burberry 折扣店，坐落在 FreePort outlet 内，许多当季款的折扣也在 7 折左右，还可以退税。

图2-5　使用空格排版的文档

5 编号分级太多

当文档的内容结构较为复杂时，为了厘清文档的逻辑结构，有必要对文档内容进行分级。通常情况下，文档级别以两三个为宜，级别太多反而会造成阅读困难。对比图2-6和图2-7，前者有3个级别，后者有4个级别。虽然只多了一个级别，但是图2-7的结构清晰度远小于图2-6。

一、退税的方法
1.统一印制退税单
（1）使用场景
（2）操作流程
2.商家特制退税单
（1）使用场景
（2）操作流程

图2-6　3个分级

一、退税的方法
1.统一印制退税单
（1）使用场景
1）购物商场
2）专卖店
（2）操作流程
2.商家特制退税单
（1）使用场景
1）名牌专卖店
2）奢侈品专卖店
（2）操作流程

图2-7　4个分级

2.1.2 让段落整齐又美观的4个诀窍

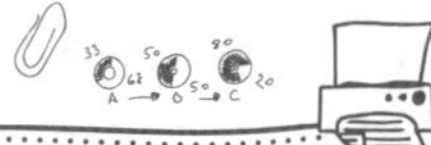

赵经理

小李，作为一名新人，你的文档排版格式已经很不错了，不过还有待进步。今天我给你一些资料，你将内容整理成一份施工合同，然后将合同发给施工方过目。

小李

合同这类文档文字较多，如果不注意排版，文字就会太密，不方便阅读。赵经理，您放心，我这次会先问问张姐，类似于这种文字较多的文档应该如何排版才能整齐、美观。

张姐

小李，其实文字较多的文档，你只需做好段落排版即可。原则无非有四个：其一，设置段落首行缩进，通常情况下设置2个字符的缩进；其二，设置段落与段落之间的距离，通常情况下设置段后0.5行距离；其三，设置段落中文字行与行之间的距离，建议正文部分1.5倍行间距或者18～22磅；其四，调整段落文字对齐方式为【两端对齐】即可。

打开“施工合同.docx”文件，设置文档中的段落排版格式，具体操作方法如下。

Step1：打开【段落】对话框。如图2-8所示，选中文档中除了标题之外的内容，单击【开始】选项卡下的【段落】组中的对话框启动器按钮 。

Step2：设置段落格式。如图2-9所示，在【段落】对话框中，❶设置【对齐方式】为【两端对齐】；❷设置缩进的【特殊格式】为【首行缩进】，缩进量为【2字符】；❸设置段后距离和行距；❹单击【确定】按钮。

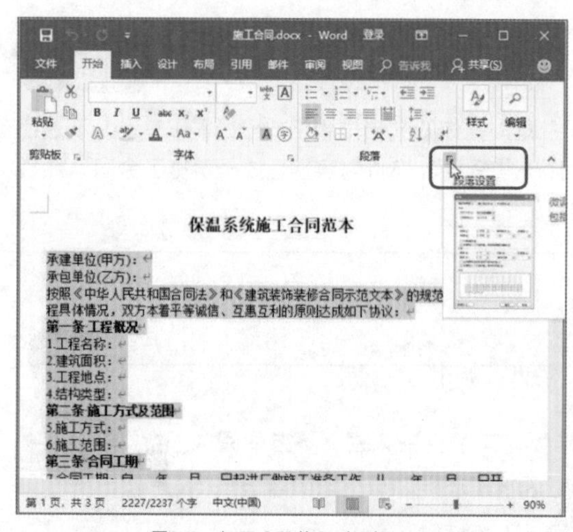

图2-8　打开【段落】对话框

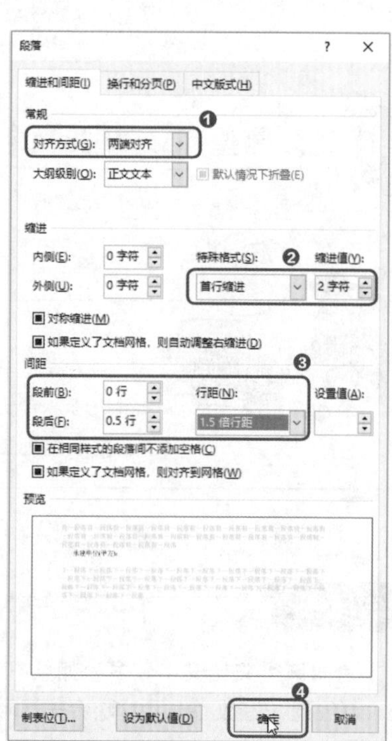

图2-9　设置段落格式

Step3：查看效果。此时，文档中的段落排版已经能满足基本要求，最终效果如图2-10所示。

11.本工程包工包料。双方如对工程量存在争议，以审计为准(按后期实测实量的面积计算)。

第五条 甲方工作

1.开工前五天，向乙方提供经甲方确认的施工图纸及做法说明一份，并向乙方进行现场交底。主体交接，需修整的另行计算，为乙方无偿提供临时设施、施工中所需的水、电及材料堆放简易场地。施工用脚手架由甲方承担。

2.指派______为甲方驻工地代表，负责监督合同履行，对工程质量、进度进行监督检查，办理验收、变更、签证手续(变更必须经公司盖章生效)和其他事宜。

第六条 乙方工作

1.参加甲方组织的施工图纸或做法说明的现场交底。

2.指派______为乙方驻工地代表，负责合同履行。按照要求组织施工，保质、保量、按期完成施工任务，解决乙方负责的各项事宜。

3.遵守国家或地方政府及有关部门对施工现场管理的规定，确保施工现场周围建筑物、设备管线、古树名木不受损坏。做好施工现场保卫和垃圾清运等工作，处理好由于施工带来的扰民问题与周围单位(住户)的关系。

图2-10　最终效果

温馨提示

选中文档中需要设置段落格式的内容后，可以直接在【段落】组中单击【两端对齐】按钮≡设置对齐方式；单击【行和段落间距】按钮设置行距和段后距离；单击【增加缩进量】按钮设置段落的首行缩进。

2.1.3 编号让文档结构清晰

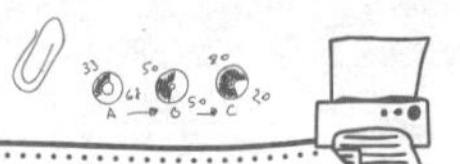

赵经理

小李，你之前做的施工合同挺不错的，不仅内容逻辑清晰，格式可读性也很强。你按这样的标准再拟定一份合作协议。

小李

张姐，合作协议中必然会列出双方合作的事项条款。因此，协议中需要用“一、二、三……”“1、2、3……”这样的序号将条款列出来，显得更为正式。我的思考是正确的吧？

张姐

小李，Word中可以为结构化的内容添加项目符号和编号。虽然两者都能强调文档的内容结构，但是编号中的数字能让人识别条款的具体条数。因此，你的想法没错，对于协议这类极为正式的文档，要选用编号而非项目符号。

打开“化工产品合作协议.doc”文件，文件有多项条款，现在需要根据条款的层级设置不同的编号，具体操作方法如下。

Step1：打开编号列表。如图2-11所示，❶按住Ctrl键，选中文档中加粗的条款文字；❷单击【段落】组中的【编号】下拉按钮。

Step2：选择一级编号。如图2-12所示，在弹出的下拉列表中选择一级编号样式。此时，选中的条款就会被编上“一、二、三……”的编号。

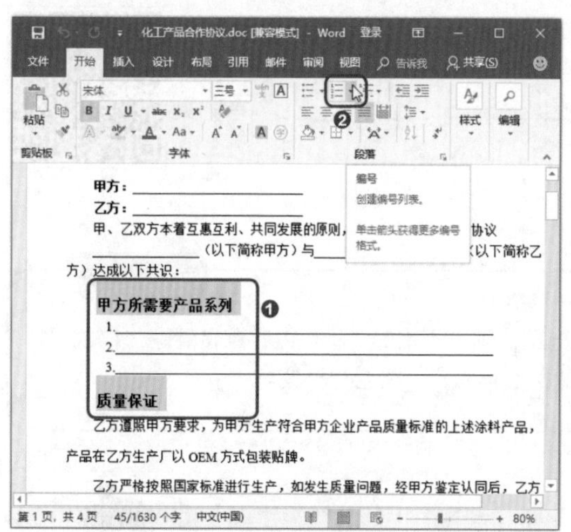

图2-11　打开编号列表

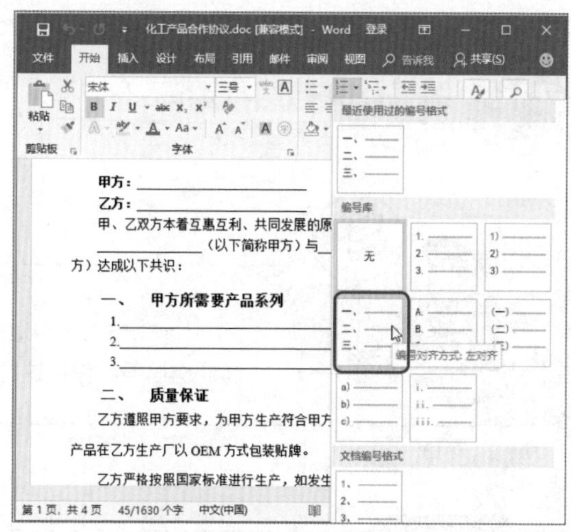

图2-12　选择一级编号

Step3：选择二级编号。如图2-13所示，❶选中属于“二、质量保证”下方的条款文字，单击【编号】下拉按钮；❷从下拉列表中选择编号格式。此时，选中的文字会应用上“1、2、3……”这样的编号。使用同样的方法，可以为相同编号级别的文字设置编号。

Step4：打开【定义新编号格式】对话框。在前面的步骤中，设置了一级编号“一、二、三……”和二级编号“1、2、3……”，现在需要设置三级编号“（1）、（2）、（3）……”。由于【编号】下拉列表中没有这种编号格式，所以需要自定义编号格式。如图2-14所示，❶选中需要设置三级编号的文字；❷选择【编号】下拉列表中的【定义新编号格式】选项。

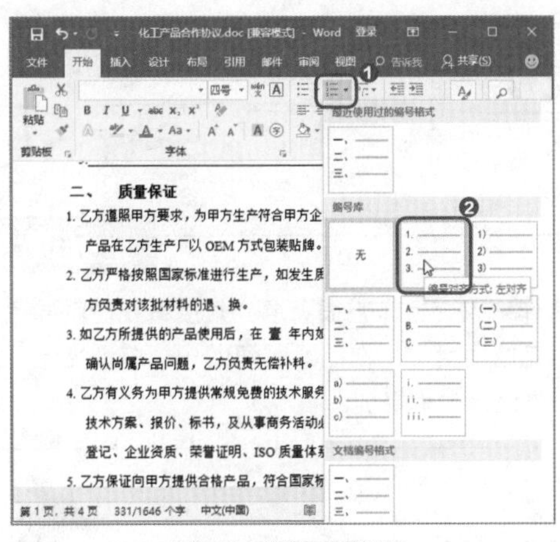

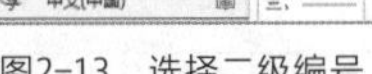

图2-13　选择二级编号

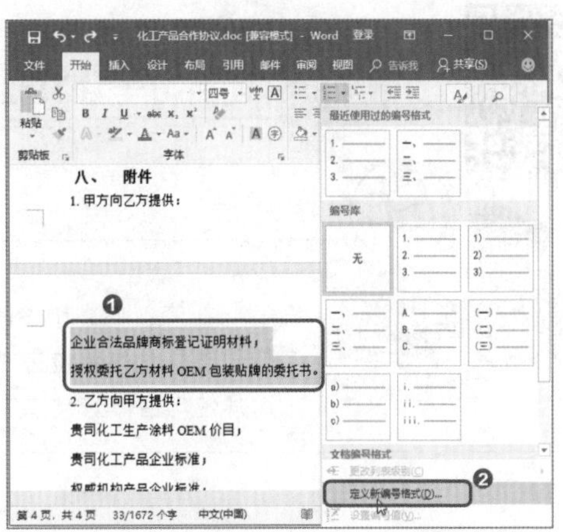

图2-14　打开【定义新编号格式】对话框

Step5：定义新编号格式。如图2-15所示，❶在打开的【定义新编号格式】对话框中，选择编号样式；❷在【编号格式】内为编号添加括号；❸单击【确定】按钮。

Step6：选择定义好的新编号格式。如图2-16所示，此时在【编号】下拉列表中出现了新定义好的编号格式，可以直接选择该编号格式。

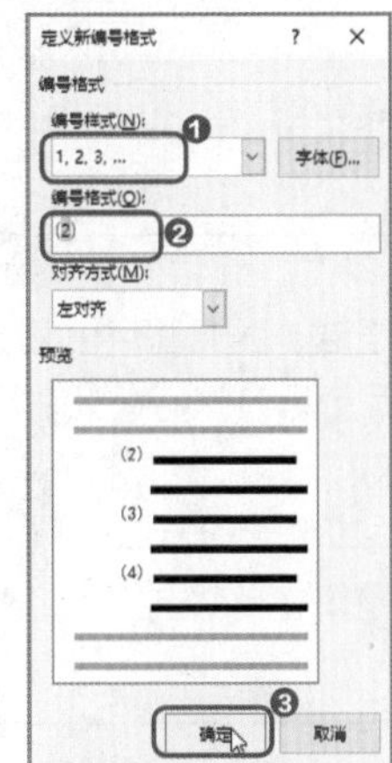

图2-15　定义新编号格式

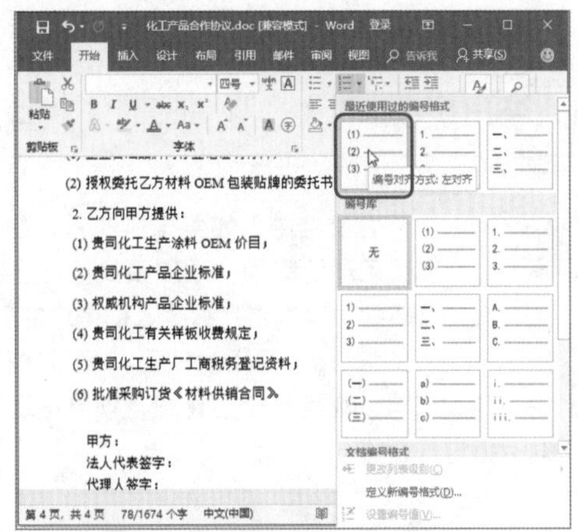

图2-16　选择定义好的新编号格式

温馨提示

在编辑文档时，可以为内容编号，为第一条内容编号后，只需按下Enter键就可以实现后续输入内容的自动编号了。

2.1.4 项目符号让文档更有条理

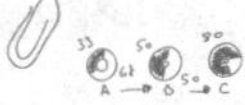

赵经理

小李，你之前做的合作协议，合作方很满意。紧接着我们就要派几位同事到合作单位去共同完成项目了。你抓紧时间做一个培训文档，对这几位与合作方共事的同事进行简单培训。

小李

赵经理，您放心，我会做好培训文档的。我在做培训文档时，通常会对重要的事项添加项目符号进行强调。考虑到蓝色是我们公司的VI主体色，我会将项目符号也设置成蓝色。我先去请教一下张姐，如何设置这种个性化的项目符号。

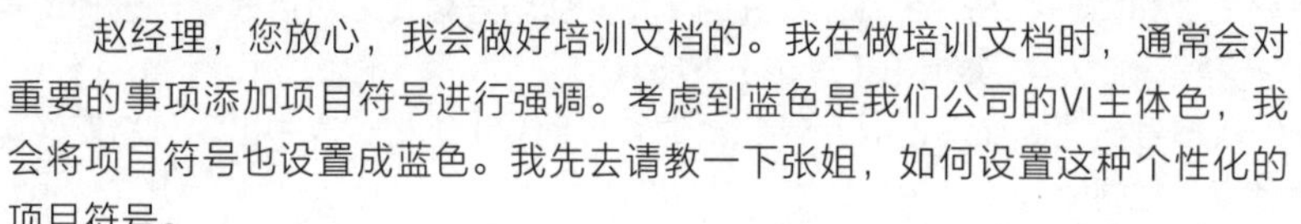

张姐

在文档中，如果想抓住阅读者的眼球，强调重点信息，且让重点信息有条理地陈列，添加项目符号确实是个好方法。此外，项目符号还可以起到导读作用，提示人们信息的层次。

在Word中添加项目符号方法和添加编号的方法类似，只需选中内容，再选择一种符号格式即可。如果想个性化设置项目符号的颜色、形状、大小，可以打开【定义新项目符号】对话框进行设置。

打开“员工培训.docx”文件，对文档中需要强调的重点信息设置个性化的项目符号，具体操作方法如下。

Step1：打开【定义新项目符号】对话框。如图2-17所示，❶选中需要设置项目符号的内容；❷单击【开始】选项卡下的【项目符号】下拉按钮，❸此时，可以直接选择一种项目符号格式，但是这里需要个性化设置，所以选择【定义新项目符号】选项。

Step2：打开【符号】对话框。如图2-18所示，打开【定义新项目符号】对话框，单击【符号】按钮。

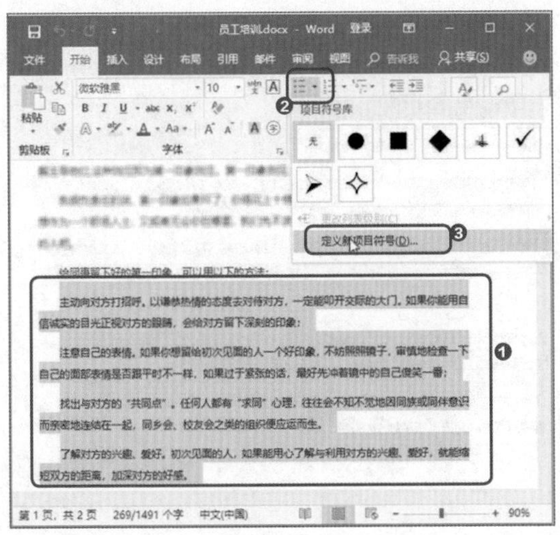

图2-17　打开【定义新项目符号】对话框

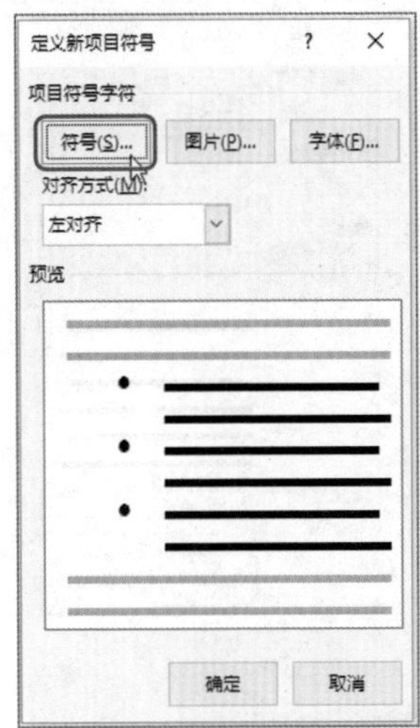

图2-18　打开【符号】对话框

Step3：选择项目符号。如图2-19所示，❶在打开的【符号】对话框中选择一种项目符号；❷单击【确定】按钮。

Step4：设置项目符号的颜色和大小。回到【定义新项目符号】对话框中，单击【字体】按钮，打开如图2-20所示的【字体】对话框，❶设置项目符号的字号；❷选择项目符号的颜色；❸单击【确定】按钮。

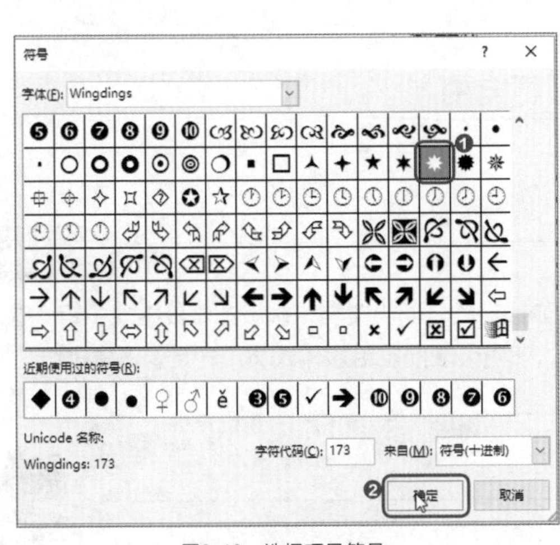

图2-19　选择项目符号

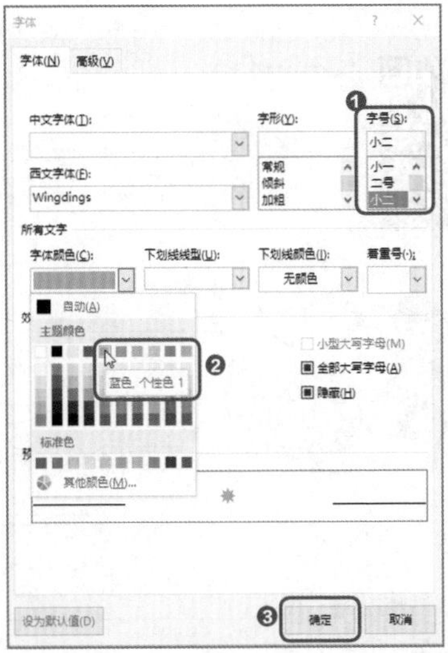

图2-20　设置项目符号的颜色和大小

Step5：确定项目符号。如图2-21所示，此时显示了项目符号的格式预览效果，单击【确定】按钮。回到文档中，已经为所选内容添加了项目符号的格式，最终效果如图2-22所示。

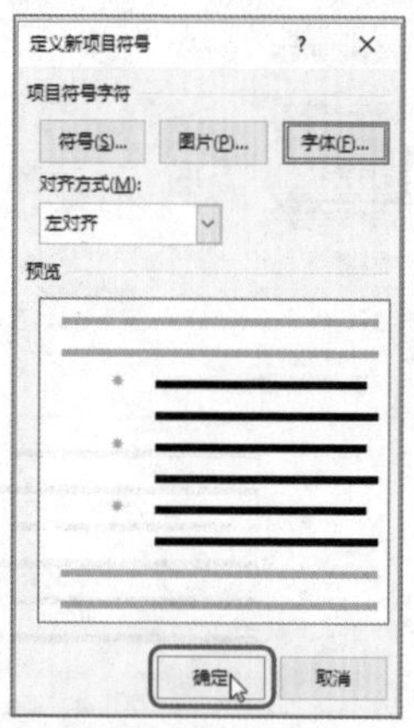

图2-21　确定项目符号

给同事留下好的第一印象，可以用以下的方法：

- 主动向对方打招呼。以谦恭热情的态度去对待对方，一定能叩开交际的大门。如果你能用自信诚实的目光正视对方的眼睛，会给对方留下深刻的印象；
- 注意自己的表情。如果你想留给初次见面的人一个好印象，不妨照照镜子，审慎地检查一下自己的面部表情是否跟平时不一样，如果过于紧张的话，最好先冲着镜中的自己傻笑一番；
- 找出与对方的"共同点"。任何人都有"求同"心理，往往会不知不觉地因同族或同伴意识而亲密地连结在一起，同乡会、校友会之类的组织便应运而生。
- 了解对方的兴趣、爱好。初次见面的人，如果能用心了解与利用对方的兴趣、爱好，就能缩短双方的距离，加深对方的好感。

图2-22　最终效果

技能升级

如果要求文档中的项目符号使用企业特定的宣传图片或企业Logo等标志，可以在【定义新项目符号】对话框中单击【图片】按钮，再选择【从文件】选项，打开【插入图片】对话框。此时，就可以从计算机中选择保存好的企业宣传图片或企业Logo等标志作为项目符号了。

2.1.5 文本框让排版更自由

赵经理

小李，之前让你拟定的合同类文档，排版都比较中规中矩。这次你需要写一篇新闻稿，在明天之前发给媒体人员。一定要注意排版！

小李

张姐，新闻稿的排版要求比普通文档更高，因为新闻稿中既有图片又有不同板块的文字内容，我如何才能做到灵活排版呢？

张姐

在Word文档中，很多人都会觉得排版“不顺手”，其原因是内容的位置、格式设置不够灵活。那么我教你一招，使用文本框来排版。在文本框中可以插入图片，也可以输入文字。单独设置文本框中的内容格式，不会影响其他的内容格式，十分自由。

打开“新闻稿.docx”文件，在文档中利用文本框灵活排版，具体操作方法如下。

Step1：选择【绘制文本框】选项。在文档中，❶单击【插入】选项卡下的【文本框】下拉按钮；❷在下拉菜单中选择【绘制文本框】选项，如图2-23所示。

Step2：绘制文本框。如图2-24所示，在页面中拖动鼠标绘制一个文本框。

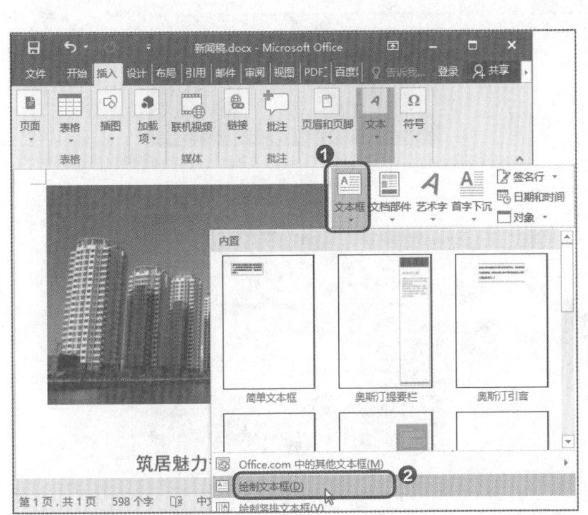

图2-23　选择【绘制文本框】选项

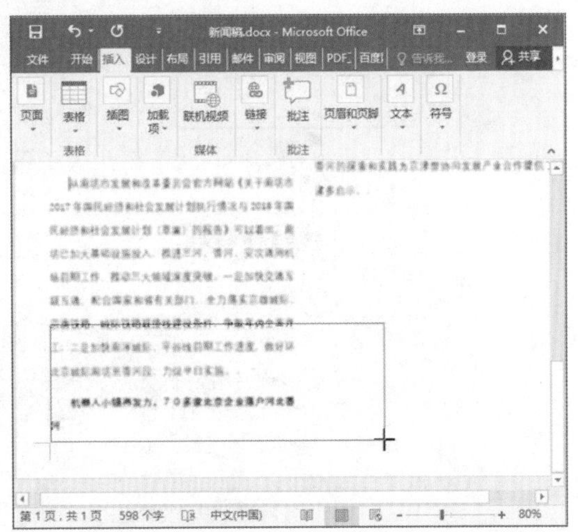

图2-24　绘制文本框

Step3：调整文本框位置。如图2-25所示，❶选中文本框；❷在【绘图工具-格式】选项卡下单击【排列】组中的【位置】下拉按钮；❸选择下拉列表中的【底端居中，四周型文字环绕】选项。

Step4：设置文本框填充色。如图2-26所示，❶在文本框中输入文字内容；❷选中文本框，单击【绘图工具-格式】选项卡下的【形状填充】下拉按钮；❸从下拉列表中选择一种填充色。

Step5：设置文字格式。如图2-27所示，选中文本框，在【字体】组中设置文本框中文字的字体、字号和颜色。此时，就完成了文本框设置，最终效果如图2-28所示，位于页面下的文本框不仅可以灵活调整位置，还可以单独设置文本框中的内容格式。

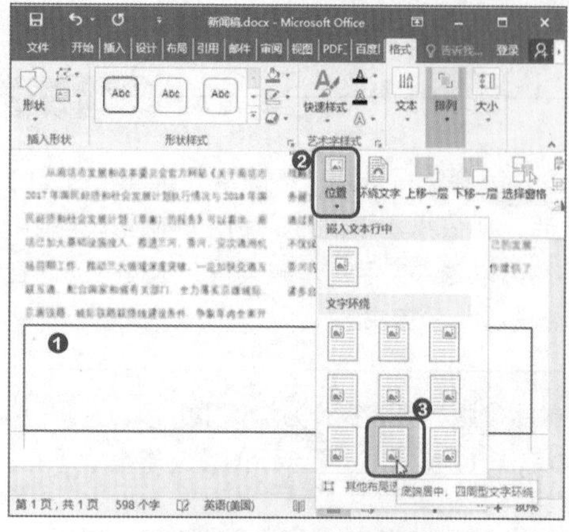

图2-25　调整文本框位置

图2-26　设置文本框填充色

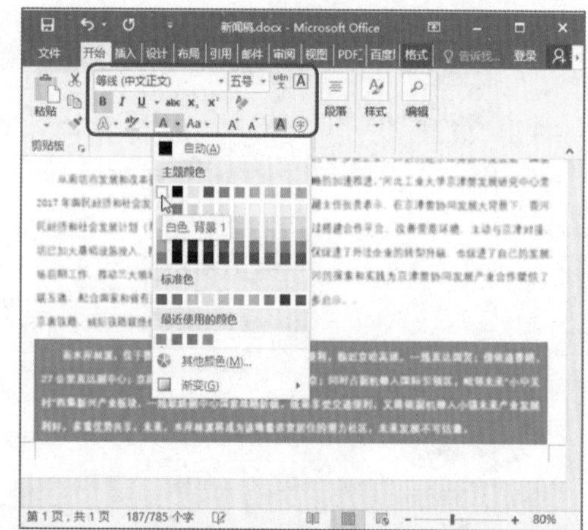

图2-27　设置文字格式

图2-28　最终效果

2.1.6 Word竟然也有P图功能

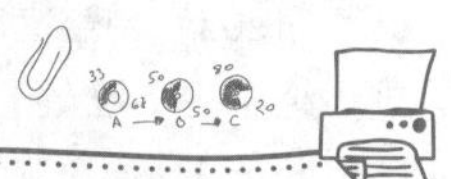

赵经理

小李，你会制作简单的宣传册吗？使用图片和文字简单介绍一下我们公司及公司产品即可。我让策划部人员给你几张宣传册使用的图片。

小李

赵经理，宣传册我会制作。可是策划部同事给我的图片放到宣传册上效果不好，有的图片颜色太淡，有的图片颜色无法与文档配色统一。能不能换几张图片呢?

张姐

小李，你可以利用Word的图片调整功能处理一下这些图片，让图片满足你的需求。Word中可以对图片进行的操作如下。

（1）校正拍摄效果不好的图片，包括调整图片锐化参数，从而增强图片中的线条边缘，让图片变得清晰；调整图片的光线明亮程度；调整图片的对比度，改变图片的明暗对比。

（2）调整图片的颜色，让图片呈现出符合文档需求的色调。

（3）为图片设置艺术效果，让图片更具视觉冲击力。

打开“宣传册.docx”文件，调整文档中不同图片的效果，使其符合表达需求，具体操作方法如下。

Step1：调整图片的锐化/柔化程度。打开文档后，可以发现第1页右上角的图片与左上角的图片相比，拍摄效果较为普通，需要进行校正。如图2-29所示，❶选中右上角的图片，单击【图片工具-格式】选项卡下的【校正】下拉按钮；❷将光标放到下拉列表中不同的锐化效果上，查看图片效果变化，选择效果最好的锐化参数。

Step2：调整图片的亮度/对比度。如图2-30所示，❶选中图片，再次单击【校正】下拉按钮；❷在下拉列表中选择一种效果最佳的亮度/对比度参数。

图2-29　调整图片的锐化/柔化程度

图2-30　调整图片的亮度/对比度

Step3：查看效果。此时，文档右上角的图片效果成功校正。如图2-31所示，校正后的图片与页面左上角的图片效果相当，两者相得益彰。

Step4：打开颜色列表。进入文档的第2页，可以看到页面左上角的图片颜色与文档中其他图片的颜色不搭配，如图2-32所示。单击【图片工具-格式】选项卡下的【调整】组中的【颜色】下拉按钮，打开颜色列表。

图2-31　查看效果

图2-32　打开颜色列表

Step5：选择颜色。如图2-33所示，在打开的颜色列表中选择与文档中其他图片统一的色调。

Step6：设置图片艺术效果。如图2-34所示，❶选中第2页右上角的图片，单击【图片工具-格式】选项卡下的【调整】组中的【艺术效果】下拉按钮；❷从下拉列表中选择一种艺术效果。

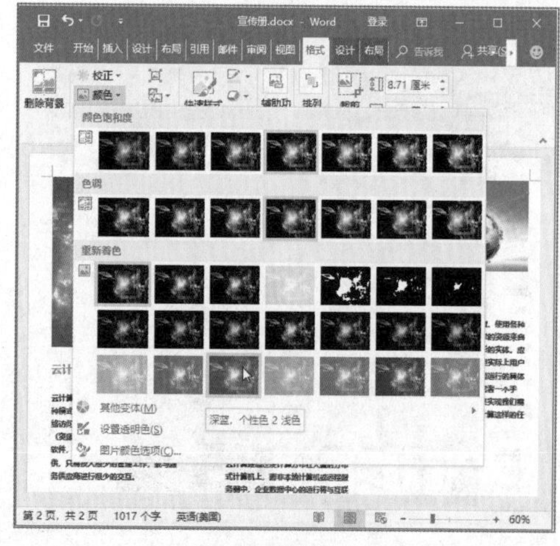

图2-33　选择颜色

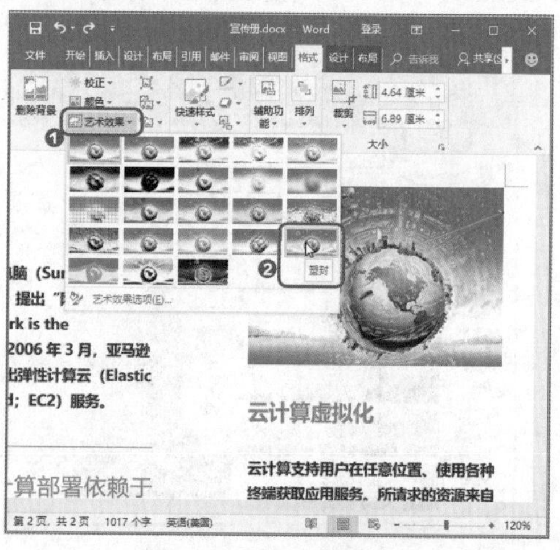

图2-34　设置图片艺术效果

Step7：查看效果。更改图片颜色和图片艺术效果后，最终效果如图2-35所示。从图中可以发现，左上角的图片色调与整个文档相一致；而右上角的图片显得更有艺术性、更神秘，与本页科技主题相匹配。

云计算起点

1983年，太阳电脑（Sun Microsystems）提出“网络是电脑”（“The Network is the Computer”）,2006年3月，亚马逊（Amazon）推出弹性计算云（Elastic Compute Cloud；EC2）服务。

“许多云计算部署依赖于计算机集群，吸收自主计算和效用计算的特点。”

云计算的定义

云计算特点

云计算虚拟化

图2-35 查看效果

2.1.7 图片与文字完美结合的两种方法

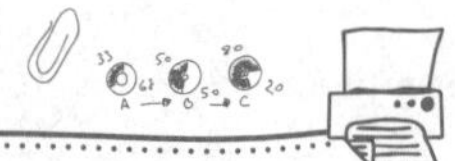

小李

张姐，上次赵经理让我做宣传册，我发现图文排版有很大学问，相同的内容，用不同的方法排版就会产生不同的效果。我总结了一下，图文排版的要点无非就是设置图片的位置，对吧？

张姐

是的，要想合理地进行图文排版，就要理解图片在文档中不同位置的效果。总的来说，文档中的图片可以设置三种位置：嵌入文本行中，让图片嵌入文本行中，与图片左右的文本处于同一行中；文字环绕，让图片在文档中被文字包围，位置可随意移动；浮于文字上方或下方，位置可随意移动。此外，还可以使用表格进行图片排版，既能保证图片位置灵活，又能保证文档的版式不会被打乱。

打开“宣传方案.docx”文件，在文档中以不同的方式排版图片和文字，具体操作方法如下。

1 设置图片位置

插入文档中的图片，可以通过调整文字环绕方式后自由移动位置。

Step1：插入图片。如图2-36所示，❶将光标放到标题“一、活动背景”下内容的下面一行，表示要在这里插入图片；❷单击【插入】选项卡下的【图片】按钮，打开【插入图片】对话框，插入一张图片。

Step2：设置图片样式。如图2-37所示，❶选中图片，单击【图片工具-格式】选项卡下的【快速样式】下拉按钮；❷从下拉列表中为图片选择一种样式。

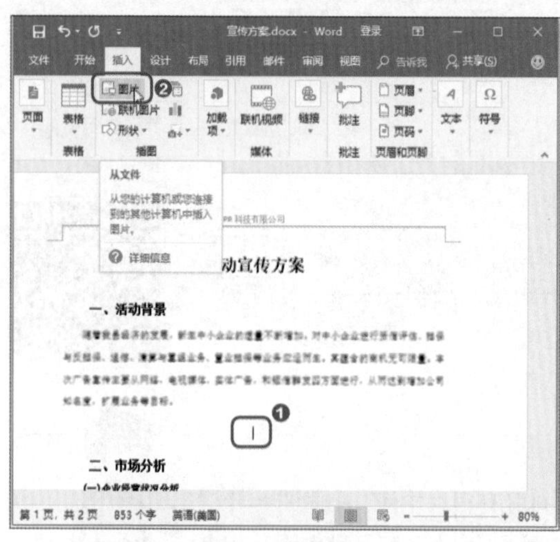

图2-36 插入图片

图2-37 设置图片样式

Step3：查看效果。如图2-38所示，插入图片的默认环绕方式为【嵌入型】，即图片嵌入在文本行中，会随着前方文本的变化改变位置。

Step4：设置图片位置。如图2-39所示，❶使用同样的方法，在文档中插入一张图片；❷选中图片，单击【图片工具-格式】选项卡下的【排列】组中的【位置】下拉按钮；❸在下拉列表中选择一种文字环绕位置。

Step5：调整图片大小及效果。将图片的位置改为文字环绕方式后，图片的位置可以自由移动。将图片移动到“（二）产品分析”文字段落右边，调整图片大小，效果如图2-40所示。

图2-38 查看效果

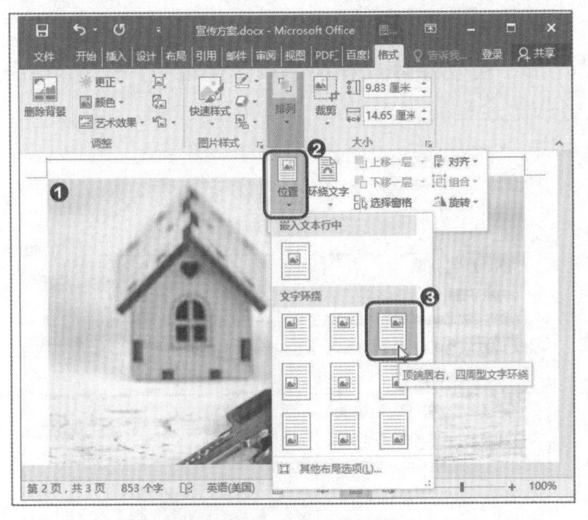

图2-39　设置图片位置

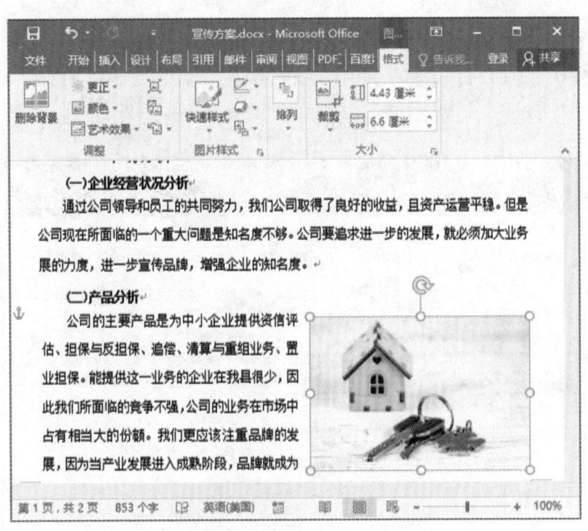

图2-40　调整图片大小及效果

2 使用表格进行图文排版

将图片的位置调整为文字环绕方式后，可以自由移动位置，这是常用的排版方法。但是正因为图片位置可灵活移动，将文档排版好后发送或复制给他人时，图片的位置容易发生改变，就会出现版式混乱。为了避免这种情况出现，可以使用表格排版图文，保证图片的位置不发生改变。

Step1：插入表格。如图2-41所示，将光标放到标题“（二）电视媒体宣传”下内容的后面，❶单击【插入】选项卡下的【表格】下拉按钮；❷从下拉列表中选择【2x1表格】。

Step2：在表格中插入图片。如图2-42所示，❶将光标放到表格右边的单元格中；❷单击【插入】选项卡下的【图片】按钮，打开【插入图片】对话框后，选择一张图片插入表格中。

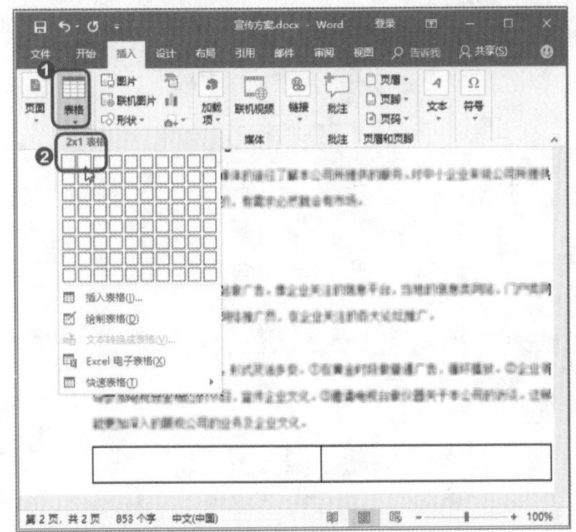

图2-41　插入表格

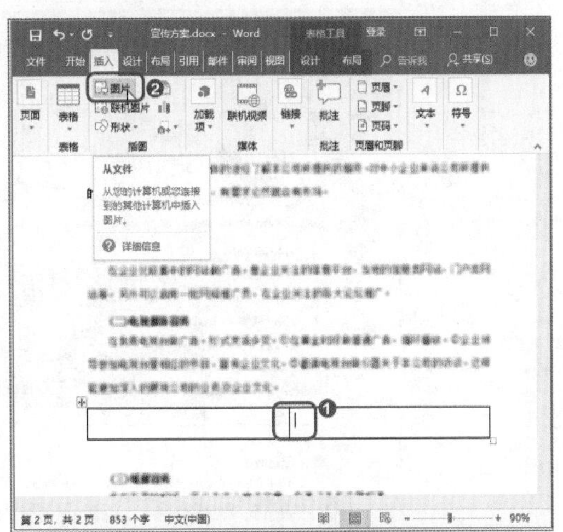

图2-42　在表格中插入图片

Step3：调整图片大小。如图2-43所示，在表格中调整图片的大小。

Step4：剪切文字到表格中。如图2-44所示，将“（二）电视媒体宣传”这段内容选中，按Ctrl+X组合键剪切，然后将光标插入表格左边的单元格中，按Ctrl+V组合键粘贴内容。

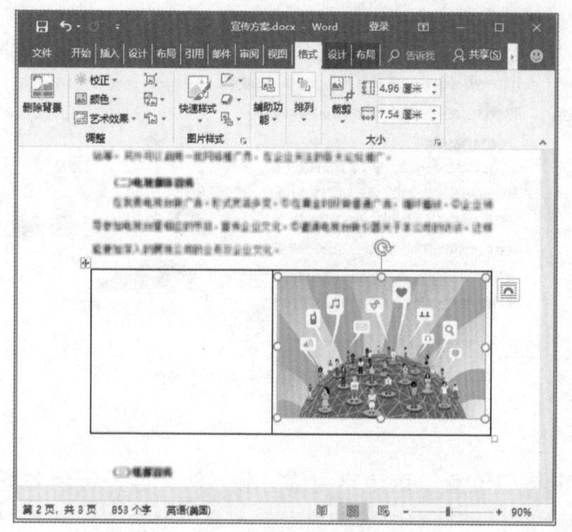

图2-43 调整图片大小

四、广告策略

(一)网络宣传

在企业比较集中的网站做广告。像企业关注的信息平台，当地的信息类网站，门户类网站等。另外可以启用一批网络推广员，在企业关注的各大论坛推广。

(二)电视媒体宣传

在我县电视台做广告，形式灵活多变。①在黄金时段做普通广告，循环播放。②企业领导参加电视台里相应的节目，宣传企业文化。③邀请电视台做一期关于本公司的访谈。这样能更加深入地展现公司的业务及企业文化。

(三)纸媒宣传

①在我县的报纸，商业杂志上发表文章。②请记者作专题报道。

图2-44 剪切文字到表格中

Step5：单击【边框】下拉按钮。表格边框线的存在与正文有点儿格格不入，现在需要隐藏边框线。如图2-45所示，❶单击表格左上方的⊞按钮，选中整张表格；❷单击【表格工具-设计】选项卡下的【边框】下拉按钮。

Step6：隐藏表格框线。如图2-46所示，从下拉列表中选择【无框线】选项。

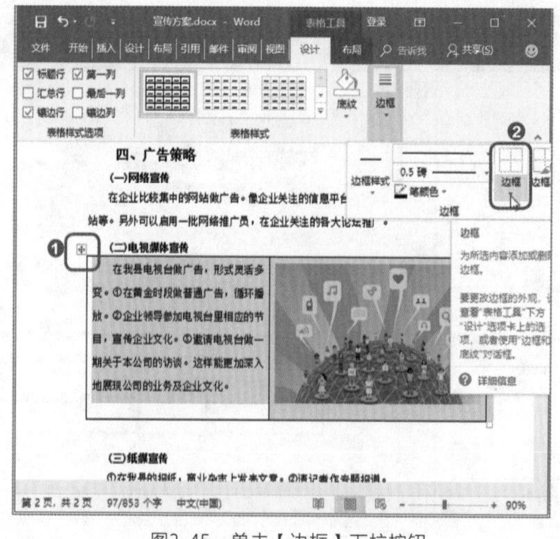

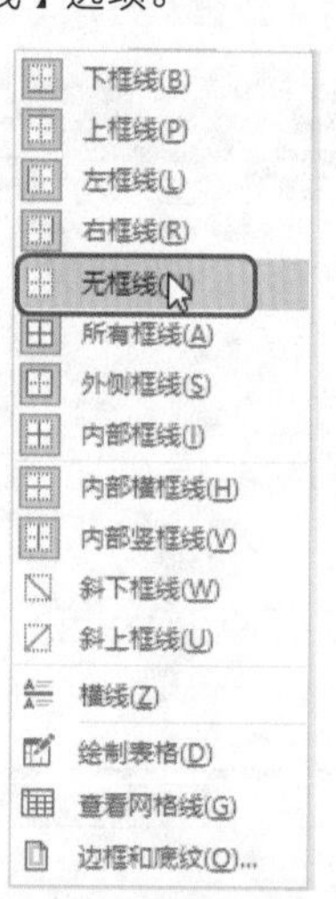

图2-45 单击【边框】下拉按钮

图2-46 隐藏表格框线

Step7：设置表格内容对齐方式。为了让文字和图片在表格中居中显示，这里进行对齐方式的调整。如图2-47所示，❶单击【表格工具-布局】选项卡下的【对齐方式】下拉按钮；❷选择下拉列表中的【中部两端对齐】选项。

Step8：查看效果。此时，利用表格完成了图片和文字排版，其效果如图2-48所示。表格中的图片和文字内容固定，不会出现版式混乱的情况。

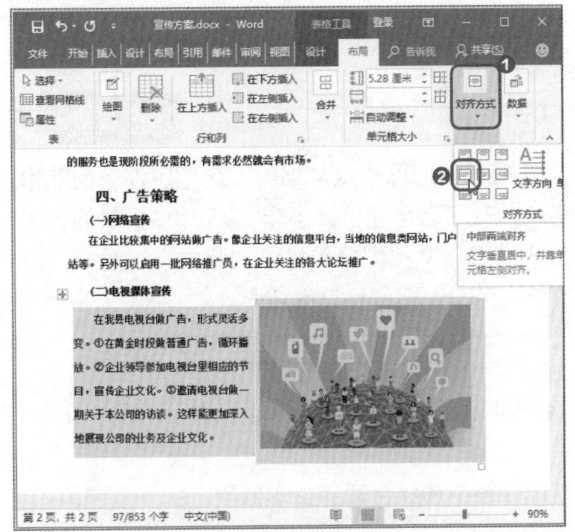

图2-47 设置表格内容对齐方式

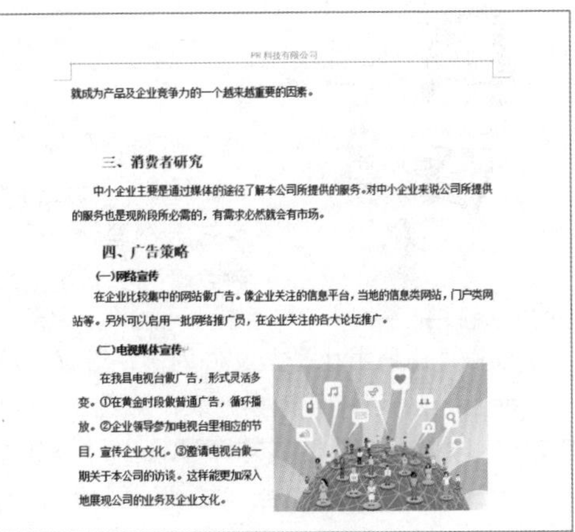

图2-48 查看效果

2.2 文档艺术化，没有最好只有更好

职场人士可以利用Word制作宣传册、项目方案，还可以在Word中制作海报、精美简历。其实并不需要学习特别的技能，只要用好Word软件中的艺术字、形状就可以做出有艺术范儿的文档。

2.2.1 艺术字，想说爱你不容易

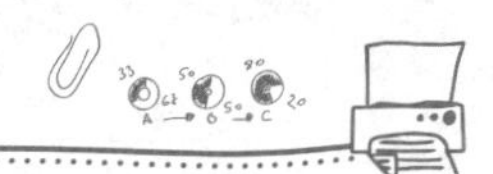

赵经理

小李，你将下周回馈老客户活动的邀请函做出来，发送到客户邮箱。邀请函要有一定的审美，不可用太浮夸的艺术字。

小李

张姐，为什么赵经理特别强调不要用浮夸的艺术字？难道之前有同事犯过这类错误？此外，邀请函要想美观，常常需要设计艺术字。可是Word中提供的艺术字效果都不够理想，怎么办呢？

张姐

哈哈，在你之前，确实有一位助理在做文档时，使用了浮夸的艺术字，结果文档显得十分俗气，气坏赵经理了。小李，Word中提供的艺术字效果不理想时，你可以先选择与文档主题较符合的艺术字效果，然后在此基础上调整艺术字的填充色、边框色及其他效果。

下面以“邀请函.docx”文件为例，讲解如何设计艺术字，具体操作方法如下。

Step1：打开艺术字效果列表。如图2-49所示，❶选中页面中“与您相约夏日水上乐园”文本框；❷单击【字体】组中的【文本效果和版式】下拉按钮。

Step2：选择艺术字效果。如图2-50所示，❶在下拉列表中选择合适的文本效果，由于邀请函内容的主题是邀请参加水上乐园的活动，与水相关，可选择蓝色的艺术字，以便让人联想到水；❷为了让艺术字效果更明显，在【字体】组中设置文字的字体和字号。之所以没有选择其他的蓝色效果艺术字，是因为边框设计太复杂，效果夸张又不方便辨认。

图2-49　打开艺术字效果列表

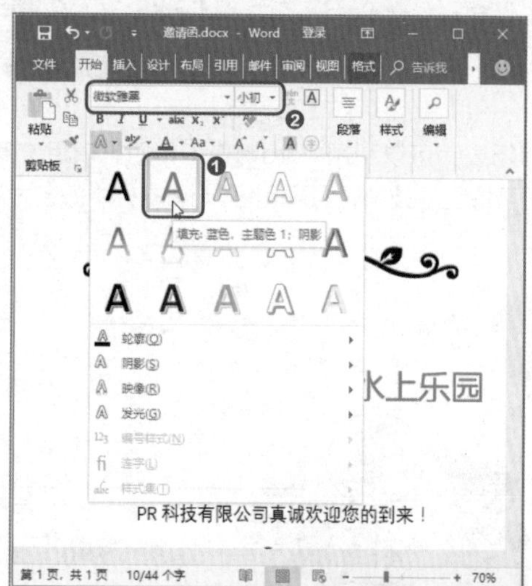

图2-50　选择艺术字效果

Step3：为艺术字设置映像效果。为了让文字与“水”的概念更贴切，这里为艺术字设置映像效果，制作出水面倒影的效果。如图2-51所示，❶选中文本框，在【绘图工具-格式】选项卡下单击【艺术字样式】组中的【文本效果】下拉按钮；❷选择【映像】选项；❸选择一种映像效果。此时，就完成了该文本框艺术字的效果设置。

Step4：为其他文字选择艺术字样式。如图2-52所示，为页面中另外两个文本框设置文字效果。❶在【字体】组中设置文字的字体格式；❷选择一种普通的艺术字效果。

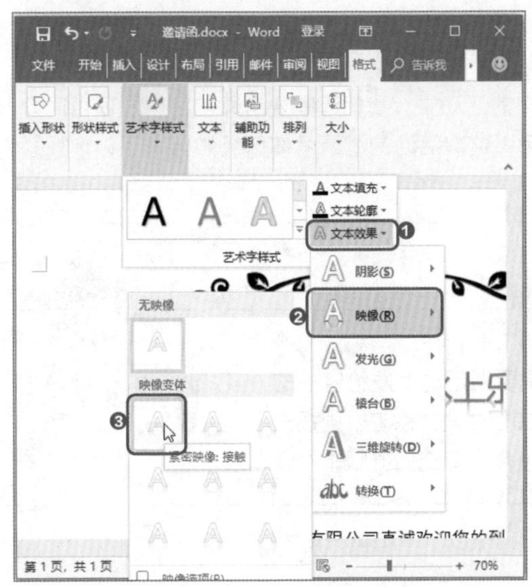

图2-51　为艺术字设置映像效果

图2-52　为其他文字选择艺术字样式

Step5：查看效果。完成邀请函中的艺术字设置后，效果如图2-53所示。除了邀请函的标题有较明显的艺术字效果外，其他的文字选择了普通的艺术字效果。

图2-53　查看效果

2.2.2 用简单图形来修饰文档

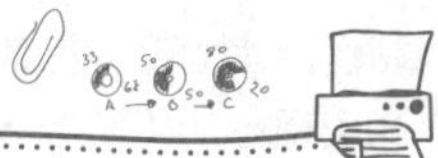

赵经理

小李，在回馈老客户的活动中，我们还需要给每位客户发项目简介书，起到宣传项目的作用。这次活动的邀请函你已经做出来了，你抓紧时间再做一份项目简介书。

小李

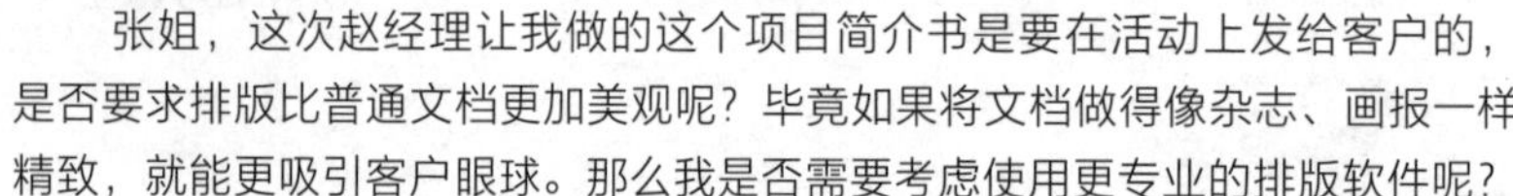

张姐，这次赵经理让我做的这个项目简介书是要在活动上发给客户的，是否要求排版比普通文档更加美观呢？毕竟如果将文档做得像杂志、画报一样精致，就能更吸引客户眼球。那么我是否需要考虑使用更专业的排版软件呢？

张姐

小李，在活动上发给客户的项目简介书确实不能像内部文件那样只讲究文字整齐即可，否则客户都没兴趣阅读内容。你也不需要使用专业的排版软件，只需充分利用Word中提供的形状工具进行恰当点缀，就可以将文档设计出杂志效果。例如，使用直线形状进行文档空间分隔，利用矩形绘制标题背景形状等。

下面以“项目简介.docx”文件为例，讲解通过绘制简单的形状让文档更加美观，具体操作方法如下。

Step1：选择形状。❶在文档中单击【插入】选项卡下的【插图】组中的【形状】下拉按钮；❷在下拉列表中选择【矩形：剪去单角】形状，如图2-54所示。

Step2：绘制形状。在页面右上方按住鼠标左键不放，拖动绘制一个形状。完成形状绘制后，拖动形状右上角的黄色调整手柄，将矩形右上角的斜角幅度调整得更大一些，如图2-55所示。

图2-54　选择形状（1）

图2-55　绘制形状

Step3：打开【颜色】对话框。如图2-56所示，❶选中绘制的单角矩形，在【绘图工具-格式】选项卡下单击【形状样式】组中的【形状填充】下拉按钮；❷选择下拉列表中的【其他填充颜色】选项。

Step4：设置形状填充色。如图2-57所示，❶在打开的【颜色】对话框中，切换到【自定义】选项卡下；❷设置颜色的RGB参数值；❸单击【确定】按钮。

图2-56　打开【颜色】对话框

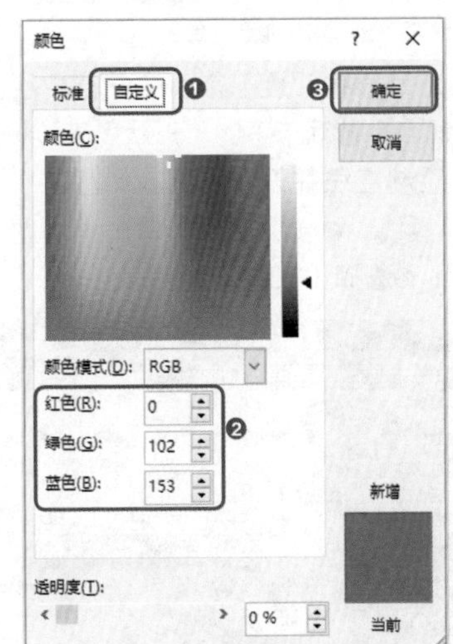

图2-57　设置形状填充色

Step5：设置形状轮廓。如图2-58所示，❶在【绘图工具-格式】选项卡下单击【形状样式】组中的【形状轮廓】下拉按钮；❷选择下拉列表中的【无轮廓】选项。此时，就完成了单角矩形的填充格式和轮廓格式的设置。

Step6：设置形状的文字格式。在矩形中可以输入标题文字，并设置标题的字体格式，以及文字在矩

形中的位置格式。如图2-59所示，❶在矩形中输入标题文字，并在【字体】组中设置标题文字的字体和字号；❷选中单角矩形，右击，选择【设置形状格式】命令，打开【设置形状格式】窗格，切换到【文本选项】选项卡下的【布局属性】子选项卡；❸调整文字在矩形中的左边距、右边距、上边距和下边距，直到文字在矩形中的位置符合需求为止。

图2-58 设置形状轮廓　　图2-59 设置形状的文字格式

Step7：选择形状。接下来，在文档中绘制一条直线，将文档分为上、下两个部分。如图2-60所示，❶单击【插入】选项卡下的【形状】下拉按钮；❷选择下拉列表中的【直线】形状。

Step8：绘制直线并设置格式。如图2-61所示，在与图片下端保持水平的方向上，按住Shift键不放，绘制一条直线。❶选中直线，单击【绘图工具-格式】选项卡下的【形状轮廓】下拉按钮；❷选择【粗细】选项；❸选择【1.5磅】粗细值。

图2-60 选择形状（2）

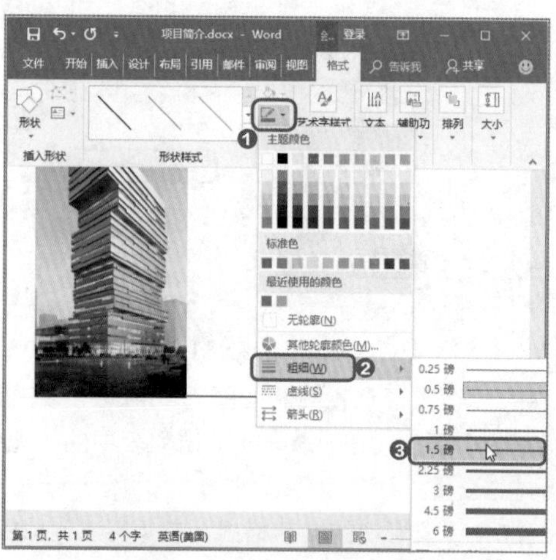

图2-61 绘制直线并设置格式

Step9：复制形状。如图2-62所示，❶选中“项目描述”背景形状，按Ctrl+D组合键；❷将复制的形状移到直线下方，可以适当调整形状的宽度，然后重新输入形状中的文字。

Step10：绘制矩形并设置格式。如图2-63所示，❶在【形状】下拉列表中选择【矩形】形状，在文档下方绘制一个矩形；❷在【绘图工具-格式】选项卡下的【大小】下拉列表中设置矩形的高度和宽度参数。

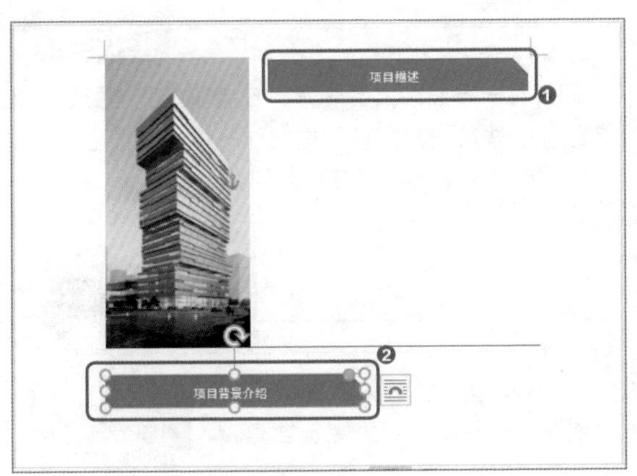

图2-62　复制形状

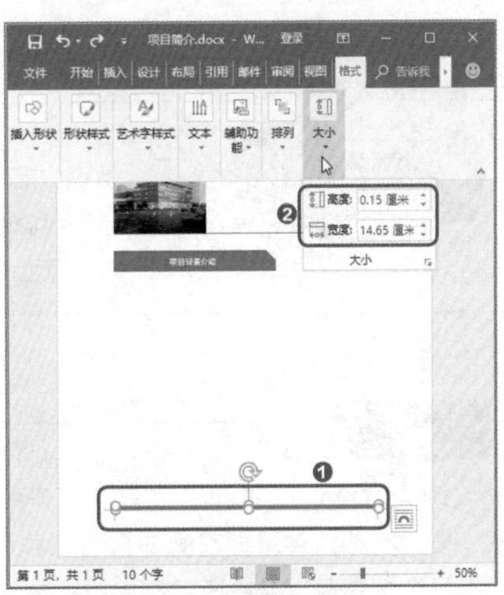

图2-63　绘制矩形并设置格式

Step11：完成文档制作。此时，已经完成了文档的修饰形状绘制，只需将“项目介绍.txt”文件中的内容复制到文档中，并设置文字和段落格式，就可以制作出如图2-64所示的文档效果。

图2-64　最终效果

技能升级

在文档中绘制形状后，可以设置文字环绕形状排版。其方法是选中形状，单击【绘图工具-格式】选项卡下的【位置】按钮，从中选择符合需求的文字环绕方式即可。

2.2.3 又快又好制作精美文档的大招

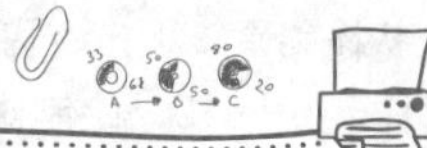

赵经理

小李，临时决定明天有一场股东大会要开，在会议上我需要展示年度报告内容。我现在给你一些数据和资料，你制作一份年度报告，版式设计要有专业性，让股东们感受到我们做事的水平。

小李

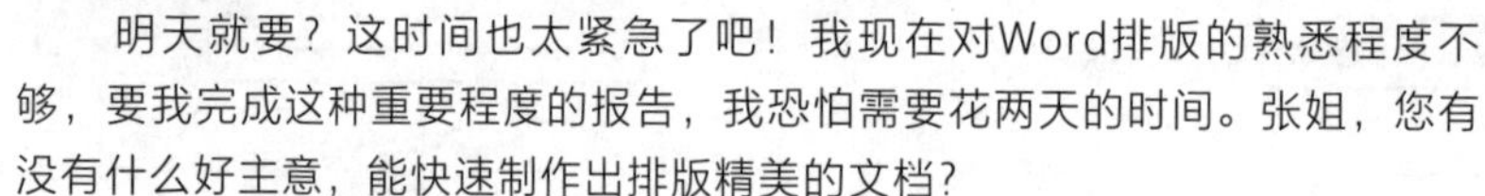

明天就要？这时间也太紧急了吧！我现在对Word排版的熟悉程度不够，要我完成这种重要程度的报告，我恐怕需要花两天的时间。张姐，您有没有什么好主意，能快速制作出排版精美的文档？

张姐

小李，你别说，我还真的有一个“独门秘诀”。你启动Word 2016软件后，输入关键词，可以搜索到很多高质量的模板。不过，模板搜索也可以在【新建】页面中进行。你可千万不要小看这里的模板，这些模板不仅具有较高的设计水平，还具有完善的内容框架，套用模板的版式设计文档内容，相信你今天晚上就能将一份满意的文档交给赵经理。

下面来看看，如何在启动Word 2016软件时，找到符合需求的文档模板，具体操作方法如下。

Step1：输入搜索关键词。启动Word 2016软件，在搜索文本框中输入关键词，然后单击【开始搜索】按钮，如图2-65所示。

Step2：单击需要的模板。在搜索结果中会出现多个搜索结果，选择比较符合需求的文档，单击，如图2-66所示。

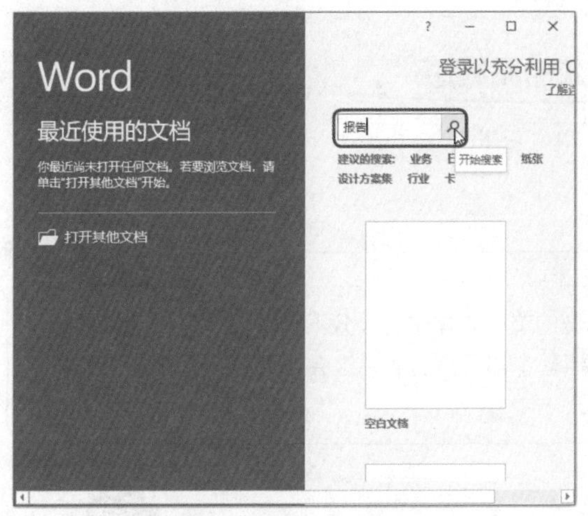

图2-65　输入搜索关键词

图2-66　单击需要的模板

Step3：创建模板。此时，会出现模板文档的预览效果，经过预览后，确定文档符合需求，单击【创建】按钮，如图2-67所示。

Step4：查看并保存文档。如图2-68所示，文档下载成功后，可以浏览文档的不同页面，确定文档是否符合需求。如果文档符合需求，则按Ctrl+S组合键保存文档，然后在文档中替换文字等内容，快速完成文档的编辑制作。

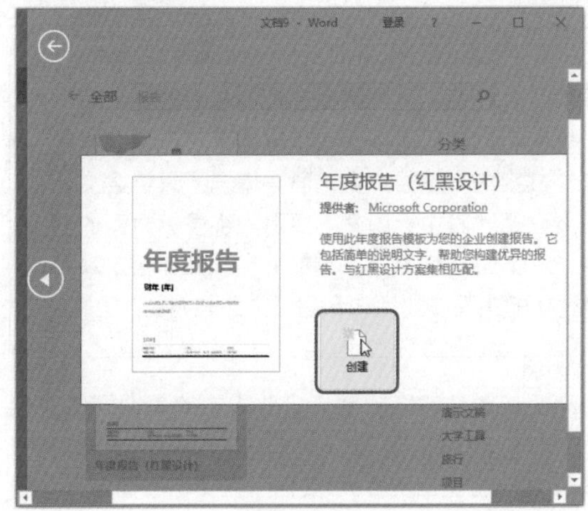

图2-67　创建模板

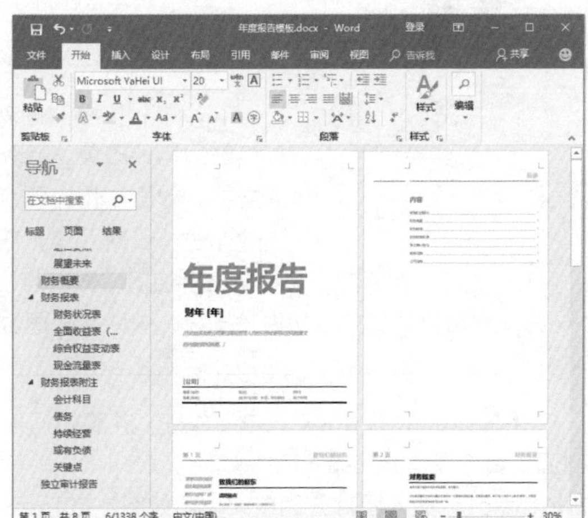

图2-68　查看并保存文档

2.2.4 用美观封面增加文档高级感

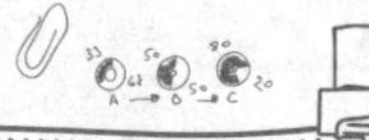

赵经理

小李，这段时间你做的文档总体来说十分不错。但是有一个问题你要注意改进，你做的文档基本都没有封面，这会让文档缺乏正式感和完整性，你好好琢磨一下。

小李

感谢赵经理指教，这确实是我的疏忽。为文档做封面几乎是我没有考虑过的事情。我去请教一下张姐，Word文档封面制作的要点。

张姐

小李，文档封面就是文档的门面，一个大气美观的封面能给人留下良好的第一印象。此外，人们可以从封面中快速了解这是一份什么样的文档。封面制作的要点是，文字内容不要太多，通常情况下只包含文档的标题、日期、作者或简要介绍，其中标题文字要用大字号。封面的制作形式可以有两种：一种是文字加简单形状点缀，这种封面适合严肃主题的文档，如年报、项目方案；另一种是文字加图片排版，这种封面适合较轻松的主题，如活动介绍、企业刊物。

下面以“封面.docx”文件为例，讲解如何使用文字加图片的方式制作企业人物故事期刊的文档封面，具体操作方法如下。

Step1：插入图片并调整大小。如图2-69所示，❶新建一份空白的Word文档，在文档中插入一张图片；❷根据页面的大小调整图片的尺寸，让图片充满文档上方2/3的空间。

Step2：设置图片样式。为了使封面中的图片更加美观，可以为其设置样式。如图2-70所示，❶单击【图片工具-格式】选项卡下的【快速样式】下拉按钮；❷在下拉列表中选择【复杂框架，黑色】样式。

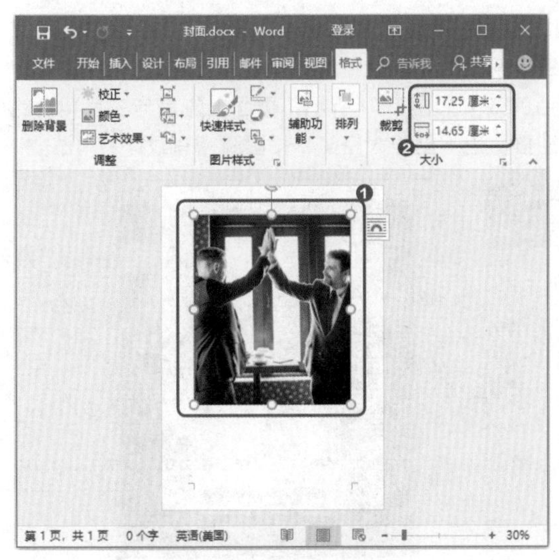
图2-69 插入图片并调整大小

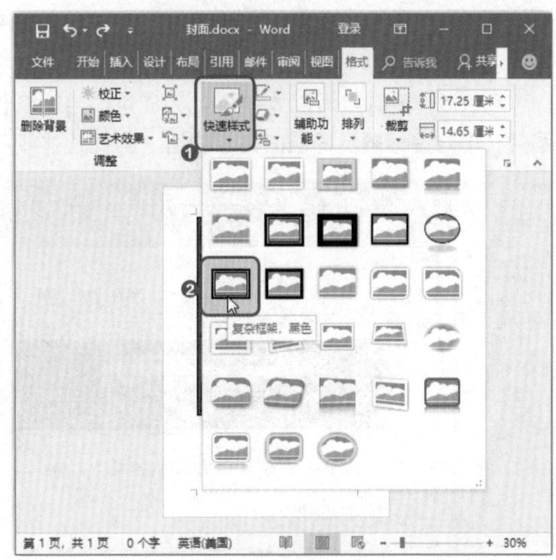
图2-70 设置图片样式

Step3：调整图片边框颜色。如图2-71所示，❶单击【图片工具-格式】选项卡下的【图片边框】下拉按钮；❷选择【橙色，个性色2】颜色。

Step4：输入标题文字。如图2-72所示，❶在图片下方输入标题文字；❷在【字体】组中设置文字的字体、字号及加粗格式，让标题文字更大，并在【段落】对话框中设置标题文字的段前距离和段后距离均为1行，具体方法这里不再赘述。

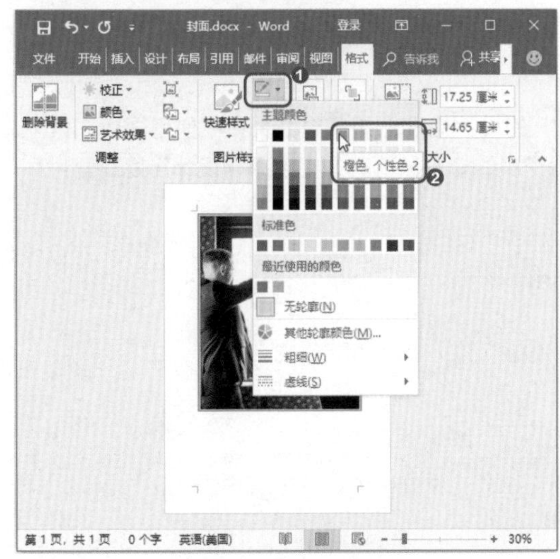
图2-71 调整图片边框颜色

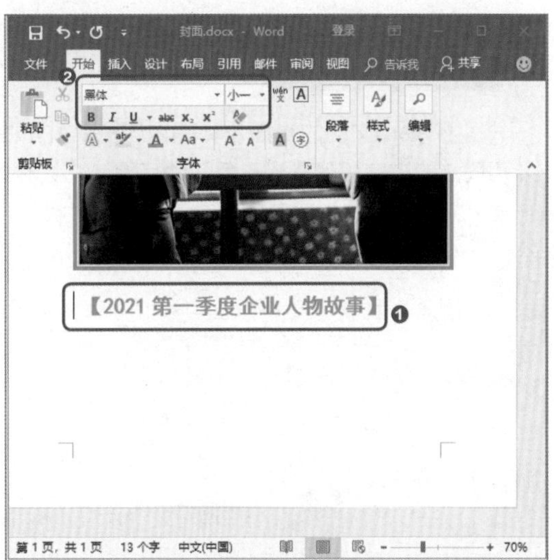

图2-72 输入标题文字

Step5：输入其他文字。如图2-73所示，在标题下方输入其他文字内容，并在【字体】组中设置文字内容的字体和字号，在【段落】对话框中设置文字的段前距离和段后距离，具体方法这里不再赘述。

Step6：查看封面整体效果。完成这页封面制作后的效果如图2-74所示，页面上方是与主题契合的图片，下方是标题及简洁的文字内容。封面整体既不拥挤，也不至于太空旷，排版疏密有致。

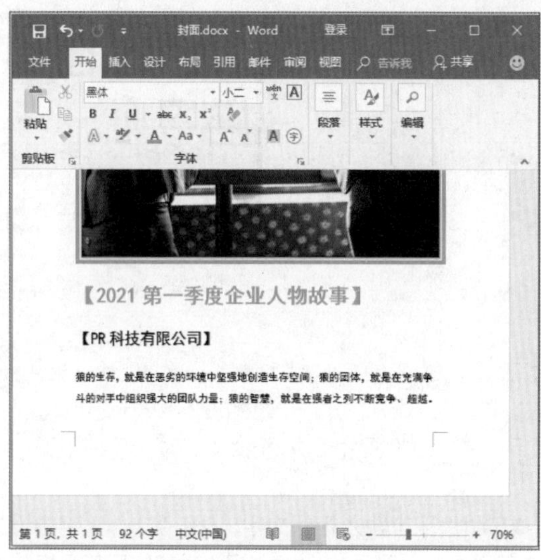

图2-73　输入其他文字

图2-74　查看封面整体效果

温馨提示

将Word文档的封面设计得内容充实并不是唯一的设计标准。如果封面页中不使用图片，仅用简洁的文字和少量矩形色块为点缀，将会有大量空白的地方。此时，完全可以设计出留白型封面，如封面上方为空白，下方为文字及形状。

CHAPTER 3

自动化：做一个会偷懒的职场达人

我知道Excel表格可以使用自动化技巧提高制表效率，可是我从来没想过，Word文档也能实现自动化！

我之前做的Word文档都比较简单，如排版设计、制作文档目录、为图片标上序号等操作，都可以通过手动的方式来完成。

直到我遇到了内容较多的大型文档。有一次文档中有几百张图片，我好不容易手动为每一张图片都标上了序号，领导突然要求删除中间一张图片，我顿时傻眼了，这岂不是让我再次手动修改后面图片的序号吗？

Word自动化操作，看起来不重要，关键时刻能救命。

使用文档自动化格式设计，可以一键生成标准文档，即使文档内容有修改，也不用怕，一键就可以完成版式调整。

让文档自动生成目录，即使是上百页的文档，目录生成也可以在一瞬间完成。

利用题注功能为图片、表格编号，再也不用担心编号出现错误，即使中途增加、删减图片或表格，后面的编号也会自动更新。

用透【粘贴】功能，一次性复制所有内容，再一次性粘贴所有内容，效率提高不止一点点。

……

Word自动化，相见恨晚！

3.1 通过样式实现文档自动化排版

至少有80%的人在设置文档格式时，会手动选中文字，然后依次进行字体格式设计、段落格式设计。遇到格式相同的文字，则再进行一次相同设置，或者是使用格式刷复制格式。事实上，可以为文档中不同级别的标题、正文设计样式，后期直接套用样式就能快速完成排版。对于需要重复使用的文档样式，还可以保存为模板，方便多次使用。

3.1.1 使用现成样式快速排版文档

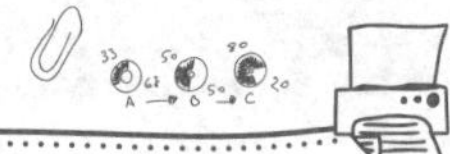

赵经理

小李，最近几次会议你都做好会议记录了吗？这几次会议已经完成了公司下一个项目的讨论。你将会议记录整理一下，结合公司现有的资料，制作成完整的项目策划书。

小李

赵经理，没问题，我这就开始整理资料做项目策划书！

张姐，我又来找您帮忙啦。我发现赵经理让我做的项目策划书内容特别多，又有多个一级标题和二级标题，还要对正文进行格式设置。我记得您上次提到过“自动化办公”的概念，那我现在遇到的问题可以自动化解决吗？

张姐

小李，还好你来找我了，而不是埋头苦干。你这个问题，可以使用Word中的样式来解决。其方法是，选中需要设置样式的内容，然后选择一种样式即可。

打开“项目计划书.docx”文件，进行标题和正文的样式设置，具体操作方法如下。

Step1：选中一级标题。如图3-1所示，按住Ctrl键，选中文档中的一级标题。

Step2：为一级标题设置样式。如图3-2所示，在【开始】选项卡下的【样式】下拉列表中选择一种一级标题样式。此时，选中的一级标题就应用了这种样式。

Step3：为二级标题设置样式。使用同样的方法，按住Ctrl键，选中文档中的二级标题，在【样式】下拉列表中为二级标题选择一种样式，如图3-3所示。需要注意的是，二级标题的样式字号应该比一级标题小。

Step4：为三级标题设置样式。使用同样的方法，按住Ctrl键，选中文档中的三级标题，在【样式】下拉列表中为三级标题选择一种样式，如图3-4所示。需要注意的是，三级标题的样式字号应该比二级标题小。

图3-1 选中一级标题

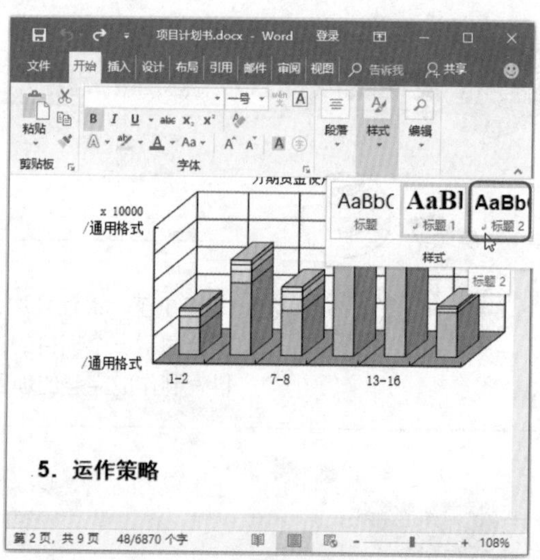

图3-2 为一级标题设置样式

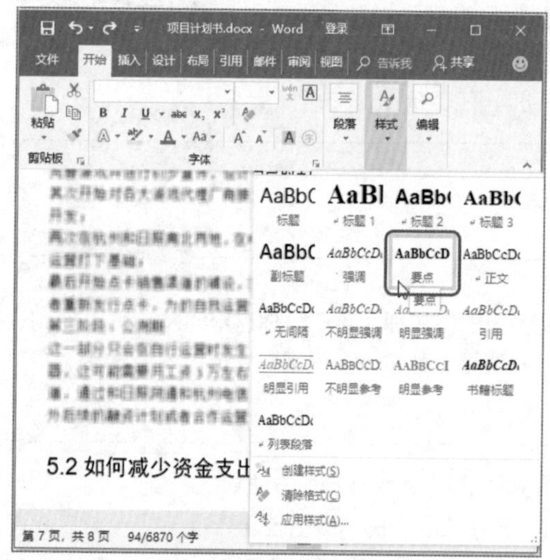

图3-3 为二级标题设置样式

图3-4 为三级标题设置样式

温 馨 提 示

在选择样式时，从样式的名称就可以大概判断出这种样式的作用。例如，名称为“标题1”的样式和名称为“列表段落”的样式，作用分别是为标题和正文设置样式。

Step5：为正文设置样式。选中文档中的正文内容，在【样式】下拉列表中选择【列表段落】样式，此时，选中的正文就应用了这种样式，如图3-5所示。

Step6：查看效果。此时，就完成了文档内容的样式设置，效果如图3-6所示。为不同级别的标题和正文设置样式后，原本杂乱的文档的页面效果变得十分整齐。

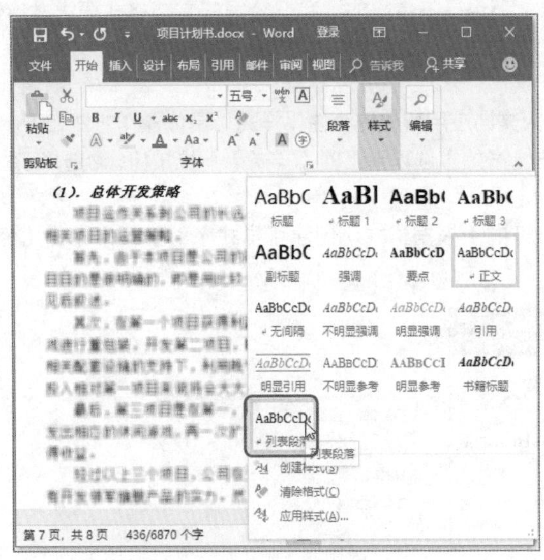

图3-5 为正文设置样式

1.4 游戏特点

2.《PR 娱乐》游戏设计说明

2.1 游戏类型定位

图3-6 查看效果

3.1.2 自定义个性样式排版企业文档

赵经理

小李，上次让你做的项目策划书，你速度挺快的呀，半天之内就做好了。你再根据公司的规章制度做一份项目管理人员职责书。

小李

张姐，项目管理人员职责书是公司的内部文档，那么就不能随意使用Word中提供的样式，而要根据公司对文档格式的要求来进行编排，对吧？

张姐

小李，你的思考没错。Word提供的样式再好看，如果不符合公司文档的个性化需求，那也是不合格的。我把公司的文档格式要求发给你，你对照着要求新建样式，然后将新样式应用到文档中即可。

打开“项目管理人员职责.docx”文件，为文档应用新建的个性化样式，具体操作方法如下。

Step1：创建样式。如图3-7所示，❶单击【开始】选项卡下的【样式】下拉按钮；❷选择下拉列表中的【创建样式】选项。

Step2：修改样式。如图3-8所示，在打开的【根据格式化创建新样式】对话框中单击【修改】按钮，打开【样式设置】对话框。

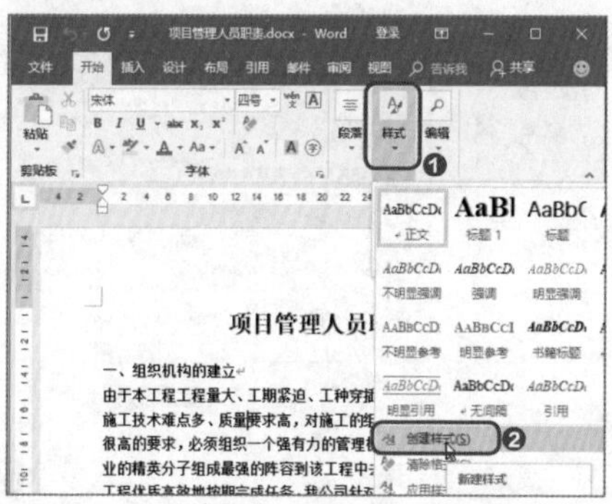

图3-7　创建样式

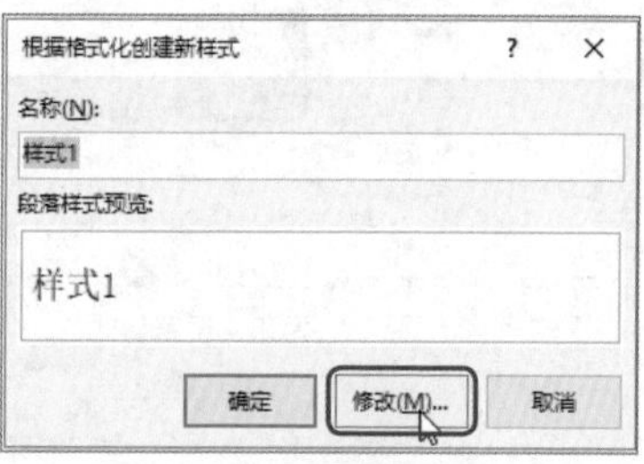

图3-8　修改样式

Step3：设置样式。如图3-9所示，❶在打开的【根据格式化创建新样式】对话框中输入该样式的名称；❷设置样式的格式为【黑体】【三号】；❸单击【格式】按钮；❹选择【段落】选项。

Step4：设置段落格式。如图3-10所示，❶在打开的【段落】对话框中，设置样式为【1级】大纲级别；❷设置缩进和间距格式；❸单击【确定】按钮。

Step5：确定样式设置。关闭【段落】对话框后，回到【根据格式化创建新样式】对话框，单击【确定】按钮，确定当前的一级标题样式设置，如图3-11所示。

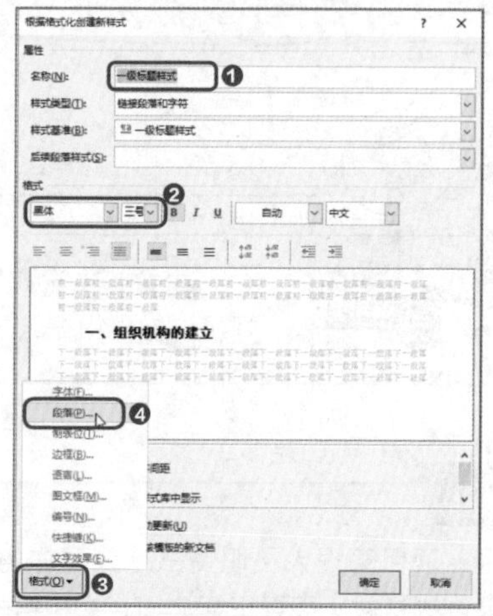

图3-9　设置样式

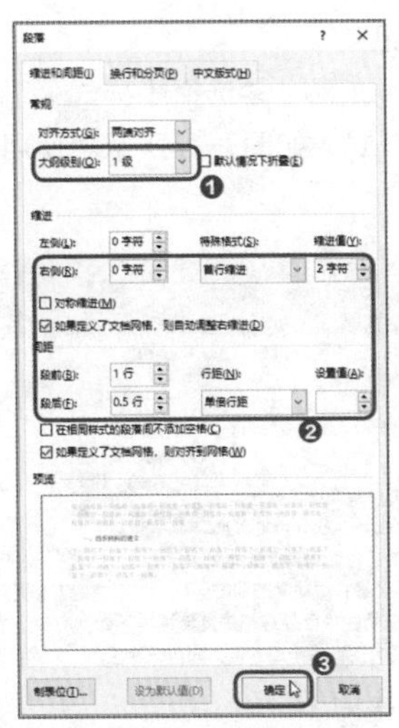

图3-10 设置段落格式

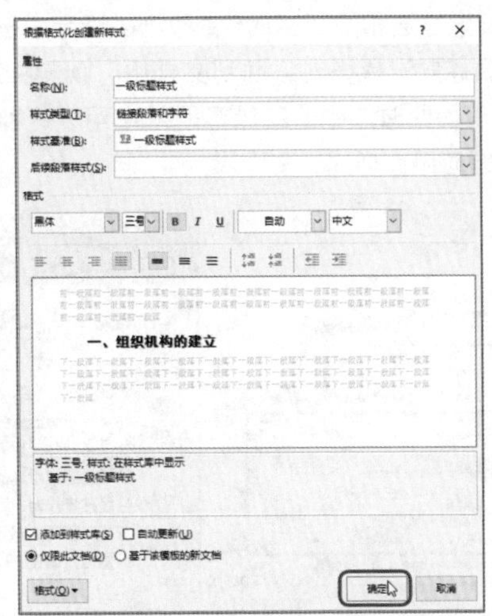

图3-11 确定样式设置

Step6：为一级标题选择样式。回到文档中，选中一级标题，选择【样式】下拉列表中完成设置的【一级标题样式】，此时选中的一级标题就应用了这种样式，如图3-12所示。使用同样的方法，为文档中所有的一级标题应用此样式。

Step7：设置二级标题样式。如图3-13所示，再次在【样式】下拉列表中选择【创建样式】选项，打开【根据格式化创建新样式】对话框，设置二级标题的样式。❶输入样式的名称；❷设置样式的格式为【黑体】【四号】；❸单击【格式】按钮；❹选择【段落】选项。

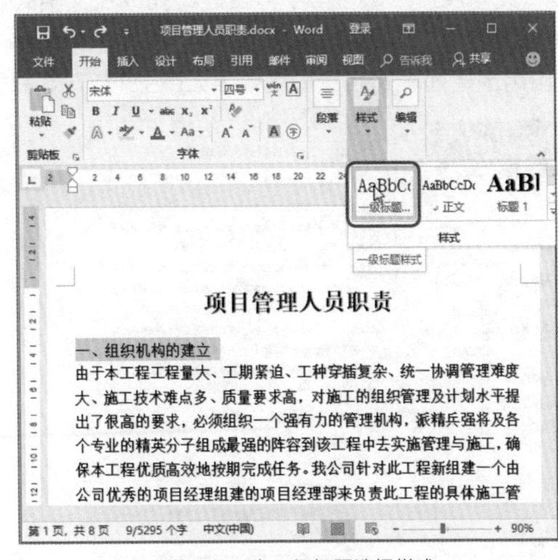

图3-12 为一级标题选择样式

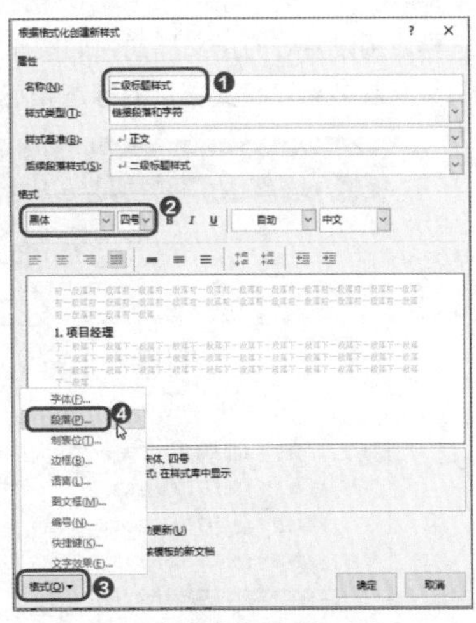

图3-13 设置二级标题样式

Step8：为二级标题设置段落格式。如图3-14所示，❶在打开的【段落】对话框中，设置样式为【2

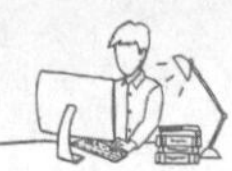

级】大纲级别；❷设置缩进和间距格式；❸单击【确定】按钮。

Step9：为二级标题选择样式。回到文档中，❶选中二级标题；❷选择【样式】下拉列表中完成设置的【二级标题样式】，此时选中的二级标题就应用了这种样式，如图3-15所示。使用同样的方法，为文档中所有的二级标题应用此样式。

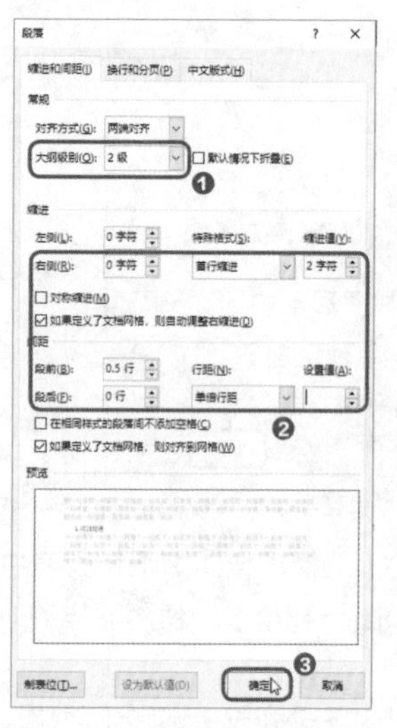

图3-14　为二级标题设置段落格式

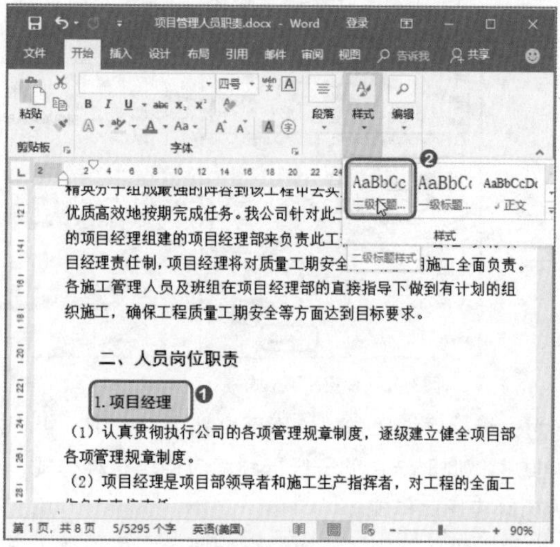

图3-15　为二级标题选择样式

Step10：为正文选择样式。使用同样的方法，为正文创建一个样式，其格式为【宋体】【四号】、首行缩进【2字符】、段后间距0.5行、1.5倍行距，具体设置方法这里不再赘述。完成正文格式设置后，选中正文，再应用设置好的正文样式，如图3-16所示。

Step11：查看效果。将文档中的标题和正文应用创建的样式后，最终效果如图3-17所示。

图3-16　为正文选择样式

项目管理人员职责

一、组织机构的建立

由于本工程工程量大、工期紧迫、工种穿插复杂、统一协调管理难度大、施工技术难点多、质量要求高，对施工的组织管理及计划水平提出了很高的要求，必须组织一个强有力的管理机构，派精兵强将及各个专业的精英分子组成最强的阵容到该工程中去实施管理与施工，确保本工程优质高效地按期完成任务。我公司针对此工程新组建一个由公司优秀的项目经理组建的项目经理部来负责此工程的具体施工管理。实行项目经理责任制，项目经理将对质量工期安全成本及文明施工全面负责。各施工管理人员及班组在项目经理部的直接指导下做到有计划的组织施工，确保工程质量工期安全等方面达到目标要求。

二、人员岗位职责

1. 项目经理

（1）认真贯彻执行公司的各项管理规章制度，逐级建立健全项目部各项管理规章制度。

（2）项目经理是项目部领导者和施工生产指挥者，对工程的全面工作负有直接责任。

（3）项目经理对项目工程进行组织管理计划管理施工及技术管理质量管理资源管理安全文明施工管理外联协调管理竣工交验管理。

图3-17　查看效果

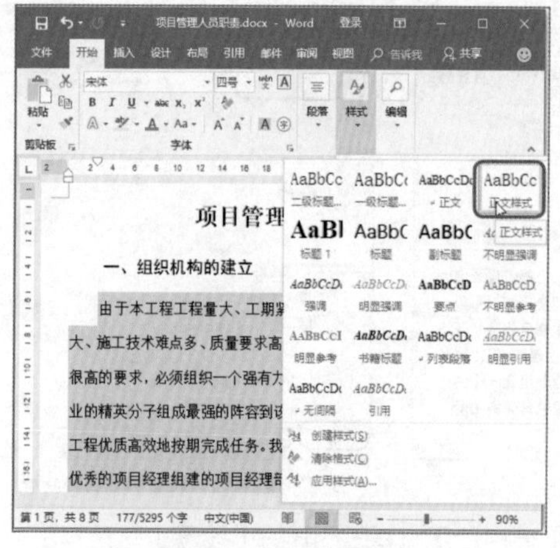

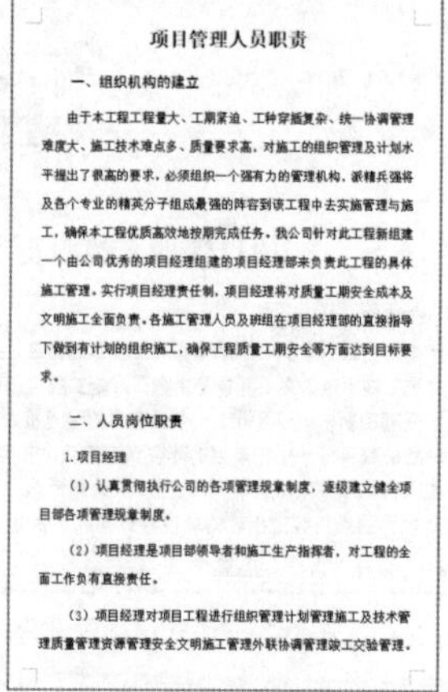

技能升级

为文档中的标题和正文创建并应用样式后，如果需要修改文字格式，可以直接修改该文字应用的样式，从而让文字格式自动发生变化。其方法是在样式列表中选择需要修改的样式，右击，选择【修改】选项。在打开的【修改样式】对话框中修改样式的字体格式和段落格式。样式修改完成后，文档中应用了该样式的文字内容格式也会随之发生变化。

3.1.3 一键改变文档中的字体和颜色

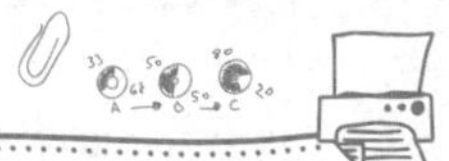

赵经理

真是气死我了！小李，你看看，这是前台新来的小刘做的物资申请报告单，居然用了幼圆字体，太不正式了。你去教教她，把中文和数字的字体格式都改一下。

小李

让我教小刘字体使用规范没问题。可是要在原文档上修改，让中文和数字格式不一样，有什么快捷的修改办法呢？我得去请教一下张姐。

张姐

小李，你这个问题确实不能选中文档所有内容，一键替换字体。但是你可以活用【查找和替换】功能，将中文的幼圆字体改成宋体，将数字改成更醒目的红色、加粗字体。

打开“物资申请报告.docx”文件，一键替换中文字体和数字字体，具体操作方法如下。

Step1：打开【查找和替换】对话框。如图3-18所示，单击【开始】选项卡下的【编辑】组中的【替换】按钮。

Step2：打开【查找字体】对话框。首先查找文档中的中文字体。如图3-19所示，❶将光标放到【查找内容】文本框中；❷选择【格式】菜单中的【字体】选项，打开【查找字体】对话框。

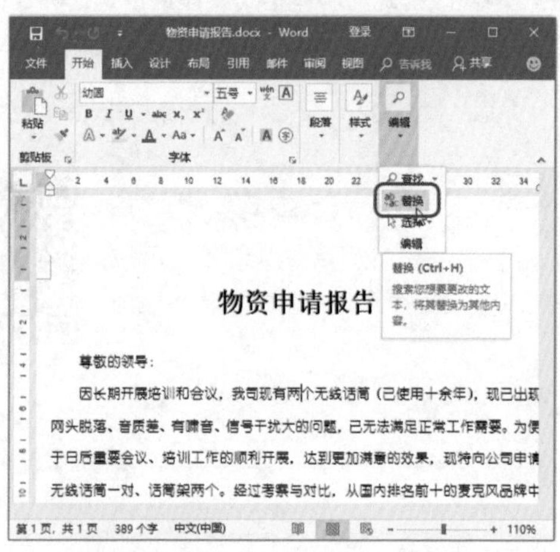

图3-18　打开【查找和替换】对话框

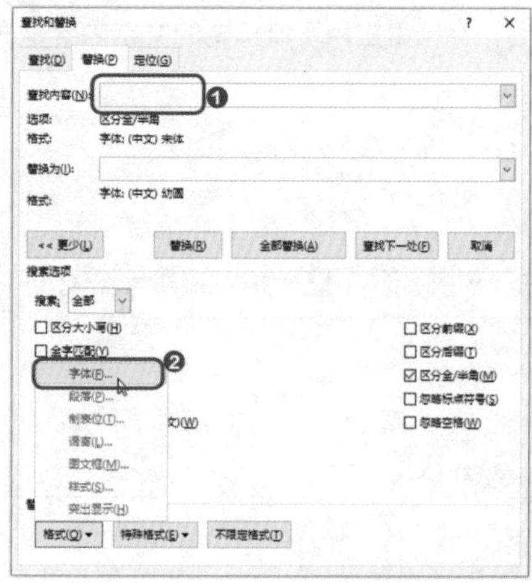

图3-19　打开【查找字体】对话框（1）

Step3：查找字体。如图3-20所示，❶在【中文字体】下拉列表中选择【幼圆】选项；❷单击【确定】按钮。

Step4：打开【查找字体】对话框。下面查找要替换的中文字体。如图3-21所示，❶将光标放到【替换为】文本框中；❷选择【格式】菜单中的【字体】选项，打开【查找字体】对话框。

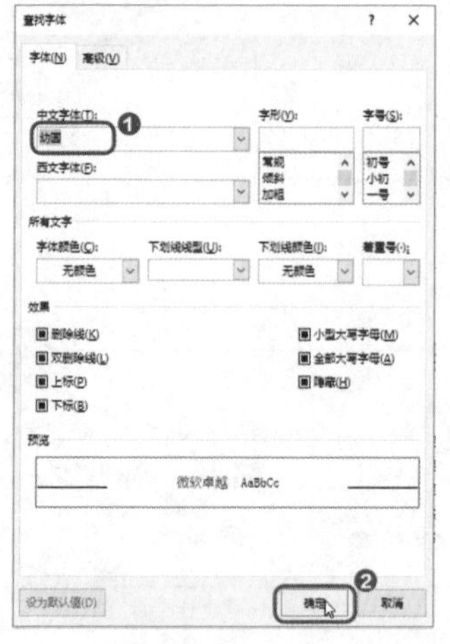

图3-20　查找字体

图3-21　打开【查找字体】对话框（2）

Step5：设置中文替换字体。如图3-22所示，❶在【中文字体】下拉列表中选择【宋体】选项；❷单击【确定】按钮。

Step6：替换字体。如图3-23所示，回到【查找和替换】对话框中，单击【全部替换】按钮，此时文档中的中文幼圆字体就会全部被替换为中文宋体。

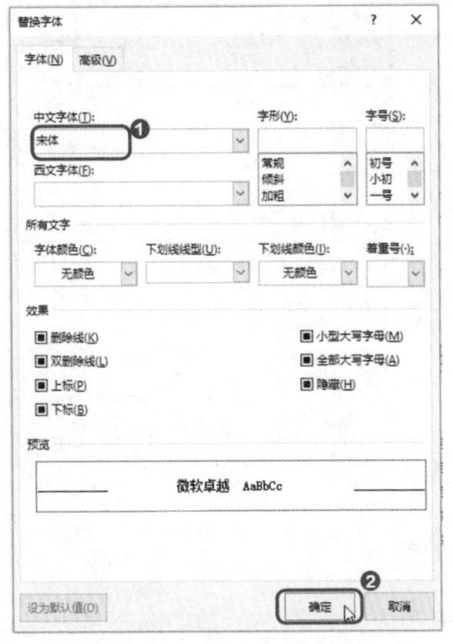

图3-22 设置中文替换字体

图3-23 替换字体（1）

温馨提示

在替换字体时，【查找和替换】对话框中【查找内容】和【替换为】文本框中看起来没有内容，其实经过前面步骤已经选择了指定内容。

Step7：打开【查找字体】对话框。接下来替换数字字体。如图3-24所示，❶在【查找内容】文本框中输入“^#”，这个符号表示查找文档中的所有数字；❷选择【格式】菜单中的【字体】选项，打开【查找字体】对话框。

Step8：设置数字字体格式。如图3-25所示，❶在【查找字体】对话框中，设置【字形】为【加粗】，【字体颜色】为【红色】；❷单击【确定】按钮。

Step9：替换字体。如图3-26所示，回到【查找和替换】对话框中，单击【全部替换】按钮，此时文档中的数字就会全部被替换为红色、加粗的字体格式。

Step10：查看效果。文档中的中文字体和数字字体经过替换后的效果如图3-27所示。

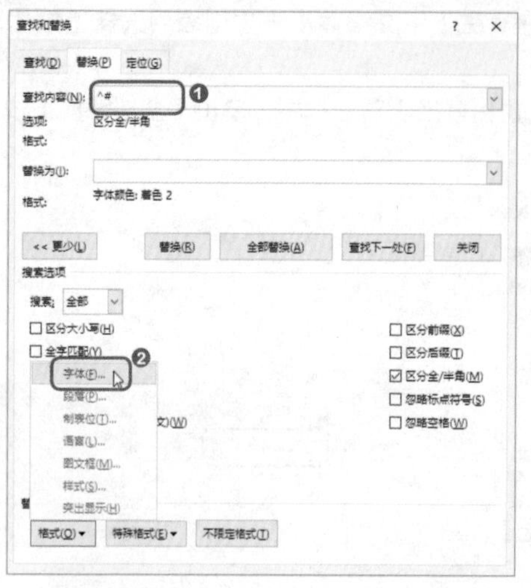

图3-24　打开【查找字体】对话框（3）

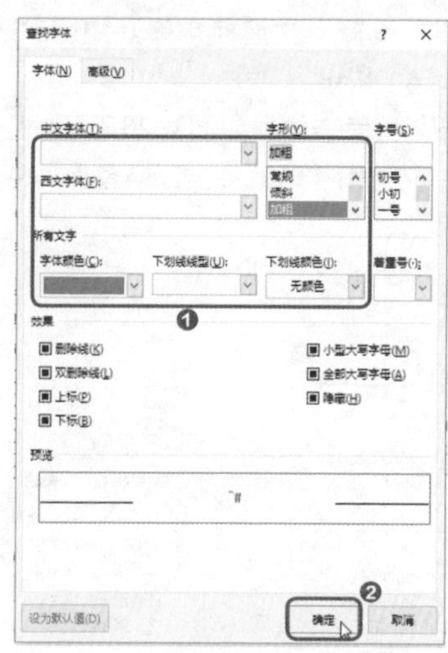

图3-25　设置数字字体格式

温馨提示

在替换数字字体时，如果不知道在【查找内容】中应该输入的表示数字的符号，可以单击【特殊格式】按钮，从弹出的菜单中选择【任意数字】选项，结果是相同的。

图3-26　替换字体（2）

物资申请报告

尊敬的领导：

因长期开展培训和会议，我司现有两个无线话筒（已使用十余年）已出现网头脱落、音质差、有啸音、信号干扰大的问题，已无法满足正常工作需要。为便于日后重要会议、培训工作的顺利开展，达到更加满意的效果，现特向公司申请无线话筒一对、话筒架两个。经过考察与对比，从国内排名前十的麦克风品牌中罗列出以下三款产品：经过对比分析，舒尔性价比较高，推荐选择购买，即 818 元/对。

此外，随着办公自动化的迅速普及，我单位内部基本实现电脑办公，台式电脑基本能够满足日常办公需求。但是，单位主要领导因公需要随身文件和数据，各部门公务出差人员逐渐增多，单位接待外部业务需要演示样品和介绍，单位在会议室内进行电教片播放等情况都在逐步增加对笔记本的需求。

为了满足以上需求，以便工作顺利进行，特向公司申请购置笔记本 65 台。以当前市场中档笔记本的价格，预算每台购置价 8000 元。

当否，请批示。

图3-27　查看效果

3.2 让文档目录自动生成和更新

目录对Word文档来说必不可少，通过目录可以快速了解文档内容，对需要查看的内容进行定位。文档，尤其是长文档，需要自动生成目录，而非手动输入。生成的目录可以方便地进行目录更新。不仅如此，文档中的图片、图表、表格等内容也可以自动生成目录，前提是使用【题注】功能对图片、图表、表格等内容元素进行自动编号。

3.2.1 有多少人不会正确生成目录

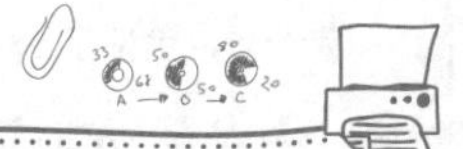

赵经理

时间过得真快啊，又到了一年一度修订员工手册的时间了。小李，你根据今年公司拟定的新制度，将员工手册更新一下。

小李

赵经理，这个难不倒我！我只需将今年的新制度整理成文档，结合老的员工手册，完成文档制作，最后再添加上目录就大功告成了。而且我知道，在做这种长文档时，要注意给每级标题设置正确的大纲级别，这样才能正确生成目录。

下面以“员工手册.docx”文件为例，讲解如何自动生成目录，具体操作方法如下。

Step1：查看【导航】窗格中的标题。Word文档中的目录与标题的大纲级别设置密切相关。在设置文档目录前，可以从【导航】窗格中快速浏览各目录的级别，看看是否正确。打开【导航】窗格的方法是单击【视图】选项卡下的【导航窗格】按钮。如图3-28所示，从【导航】窗格中可以看到文档中所有的标题，其中一级标题下面包括二级标题，相同级别的标题之间是对齐的，这说明标题大纲级别设置正确。

Step2：查看标题的大纲级别。修改或查看标题具体的大纲级别的方法如图3-29所示，❶选中标题；❷单击【段落】组中的对话框启动器按钮，在【段落】对话框中设置大纲级别。注意，最大的标题对

应【1级】级别，次要标题对应【2级】级别。

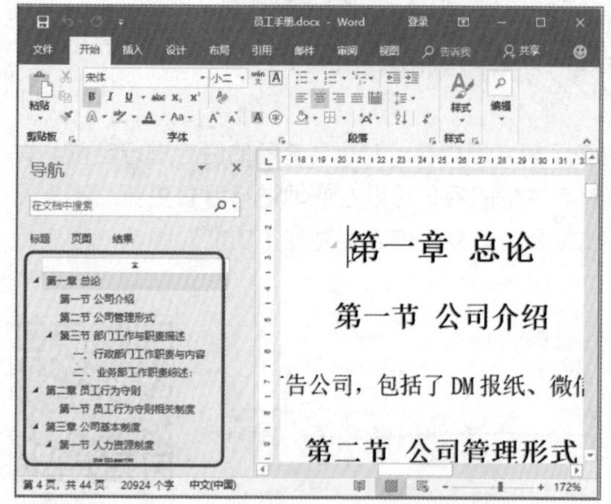

图3-28　查看【导航】窗格中的标题

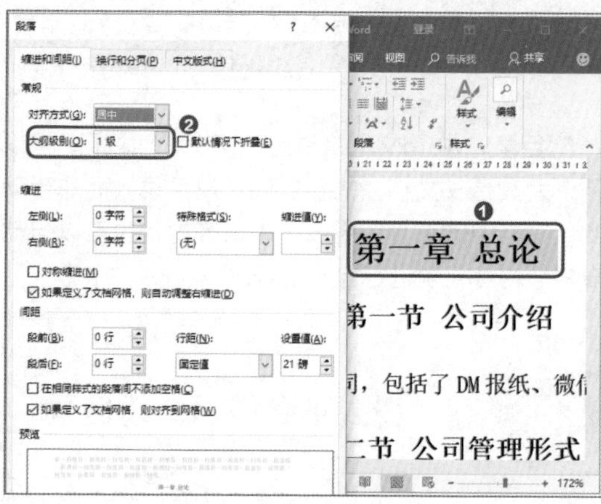

图3-29　查看标题的大纲级别

Step3：打开目录列表。如图3-30所示，❶进入文档第2页空白页面，将光标放到页面中，表示要在这一页插入目录；❷单击【引用】选项卡下的【目录】下拉按钮。

Step4：选择【自定义目录】选项。如图3-31所示，可以在目录列表中选择一种目录样式，但是这里选择【自定义目录】选项，以便进一步设置目录样式。

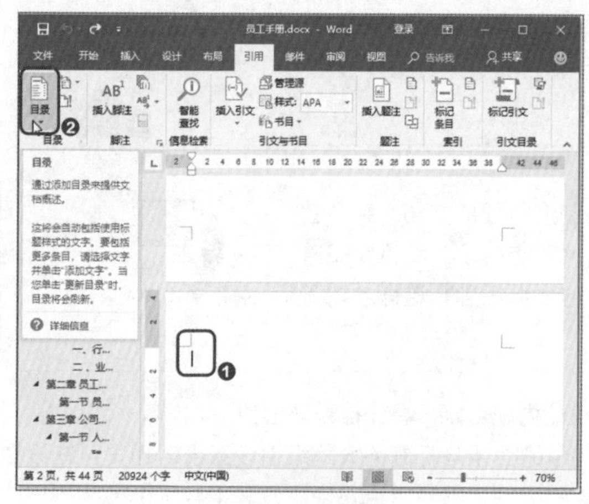

图3-30　打开目录列表

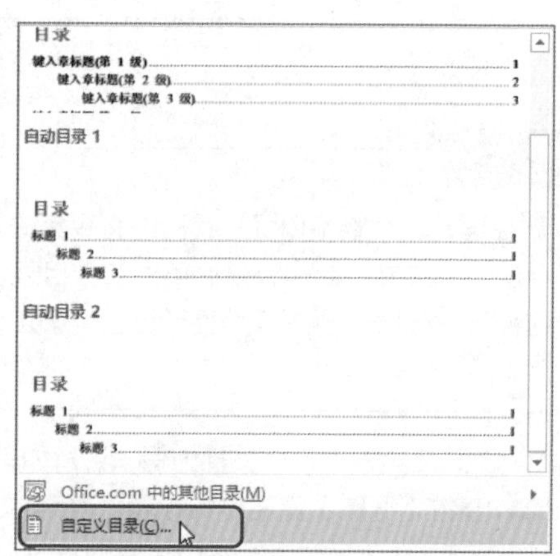

图3-31　选择【自定义目录】选项

Step5：设置目录样式。如图3-32所示，在打开的【目录】对话框中，❶选择显示目录对应的页码及对齐方式；❷选择显示级别，由于文档中包含1～3级标题，所以这里选择级别3；❸单击【确定】按钮。

Step6：查看目录效果。此时，Word就能根据标题对应的大纲级别自动生成目录，效果如图3-33所示。可以发现，生成的目录与【导航】窗格中的标题是一致的。

技能升级

为文档自动生成目录后，可以根据文档格式要求改变目录格式。其方法是将目录当成普通的文字，选中目录中所有文字，在【字体】组中设置目录文字的字体、字号等格式。

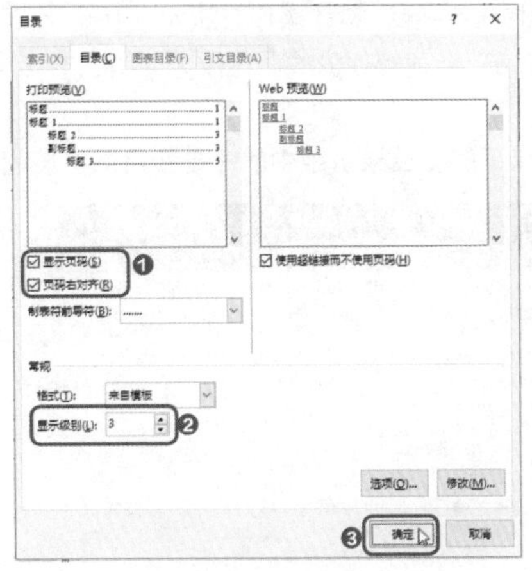

图3-32 设置目录样式

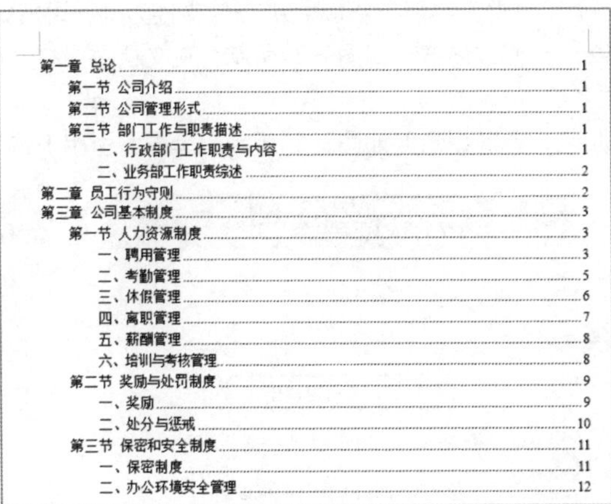

第一章 总论 1
第一节 公司介绍 1
第二节 公司管理形式 1
第三节 部门工作与职责描述 1
一、行政部门工作职责与内容 1
二、业务部工作职责综述 2
第二章 员工行为守则 2
第三章 公司基本制度 3
第一节 人力资源制度 3
一、聘用管理 3
二、考勤管理 5
三、休假管理 6
四、离职管理 7
五、薪酬管理 8
六、培训与考核管理 8
第二节 奖励与处罚制度 9
一、奖励 9
二、处分与惩戒 10
第三节 保密和安全制度 11
一、保密制度 11
二、办公环境安全管理 12

图3-33 查看目录效果

3.2.2 有多少人会生成目录却不会更新目录

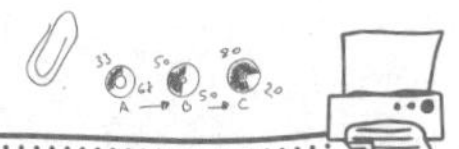

赵经理

小李，你做的员工手册很不错，但是有一个细节需要改一下。将第二节的“管理形式”改成“管理模式”，“模式”一词更有高度。

小李

张姐，赵经理说员工手册有需要修改的地方，您先别急着使用，等我修改完内容重新生成目录后，再发送给您新的版本。

张姐

好的。不过，小李，你修改内容后，不用重新生成目录啊。直接使用【更新目录】功能就可以啦！

下面以“员工手册（新版）.docx”文件为例，讲解如何更新目录，具体操作方法如下。

Step1：修改内容。如图3-34所示，在文档中，将“第二节 公司管理形式”修改为“第二节 公司管理模式”。

Step2：更新目录。如图3-35所示，单击【引用】选项卡下的【目录】组中的【更新目录】按钮。

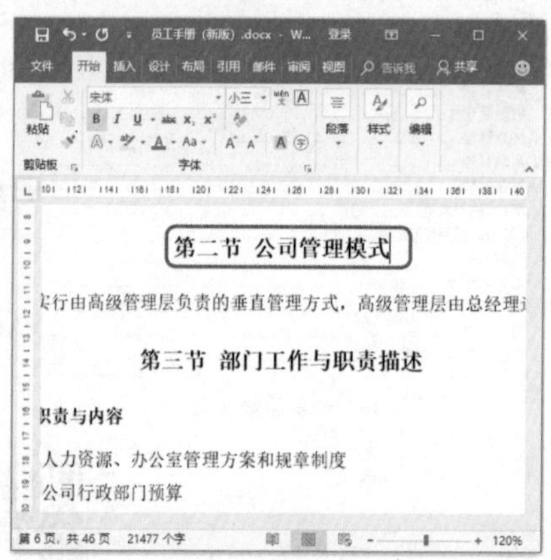

图3-34 修改内容

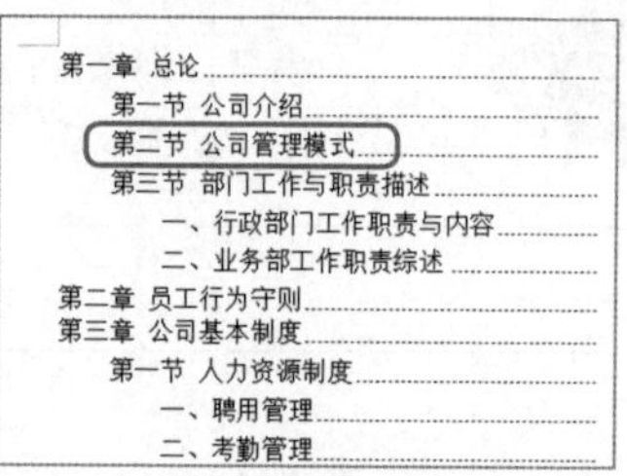

图3-35 更新目录

Step3：选择更新项目。如图3-36所示，❶在打开的【更新目录】对话框中，选中【更新整个目录】单选按钮；❷单击【确定】按钮。

Step4：查看更新效果。如图3-37所示，此时目录中的内容已经完成了更新。

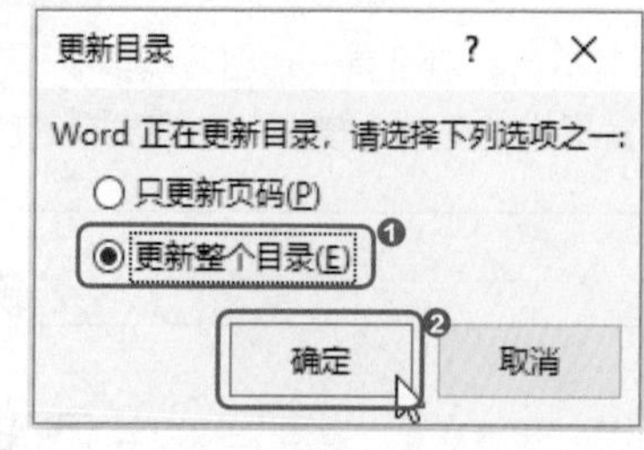

图3-36 选择更新项目

第一章 总论

第一节 公司介绍

第二节 公司管理模式

第三节 部门工作与职责描述

一、行政部门工作职责与内容

二、业务部工作职责综述

第二章 员工行为守则

第三章 公司基本制度

第一节 人力资源制度

一、聘用管理

二、考勤管理

图3-37 查看更新效果

3.2.3 图片也可以自动生成目录

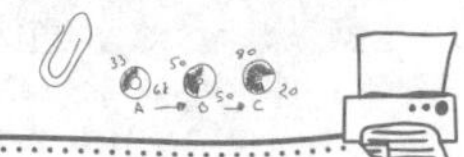

小李

张姐，赵经理让我做一份员工培训手册。我注意到了一个问题，员工培训手册内容特别多，有几十页，而里面又有不少示意图。在查看手册时，直接看图片就可以明白要点。如果为图片设置目录，相信查阅手册会方便很多，可是如何为图片设置目录呢？

张姐

小李，你这个问题很有水平，估计有95%的人都不会。生成文档普通目录的要点是设置标题的大纲级别。而生成图片目录的要点是使用【题注】功能给图片编号，然后使用【插入表目录】功能，自动生成图片目录即可。

这样吧，你先不要急着理解【题注】功能，我给你一份已经做好的培训文档，里面已经使用【题注】功能为图片编了号，你直接生成图片目录即可。

下面以“培训手册.docx”文件为例，讲解如何自动生成图片目录，具体操作方法如下。

Step1：查看图片编号。如图3-38所示，在文档的第13页可以看到图片，图片下方有编号。选中编号会发现，这不是手动输入的编号，而是使用【题注】功能生成的编号（图片编号的生成方法将在3.4.1小节讲解）。

Step2：插入表目录。如图3-39所示，❶进入第3页中，将光标放到“导购情景模拟”文字下方；❷单击【引用】选项卡下的【题注】组中的【插入表目录】按钮。

图3-38 查看图片编号

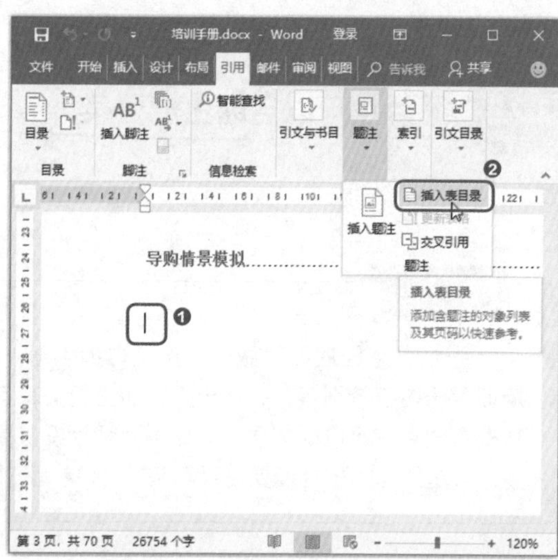

图3-39 插入表目录

Step3：设置图片目录。如图3-40所示，❶在打开的【图表目录】对话框中，设置图片目录的格式；❷单击【确定】按钮。

Step4：查看生成的图片目录。如图3-41所示，此时自动生成了图片目录。

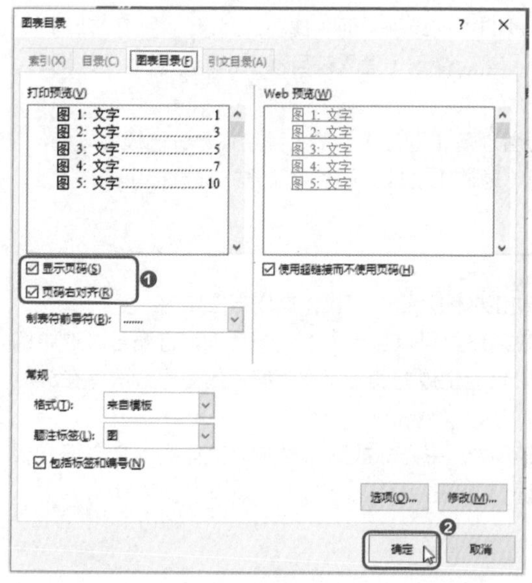

图3-40 设置图片目录

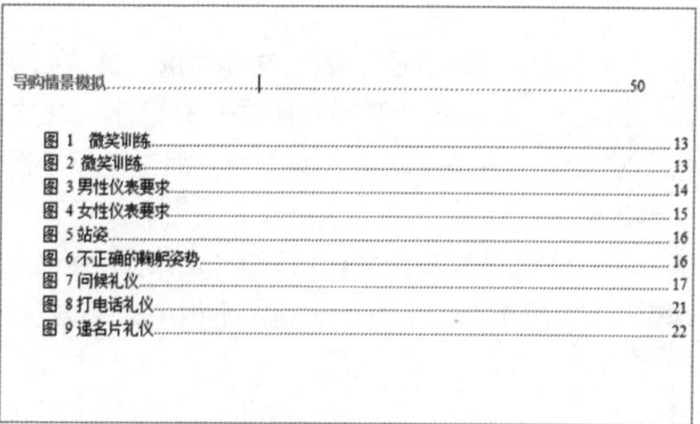
导购情景模拟 50
图 1 微笑训练 13
图 2 微笑训练 13
图 3 男性仪表要求 14
图 4 女性仪表要求 15
图 5 站姿 16
图 6 不正确的鞠躬姿势 16
图 7 问候礼仪 17
图 8 打电话礼仪 21
图 9 递名片礼仪 22

图3-41 查看生成的图片目录

3.3 从此告别页码烦恼

正式的Word文档中通常会设置页码，通过页码判断内容的位置及了解文档的内容长度。在添加页码后，就需要调整页码的格式，让页码不影响内容排版。如果Word有封面页、目录页等内容，还需要让内容页的页码从1开始显示。

3.3.1 设置漂亮的自动页码

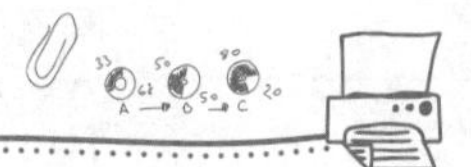

小李

张姐，请教您一个问题。我在制作员工培训手册时，需要为文档添加页码，添加页码很简单，可是页码添加后，编码数字太小了，不够美观，应该如何设置呢？

张姐

小李，别把页码想得太复杂了，你通过插入页码的方法添加页码后，就将页码当成普通的数字，直接选中页码数字，在【字体】组中进行字体格式设置就行了。对了，如果插入页码后文档内容的排版有变化，那就需要调整页眉到页面顶端的距离或者是页脚到页面底端的距离。

下面以“员工培训手册.docx”文件为例，讲解如何设置页码及页码格式，具体操作方法如下。

Step1：选择需要添加的页码类型。如图3-42所示，❶在【插入】选项卡下单击【页眉和页脚】组中的【页码】下拉按钮；❷选择页码位置为【页面底端】；❸在列表中选择一种页码类型，如这里选择页码位置居于页面底端中间位置的【普通数字2】类型。

Step2：调整页码到页面底端的距离。如图3-43所示，双击页码，进入页眉和页脚编辑状态，在

【页眉和页脚工具-设计】选项卡下的【位置】组中减小页码到页面底端的距离。如果页码离页面底端的距离太大，会影响文档排版。

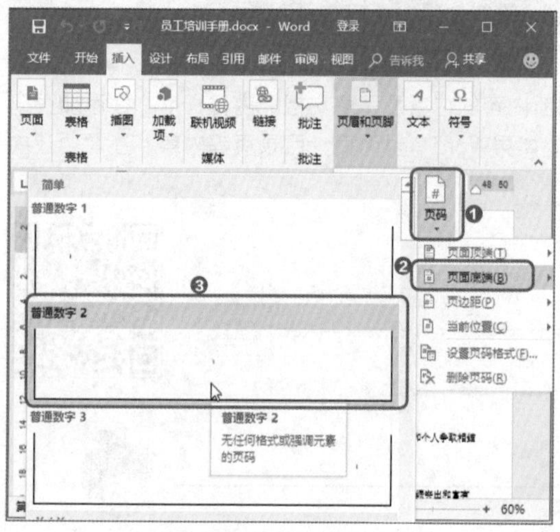

图3-42 选择需要添加的页码类型

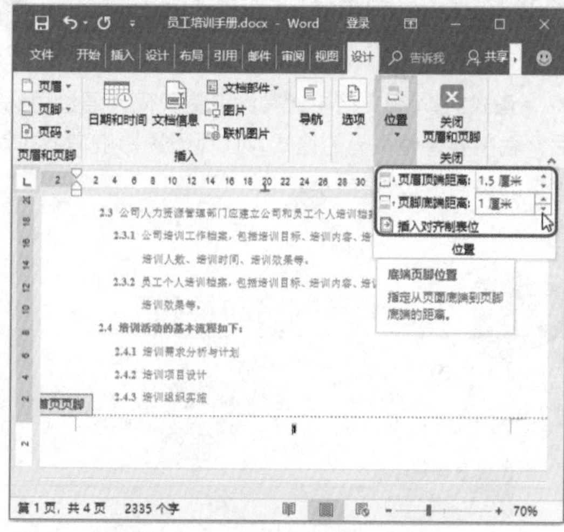

图3-43 调整页码到页面底端的距离

Step3：设置页码格式。如图3-44所示，❶选中页码；❷在【字体】组中设置页码数字的字体、字号和加粗格式。

Step4：查看效果。此时，完成了页码制作，最终效果如图3-45所示。

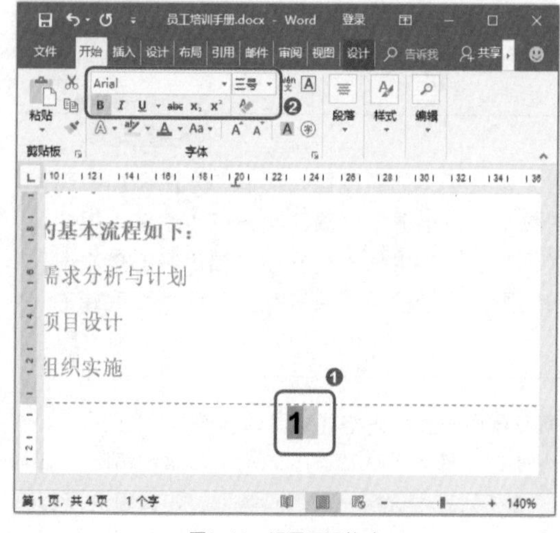

图3-44 设置页码格式

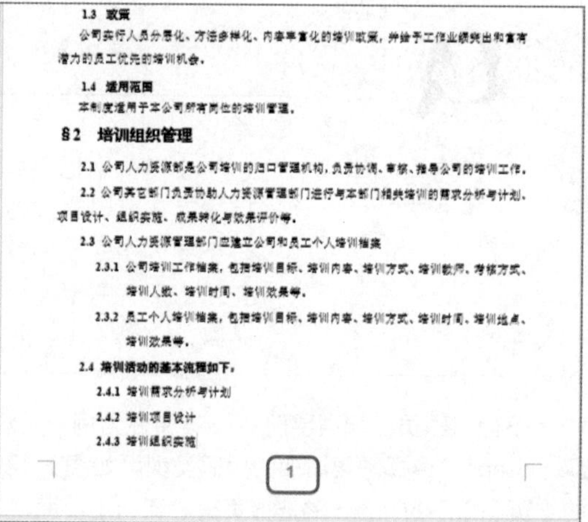

图3-45 查看效果

3.3.2 页码从第几页开始，你说了算

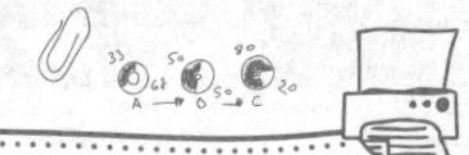

赵经理

小李，你之前做的员工培训手册是比较简单的类型，现在需要你做一份正式的员工培训手册，要求有封面页和目录页以及说明页。

小李

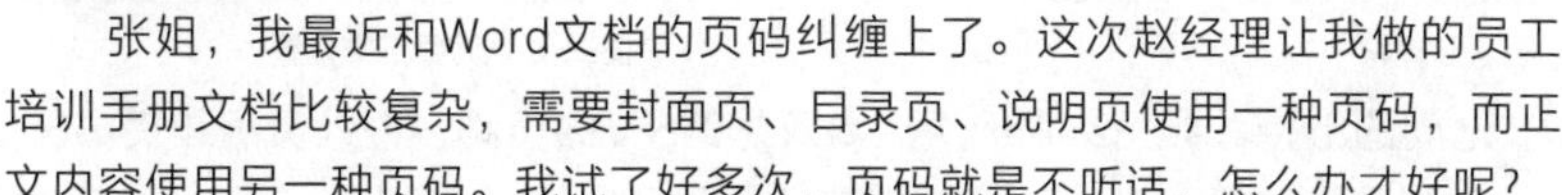

张姐，我最近和Word文档的页码纠缠上了。这次赵经理让我做的员工培训手册文档比较复杂，需要封面页、目录页、说明页使用一种页码，而正文内容使用另一种页码。我试了好多次，页码就是不听话，怎么办才好呢？

张姐

小李，哈哈，你可遇到了Word文档制作的一个难题。为不同页面设置不同页码，需要理解两个概念。

在一份Word文档中插入【下一页】分节符后，从分节符开始的位置可以将文档分成两个部分，从而可以设置不同的格式。

插入分节符后，需要解除文档两个部分的页眉链接，这样页码才不会成为连续的序号，才可以设置不同的页码。

下面以“员工培训手册（页码不同）.docx”文件为例，讲解如何为一份文档设置不同的页码，具体操作方法如下。

Step1：插入分节符。如图3-46所示，❶将光标放到第4页内容后面，表示要在这里插入分节符，将后面的内容划分到第2节中；❷单击【布局】选项卡下的【分隔符】下拉按钮；❸选择【分节符】栏中的【下一页】选项。

Step2：调整正文位置。因为插入了【下一页】分节符，所以文档会多出一页空白页，将光标放到“1.1　企业背景知识”文字的前面，按Backspace（退格）键，将正文填充到第5页空白页中，如图3-47所示。

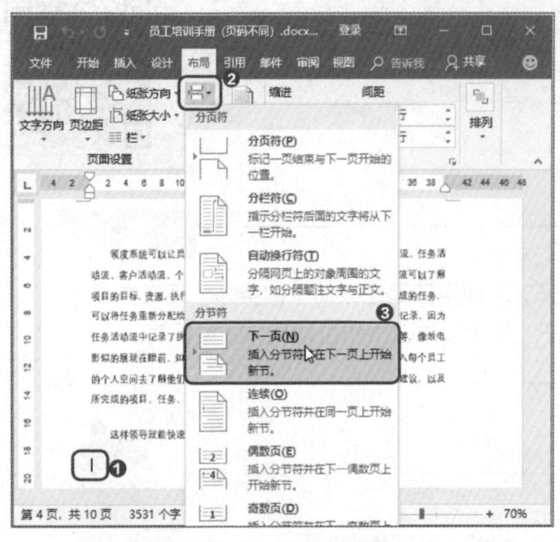

图3-46　插入分节符

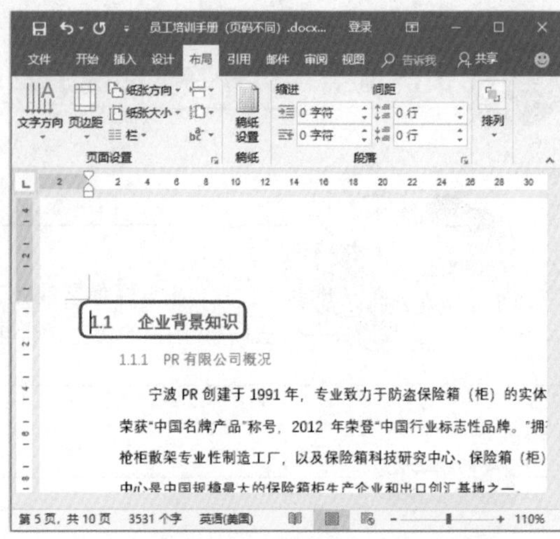

图3-47　调整正文位置

Step3：取消两个小节之间的链接。如图3-48所示，❶双击第5页的页脚，进入页眉和页脚编辑状态，将光标放到页脚处，这里显示了“第2节”字样；❷单击【页眉和页脚工具-设计】选项卡下的【链接到前一条页眉】按钮，取消两个小节之间的链接（默认情况下，小节与小节之间是链接状态）。

Step4：打开【页码格式】对话框。现在开始为文档的封面、目录、说明部分设置页码格式。如图3-49所示，❶单击【插入】选项卡下的【页眉和页脚】组中的【页码】下拉按钮；❷选择【设置页码格式】选项。

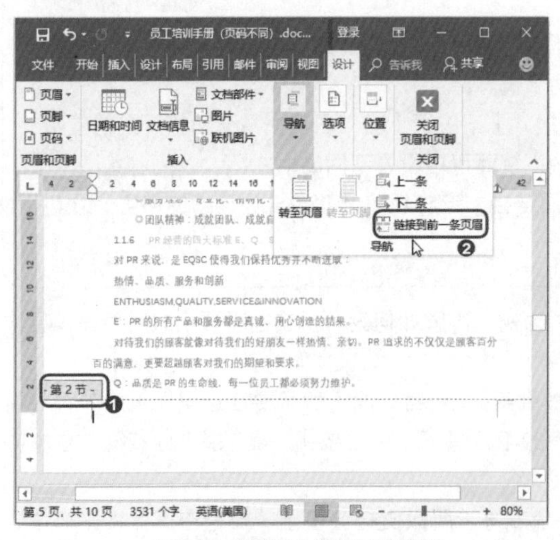

图3-48　取消两个小节之间的链接

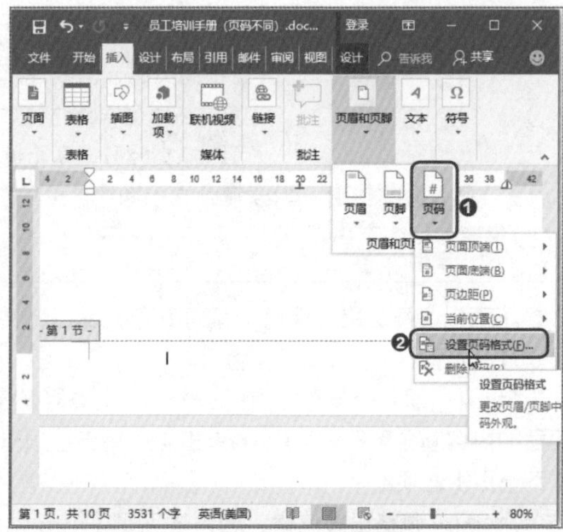

图3-49　打开【页码格式】对话框（1）

Step5：设置编号格式。如图3-50所示，❶在打开的【页码格式】对话框中，选择【Ⅰ, Ⅱ, Ⅲ, …】作为编号格式；❷单击【确定】按钮。

Step6：插入页码。将光标放到第1节文档中，如图3-51所示，❶单击【插入】选项卡下【页眉和页脚】组中的【页码】下拉按钮；❷选择【页面底端】页码位置；❸选择【普通数字2】页码类型。此时，就成功地为文档第1节插入了页码，可以调整字体格式，让页码更大一点。

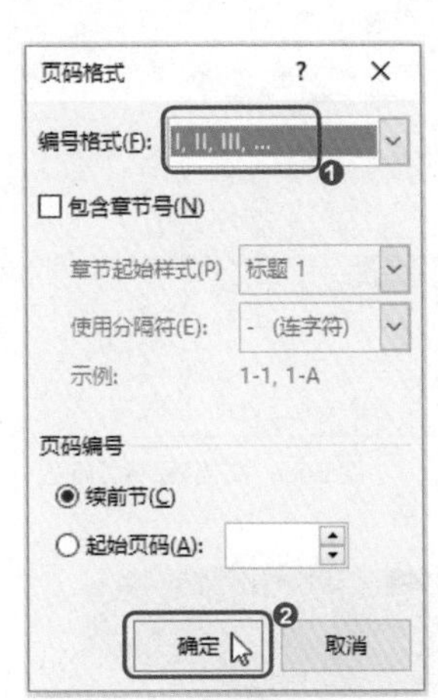

图3-50 设置编号格式（1）

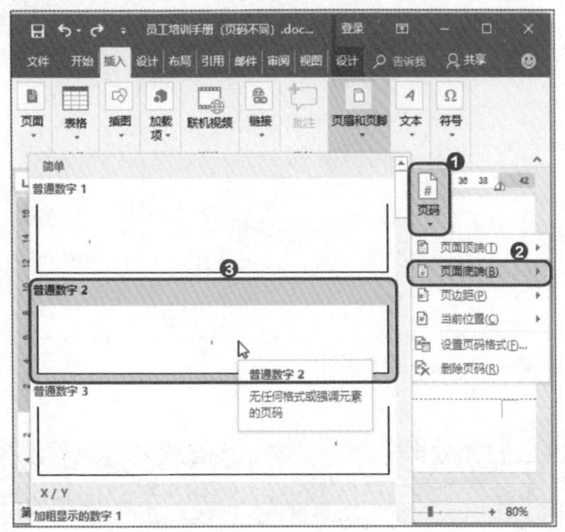

图3-51 插入页码

Step7：打开【页码格式】对话框。现在开始为文档的第2节设置页码格式。如图3-52所示，❶单击【插入】选项卡下的【页眉和页脚】组中的【页码】下拉按钮；❷选择【设置页码格式】选项。

Step8：设置编号格式。如图3-53所示，❶在打开的【页码格式】对话框中，选择【1，2，3，…】作为编号格式；❷设置【起始页码】为1；❸单击【确定】按钮。

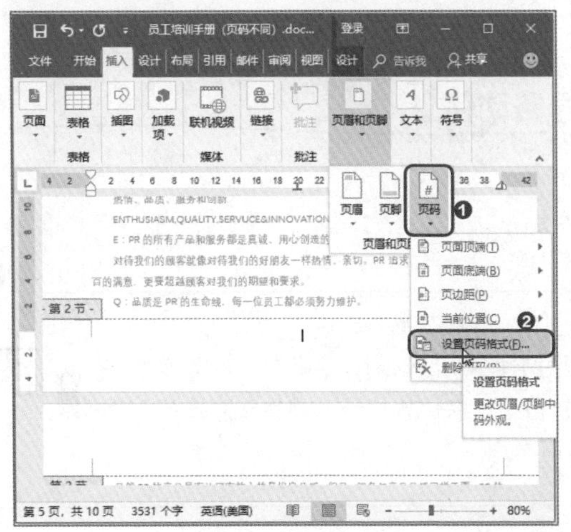

图3-52 打开【页码格式】对话框（2）

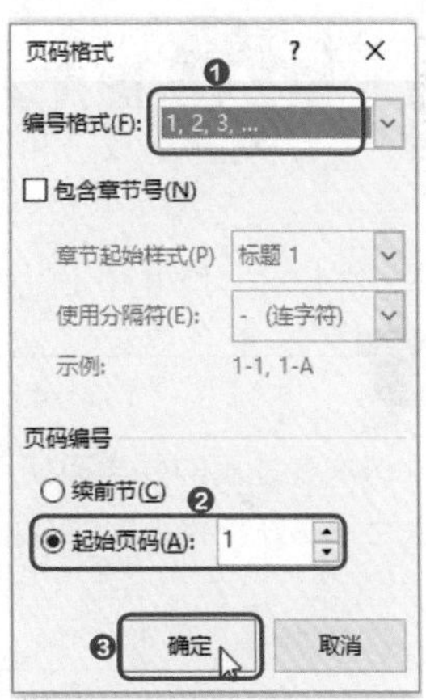

图3-53 设置编号格式（2）

Step9：查看页码效果。文档不同节的页码如图3-54和图3-55所示。

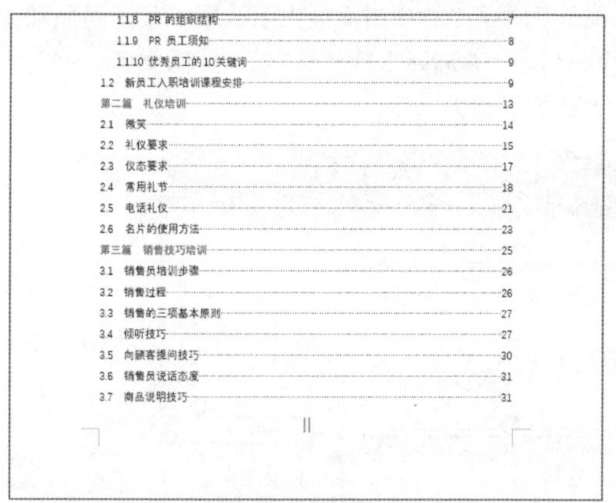

1.1.8 PR 的组织结构……7
1.1.9 PR 员工须知……8
1.1.10 优秀员工的10关键词……9
1.2 新员工入职培训课程安排……9
第二篇 礼仪培训……13
2.1 微笑……14
2.2 礼仪要求……15
2.3 仪态要求……17
2.4 常用礼节……18
2.5 电话礼仪……21
2.6 名片的使用方法……23
第三篇 销售技巧培训……25
3.1 销售员培训步骤……26
3.2 销售过程……26
3.3 销售的三项基本原则……27
3.4 倾听技巧……27
3.5 向顾客提问技巧……30
3.6 销售员说话态度……31
3.7 商品说明技巧……31

II

图3-54 文档第1节页码

◎顾客永远第一，随时随地用热情的服务让顾客满意。
◎细节决定一切。
◎追求效益，为企业创造最大价值。
◎关心地区生活，营造独具特色的人文企业。
◎关注企业与社会的可持续性发展。
1.1.5 企业文化
◎经营理念:诚信、创新、成就
◎人才理念：选才、容才、育才、用才、留才、成才
◎服务理念：专业化、精确化、快速化、个性化
◎团队精神：成就团队、成就自我
1.1.6 PR 经营的四大标准 E、Q、S、C
对 PR 来说，是 EQSC 使得我们保持优秀并不断进取：
热情、品质、服务和创新
ENTHUSIASM,QUALITY,SERVICE&INNOVATION
E：PR 的所有产品和服务都是真诚、用心创造的结果。
对待我们的顾客就像对待我们的好朋友一样热情、亲切，PR 追求的不仅仅是顾客百分百的满意，更要超越顾客对我们的期望和要求。

1

图3-55 文档第2节页码

3.4 编号自动化就是这么简单

正式的文档中通常会为图片、图表、表格编号并添加说明文字。大多数人在进行这一操作时，是采用手写的方法输入编号。但是这样做有一定的弊端，例如，一个编号有误，就要修改后面的所有编号，不能通过编号自动插入图片、图表、表格目录。使用【题注】功能可以自动编号，且没有这些局限性。

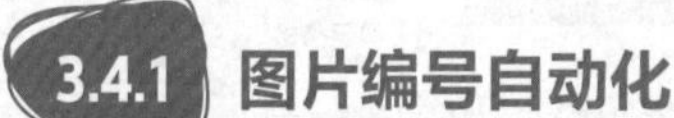

3.4.1 图片编号自动化

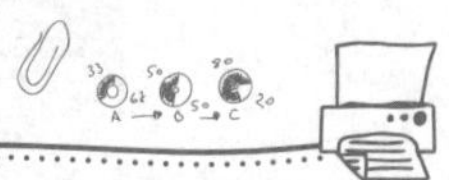

小李

张姐，这次我是真的要学习使用【题注】功能给图片编号了，不能像上次那样，您为我编好，我直接生成图片目录。您快教教我，究竟题注是什么东西?

张姐

其实要理解【题注】功能也不难，题注就是图片下方的编号及说明文字。将光标放到图片下方，单击【插入题注】按钮，就可以插入有编号的题注了。不过在此之前，要进行题注设置，主要设置两个方面。

（1）设置题注的标签，“图1”“图片1”“插图1”中的“图”“图片”“插图”就是标签。换句话说，标签用于说明对象的类型。

（2）设置题注的编号，如“1，2，3，…”“a，b，c，…”就是不同的编号。

下面以“运营方案.docx”文件为例，讲解如何为图片设置自动编号，具体操作方法如下。

Step1：打开【题注】对话框。如图3-56所示，❶打开文档，进入第2页，将光标放到第1张图片下方；❷单击【引用】选项卡下的【题注】组中的【插入题注】按钮，打开【题注】对话框。

Step2：单击【新建标签】按钮。如图3-57所示，当前默认的标签为【图】。单击【新建标签】按钮。

图3-56 打开【题注】对话框

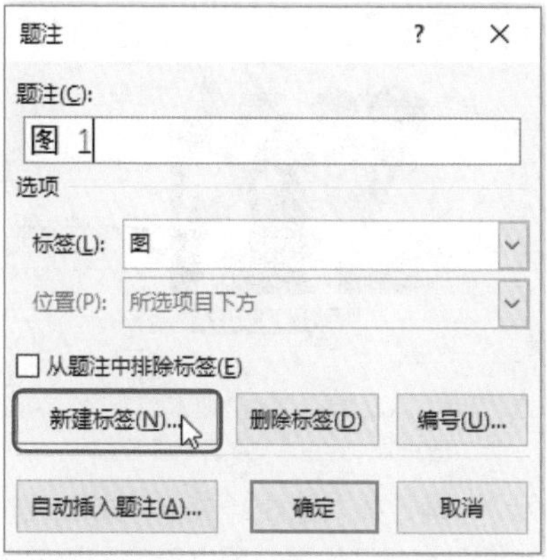

题注
题注(C):
图 1
选项
标签(L): 图
位置(P): 所选项目下方
从题注中排除标签(E)
新建标签(N)...
删除标签(D)
编号(U)...
自动插入题注(A)...
确定
取消

图3-57 单击【新建标签】按钮

Step3：输入标签名。如图3-58所示，❶输入新标签名称；❷单击【确定】按钮。

Step4：单击【编号】按钮。如图3-59所示，单击【编号】按钮。

Step5：选择编号。如图3-60所示，❶选择编号格式；❷单击【确定】按钮。

Step6：确定题注设置。如图3-61所示，此时完成了题注设置，单击【确定】按钮。

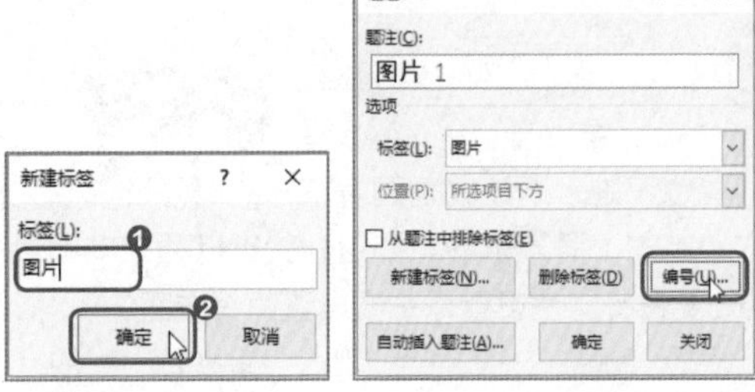

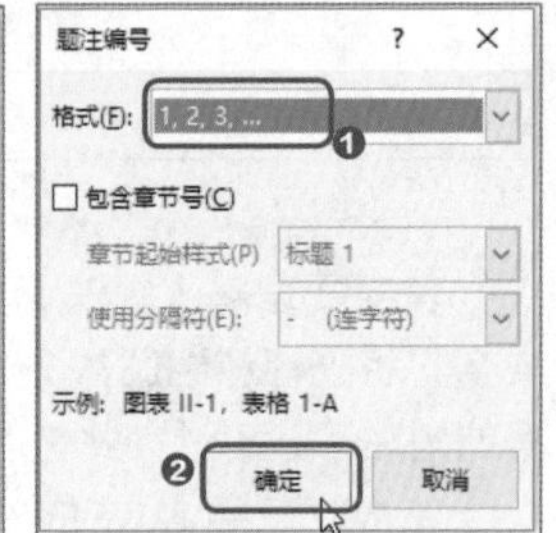

图3-58　输入标签名　　图3-59　单击【编号】按钮　　图3-60　选择编号　　图3-61　确定题注设置

Step7：让题注文字居中显示。如图3-62所示，此时在第1张图片下方会自动插入第1个题注，显示“图片1”，❶在题注后面输入图片描述文字“销售部成员”；❷将光标放到题注前面，单击【段落】组中的【居中】按钮，让题注居中显示。

Step8：为第2张图片插入题注。如图3-63所示，❶将光标放到第2张图片下方；❷单击【引用】选项卡下的【题注】组中的【插入题注】按钮。

图3-62　让题注文字居中显示（1）

图3-63　为第2张图片插入题注

Step9：确定插入题注。由于事先已经对题注的标签和编号进行了设置，所以无须重复设置，单击【确定】按钮即可，如图3-64所示。

Step10：让题注文字居中显示。如图3-65所示，❶在“图片2”后面输入对图片的描述文字“市场部成员”；❷将光标放到题注前面，单击【段落】组中的【居中】按钮，让题注文字居中显示。使用同样的方法，为文档中的其他图片插入题注，这里不再赘述。

图3-64　确定插入题注

图3-65　让题注文字居中显示（2）

技能升级

为文档中的图表、表格或其他对象设置自动编号，其方法与设置图片编号一致，只需将题注的标签修改成“图表”“表格”等对象名称即可。

3.4.2 增减图片后，让图片编号自动更新

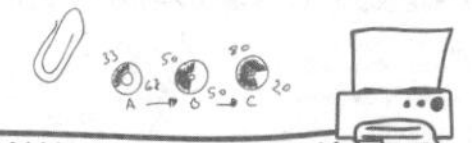

赵经理

小李，你之前做的运营方案文档中，有个小错误，市场部分销售和策划两个方向，你却只放了一个方向的图片，快去补充一下。

小李

张姐，图片编号与我八字不合。您之前说过使用【题注】功能插入编号，增减图片后其他图片编号会自动调整。可是我试了好几次，为什么编号就是不会自动更新？

张姐

小李，这是我的失误，我少说了一个步骤。增减图片后，你用一个操作告诉Word编号需要更新。其方法就是选中编号，右击，选择【更新域】选项，就可以让编号更新了。

下面以“运营方案（添加图片）.docx”文件为例，讲解在改变图片数量后，如何更新图片编号，具体操作方法如下。

Step1：插入题注。如图3-66所示，❶在第3页中有一张新的没有题注的图片。将光标放到图片下方；❷单击【引用】选项卡下的【题注】组中的【插入题注】按钮。

Step2：确定题注。如图3-67所示，确定题注的标签和编号无误，单击【确定】按钮。

图3-66　插入题注

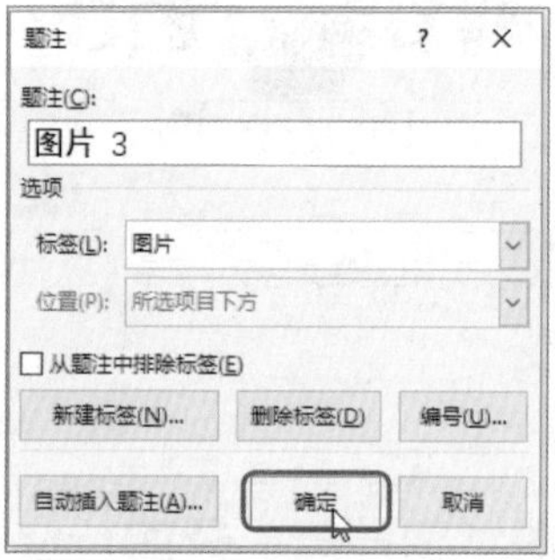

图3-67　确定题注

Step3：更新域。如图3-68所示，选中文档中的任意题注，右击，从弹出的快捷菜单中选择【更新域】选项，即可更新题注编号。

Step4：查看效果。如图3-69所示，此时其他图片的编号发生了改变，新插入图片后面的图片编号会自动加一进行编号。

图3-68　更新域

图3-69　查看效果

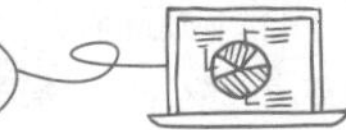

3.5 善用粘贴技巧，拯救加班的你

在Word文档中复制粘贴内容很多人都会，但是大多数人只会用Ctrl+C和Ctrl+V组合键进行内容移动。一旦复制粘贴的需求有所变化，这种原始的做法就不太起作用了。例如，只需复制粘贴不带格式的文本；需要将其他软件中的图形粘贴成图片；需要将Excel中的表格粘贴到Word文档中，并实现数据实时更新；需要重复粘贴相同的内容等。掌握必要的复制粘贴技巧，可以大大缩短文档制作时间。

3.5.1 粘贴方式决定效率

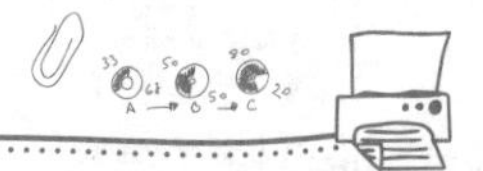

赵经理

小李，最近你辛苦一下，将各部门提交上来的市场调查资料汇总到一份文档中。

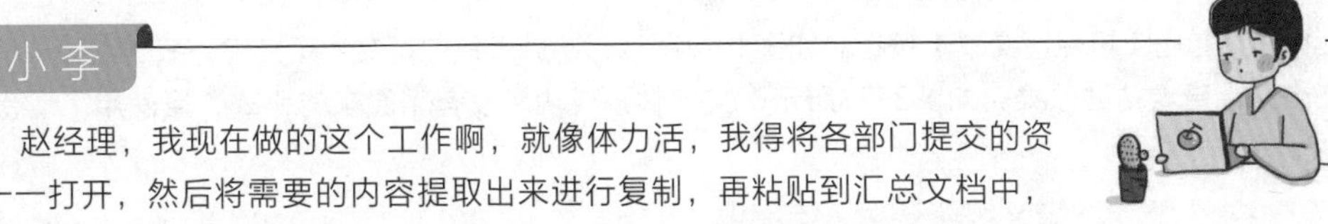

小李

赵经理，我现在做的这个工作啊，就像体力活，我得将各部门提交的资料一一打开，然后将需要的内容提取出来进行复制，再粘贴到汇总文档中，效率很低。我正准备请教张姐，是否有什么高效复制粘贴法呢！

张姐

小李，你怎么不早点儿问我呢，复制粘贴当然有技巧。你复制内容后，单击【粘贴】按钮，根据需要选择粘贴方式，常用的方式有保留原格式、图片、只保留文本等。这样可以节约不少修改格式的时间啊！

下面以“市场调查汇总.docx”文件为例，讲解如何将内容只保留文本粘贴、粘贴为图片、粘贴为可更新的表格数据。

1 只保留文本粘贴

在复制粘贴内容时，Word默认会将格式一起粘贴。如果内容是从网页或其他文件中复制的，复制的

内容自带格式。此时，可以选择【只保留文本】粘贴方式，去除文本的原格式，具体操作方法如下。

Step1：复制文字。如图3-70所示，打开“运营部调查资料.docx”文件，文档中的文字加粗显示且有下划线。按Ctrl+A组合键选中所有文字，右击，选择【复制】选项。

Step2：单击【粘贴】下拉按钮。如图3-71所示，打开“市场调查汇总.docx”文件，❶将光标放到最后一段文字的后面；❷单击【开始】选项卡下的【粘贴】下拉按钮。

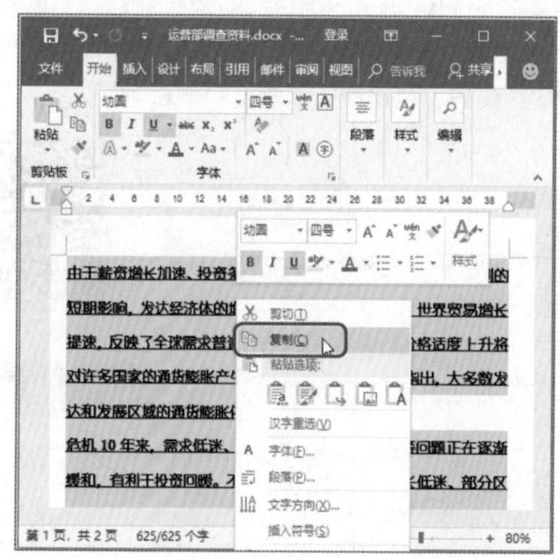

图3-70　复制文字

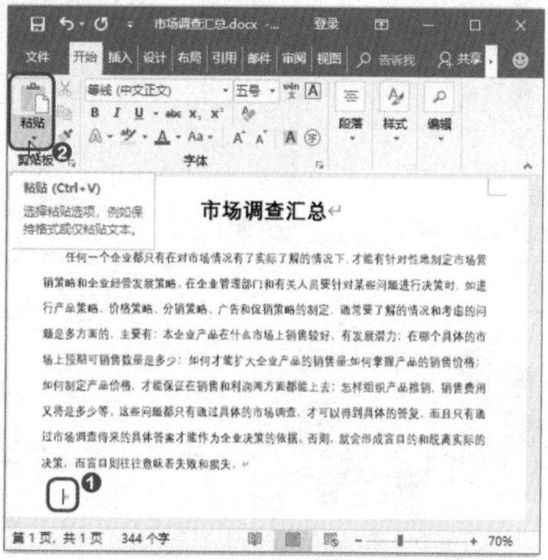

市场调查汇总

粘贴 (Ctrl+V)
选择粘贴选项，例如保持格式或仅粘贴文本。

任何一个企业都只有在对市场情况有了实际了解的情况下，才能有针对性地制定市场营销策略和企业经营发展策略。在企业管理部门和有关人员要针对某些问题进行决策时，如进行产品策略、价格策略、分销策略、广告和促销策略的制定，通常要了解的情况和考虑的问题是多方面的，主要有：本企业产品在什么市场上销售较好，有发展潜力；在哪个具体的市场上预期可销售数量是多少；如何才能扩大企业产品的销售量；如何掌握产品的销售价格；如何制定产品价格，才能保证在销售和利润两方面都能上去；怎样组织产品推销，销售费用又将是多少等。这些问题都只有通过具体的市场调查，才可以得到具体的答复，而且只有通过市场调查得来的具体答案才能作为企业决策的依据。否则，就会形成盲目的和脱离实际的决策，而盲目则往往意味着失败和损失。

图3-71　单击【粘贴】下拉按钮

Step3：单击【只保留文本】按钮。如图3-72所示，选择【只保留文本】粘贴方式。

Step4：查看粘贴效果。如图3-73所示，文字粘贴成功后没有了原来的格式，且使用了现有文档中的格式。

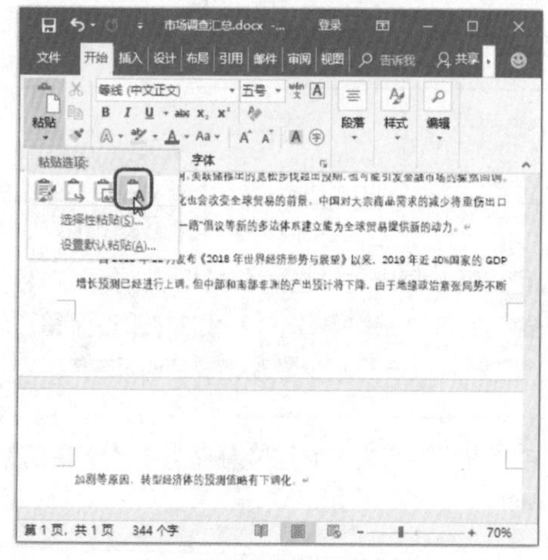

图3-72　单击【只保留文本】按钮

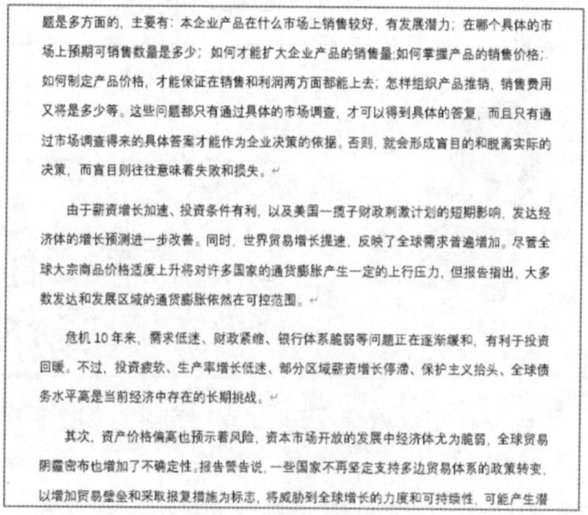

题是多方面的，主要有：本企业产品在什么市场上销售较好，有发展潜力；在哪个具体的市场上预期可销售数量是多少；如何才能扩大企业产品的销售量；如何掌握产品的销售价格；如何制定产品价格，才能保证在销售和利润两方面都能上去；怎样组织产品推销，销售费用又将是多少等。这些问题都只有通过具体的市场调查，才可以得到具体的答复，而且只有通过市场调查得来的具体答案才能作为企业决策的依据。否则，就会形成盲目的和脱离实际的决策，而盲目则往往意味着失败和损失。

由于薪资增长加速、投资条件有利，以及美国一揽子财政刺激计划的短期影响，发达经济体的增长预测进一步改善。同时，世界贸易增长提速，反映了全球需求普遍增加。尽管全球大宗商品价格适度上升将对许多国家的通货膨胀产生一定的上行压力，但报告指出，大多数发达和发展区域的通货膨胀依然在可控范围。

危机 10 年来，需求低迷、财政紧缩、银行体系脆弱等问题正在逐渐缓和，有利于投资回暖。不过，投资疲软、生产率增长低迷、部分区域薪资增长停滞、保护主义抬头、全球债务水平高是当前经济中存在的长期挑战。

其次，资产价格偏高也预示着风险，资本市场开放的发展中经济体尤为脆弱，全球贸易阴霾密布也增加了不确定性。报告警告说，一些国家不再坚定支持多边贸易体系的政策转变，以增加贸易壁垒和采取报复措施为标志，将威胁到全球增长的力度和可持续性，可能产生潜

图3-73　查看粘贴效果

2 粘贴为图片

工作中，常常需要将PPT或其他软件中的图形、文字等内容复制粘贴到Word文档中，如果保留原格式粘贴，可能会在Word文档中出现排版混乱或乱码的情况。此时，如果将内容粘贴成图片，内容就相对工整很多，具体操作方法如下。

Step1：复制PPT中的图表。如图3-74所示，打开“市场份额.pptx”文件，选中幻灯片页面中的图表，右击，选择【复制】选项。

Step2：以图片的方式粘贴。如图3-75所示，在“市场调查汇总.docx”文件中，单击【粘贴】下拉按钮，选择【图片】粘贴方式。

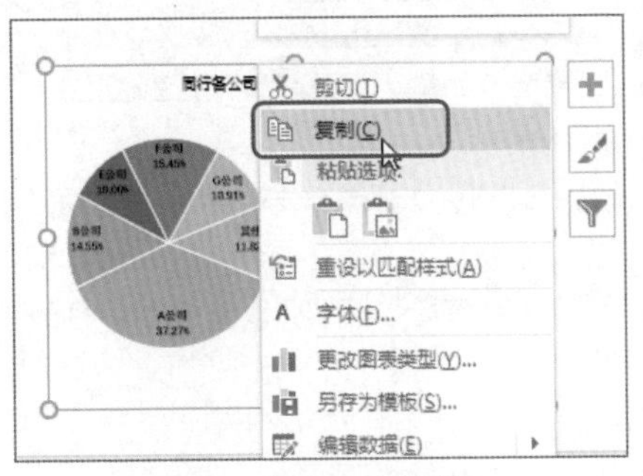

图3-74 复制PPT中的图表

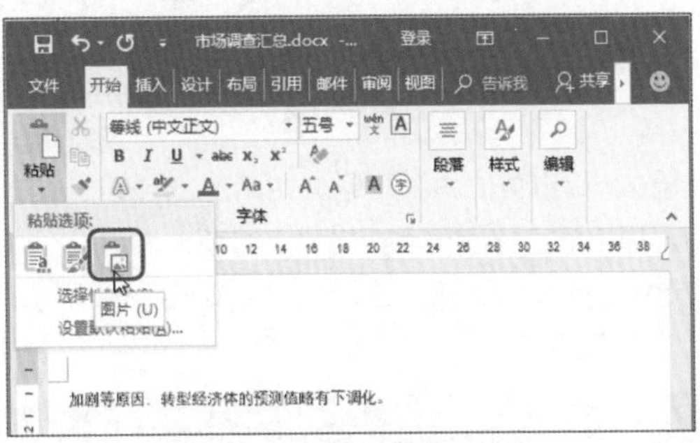

图3-75 以图片的方式粘贴

Step3：调整图片大小。此时，PPT中的图表被成功地以图片的格式粘贴到文档中。如图3-76所示，将光标放到图片左上方，拖动鼠标调整图片大小。

Step4：查看效果。完成图片大小的调整后，效果如图3-77所示。此时，可以对粘贴成图片的图表进行格式设置，包括删除背景、改变颜色等。

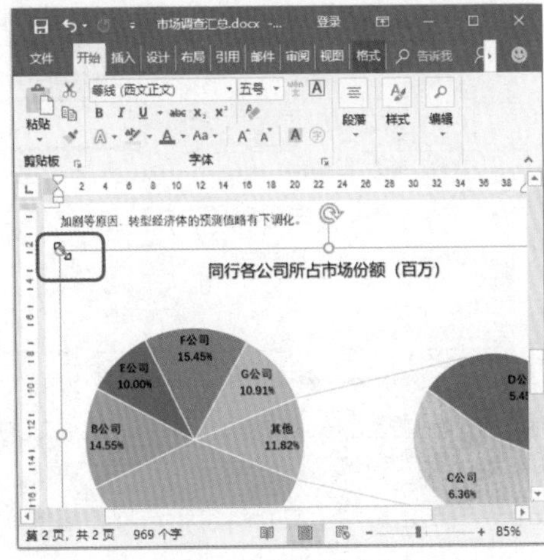

图3-76 调整图片大小

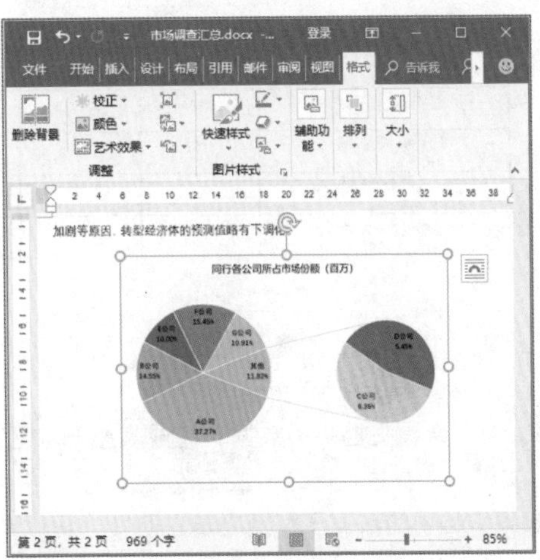

图3-77 查看效果

3 粘贴为可更新的表格数据

如果需要将Excel表格中的数据粘贴到Word文档中，且修改表格数据时要求文档数据也随之更新，这就需要以链接的方式进行粘贴，具体操作方法如下。

Step1：复制Excel表格中的数据。如图3-78所示，打开“饮料市场数据.xlsx”文件，选中表格中的数据，右击，选择【复制】命令。

图3-78　复制Excel表格中的数据

Step2：以链接的方式粘贴。如图3-79所示，回到“市场调查汇总.docx”文件中，在【粘贴】下拉列表中选择【链接与使用目标格式】选项。

Step3：修改Excel表格中的数据。如图3-80所示，回到“饮料市场数据.xlsx”文件中，将B2单元格的数据修改为4624.28。

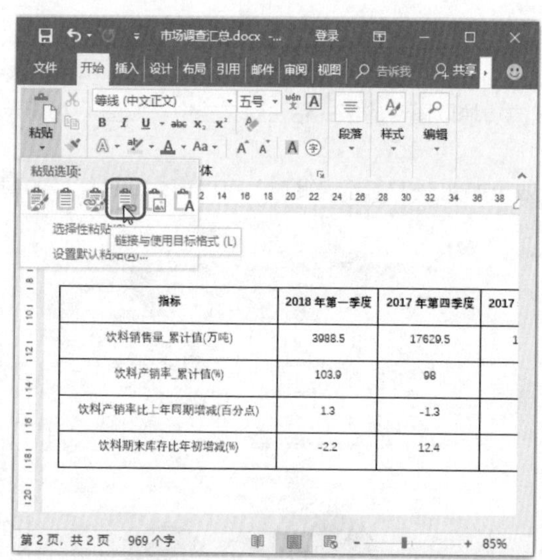

图3-79　以链接的方式粘贴

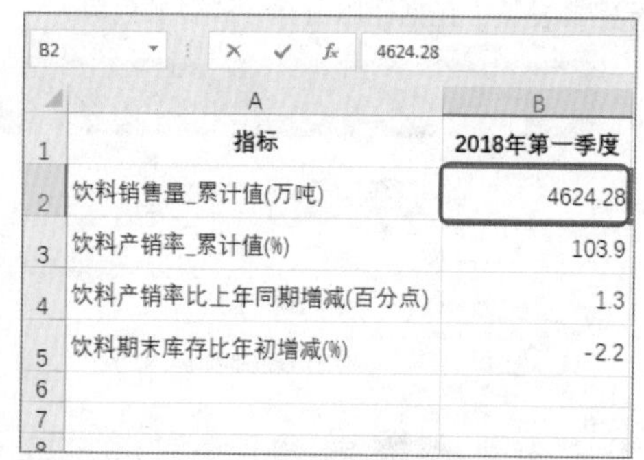

图3-80　修改Excel表格中的数据

Step4：查看文档中的数据。完成表格修改后，回到“市场调查汇总.docx”文件中，结果如图3-81所示，文档中的数据也随之发生了改变。

如果文档中的数据没有随之发生改变，可以选中表格，右击，选择【更新链接】选项，如图3-82所示，手动更新链接。

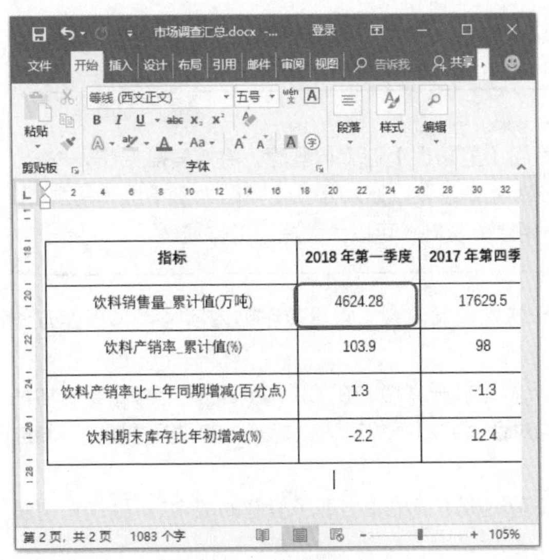

图3-81 查看文档中的数据

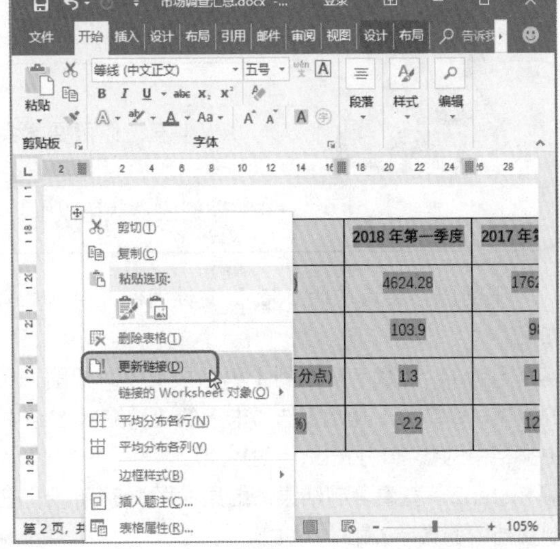

图3-82 更新链接

3.5.2 使用【剪贴板】这个神奇的窗格

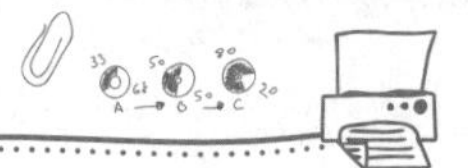

赵经理

小李，会议说明书拟定好了吗？中午之前要打印出来发给参会人员，人手一份。

小李

赵经理，您放心，已经拟定好了，我马上就去打印。

张姐，我在这次任务中发现了一个问题。我需要重复粘贴不同的内容，我的做法是复制A粘贴A，复制B粘贴B，需要A内容时，再回过头复制A粘贴A，这太麻烦了。针对这个问题，您有什么技巧吗？

张姐

小李，你可要学会使用【剪贴板】这个神器啊。将所有需要粘贴的内容一次性复制到【剪贴板】中，然后你只需从【剪贴板】中选择需要粘贴的内容就可以啦！不用重复复制，可以大大减轻工作量。

下面以“会议说明.docx”文件为例，讲解如何一次性复制内容，再重复粘贴内容，具体操作方法如下。

Step1：将数字复制到【剪贴板】中。如图3-83所示，打开文档，在第3页最后有3个需要复制粘贴的数字。❶单击【开始】选项卡下的【剪贴板】组中的对话框启动器按钮，打开【剪贴板】窗格；❷选中文档中的数字1并按Ctrl+C组合键。

Step2：查看复制结果。结果如图3-84所示，在【剪贴板】窗格中出现了复制的数字1。继续分别复制文档中的数字2和3。

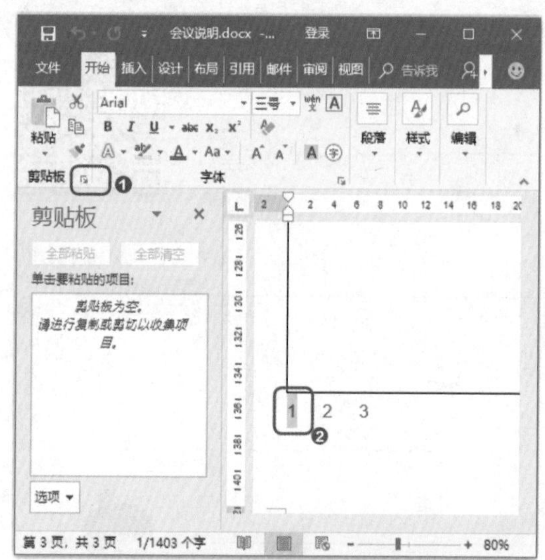

图3-83　将数字复制到【剪贴板】中

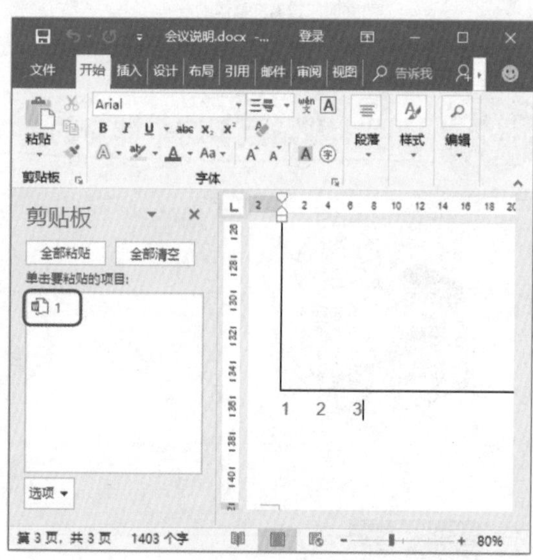

图3-84　查看复制结果

Step3：粘贴数字。如图3-85所示，❶在文档中，将光标插入需要粘贴数字的地方，“在9月8日”文字之前；❷单击【剪贴板】窗格中的数字1，即可将其成功粘贴到光标插入的位置。

Step4：完成粘贴。使用同样的方法，将光标插入文档中需要粘贴数字的地方，然后单击【剪贴板】窗格中的数字，效果如图3-86所示。

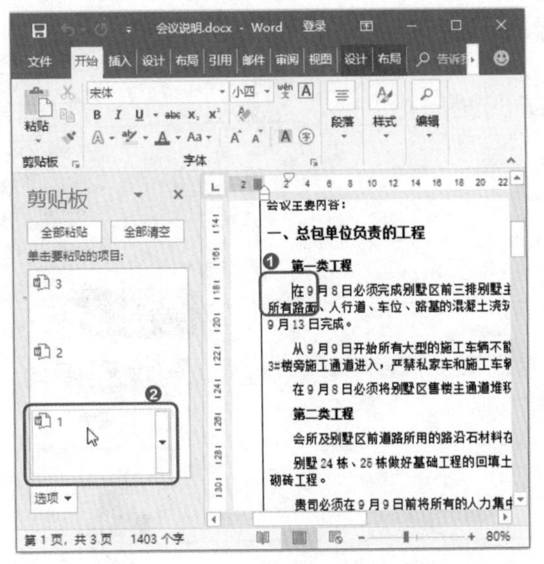

图3-85　粘贴数字

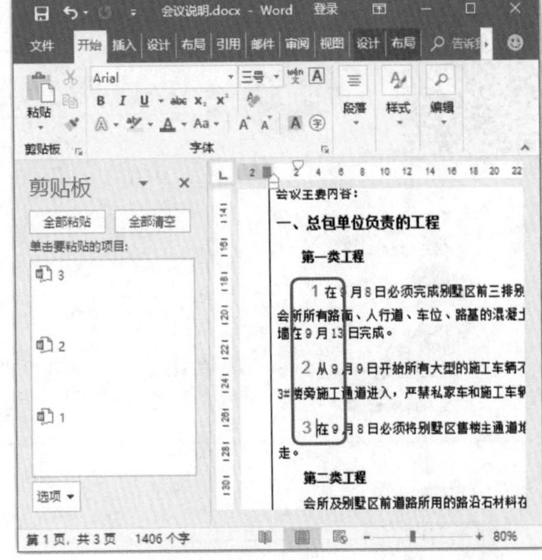

图3-86　完成粘贴

温馨提示

当不需要【剪贴板】窗格中的某内容时，可以单击这项内容右边的按钮，选择菜单中的【删除】选项，将这项粘贴内容删除即可。

3.6　查找和替换，功能大拓展

在编辑Word文档时，常常需要批量替换内容，如将特定的词替换成另一个词。利用这种思路，也可以批量删除特定内容。利用【查找和替换】功能，还可以实现模糊查找、定位文档中的某一页内容、图片对象或某一标题，使长文档阅读更加方便。

3.6.1 一次性删除文档中的空白行

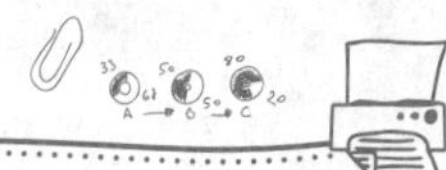

赵经理

小李，新来的培训专员将这次的培训资料发送给你了吗？你检查过后，就可以安排培训了。

小李

赵经理，请稍等。我还在处理呢，这位培训专员的文档制作得不太专业，里面有很多空白行，我正在逐一删除呢。

张姐

小李，忘记我之前教过你的【查找和替换】功能了吗？你转换一个思路，将所有空白行查找出来，然后在【替换为】文本框中什么都不输入，就可以将空白行一次性删除了。

下面以“策划培训.docx”文件为例，讲解如何一次性删除文档中多余的空白行，具体操作方法如下。

Step1：打开【查找和替换】对话框。如图3-87所示，文档中有很多空白行，单击【开始】选项卡下的【编辑】组中的【替换】按钮。

Step2：查找段落标记。如图3-88所示，❶在打开的【查找和替换】对话框中，单击【查找内容】文本框，将文本插入点定位到此处；❷单击【更多】按钮（单击【更多】按钮后，按钮名称会变成【更少】）；❸单击【特殊格式】按钮；❹选择【段落标记】选项。

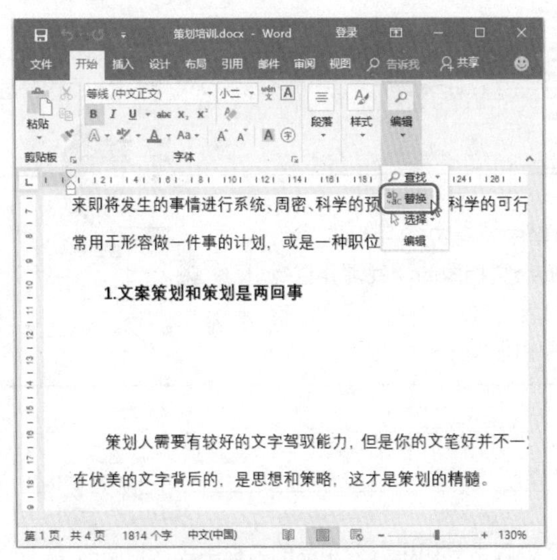

图3-87　打开【查找和替换】对话框

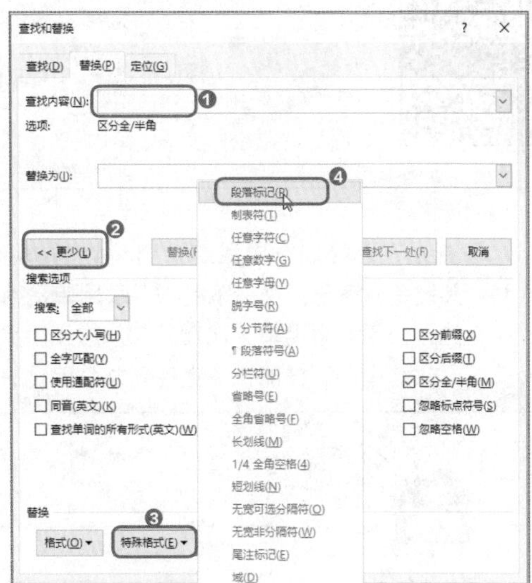

图3-88　查找段落标记

Step3：全部替换。如图3-89所示，❶在【替换为】文本框中什么都不输入；❷单击【全部替换】按钮。

Step4：查看文档效果。此时，就能删除文档中的所有空白行。接着只需手动进行换行，对文档进行调整，即可出现如图3-90所示的效果。

图3-89　全部替换

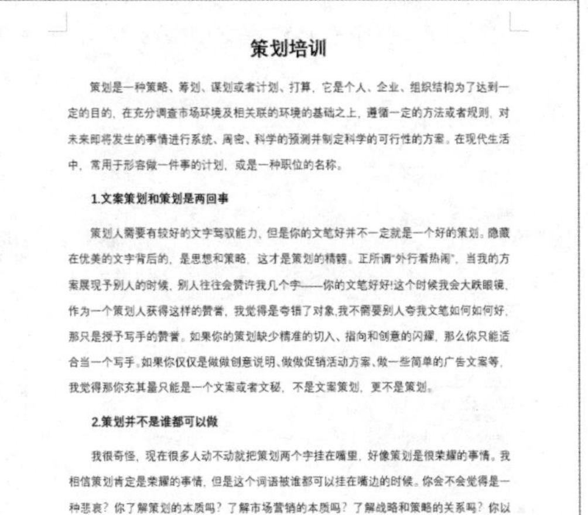

策划培训

策划是一种策略、筹划、谋划或者计划、打算，它是个人、企业、组织结构为了达到一定的目的，在充分调查市场环境及相关联的环境的基础之上，遵循一定的方法或者规则，对未来即将发生的事情进行系统、周密、科学的预测并制定科学的可行性的方案。在现代生活中，常用于形容做一件事的计划，或是一种职位的名称。

1.文案策划和策划是两回事

策划人需要有较好的文字驾驭能力，但是你的文笔好并不一定就是一个好的策划。隐藏在优美的文字背后的，是思想和策略，这才是策划的精髓。正所谓"外行看热闹"，当我的方案展现予别人的时候，别人往往会赞许我几个字——你的文笔好好!这个时候我会大跌眼镜，作为一个策划人获得这样的赞誉，我觉得是夸错了对象,我不需要别人夸我文笔如何如何好，那只是授予写手的赞誉。如果你的策划缺少精准的切入、指向和创意的闪耀，那么你只能适合当一个写手。如果你仅仅是做做创意说明、做做促销活动方案、做一些简单的广告文案等，我觉得那你充其量只能是一个文案或者文秘，不是文案策划，更不是策划。

2.策划并不是谁都可以做

我很奇怪，现在很多人动不动就把策划两个字挂在嘴里，好像策划是很荣耀的事情。我相信策划肯定是荣耀的事情，但是这个词语被谁都可以挂在嘴边的时候。你会不会觉得是一种悲哀？你了解策划的本质吗？了解市场营销的本质吗？了解战略和策略的关系吗？你以

图3-90　查看文档效果

3.6.2 使用通配符进行模糊查找

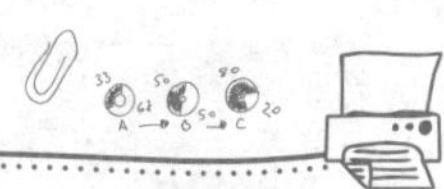

小李

张姐，赵经理需要我统计出3月物料领用单中所有办公用品的领用数量。关键是，各部门交上来的物料领用单是用Word文档做的，我需要查找出所有的办公用品领用单。现在只知道这类用品的编号有共同点，都是以PR开头、以59结尾。这样能快速查找到办公用品的清单吗？

张姐

你这个问题确实比较棘手。如果办公用品的名称中包含相同的字，你还可以直接查找文字。现在看来，你只能使用通配符查找了，用“*”符号代表任意字符，输入“PR*59”进行查找，就可以将所有以PR开头、以59结尾的内容都查找出来了。

下面使用“3月物料领用单.docx”文件为例，讲解如何使用通配符进行模糊查找，具体操作方法如下。

Step1：使用通配符查找内容。打开文档，然后打开【查找和替换】对话框，如图3-91所示。❶勾选【使用通配符】复选框；❷在【查找内容】文本框中输入“PR*59”；❸单击【查找下一处】按钮。

Step2：查看第1个查找结果。如图3-92所示，此时出现了第1个查找结果。

图3-91 使用通配符查找内容

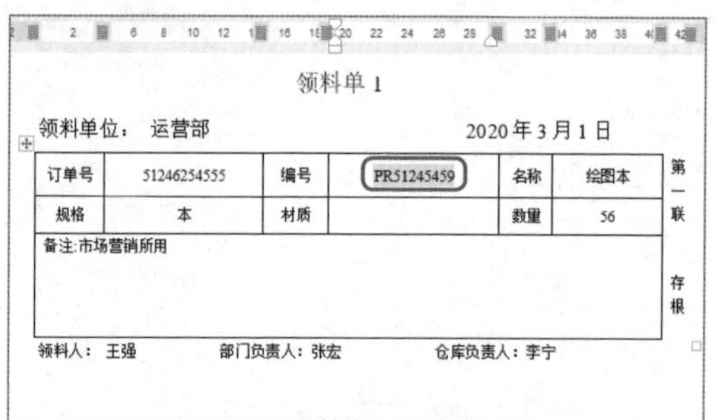

领料单 1

领料单位：运营部　　2020 年 3 月 1 日

订单号	51246254555	编号	PR51245459	名称	绘图本
规格	本	材质		数量	56
备注:市场营销所用					

第一联 存根

领料人：王强　　部门负责人：张宏　　仓库负责人：李宁

图3-92 查看第1个查找结果

温馨提示

使用通配符查找时，“*”代表任意字符串，如“*笔”可以查找出“钢笔”和“中性笔”结果。“?”代表任意单个字符，如“办??”可以查找出“办”字后面有两个字的内容。

Step3：继续查找内容。如图3-93所示，在【查找和替换】对话框中，继续单击【查找下一处】按钮，继续查找内容。

Step4：查看第2个查找结果。如图3-94所示，在文档中定位到了第2个查找结果处。使用同样的方法，继续单击【查找下一处】按钮，可以将文档中所有以PR开头、以59结尾的内容查找出来。

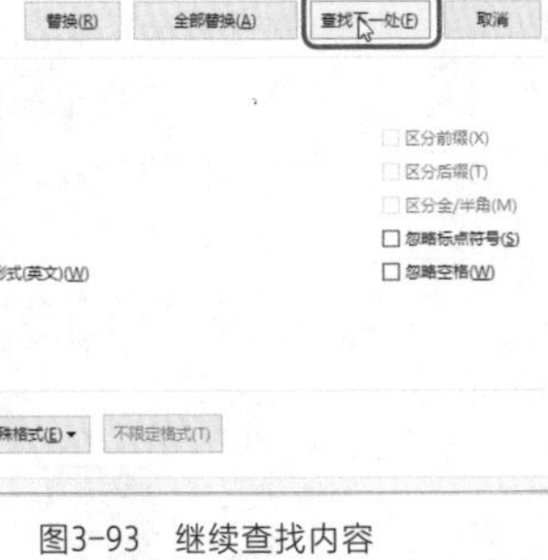

图3-93　继续查找内容

领料单 2

领料单位：市场部　　2020 年 3 月 7 日

订单号	5142624654	编号	PR51625459	名称	圆珠笔
规格	支	材质		数量	66
备注:市场营销所用					

第二联　仓库

领料人：李骑　　部门负责人：赵国华　　仓库负责人：李宁

图3-94　查看第2个查找结果

3.6.3 用【定位】功能定位文档对象

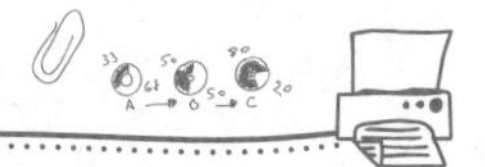

赵经理

小李，之前你做过一份长达70页的培训手册，有员工反映里面的配图不合适。你将图片通查一遍，将图文不对应的配图更换一下。

小李

赵经理，这是我的失误，我马上去改。

张姐，我手里还有其他工作要做，我得快速从70页的文档中找到所有图片，应该如何查找呢？

张姐

小李，看来你没有仔细观察过【查找和替换】对话框，里面有一个【定位】选项卡，你可以输入页数进行定位，也可以定位文档中的图片、图表、表格等对象。

下面以“员工培训.docx”文件为例，讲解如何对内容进行定位，具体操作方法如下。

Step1：定位页码。打开文档，然后打开【查找和替换】对话框，如图3-95所示。❶切换到【定位】选项卡下；❷选择【页】为定位目标；❸在【输入页号】文本框中输入12；❹单击【定位】按钮。

Step2：页码定位结果。如图3-96所示，此时文档跳转到第12页中。使用同样的方法，可以跳转到文档中任意页码的对应页面。

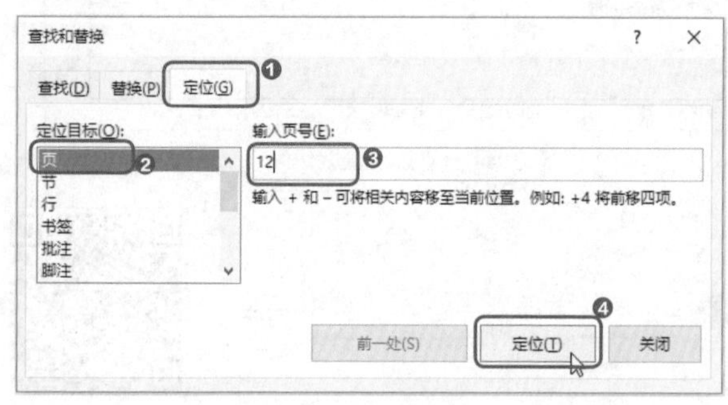

图3-95　定位页码

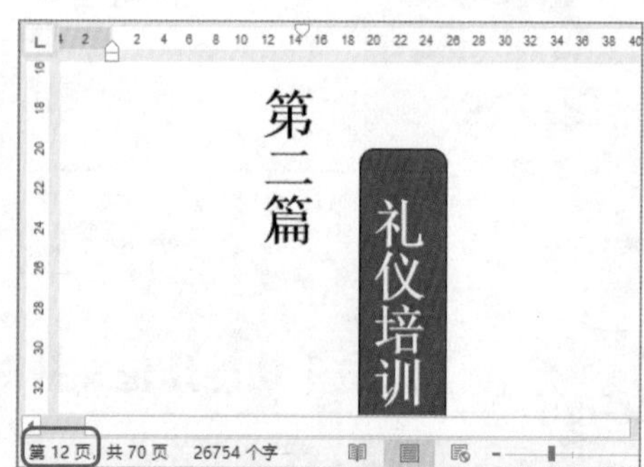

图3-96　页码定位结果

Step3：定位图形。如图3-97所示，在【查找和替换】对话框中，❶选择【图形】为定位目标；❷单击【下一处】按钮。

Step4：图形定位结果。如图3-98所示，此时文档跳转到第1幅图形所在处。

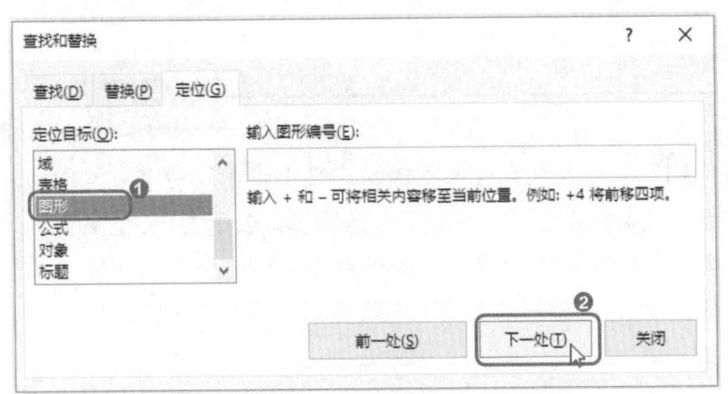

图3-97 定位图形

图3-98 图形定位结果（1）

Step5：继续定位图形。如图3-99所示，继续单击【查找和替换】对话框中的【下一处】按钮，继续定位图形。结果如图3-100所示，文档跳转到第2幅图形所在处。使用同样的方法，可以将文档中的所有图片快速查找出来。

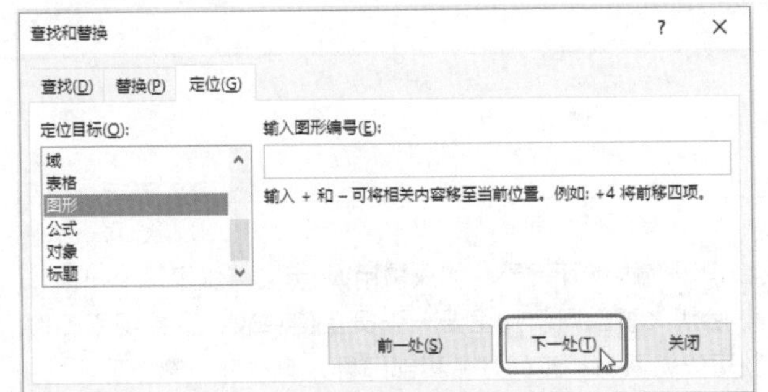

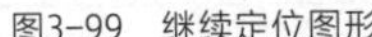
图3-99 继续定位图形

图3-100 图形定位结果（2）

3.7 创建100张贺卡，只用了1分钟

有些文件，如座位表、准考证、录取通知书之类的，一般一次性需要做很多份，而这类文件的整体格式是相同的，只是部分内容会有所改变。使用Word文档中的【邮件合并】功能几分钟就可以批量制作成百上千份这种文件。

赵经理

小李，最近你的工作任务都完成得不错呀。马上就中秋节了，给你布置最后一项任务，完成后你就可以提前下班休假了。公司为100位员工准备了中秋节礼物，每份礼物中要放一张祝福贺卡。你将贺卡制作好，打印出来与礼品放在一起，注意贺卡上员工的姓名和部门不要写错。

小李

张姐，赵经理说我做完100张贺卡就可以提前下班了。可是100张贺卡，我今天恐怕要加班吧?

张姐

小李，赵经理没有跟你开玩笑。你只需用Word文档做好贺卡模板，写好祝福语。然后从人事部同事那里要一张员工信息表，直接用【邮件合并】功能，就可以将所有员工的姓名和部门导入完成贺卡制作了。

下面以“贺卡.docx”文件为例，讲解如何批量制作贺卡，具体操作方法如下。

Step1：选择收件人。如图3-101所示，打开文件，此时贺卡的模板已经制作好，只需通过【邮件合并】功能，导入员工所在部门和姓名即可。❶单击【邮件】选项卡下的【选择收件人】下拉按钮；❷选择【使用现有列表】选项。

Step2：选择人事信息表。如图3-102所示，❶在打开的【选取数据源】对话框中，选择事先制作好的含有员工部门和姓名信息的人事信息表；❷单击【打开】按钮。

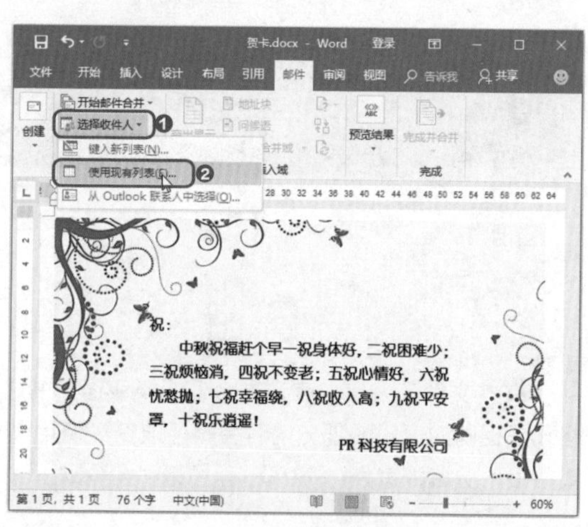

图3-101　选择收件人

Step3：选择工作表。如图3-103所示，❶在【选择表格】对话框中选择记录了员工信息的工作表；❷单击【确定】按钮。

Step4：选择部门。如图3-104所示，❶将光标插入“祝：”的后面；❷单击【邮件】选项卡下的【插入合并域】下拉按钮；❸选择【部门】选项。

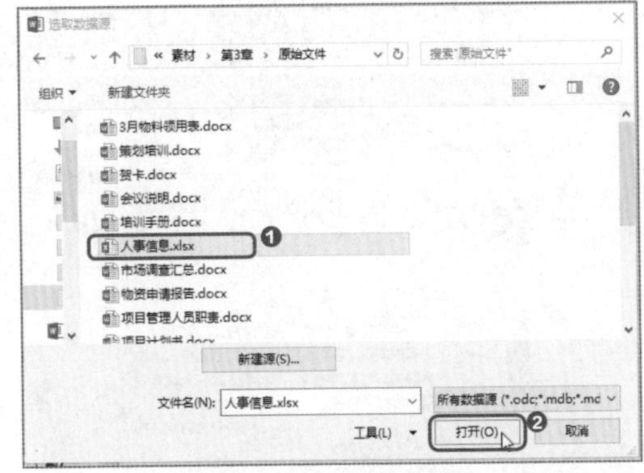

图3-102 选择人事信息表

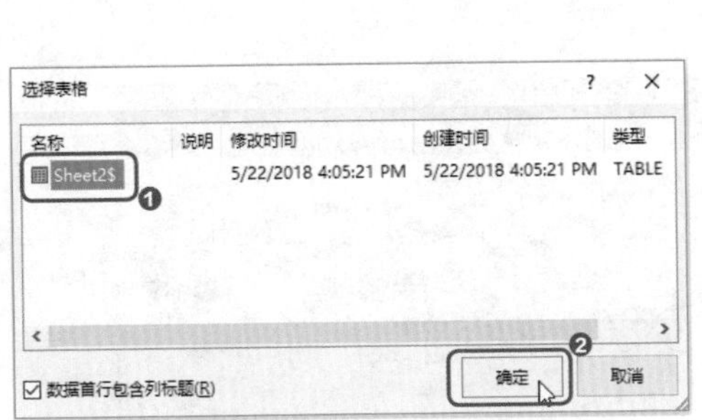

图3-103 选择工作表

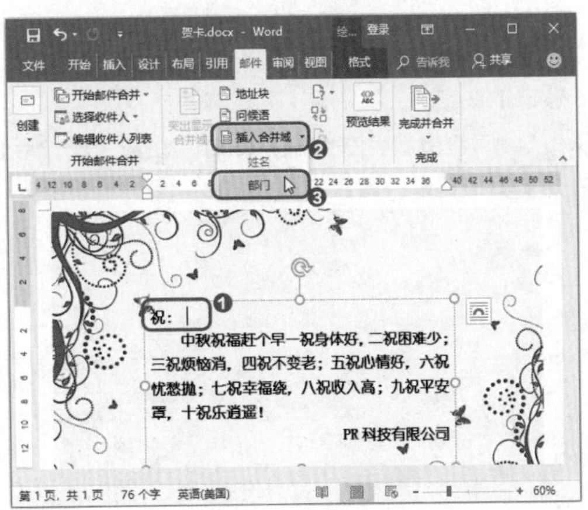

图3-104 选择部门

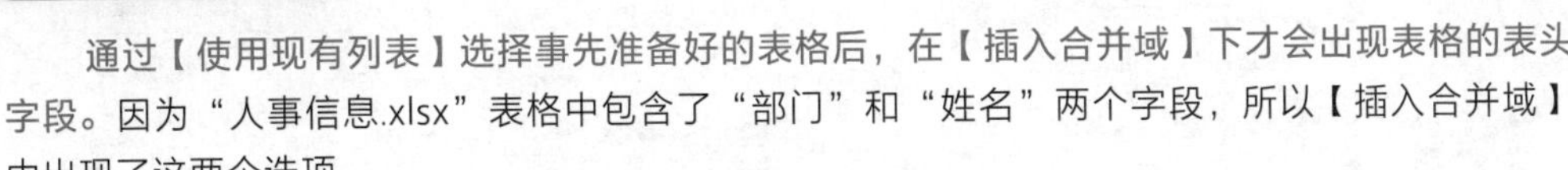

温馨提示

通过【使用现有列表】选择事先准备好的表格后，在【插入合并域】下才会出现表格的表头字段。因为“人事信息.xlsx”表格中包含了“部门”和“姓名”两个字段，所以【插入合并域】中出现了这两个选项。

Step5：选择姓名。如图3-105所示，❶将光标插入“《部门》”的后面；❷单击【邮件】选项卡下的【插入合并域】下拉按钮；❸选择【姓名】选项。

Step6：完成并合并。此时，贺卡中已经插入了员工部门和姓名，现在开始进行邮件合并。如图3-106所示，❶单击【邮件】选项卡下的【完成并合并】的下拉按钮；❷选择【编辑单个文档】选项。

图3-105　选择姓名

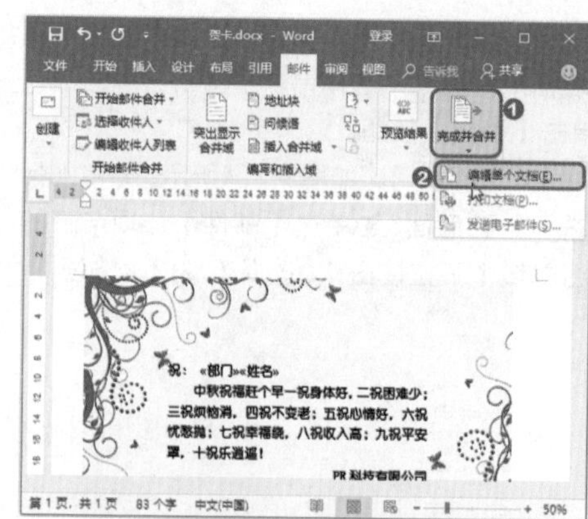

图3-106　完成并合并

Step7：全部合并。如图3-107所示，❶在【合并到新文档】对话框中选中【全部】单选按钮；❷单击【确定】按钮。

Step8：查看合并结果。此时，生成了一个新的文档，其中根据“人事信息.xlsx”表格中的记录自动生成了多张贺卡，效果如图3-108～图3-110所示。

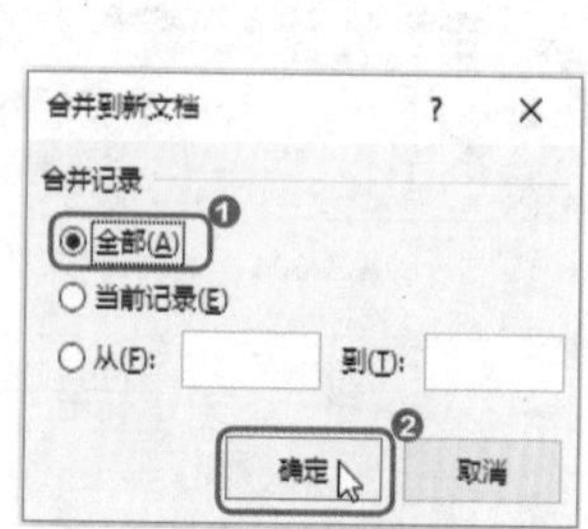

图3-107　全部合并

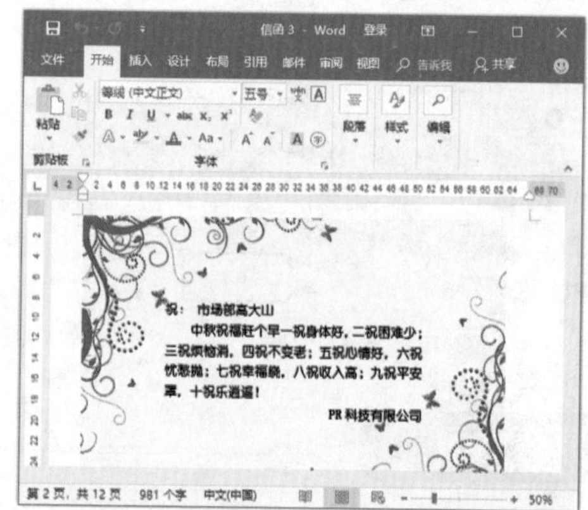

图3-108　合并结果（1）

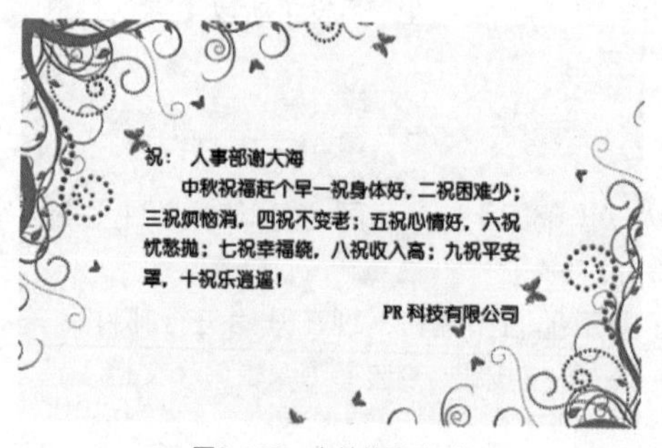

图3-109　合并结果（2）

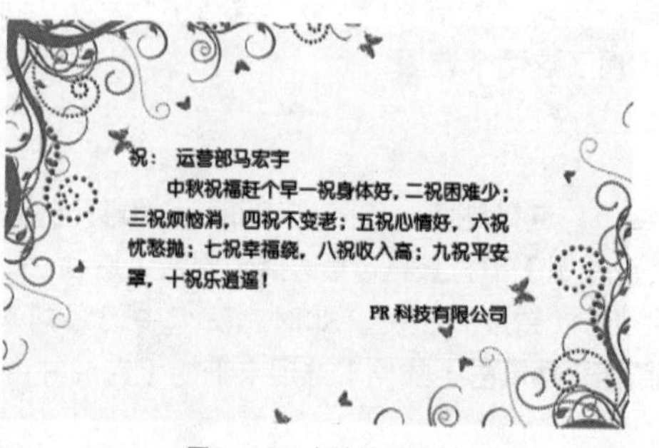

图3-110　合并结果（3）

第2篇

Excel数据达人速成指南

同样的工具在不同的人手里，使用效果可能有天壤之别。使用Excel的5层境界，你在哪层？第1层境界，录入数据；第2层境界，使用图表实现数据可视化；第3层境界，使用透视表分析数据；第4层境界，使用公式、函数进行数据运算；第5层境界，使用VBA弥补功能短板。对于大多数岗位来说，只需达到第4层境界，就足以应对日常办公问题。

境界低的人，会轻视Excel，以为这只是一个表格工具；境界高的人，却暗自窃喜，无论领导布置什么任务，都可以提前做完。没错，Excel就是效率神器，一旦用好，可以将2小时的工作变成5分钟，避免无意义的加班。

CHAPTER 4

高效化：
用正确的方法制表

经过赵经理的任务训练和张姐的无私帮助，我已经攻破了Word使用的核心技能。正当我以为可以放松一下时，赵经理突然开始让我处理Excel表格了。

一提到Excel，公式、函数、透视表、图表……这些复杂又陌生的概念就在脑海中打转。正当我忐忑不安时，赵经理让我别着急，他会从基础制表任务开始，让我逐步提高制表水平。

谁知，哪怕是基础的制表任务，也让我花费了一番功夫。原来，Excel制表是一项技术活，哪怕是输入数据，也有很多讲究。Excel制表更是一项严谨活，在学习用正确方法制作常规表格的这段时间里，我养成了严谨的做事思维，这种思维延伸到我职业工作的方方面面，可谓受益匪浅！

“高不成，低不就”是很多人学习Excel的心态。这些人，往往认为函数、透视表这类操作太复杂，心生畏惧，但又不屑于花时间学习Excel的基础制表技巧，最终导致Excel水平停滞不前。

Excel博大精深，大多数人只会用不到10%的功能。如果想学习Excel，请先问问自己以下问题。

你掌握了数字和汉字的输入技巧吗？输入数据后，你会调整数字的小数位数、日期的格式吗？

如果表格中有空白单元格、重复数据、错误数据，怎么办？

如何批量生成、添加数据，如何批量导入数据，如何批量替换数据？

如何美化数据报表，让报表既美观又方便阅读？

这些基础问题没有解决，就请耐心点儿从基础开始学习。打好基础，一步一步前进，成为Excel高手不是梦！

4.1 数据输入5大规范

打开Excel，直接输入数据很简单。但是，如果不考虑数据类型、不设置数据格式、不调整数据显示方式，制作出来的表格往往不符合规范。报表制作是一项严谨的工作，千万不要在该认真的时候犯糊涂，让工作出现纰漏。

4.1.1 掌握两类典型数据序列的输入法

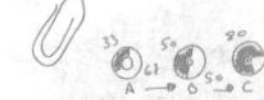

赵经理

小李，最近一个月有几个大型活动，需要请一些兼职人员，我将活动安排发给你，你根据情况制作一张兼职人员安排表。别紧张，这种表格很简单。

小李

嘿嘿，来公司第一次做表格，说不紧张是假的，总是害怕出错。

赵经理，我仔细看了一下活动安排，星期一到星期五兼职费用为150元/天，周末的兼职费用为200元/天。因此，我不仅需要在为兼职人员编号，还要注明兼职的日期是星期几。

Excel是智能的工具，类似于编号、星期几这种有规律的数字和文字，应该有快捷输入法，我先请教一下张姐再动手做。

张姐

小李，你的想法没错，Excel很“聪明”！输入这种有规律的数字、文字序列，就用序列填充法。

使用Excel的序列填充法可以快速输入等差、等比数据序列，或是其他具有特定规律的数据，也包括有规律的文字序列，如“甲、乙……”“星期一、星期二……”“一月、二月……”或者是日期序列等。

下面以“兼职安排表.xlsx”文件为例，讲解如何输入数字序列和文字序列。

1 输入数字序列

在Excel中输入有规律的数字序列是很简单的一件事，只需输入序列中的第一个数字，然后“告诉”Excel以何种序列方式进行填充即可，具体操作方法如下。

Step1：输入第1个编号。如图4-1所示，在A2单元格中输入第1个兼职人员的编号PR001，然后选中这个单元格，将光标放到单元格右下角，此时光标呈黑色十字架形状。

Step2：填充编号序列。如图4-2所示，当光标呈黑色十字架形状时，按住鼠标左键不放，往下拖动，直到生成所有的兼职人员序列。❶如果生成的编号没有自动加1，可以单击【自动填充选项】按钮；❷选择【填充序列】选项，就可以让编号自动加1了。

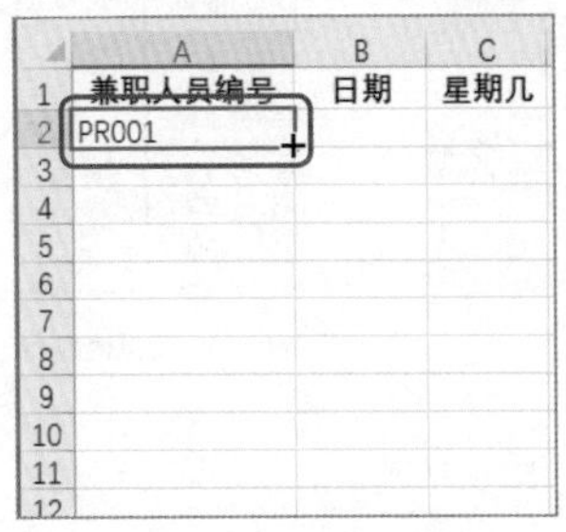

图4-1　输入第1个编号

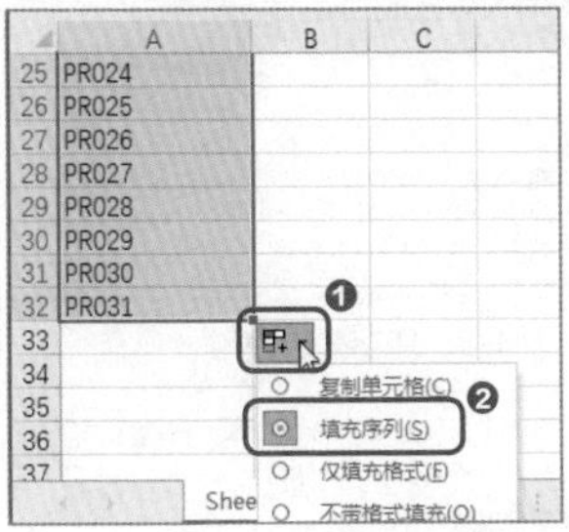

图4-2　填充编号序列

2 输入日期和文字序列

Excel中的日期本质上也是数字，所以也可以通过填充序列的方式快速输入。另外，具有规律的文本内容，只要输入一个轮回的序列，然后选择这些单元格进行填充，就可以按照第一个序列顺序进行重复轮回了，具体操作方法如下。

Step1：填充日期序列。如图4-3所示，❶在B2单元格中输入第1个日期“5月1日”；❷将光标放到B2单元格右下角，按住鼠标左键不放，往下拖动复制日期，直到生成5月所有的日期。

Step2：填充星期序列。如图4-4所示，❶由于5月1日是星期二，所以在C2单元格中输入“星期二”；❷将光标放到C2单元格右下角，按住鼠标左键不放，往下拖动复制星期数，直到生成5月所有的星期数。

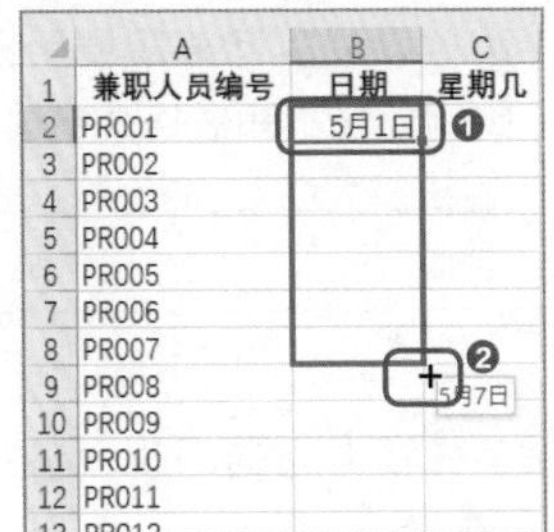

图4-3　填充日期序列

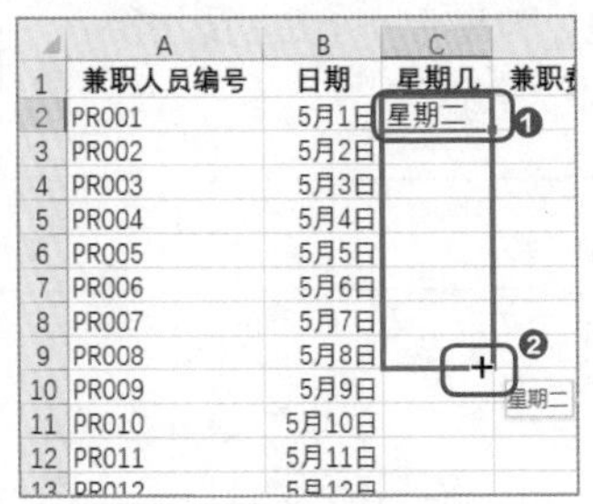

图4-4　填充星期序列

Step3：复制兼职费用。接下来，需要根据星期数输入兼职费用，对于星期一到星期五这种费用相同的数字，可以用复制的方法进行填充。如图4-5所示，❶在D2单元格中输入第1个兼职费用150，将光标放到D2单元格右下角，按住鼠标左键不放，往下拖动复制兼职费用，进而填充星期二到星期五的单元格；❷单击【自动填充选项】按钮；❸选择【复制单元格】选项，让兼职费用以复制的方式而不是以序列变化的方式进行填充。

接着输入周末两天的兼职费用。然后再输入星期一兼职费用，复制星期一到星期五的兼职费用。如此循环，完成兼职费用的填充。

Step4：完成表格制作。最终完成表格制作后的效果如图4-6所示。

	B	C	D	E	F
1	日期	星期几	兼职费用（元）❶	兼职地点	
2	5月1日	星期二	150	胜利广场	
3	5月2日	星期三	150	胜利广场	
4	5月3日	星期四	150	胜利广场	
5	5月4日	星期五	150	胜利广场	
6	5月5日	星期六	❷	场	
7	5月6日	星期日	❸	复制单元格(C)	
8	5月7日	星期一		填充序列(S)	
9	5月8日	星期二		仅填充格式(F)	
10	5月9日	星期三		不带格式填充(O)	
11	5月10日	星期四		快速填充(F)	
12	5月11日	星期五			
13	5月12日	星期六			

图4-5　复制兼职费用

	A	B	C	D	E
1	兼职人员编号	日期	星期几	兼职费用（元）	兼职地点
2	PR001	5月1日	星期二	150	胜利广场
3	PR002	5月2日	星期三	150	胜利广场
4	PR003	5月3日	星期四	150	胜利广场
5	PR004	5月4日	星期五	150	胜利广场
6	PR005	5月5日	星期六	200	胜利广场
7	PR006	5月6日	星期日	200	胜利广场
8	PR007	5月7日	星期一	150	胜利广场
9	PR008	5月8日	星期二	150	明珠花园
10	PR009	5月9日	星期三	150	明珠花园
11	PR010	5月10日	星期四	150	明珠花园
12	PR011	5月11日	星期五	150	明珠花园
13	PR012	5月12日	星期六	200	明珠花园
14	PR013	5月13日	星期日	200	明珠花园
15	PR014	5月14日	星期一	150	明珠花园
16	PR015	5月15日	星期二	[illegible]	明珠花园

图4-6　完成表格制作

4.1.2 这4种数据格式不能错

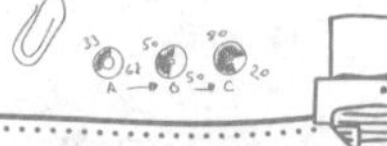

赵经理

小李，5月的活动结束后，你制作了一份兼职费用统计表给我，但是你交上来的表格中数据格式有问题啊，再改改。

小李

张姐，赵经理说我的表格数据格式有问题。我的表格中记录了不同日期下每位兼职人员的费用和每天兼职人员的总费用，以及实际兼职费用占计划兼职费用的比例。我不知道格式错误在哪里。

张姐

小李，数据格式是制表首先要考虑的问题，格式错误不仅影响阅读，还会造成后续数据计算出错。

第一，同一类数据，小数点位数要统一，如统一带1位小数。

第二，当数据值的大小上万时，要使用千位分隔符分隔数据位数，方便识别数据大小。

第三，日期型数据，最好将其设置成日期格式，否则Excel表不能识别这是日期数据，影响后续分析。

第四，百分比数据，一定要设置成百分比格式，并且注意小数位数统一。

打开“兼职费用统计表.xlsx”文件，调整表格中不同数据的格式，具体操作方法如下。

1 带小数位数的数据

在“兼职费用统计表.xlsx”中，“兼职费用”和“餐补”为同一类型的数据，而“餐补”带1位小数，“兼职费用”没有小数位。因此，应该统一保留1位小数。

Step1：打开【设置单元格格式】对话框。如图4-7所示，❶选中C2到D32单元格的数据；❷单击【开始】选项卡下的【数字】组中的对话框启动器按钮。

Step2：设置小数位数。如图4-8所示，❶在打开的【设置单元格格式】对话框中设置数据的类型为【数值】；❷设置1位小数位数；❸单击【确定】按钮。

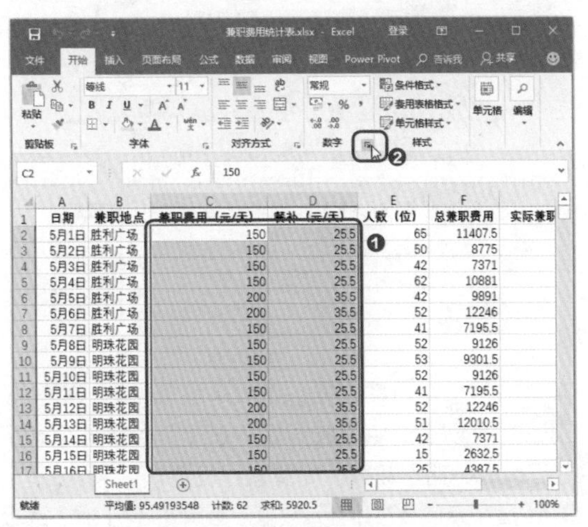

图4-7 打开【设置单元格格式】对话框

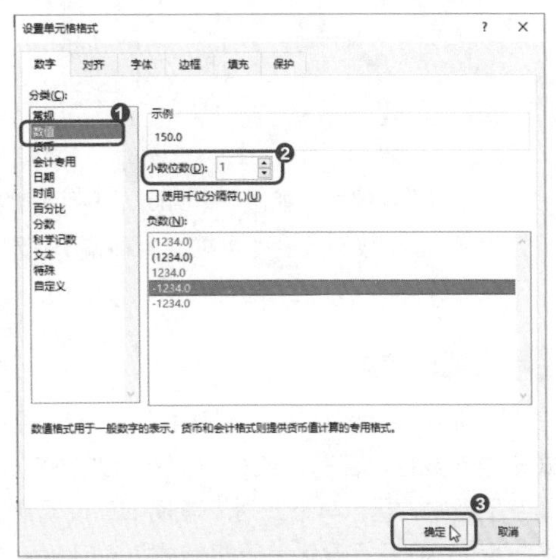

图4-8 设置小数位数

Step3：查看效果。此时，选中的单元格中，所有数据变为数值型，且小数位数为1位，效果如图4-9所示。

	A	B	C	D
1	日期	兼职地点	兼职费用（元/天）	餐补（元/天）
2	5月1日	胜利广场	150.0	25.5
3	5月2日	胜利广场	150.0	25.5
4	5月3日	胜利广场	150.0	25.5
5	5月4日	胜利广场	150.0	25.5
6	5月5日	胜利广场	200.0	35.5
7	5月6日	胜利广场	200.0	35.5
8	5月7日	胜利广场	150.0	25.5

图4-9 查看效果

2 数值较大的数据

在“兼职费用统计表.xlsx”中，“总兼职费用”列的数据值较大，且有的带1位小数，有的不带小数，因此将其格式统一设置为带1位小数且使用千位分隔符。

Step1：打开【设置单元格格式】对话框。如图4-10所示，❶选中F2到F32单元格的数据；❷单击【开始】选项卡下的【数字】组中的对话框启动器按钮。

Step2：设置千位分隔符。如图4-11所示，❶在打开的【设置单元格格式】对话框中设置数据的类型为【数值】；❷设置1位小数位数，勾选【使用千位分隔符】复选框；❸单击【确定】按钮。

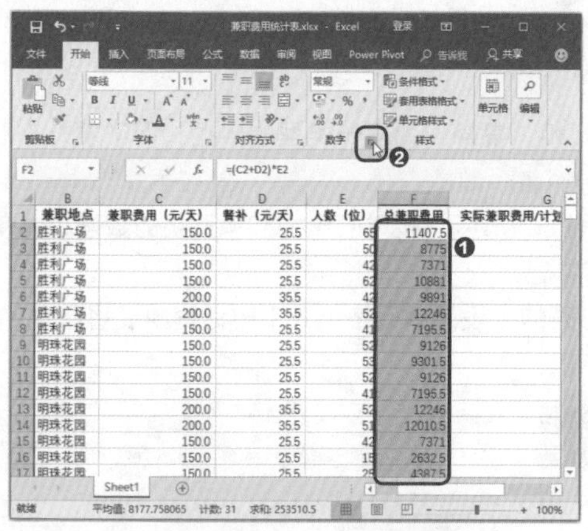

图4-10　打开【设置单元格格式】对话框

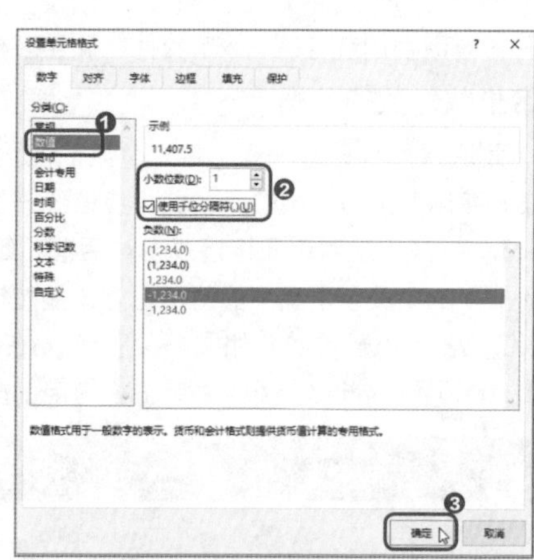

图4-11　设置千位分隔符

➩ Step3：查看效果。如图4-12所示，F列的数据已设置为带1位小数的数值型数据，且每隔3位数加一个千位分隔符，可以更容易地判断数值大小。

	B	C	D	E	F
1	兼职地点	兼职费用（元/天）	餐补（元/天）	人数（位）	总兼职费用
2	胜利广场	150.0	25.5	65	11,407.5
3	胜利广场	150.0	25.5	50	8,775.0
4	胜利广场	150.0	25.5	42	7,371.0
5	胜利广场	150.0	25.5	62	10,881.0
6	胜利广场	200.0	35.5	42	9,891.0
7	胜利广场	200.0	35.5	52	12,246.0
8	胜利广场	150.0	25.5	41	7,195.5

图4-12　查看效果

3 日期型数据

在“兼职费用统计表.xlsx”中，“日期”列只需输入月份和日期数据，可以采用常见的“X月X日”格式来输入数据。目前，该列数据看起来似乎是正确的，但是选中A列数据后，在【开始】选项卡下的【数字】组中，显示其格式为【常规】，说明这不是正确的日期型数据，需要进行设置。

➩ Step1：打开【设置单元格格式】对话框。如图4-13所示，❶选中A列数据；❷单击【开始】选项卡下的【数字】组中的对话框启动器按钮 ◲。

➩ Step2：设置日期格式。如图4-14所示，❶在打开的【设置单元格格式】对话框中，设置数据的类型为【日期】；❷选择【3月14日】类型的日期；❸单击【确定】按钮。

图4-13　打开【设置单元格格式】对话框

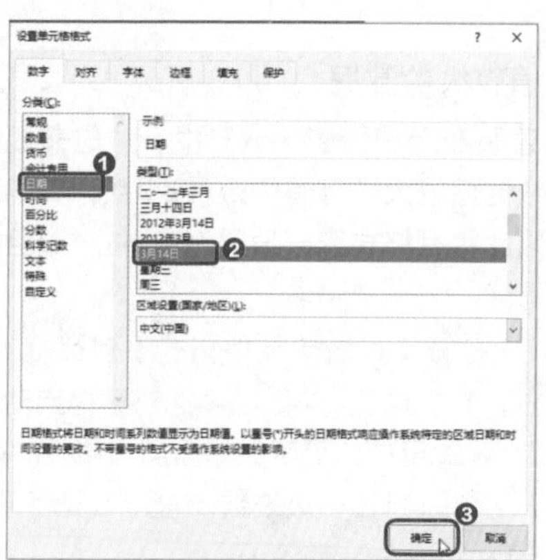

图4-14　设置日期格式

Step3：查看效果。此时，日期数据成功地调整了格式，如图4-15所示，选中A列数据后，【数字】组中显示其格式为【日期】型。

	A	B	C	D	E	F
1	日期	兼职地点	兼职费用（元/天）	餐补（元/天）	人数（位）	总兼职费用
2	5月1日	胜利广场	150.0	25.5	65	11,407.5
3	5月2日	胜利广场	150.0	25.5	50	8,775.0
4	5月3日	胜利广场	150.0	25.5	42	7,371.0
5	5月4日	胜利广场	150.0	25.5	62	10,881.0

图4-15　查看效果

4 百分比数据

在“兼职费用统计表.xlsx”中，“实际兼职费用/计划兼职费用”列中需要统计出两项数据的占比，用百分比形式表示。目前，该列单元格中有的带1位小数，有的带2位小数。因此，统一设置为不带小数，且使用百分比符号。

Step1：打开【设置单元格格式】对话框。如图4-16所示，❶选中G列数据；❷单击【开始】选项卡下的【数字】组中的对话框启动器按钮。

Step2：设置百分比格式。如图4-17所示，❶在打开的【设置单元格格式】对话框中设置数据的类型为【百分比】；❷设置小数位数为0位；❸单击【确定】按钮。

图4-16　打开【设置单元格格式】对话框

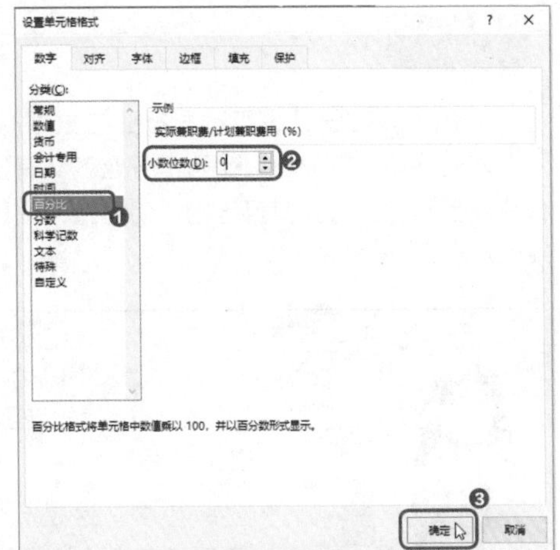

图4-17　设置百分比格式

Step3：查看效果。如图4-18所示，G列数据被成功设置为没有小数位数的百分比数据格式。

	D	E	F	G
1	餐补（元/天）	人数（位）	总兼职费用	实际兼职费用/计划兼职费用（%）
2	25.5	65	11,407.5	70%
3	25.5	50	8,775.0	80%
4	25.5	42	7,371.0	70%
5	25.5	62	10,881.0	65%
6	35.5	42	9,891.0	80%
7	35.5	52	12,246.0	70%
8	25.5	41	7,195.5	65%

图4-18　查看效果

4.1.3 让细分项目缩进显示

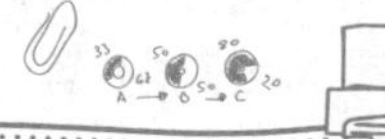

赵经理

小李，公司现在需要根据各行业企业法人数和从业人员数来判断行业趋势与发展方向。你将去年的数据统计汇报给我。

小李

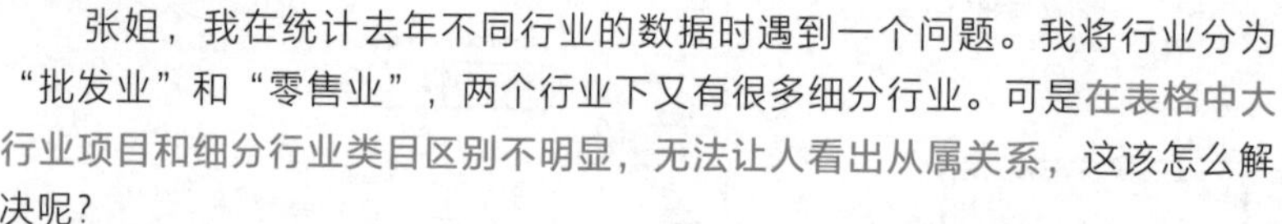

张姐，我在统计去年不同行业的数据时遇到一个问题。我将行业分为“批发业”和“零售业”，两个行业下又有很多细分行业。可是在表格中大行业项目和细分行业类目区别不明显，无法让人看出从属关系，这该怎么解决呢？

张姐

小李，这是一个制表规范问题。从严谨的角度来说，制表时，为了显示项目的从属关系，细分项目要缩进显示。其设置方法是选中单元格，设置文字的对齐方式为2个字符缩进即可。

打开“行业统计表.xlsx”文件，设置表格中细分项目的缩进格式，具体操作方法如下。

Step1：选中需要缩进的内容。如图4-19所示，❶表格中行业大分类和下级分类是对齐显示的，行业从属关系不明显。按住Ctrl键分别选中“批发业”和“零售业”下面的细分行业；❷单击【开始】选项卡下的【数字】组中的对话框启动器按钮，打开【设置单元格格式】对话框。

Step2：设置缩进。如图4-20所示，❶切换到【对齐】选项卡下；❷设置缩进格式为2个字符；❸单击【确定】按钮。

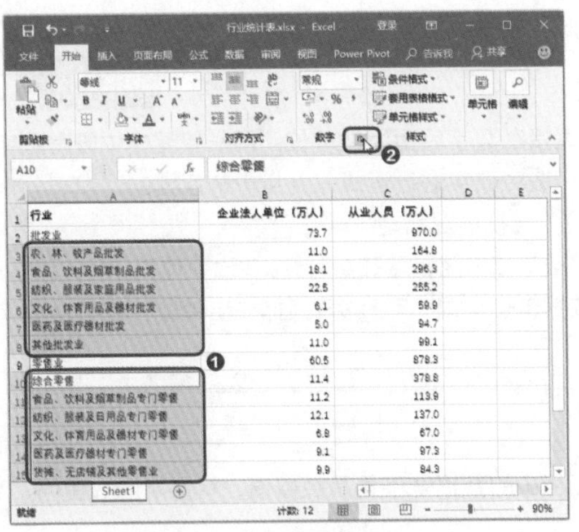

图4-19　选中需要缩进的内容

图4-20　设置缩进

Step3：查看效果。如图4-21所示，“批发业”和“零售业”下面的细分行业向右缩进了，行业的从属关系变得一目了然。

	A	B	C
1	行业	企业法人单位（万人）	从业人员（万人）
2	批发业	73.7	970.0
3	农、林、牧产品批发	11.0	164.8
4	食品、饮料及烟草制品批发	18.1	296.3
5	纺织、服装及家庭用品批发	22.5	255.2
6	文化、体育用品及器材批发	6.1	59.9
7	医药及医疗器材批发	5.0	94.7
8	其他批发业	11.0	99.1
9	零售业	60.5	878.3
10	综合零售	11.4	378.8
11	食品、饮料及烟草制品专门零售	11.2	113.9
12	纺织、服装及日用品专门零售	12.1	137.0
13	文化、体育用品及器材专门零售	6.8	67.0

图4-21　查看效果

4.1.4 单位和数据要分家

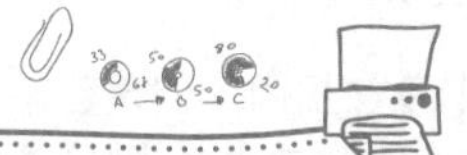

小李

张姐，自从上次您教会我细分项目要缩进显示后，我体会到制表是一件严谨的事。赵经理让我接下来整理销售统计表，我发现标明数据单位很重要，直接在数字后面添加单位可以吗？

张姐

小李，千万不要直接在数字后面添加单位。同一单元格中既有数字又有汉字，会让Excel无法对数字进行运算，并且影响后续的透视表分析等操作。如何设置单位，应视情况而定。

（1）同一列的数据单位相同，可在第1行标注出单位。

（2）同一行的数据单位相同，可在第1列标注出单位，或者是让单位自成一列。

1 错误的单位写法

如图4-22所示，将数据和单位放在一起，单元格中的数据就不再是纯数值，将影响函数使用、数值计算。

2 单位在第1行

如图4-23所示，同列数据的单位相同，可在第1行的字段名称中使用括号注明单位，这也是常见的单位写法。

商品编码	销量	售价	销售额
IBY125	251件	215元	53965.0元
IBY126	521件	41元	21361.0元
IBY127	256件	95.6元	24473.6元

图4-22 单位与数字放在一起

商品编码	销量（件）	售价（元）	销售额（元）
IBY125	251	215	53965.0
IBY126	521	41	21361.0
IBY127	256	96	24473.6
IBY128	24	89	2133.6
IBY129	15	78	1170.0
IBY130	95	62	5890.0

图4-23 单位在第1行

3 单位在第1列

当同一行数据的单位相同时，可在第1列单元格中标注出来。这种标注方式只适合字符数相同的数据，如“笔记本”“激光笔”都是3个字，才能保证后面的单位在一条垂直线上对齐，如图4-24所示。

4 单位自成一列

同一行数据的单位相同，但是数据的名称字数不同时，可以让单位自成一列。如图4-25所示，A列商品名称字数不统一，如果将单位放到A列，单位将无法对齐。像图中这样的单位标注法，可以在阅读数据时快速找到数据对应的单位，且不受名称字符长短的影响。

商品名称	1月销量	2月销量	3月销量
笔记本（台）	251	87	95
激光笔（支）	415	59	625
投影仪（套）	98	352	412
保温杯（个）	758	126	251
办公桌（张）	458	541	265
保险箱（个）	504	251	325

图4-24 单位在第1列

商品名称	单位	1月销量	2月销量	3月销量
笔记本电脑	台	251	87	95
激光笔	支	415	59	625
投影仪	套	98	352	412
女士保温杯	个	758	126	251
办公桌	张	458	541	265
保险箱	个	504	251	325

图4-25 单位自成一列

4.1.5 你真的会对齐数据吗

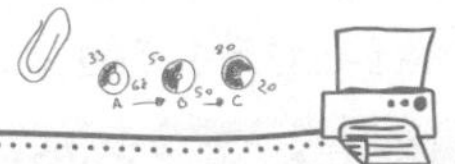

赵经理

小李，我发现你是个很细心的人啊。你交给我的销售统计表，单位的标注方法很规范，有银行从业人员的水平，好样的。按照这样的标准，你统计一下这个月不同商品的销量，注意将业务员的销量也统计出来。

小李

张姐，我又发现了一个问题，在统计商品销量数据时，如果商品的“销量”“售价”“销售额”这3种数据设置为右对齐，更能让人一眼对比出数据位数的不同，从而判断数据大小。那么，其他类型的数据，如日期、商品名称、人名，是否也有对齐标准呢？

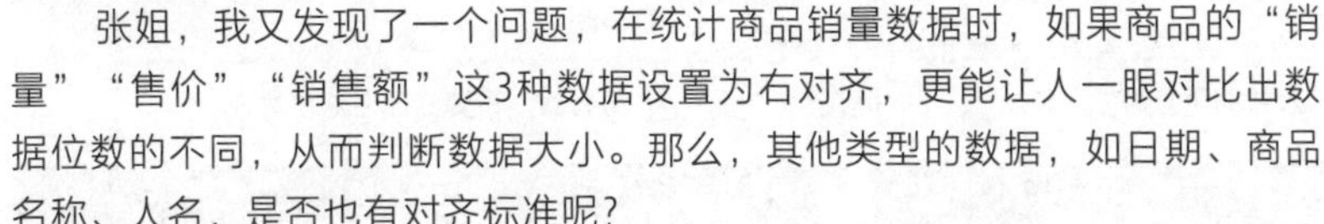

张姐

小李，你的问题很有水平，确实如此，不同类型的数据应该有不同的对齐方式，其目的在于让报表更人性化、更方便阅读。表格数据对齐的原则如下。

让所有数据在垂直方向上居于中间位置。在此基础上，字数不相同的中文，应该左对齐，方便阅读文字；字数相同的中文，应该居中对齐，保持单元格左右平衡；数字和日期右对齐，方便对比数据大小；人名分散对齐，这样无论人名中有几个字均能整齐排列。

打开“7月商品销售表.xlsx”文件，调整表格中不同单元格数据的对齐方式，具体操作方法如下。

Step1：设置数据垂直居中。首先设置表格中所有数据在垂直方向上居中。如图4-26所示，❶选中表格中的所有数据；❷单击【开始】选项卡下的【对齐方式】组中的【垂直居中】按钮。

Step2：设置商品名称左对齐。如图4-27所示，❶选中A列数据；❷单击【开始】选项卡下的【对齐方式】组中的【左对齐】按钮。

Step3：设置单位居中对齐。如图4-28所示，❶选中B列数据；❷单击【开始】选项卡下的【对齐方式】组中的【居中】按钮。

Step4：设置数据和日期右对齐。如图4-29所示，❶选中C列到F列数据；❷单击【开始】选项卡下的【对齐方式】组中的【右对齐】按钮 。

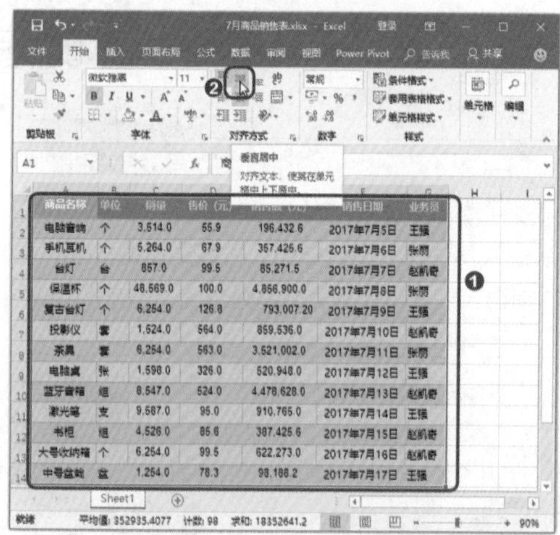

图4-26　设置数据垂直居中

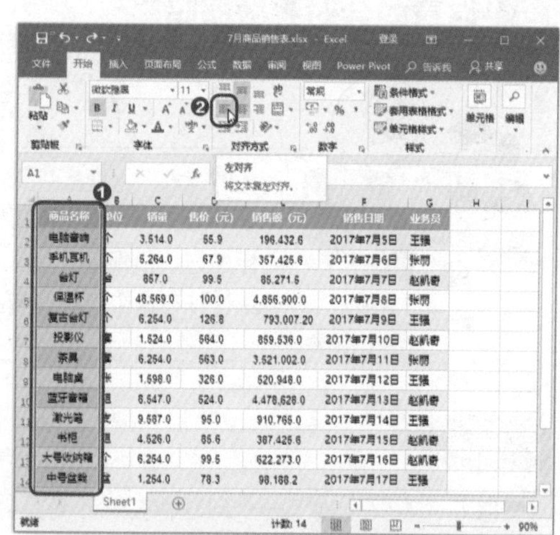

图4-27　设置商品名称左对齐

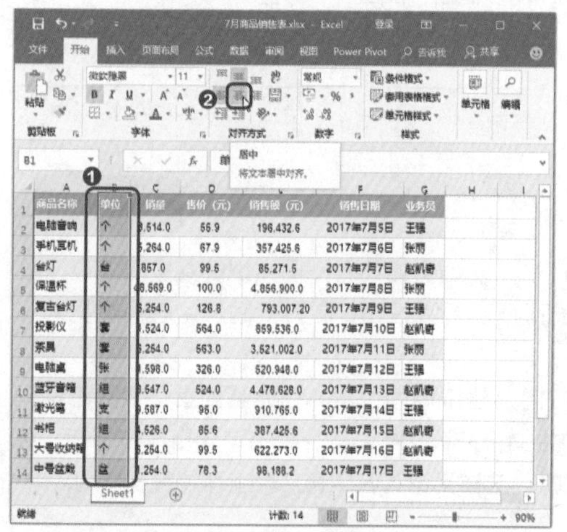

图4-28　设置单位居中对齐

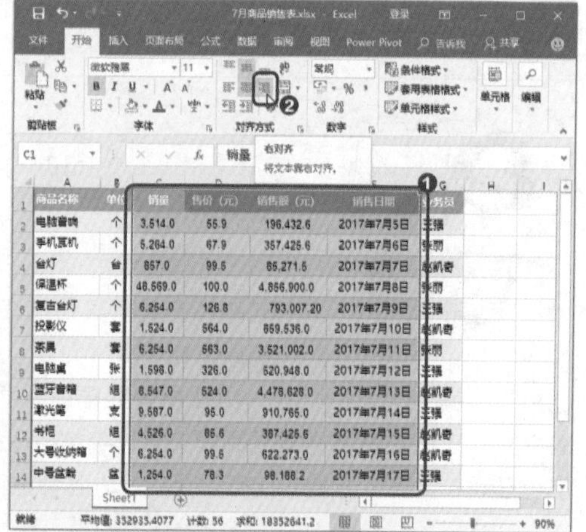

图4-29　设置数据和日期右对齐

Step5：打开【设置单元格格式】对话框。如图4-30所示，❶选中G列数据；❷单击【开始】选项卡下的【数字】组中的对话框启动器按钮 ，打开【设置单元格格式】对话框。

Step6：设置人名分散对齐。如图4-31所示，❶切换到【对齐】选项卡下；❷设置【水平对齐】方式为【分散对齐（缩进）】；❸单击【确定】按钮。

Step7：查看效果。此时，就完成了表格数据的对齐方式调整，效果如图4-32所示。经过对齐方式设置后，表格中不同类型的数据都更方便阅读了，表格排列效果也更加整齐、美观。

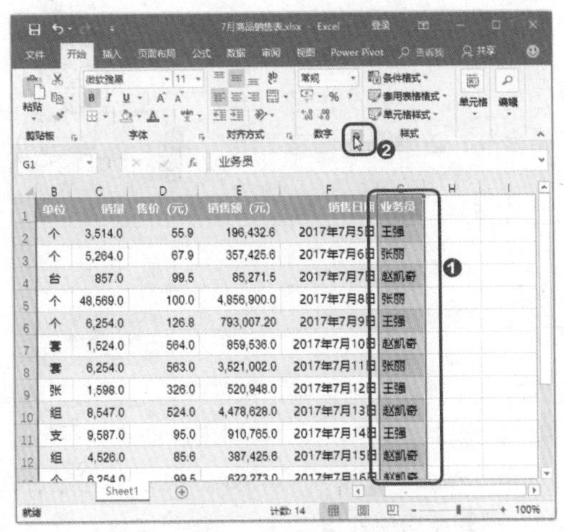

图4-30　打开【设置单元格格式】对话框

图4-31　设置人名分散对齐

	A	B	C	D	E	F	G
1	商品名称	单位	销量	售价（元）	销售额（元）	销售日期	业务员
2	电脑音响	个	3,514.0	55.9	196,432.6	2017年7月5日	王　强
3	手机耳机	个	5,264.0	67.9	357,425.6	2017年7月6日	张　丽
4	台灯	台	857.0	99.5	85,271.5	2017年7月7日	赵凯奇
5	保温杯	个	48,569.0	100.0	4,856,900.0	2017年7月8日	张　丽
6	复古台灯	个	6,254.0	126.8	793,007.20	2017年7月9日	王　强
7	投影仪	套	1,524.0	564.0	859,536.0	2017年7月10日	赵凯奇
8	茶具	套	6,254.0	563.0	3,521,002.0	2017年7月11日	张　丽
9	电脑桌	张	1,598.0	326.0	520,948.0	2017年7月12日	王　强
10	蓝牙音箱	组	8,547.0	524.0	4,478,628.0	2017年7月13日	赵凯奇

图4-32　查看效果

4.2　高效修改错误表格

在制表时应尽量避免出现合并单元格、空白数据、重复数据等类型的错误。在特殊情况下，从他人手里接收到有错误的表格，应使用快捷的方式高效处理错误，以免耽误工作进度。

4.2.1　处理表格中的单元格合并

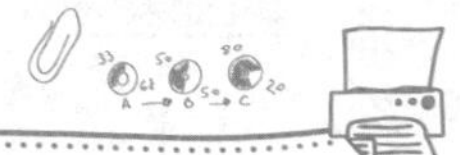

赵经理

小李，各地区汇报上来的销售数据，你汇总好了吗？

小李

赵经理，请您再稍等一下。汇总比较慢，是因为不同地区提交上来的统计表不太规范，好几个地区的统计表出现了单元格合并，这给我的汇总工作造成了极大的麻烦。

张姐

规范的统计表确实不应该出现单元格合并，这不仅会给数据汇总造成困难，还会在数据计算、筛选排序、透视表分析时出现错误。

不过，小李呀，出现单元格合并，你可以巧妙解决这个问题。面对存在单元格合并的表格，需要取消单元格合并，再组合定位、输入公式、复制内容就可以解决问题了。

下面以“成都地区销量统计表.xlsx”文件为例，讲解如何解决单元格合并的问题，具体操作方法如下。

Step1：取消单元格合并。如图4-33所示，表格中“商品名称”出现了单元格合并情况。❶选中A2到A17合并单元格的区域；❷单击【开始】选项卡下的【对齐方式】组中的【合并后居中】下拉按钮；❸选择下拉列表中的【取消单元格合并】选项。

Step2：打开【定位条件】对话框。如图4-34所示，保持选中A2到A17区域的单元格，按Ctrl+G组合键，在弹出的【定位】对话框中单击【定位条件】按钮。

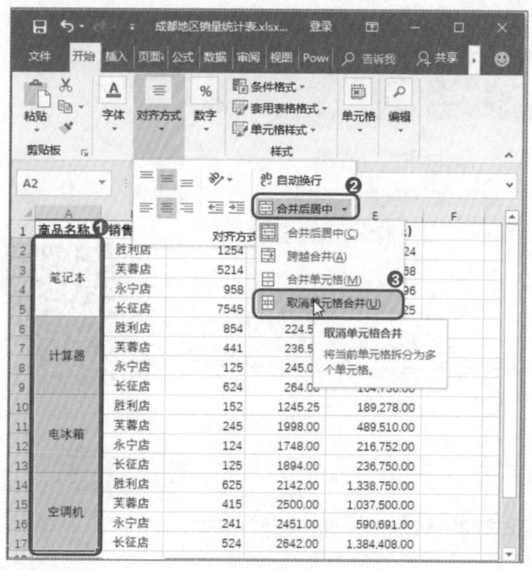

图4-33　取消单元格合并

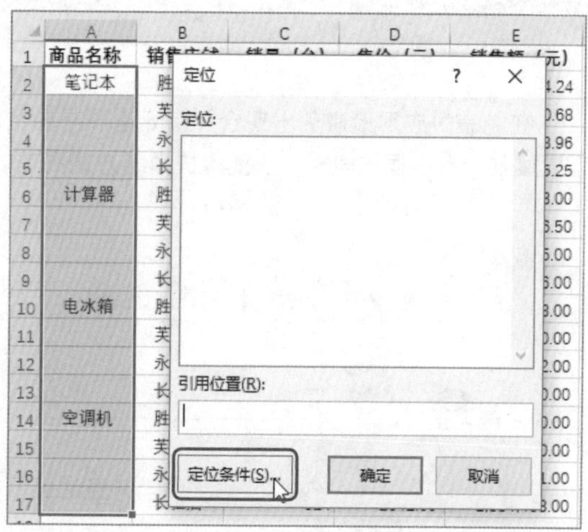

图4-34　打开【定位条件】对话框

Step3：定位空值。如图4-35所示，❶在弹出的【定位条件】对话框中选中【空值】单选按钮，表示要定位选中的单元格区域中的空白单元格；❷单击【确定】按钮。

Step4：输入公式。如图4-36所示，此时表格中选择区域内的空值单元格处于选中状态。将输入法切换到英文状态下，直接输入“=A2”，表示让A3单元格的值等于它的上一个单元格A2的值。

Step5：完成操作。输入公式后，按Ctrl+Enter组合键，就能将所有选中的空白单元格都填充上相应的内容了，最终效果如图4-37所示。

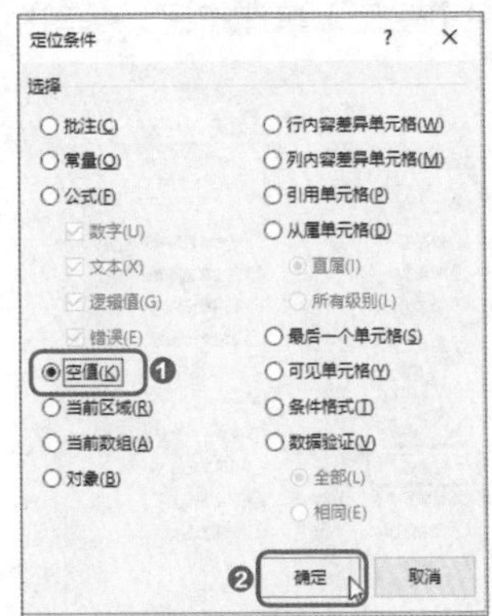

图4-35　定位空值

A2　=A2

	A	B	C	D	E
1	商品名称	销售店铺	销量（台）	售价（元）	销售额（元）
2	笔记本	胜利店	1254	2453.56	3,076,764.24
3	=A2	芙蓉店	5214	3352.62	17,480,560.68
4		永宁店	958	4525.62	4,335,543.96
5		长征店	7546	3562.45	26,878,685.25
6	计算器	胜利店	854	224.50	191,723.00
7		芙蓉店	441	236.50	104,296.50
8		永宁店	125	245.00	30,625.00
9		长征店	624	264.00	164,736.00
10	电冰箱	胜利店	152	1245.25	189,278.00
11		芙蓉店	245	1998.00	489,510.00
12		永宁店	124	1748.00	216,752.00
13		长征店	125	1894.00	236,750.00
14	空调机	胜利店	625	2142.00	1,338,750.00
15		芙蓉店	415	2500.00	1,037,500.00
16		永宁店	241	2451.00	590,691.00
17		长征店	524	2642.00	1,384,408.00

图4-36　输入公式

	A	B	C	D	E
1	商品名称	销售店铺	销量（台）	售价（元）	销售额（元）
2	笔记本	胜利店	1254	2453.56	3,076,764.24
3	笔记本	芙蓉店	5214	3352.62	17,480,560.68
4	笔记本	永宁店	958	4525.62	4,335,543.96
5	笔记本	长征店	7545	3562.45	26,878,685.25
6	计算器	胜利店	854	224.50	191,723.00
7	计算器	芙蓉店	441	236.50	104,296.50
8	计算器	永宁店	125	245.00	30,625.00
9	计算器	长征店	624	264.00	164,736.00
10	电冰箱	胜利店	152	1245.25	189,278.00
11	电冰箱	芙蓉店	245	1998.00	489,510.00
12	电冰箱	永宁店	124	1748.00	216,752.00
13	电冰箱	长征店	125	1894.00	236,750.00
14	空调机	胜利店	625	2142.00	1,338,750.00
15	空调机	芙蓉店	415	2500.00	1,037,500.00
16	空调机	永宁店	241	2451.00	590,691.00
17	空调机	长征店	524	2642.00	1,384,408.00

图4-37　最终效果

4.2.2 处理空白单元格

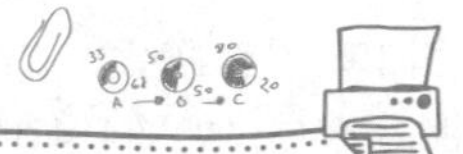

小李

张姐，我这两天的工作是汇总各地区的统计表。提交上来的报表不仅有单元格合并的问题，居然还存在缺漏数据的问题。我可以用您上次教我的定位空值的方法处理空白单元格吗？

张姐

小李，不错嘛，都会举一反三了。一般来说，空白单元格的处理方法确实如此，用定位法定位空值，然后判断定位出来的空值是需要进行删除处理还是补充处理。

下面以“杭州地区销量统计表.xlsx”文件为例，讲解如何定位空白单元格，然后删除包含空白单元格的整行数据，具体操作方法如下。

Step1：选中表格数据。如图4-38所示，打开表格，可以看到其中有一些空白单元格，选中所有数据区域。

Step2：单击【定位条件】按钮。如图4-39所示，选中数据后按Ctrl+G组合键，在弹出的【定位】对话框中单击【定位条件】按钮。

Step3：定位空值。如图4-40所示，打开【定位条件】对话框，❶选中【空值】单选按钮；❷单击【确定】按钮。

	A	B	C	D	E
1	商品名称	销售店铺	销量（台）	售价（元）	销售额（元）
2	笔记本	西湖店	1254	2453.56	3,076,764.24
3	笔记本	安宁店	5214	3352.62	17,480,560.68
4	笔记本	永宁店	958	4525.62	4,335,543.96
5	笔记本	金马店	7545	3562.45	26,878,685.25
6	计算器	西湖店	854	224.50	191,723.00
7	计算器	安宁店	441	236.50	104,296.50
8	计算器	永宁店	125	245.00	30,625.00
9		金马店	624	264.00	164,736.00
10	电冰箱	西湖店	152	1245.25	189,278.00
11	电冰箱	安宁店	245	1998.00	489,510.00
12	电冰箱	永宁店	124	1748.00	216,752.00
13	电冰箱	金马店		1894.00	
14	空调机	西湖店	625	2142.00	1,338,750.00
15	空调机	安宁店	415	2500.00	1,037,500.00
16	空调机	永宁店	241	2451.00	590,691.00
17			524	2642.00	1,384,408.00

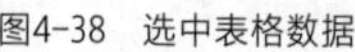

图4-38 选中表格数据

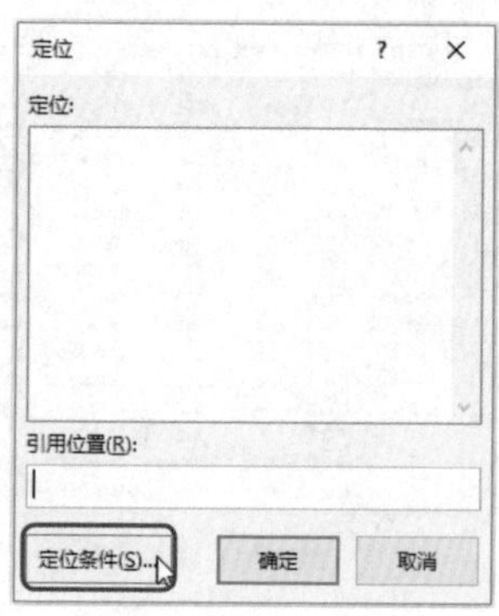

图4-39 单击【定位条件】按钮

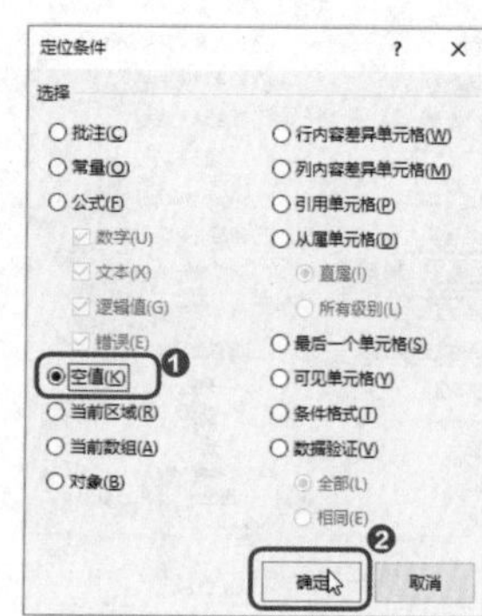

图4-40 定位空值

Step4：删除空白单元格。此时，表格中选择区域内所有的空白单元格均被选中，右击，在弹出的快捷菜单中选择【删除】选项，如图4-41所示。

Step5：整行删除。如图4-42所示，❶在弹出的【删除】对话框中选中【整行】单选按钮；❷单击【确定】按钮。

Step6：查看效果。此时，表格中包含空白单元格的行就被整行删除了，效果如图4-43所示。

	A	B	C	D	E
3	笔记本	安宁店	5214	3352.62	17,480,560.68
4	笔记本	永宁店	958	4525.62	4,335,543.96
5	笔记本	金马店			
6	计算器	西湖店			
7	计算器	安宁店			
8	计算器	永宁店	125	245.00	30,625.00
9		金马店			
10	电冰箱	西湖店			
11	电冰箱	安宁店			
12	电冰箱	永宁店			
13	电冰箱	金马店			
14	空调机	西湖店			
15	空调机	安宁店			
16	空调机	永宁店			
17					
18					
19					

剪切(T)
复制(C)
粘贴选项:
选择性粘贴(S)...
智能查找(L)
插入(I)...
删除(D)...
清除内容(N)

图4-41 删除空白单元格

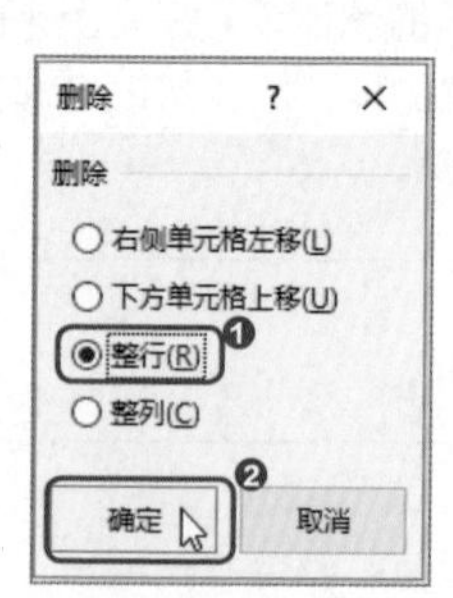

图4-42 整行删除

	A	B	C	D	E
1	商品名称	销售店铺	销量（台）	售价（元）	销售额（元）
2	笔记本	西湖店	1254	2453.56	3,076,764.24
3	笔记本	安宁店	5214	3352.62	17,480,560.68
4	笔记本	永宁店	958	4525.62	4,335,543.96
5	笔记本	金马店	7545	3562.45	26,878,685.25
6	计算器	西湖店	854	224.50	191,723.00
7	计算器	安宁店	441	236.50	104,296.50
8	计算器	永宁店	125	245.00	30,625.00
9	电冰箱	西湖店	152	1245.25	189,278.00
10	电冰箱	安宁店	245	1998.00	489,510.00
11	电冰箱	永宁店	124	1748.00	216,752.00
12	空调机	西湖店	625	2142.00	1,338,750.00
13	空调机	安宁店	415	2500.00	1,037,500.00
14	空调机	永宁店	241	2451.00	590,691.00

图4-43 查看效果

温馨提示

定位表格中的空值的目的是一目了然地看到哪里缺少数据。这时首先要判断是否需要删除包含空值的数据，如果空值是需要补充的数据，则不能草率删除，而是经过查询后将空值补充完整。

4.2.3 处理重复数据

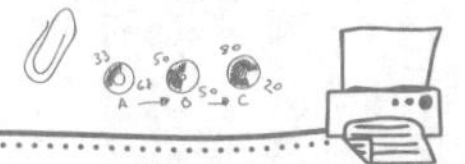

赵经理

小李，你在汇总统计表时，将订单数据也统计一份给我。

小李

赵经理，请您再等等。我在核查订单数据时，发现了一些重复统计的订单，我将这些重复数据删除掉再将结果汇报给您。

张姐

小李，你是怎么删除重复数据的？千万不要犯傻，将重复数据一个一个找出来，再依次删除啊。使用Excel的【删除重复值】功能，一键就可以完成重复数据的处理。

下面以“订单统计.xlsx”文件为例，讲解如何删除重复值，具体操作方法如下。

Step1：删除重复值。打开文件，如图4-44所示，❶选中A列到F列所有数据的区域；❷单击【数据】选项卡下的【数据工具】组中的【删除重复值】按钮。

Step2：选择包含重复值的列。如图4-45所示，❶在打开的【删除重复值】对话框中勾选【订单号】复选框，因为只有订单号重复才能作为订单数据重复的判断依据，而发货仓库、收货地等信息重复是合理的；❷单击【确定】按钮。

Step3：确定删除重复值。此时，弹出对话框显示重复值数量，单击【确定】按钮，如图4-46所示。数据表格就完成了重复值删除操作，如图4-47所示。

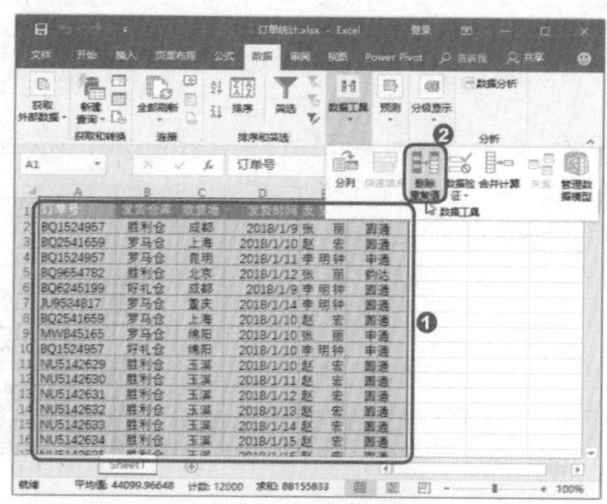

图4-44 删除重复值

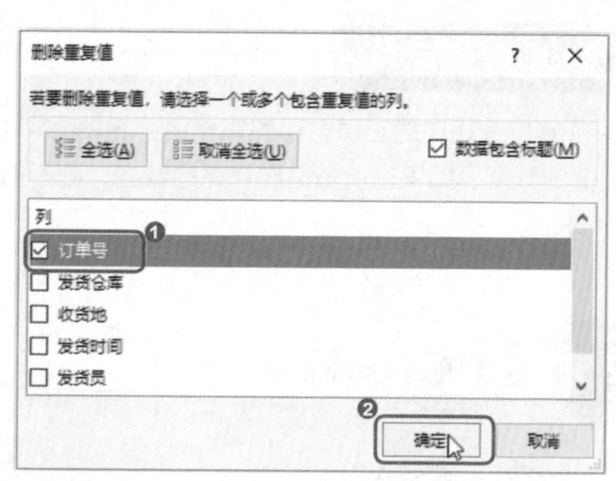

图4-45 选择包含重复值的列

Microsoft Excel

发现了 10 个重复值，已将其删除；保留了 1989 个唯一值。

确定

图4-46 确定删除重复值

	A	B	C	D	E	F
1	订单号	发货仓库	收货地	发货时间	发货员	承运公司
2	BQ1524957	胜利仓	成都	2018/1/9	张　丽	圆通
3	BQ2541659	罗马仓	上海	2018/1/10	赵　宏	圆通
4	BQ9654782	胜利仓	北京	2018/1/12	张　丽	韵达
5	BQ6245199	好礼仓	成都	2018/1/9	李明钟	圆通
6	JU9534817	罗马仓	重庆	2018/1/14	李明钟	圆通
7	MW845165	罗马仓	绵阳	2018/1/10	张　丽	申通
8	NU5142629	胜利仓	玉溪	2018/1/10	赵　宏	圆通
9	NU5142630	胜利仓	玉溪	2018/1/11	赵　宏	圆通
10	NU5142631	胜利仓	玉溪	2018/1/12	赵　宏	圆通
11	NU5142632	胜利仓	玉溪	2018/1/13	赵　宏	圆通
12	NU5142633	胜利仓	玉溪	2018/1/14	赵　宏	圆通
13	NU5142634	胜利仓	玉溪	2018/1/15	赵　宏	圆通
14	NU5142635	胜利仓	玉溪	2018/1/16	赵　宏	圆通
15	NU5142637	胜利仓	玉溪	2018/1/18	赵　宏	圆通
16	NU5142638	胜利仓	玉溪	2018/1/19	赵　宏	圆通

图4-47 最终效果

4.2.4 数据核对只要1分钟

赵经理

小李，我需要你帮我核对一下销售明细数据。销售片区总经理汇报的数据与市场部经理汇报的数据有出入，你找一找是哪些数据对不上。

小李

好的，我马上开始核对。

张姐，又要请教您问题了。我需要对数据表进行核对，如果只有一张数据表，我还可以逐一核对单元格数据，关键是我有20个片区的销售明细表要核对，这次我实在想不出有什么快捷的核对方法了。

张姐

小李，你这个问题确实要用“巧招”，要打破常规思维。在使用Excel的【选择性粘贴】功能时，可以同时进行加、减、乘、除运算。如果你将A表数据粘贴到B表相同的区域，同时使用【减】运算，那么两表数据相同，则单元格相减结果为0，否则为其他数据。这样你就可以快速判断表格哪里有出入，具体差值是多少。

下面以“销售明细.xlsx”文件为例，进行数据核对操作，具体操作方法如下。

Step1：复制“表A”需要核对的数据。如图4-48所示，文件中有两张表“表A”和“表B”，现在需要核对两张表中的商品售价、销量和销售额数据。选中“表A”中B2:D16单元格区域，按Ctrl+C组合键，此时选中的区域四周出现绿色虚线边框。

Step2：打开【选择性粘贴】对话框。如图4-49所示，❶切换到“表B”工作表中，选择B2:D16单元格区域；❷选择【粘贴】下拉列表中的【选择性粘贴】选项。

	A	B	C	D	E
1	商品编号	售价（元）	销量（件）	销售额（元）	销售片区
2	PR00152	255.52	695	177,586.40	芙蓉区
3	PR00153	264.52	745	197,067.40	胜利区
4	PR00154	300.00	152	45,600.00	广宁区
5	PR00155	125.59	415	52,119.85	胜利区
6	PR00156	189.00	254	48,006.00	胜利区
7	PR00157	256.35	152	38,965.20	胜利区
8	PR00158	655.00	625	409,375.00	芙蓉区
9	PR00159	567.85	415	235,657.75	芙蓉区
10	PR00160	958.00	4156	3,981,448.00	广宁区
11	PR00161	542.00	155	84,010.00	广宁区
12	PR00162	265.00	524	138,860.00	芙蓉区
13	PR00163	425.50	625	265,937.50	广宁区
14	PR00164	352.00	415	146,080.00	广宁区
15	PR00165	625.50	256	160,128.00	芙蓉区
16	PR00166	451.00	245	110,495.00	芙蓉区

表A　表B

图4-48　复制“表A”需要核对的数据

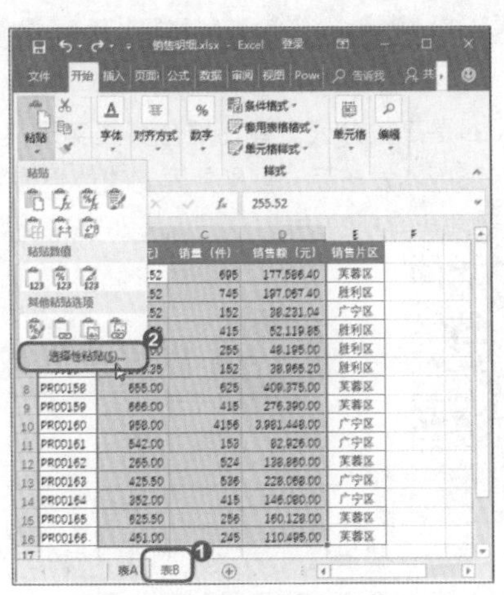

图4-49　打开【选择性粘贴】对话框

Step3：粘贴时进行【减】运算。如图4-50所示，❶在打开的【选择性粘贴】对话框中，选中【运算】选项组中的【减】单选按钮；❷单击【确定】按钮。

Step4：查看效果。此时“表B”中出现了与“表A”数据相减的效果。如图4-51所示，结果显示为0的单元格表示两表数据相同；结果为其他数据，则表示数据有出入。

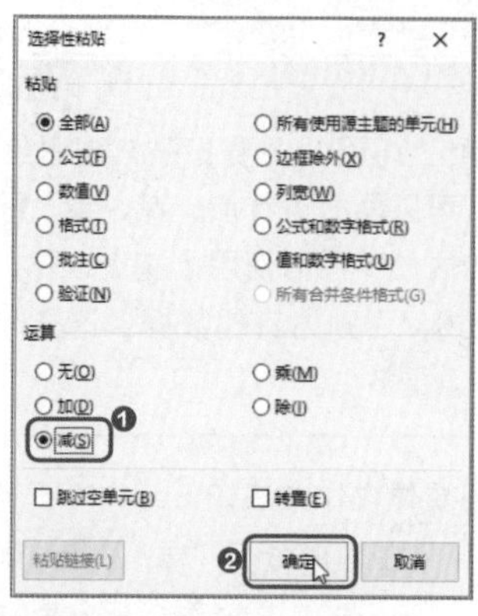

图4-50　粘贴时进行【减】运算

	A	B	C	D	E
1	商品编号	售价（元）	销量（件）	销售额（元）	销售片区
2	PR00152	0.00	0	0.00	芙蓉区
3	PR00153	0.00	0	0.00	胜利区
4	PR00154	-48.48	0	-7,368.96	广宁区
5	PR00155	0.00	0	0.00	胜利区
6	PR00156	0.00	1	189.00	胜利区
7	PR00157	0.00	0	0.00	胜利区
8	PR00158	0.00	0	0.00	芙蓉区
9	PR00159	98.15	0	40,732.25	芙蓉区
10	PR00160	0.00	0	0.00	广宁区
11	PR00161	0.00	-2	-1,084.00	广宁区
12	PR00162	0.00	0	0.00	芙蓉区
13	PR00163	0.00	-89	-37,869.50	广宁区
14	PR00164	0.00	0	0.00	广宁区
15	PR00165	0.00	0	0.00	芙蓉区
16	PR00166	0.00	0	0.00	芙蓉区

图4-51　查看效果

4.3　不会批处理，都不好意思混职场

Excel是高效办公工具，要想真正实现高效办公，应该掌握一些简单又实用的批处理功能。尤其是Excel 2016版本发布后，批量处理的功能更加简单、强大。例如，批量提取数据，这在原来的版本中需要使用函数才能实现的功能，在Excel 2016中使用【快速填充】功能就可以实现。

4.3.1　批量生成数据

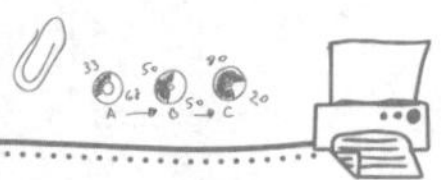

小李

张姐，我最近使用Excel的效率很低，完成赵经理交给我的任务常常花费大量时间。这不，我又遇到了一个棘手的问题。我在整理不同业务员提交的客户资料时，发现客户资料十分不规范，我需要根据客户的身份证号码生成客户生日，根据客户姓名和职务生成客户尊称，为客户的电话号码统一添加分隔线。这个任务太考验人的耐心了。

张姐

小李，你发现Excel 2016比其他版本多了一个【快速填充】功能吗？你只要输入1～3个数据，然后对后面的单元格进行快速填充，Excel 2016会自动识别填充规律，快速生成符合要求的数据。

下面以“客户资料表.xlsx”为例，讲解如何通过快速填充法，快速生成符合需求的数据。

1 数据提取——批量生成客户出生日期

【快速填充】功能可以从某一列单元格中根据规律提取部分数据。

Step01：复制出生日期数据。如图4-52所示，❶在E列输入第1位客户的出生日期，根据身份证号码得知出生日期为“19761025”，即1976年10月25日；❷完成第1位客户的出生日期输入后，将光标放到该单元格右下角，按住鼠标左键不放，往下拖动。

Step02：快速填充数据。完成数据复制后，❶单击【自动填充选项】按钮；❷选择【快速填充】选项，便自动生成了所有客户的出生日期，如图4-53所示。

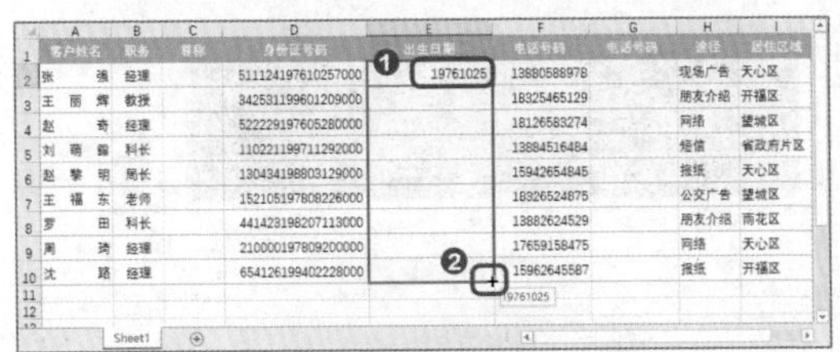

图4-52　复制出生日期数据

图4-53　快速填充数据

Step03：执行【分列】命令。选中生成的出生日期数据，单击【数据】选项卡下【数据工具】组中的【分列】按钮，如图4-54所示。

Step04：设置分列方式。打开【文本分列向导-第1步，共3步】对话框，单击【下一步】按钮，如图4-55所示。

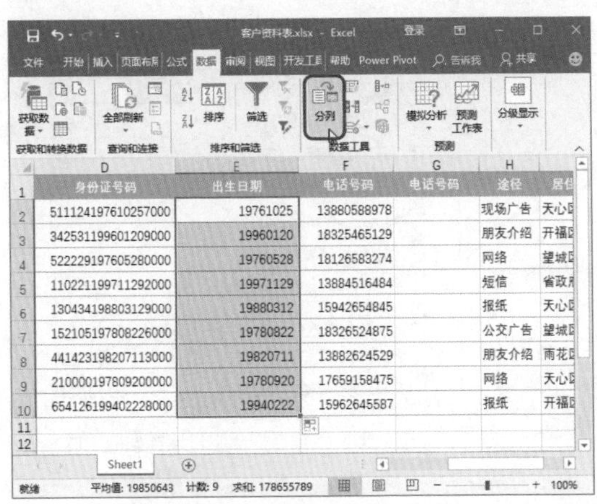

	D	E	F	G	H
1	身份证号码	出生日期	电话号码	电话号码	途径
2	511124197610257000	19761025	13880588978		现场广告
3	342531199601209000	19960120	18325465129		朋友介绍
4	522229197605280000	19760528	18126583274		网络
5	110221199711292000	19971129	13884516484		短信
6	130434198803129000	19880312	15942654845		报纸
7	152105197808226000	19780822	18326524875		公交广告
8	441423198207113000	19820711	13882624529		朋友介绍
9	210000197809200000	19780920	17659158475		网络
10	654126199402228000	19940222	15962645587		报纸

图4-54　执行【分列】命令

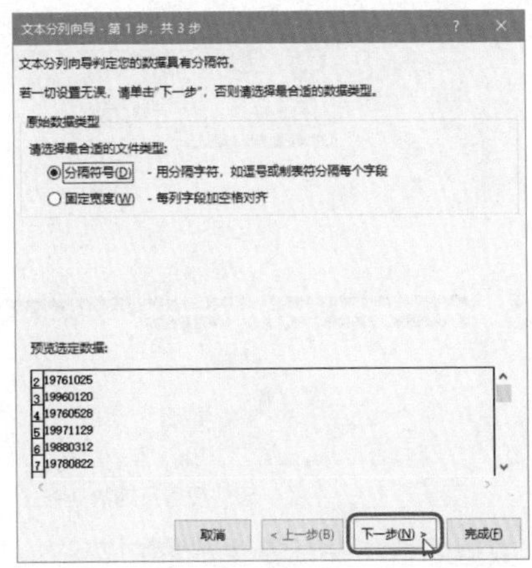

图4-55　设置分列方式

Step05：继续设置分列方式。单击【下一步】按钮，如图4-56所示。

Step06：设置列数据格式。❶选中【日期】单选按钮；❷单击【完成】按钮，如图4-57所示。

Step07：设置日期数据格式。选中转换后的出生日期数据，打开【设置单元格格式】对话框，❶在【分类】列表框中选择【日期】；❷在【类型】列表框中选择【3月14日】格式；❸单击【确定】按钮，

如图4-58所示。此时客户出生日期数据均调整为日期格式，效果如图4-59所示。

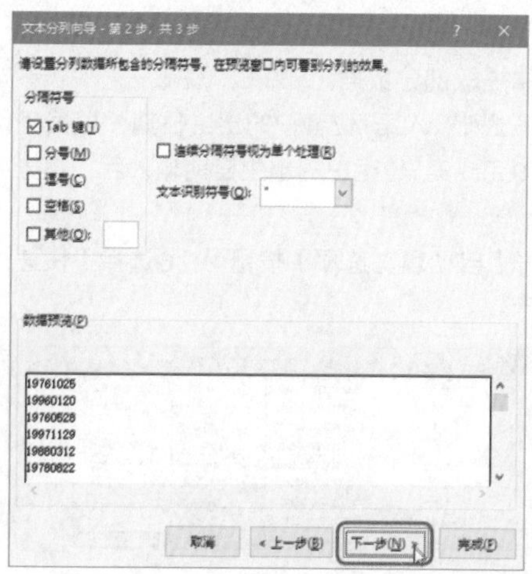

图4-56　继续设置生日数据格式

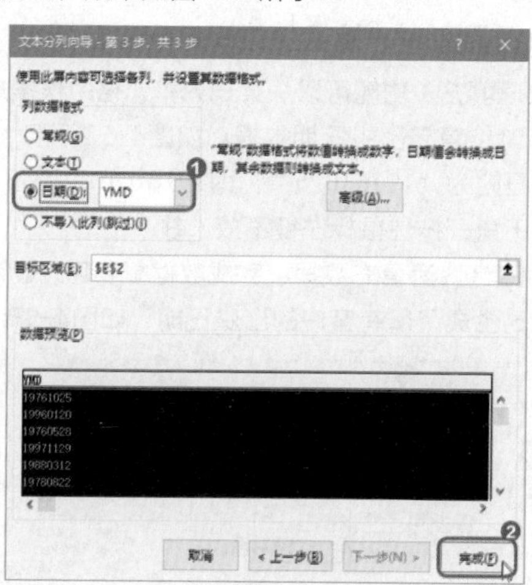

图4-57　设置列数据格式

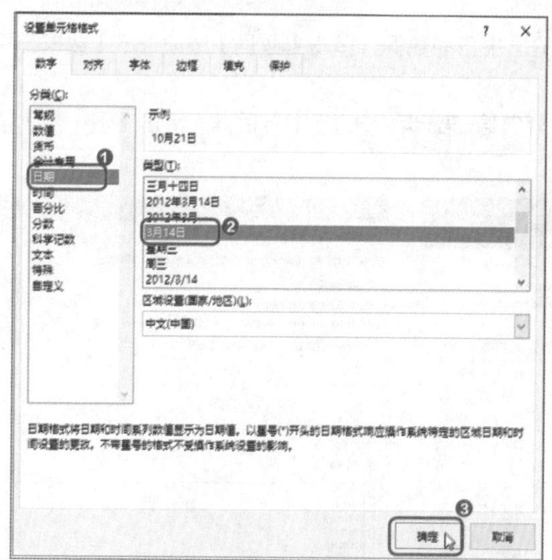

图4-58　设置日期数据格式

身份证号码	出生日期
511124197610257000	10月25日
342531199601209000	1月20日
522229197605280000	5月28日
110221199711292000	11月29日
130434198803129000	3月12日
152105197808226000	8月22日
441423198207113000	7月11日
210000197809200000	9月20日
654126199402228000	2月22日

图4-59　完成客户出生日期数据的生成

2 数据组合——批量生成客户尊称

【快速填充】功能还可以从多列单元格分别提取数据，然后进行组合。

Step1：复制客户尊称。如图4-60所示，❶在C列，根据客户的姓氏和职务输入第1位客户尊称；❷完成第1位客户尊称输入后，将光标放到该单元格右下角，按住鼠标左键不放，往下拖动复制数据。

Step2：快速填充数据。完成数据复制后，❶单击【自动填充选项】按钮；❷选择【快速填充】选项，便自动生成了所有客户的尊称，如图4-61所示。

图4-60 复制客户尊称

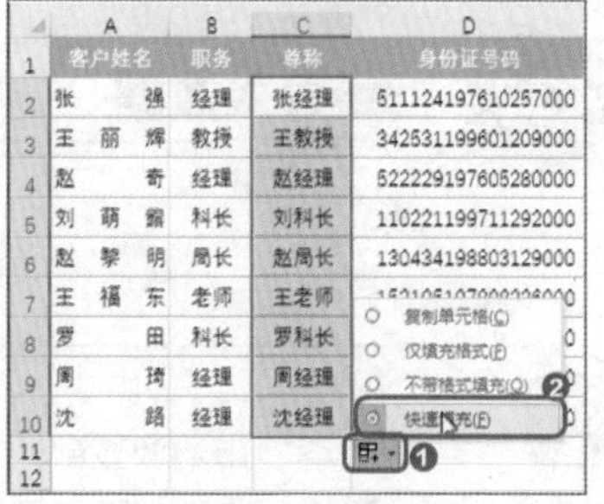

图4-61 快速填充数据

3 数据添加——批量为电话号码添加分隔线

【快速填充】功能可以统一为一列数据添加相同的内容，如统一为电话号码添加分隔线。

Step1：复制添加了横线的电话号码。如图4-62所示，❶在G列，根据F列的电话号码，输入带横线的电话号码；❷完成第1个电话号码输入后，将光标放到该单元格右下角，按住鼠标左键不放，往下拖动复制数据。

Step2：快速填充数据。完成数据复制后，❶单击【自动填充选项】按钮；❷选择【快速填充】选项，便自动生成了添加横线的电话号码，如图4-63所示。

Step3：删除数据。生成带横线的电话号码后，删除原来的【电话】列。如图4-64所示，选中F列数据，右击，在弹出的快捷菜单中选择【删除】选项。

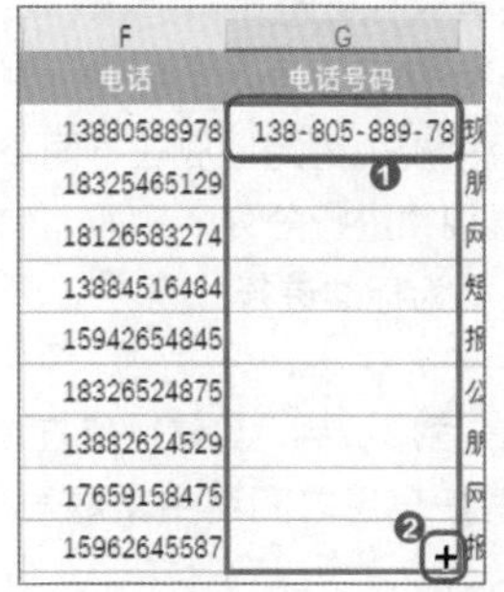

图4-62 复制添加了横线的电话号码

图4-63 快速填充数据

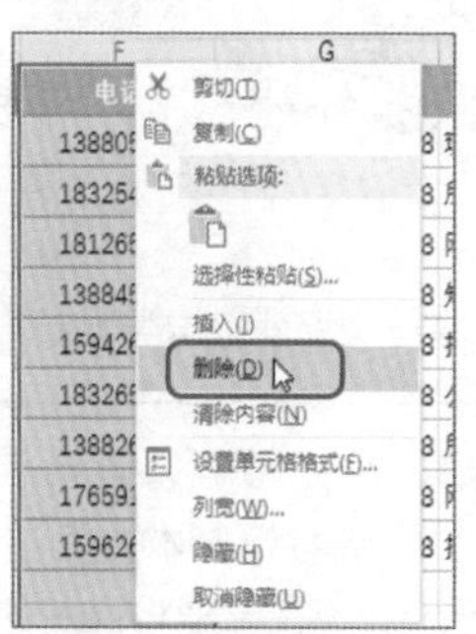

图4-64 删除数据

Step4：查看数据表。此时，这张客户资料表就通过【快速填充】功能生成了符合需求的数据，结果如图4-65所示。

	A	B	C	D	E	F	G	H
1	客户姓名	职务	尊称	身份证号码	出生日期	电话号码	途径	居住区域
2	张　强	经理	张经理	511124197610257000	10月25日	138-8058-8978	现场广告	天心区
3	王丽辉	教授	王教授	342531199601209000	1月20日	183-2546-5129	朋友介绍	开福区
4	赵　奇	经理	赵经理	522229197605280000	5月28日	181-2658-3274	网络	望城区
5	刘萌露	科长	刘科长	110221199711292000	11月29日	138-8451-6484	短信	省政府片区
6	赵黎明	局长	赵局长	130434198803129000	3月12日	159-4265-4845	报纸	天心区
7	王福东	老师	王老师	152105197808226000	8月22日	183-2652-4875	公交广告	望城区
8	罗　田	科长	罗科长	441423198207113000	7月11日	138-8262-4529	朋友介绍	雨花区
9	周　琦	经理	周经理	210000197809200000	9月20日	176-5915-8475	网络	天心区
10	沈　路	经理	沈经理	654126199402228000	2月22日	159-6264-5587	报纸	开福区

图4-65 查看数据表

4.3.2 批量导入数据

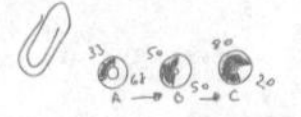

小李，市场调查部的人前几天进行了线下客户调查，收集到了不少客户资料。你帮忙整理汇总到Excel表中。

小李

张姐，我真的很郁闷。市场调查部的同事做线下客户调查，居然用“记事本”记录客户资料，这让我如何将资料整理到表格中啊？

张姐

小李，别着急。其实市场调查部的同事这样做也可以理解，毕竟在手机上用“记事本”记录信息更容易。你可以使用【导入】功能，对“记事本”信息进行分列处理，这样导入的信息就规规矩矩地放在不同单元格中了。在导入时，根据“记事本”中的信息规律进行分列。例如，信息之间有逗号，那就以逗号为标准进行分列；信息之间有空格，那就以空格为标准进行分列。

下面以“客户资料整理.xlsx”文件为例，讲解如何导入“记事本”中的客户资料，具体操作方法如下。

Step1：查看记事本数据。打开“客户资料.txt”文件，可以看到客户信息之间用中文逗号相隔，如图4-66所示。现在需要将这些信息导入Excel中。

Step2：自文本导入外部数据。如图4-67所示，打开“客户资料整理.xlsx”文件，单击【数据】选项卡下的【获取外部数据】组中的【自文本】按钮。

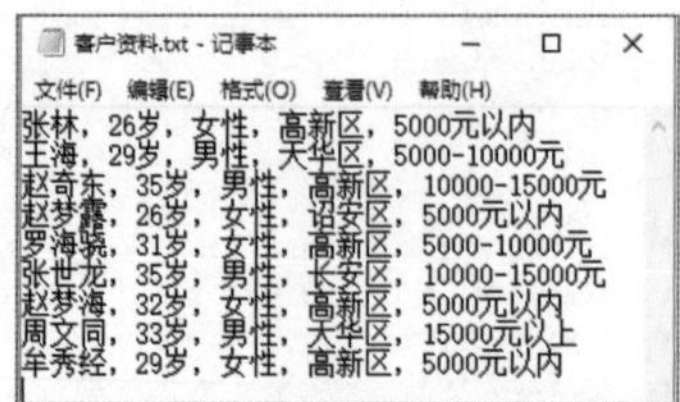

图4-66 查看记事本数据

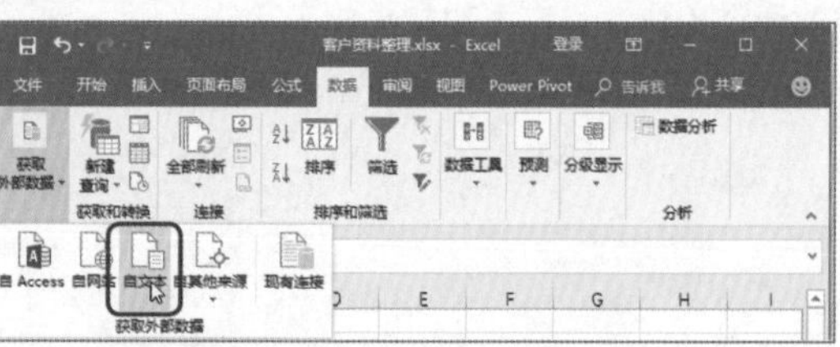

图4-67 自文本导入外部数据

Step3：选择要导入的文本文件。如图4-68所示，❶在打开的【导入文本文件】对话框中，选择“客户资料.txt”文件；❷单击【导入】按钮。

Step4：导入分隔符号。如图4-69所示，❶在打开的【文本导入向导-第1步，共3步】对话框中，选中【分隔符号】单选按钮；❷单击【下一步】按钮。

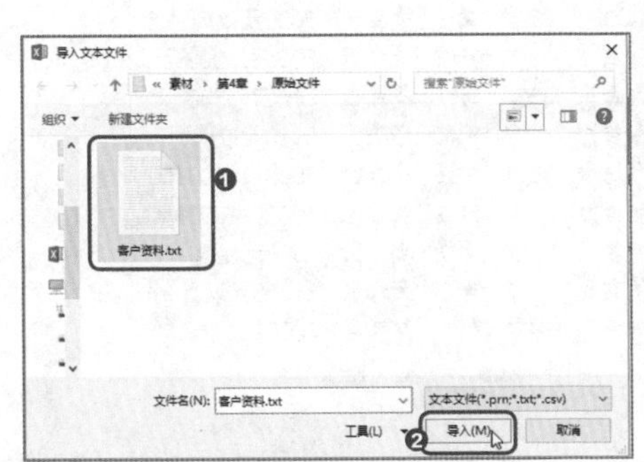

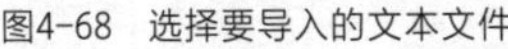
图4-68　选择要导入的文本文件

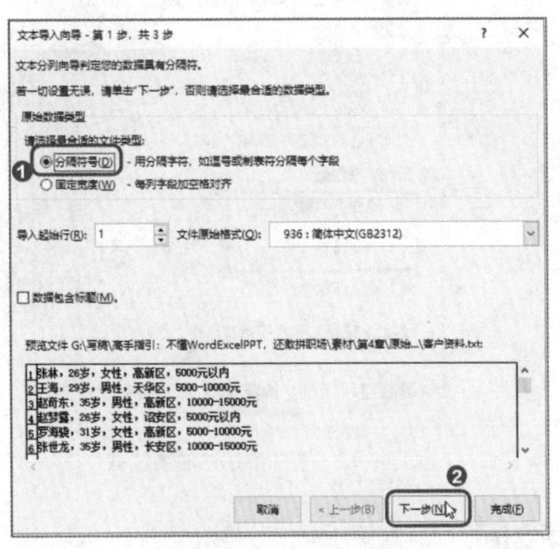

图4-69　导入分隔符号

Step5：输入分隔符。如图4-70所示，❶在【文本导入向导-第2步，共3步】对话框中勾选【其他】复选框，并输入中文逗号【，】；❷单击【下一步】按钮。

Step6：完成导入向导。如图4-71所示，在【文本导入向导-第3步，共3步】对话框中单击【完成】按钮，完成导入向导。

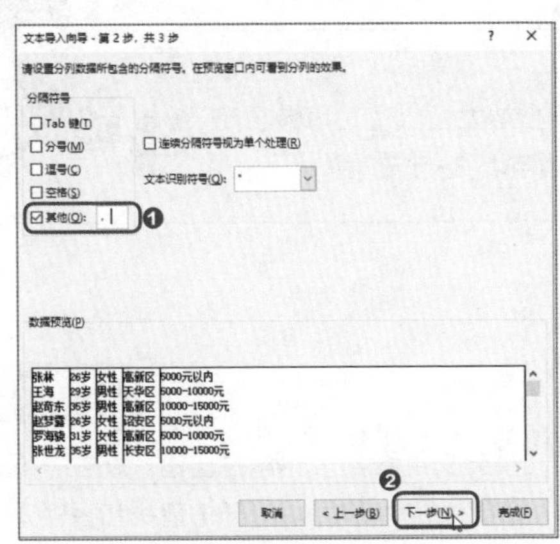

图4-70　输入分隔符

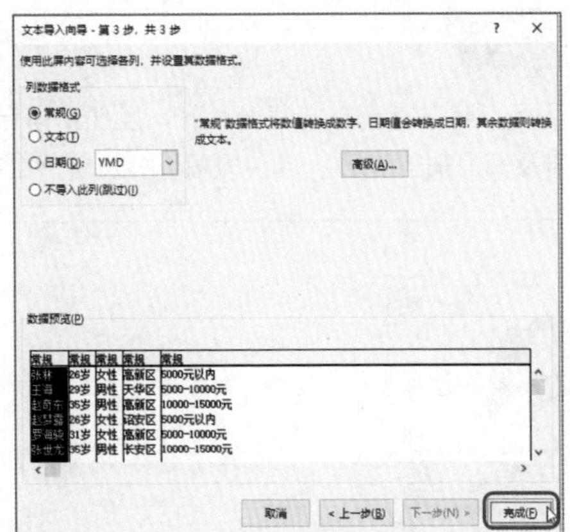

图4-71　完成导入向导

Step7：选择数据的放置位置。如图4-72所示，❶在【导入数据】对话框中，选择要导入数据的工作表中的单元格位置；❷单击【确定】按钮。

Step8：导入结果。此时，就完成了数据导入，“记事本”中用中文逗号相隔的数据被工整地导入工作表单独的单元格中，效果如图4-73所示。

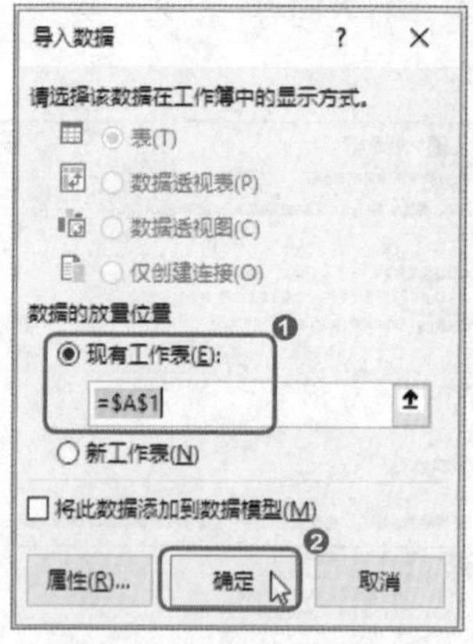

图4-72　选择数据的放置位置

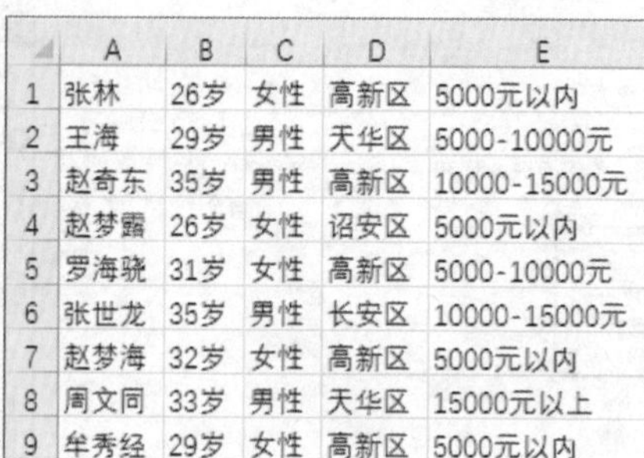

	A	B	C	D	E
1	张林	26岁	女性	高新区	5000元以内
2	王海	29岁	男性	天华区	5000-10000元
3	赵奇东	35岁	男性	高新区	10000-15000元
4	赵梦露	26岁	女性	诏安区	5000元以内
5	罗海骁	31岁	女性	高新区	5000-10000元
6	张世龙	35岁	男性	长安区	10000-15000元
7	赵梦海	32岁	女性	高新区	5000元以内
8	周文同	33岁	男性	天华区	15000元以上
9	牟秀经	29岁	女性	高新区	5000元以内

图4-73　导入结果

4.3.3 批量替换错误数据

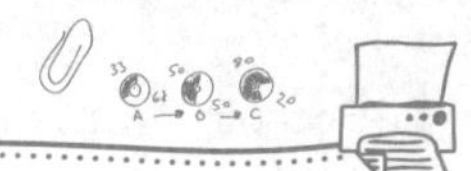

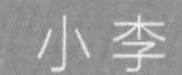

小李

张姐，我在检查市场调查表时，发现市场专员小刘太粗心了，写错了商品编号及商品销售地区。这种情况，有没有什么批量修改的方法呢？

张姐

是该批评一下小刘了，小刘交给我的表也总是出错。现在，你按照我的方法将数据修改过来。在Excel中，你可以打开【查找和替换】对话框，将错误数据替换成正确数据。在替换商品编号时，可以区分大小写进行替换。

在“市场调查表.xlsx”文件中，进行文字替换和区分大小写的英文字母替换，具体操作方法如下。

Step1：选中需要替换的数据列。如图4-74所示，选中表格中的B列数据，按Ctrl+H组合键，打开【查找和替换】对话框。

Step2：数据替换。如图4-75所示，❶在【查找和替换】对话框中，在【查找内容】和【替换为】文本框中输入内容；❷单击【全部替换】按钮。

	A	B	C	D
1	竞品编号	销售片区	平均日销售（件）	售价（元）
2	PR5125	长平区	524	255.59
3	BU6254	宁远区	124	353.56
4	pr62452	长平区	265	250.00
5	PR7154	长平区	325	295.00
6	pr82515	怀安区	415	264.00
7	BU824142	怀安区	254	523.00
8	YB6245	宁远区	152	350.15
9	pr6215	长平区	624	255.42
10	MY84215	长平区	958	235.65
11	pr5214	怀安区	748	314.57
12	EM6215	宁远区	584	251.00

图4-74　选中需要替换的数据列

图4-75　数据替换

Step3：完成替换。如图4-76所示，在弹出的对话框中提示进行了几处替换，单击【确定】按钮，便完成了文字替换。

Step4：选中需要替换的数据列。如图4-77所示，选中A列数据，接下来需要将编号中的pr替换成ym。由于编号中还有大写字母PR，所以需要区分大小写进行替换。

图4-76　完成替换

	A	B	C	D
1	竞品编号	销售片区	平均日销售（件）	售价（元）
2	PR5125	长平区	524	255.59
3	BU6254	宁远区	124	353.56
4	pr62452	长平区	265	250.00
5	PR7154	长平区	325	295.00
6	pr82515	槐安区	415	264.00
7	BU824142	槐安区	254	523.00
8	YB6245	宁远区	152	350.15
9	pr6215	长平区	624	255.42
10	MY84215	长平区	958	235.65
11	pr5214	槐安区	748	314.57
12	EM6215	宁远区	584	251.00

图4-77　选中需要替换的数据列

Step5：区分大小写替换。❶在【查找和替换】对话框中，单击【选项】按钮；❷勾选【区分大小写】复选框；❸在【查找内容】和【替换为】文本框中输入内容；❹单击【全部替换】按钮，如图4-78所示。

Step6：查看效果。如图4-79所示，此时表格中的数据完成了替换。

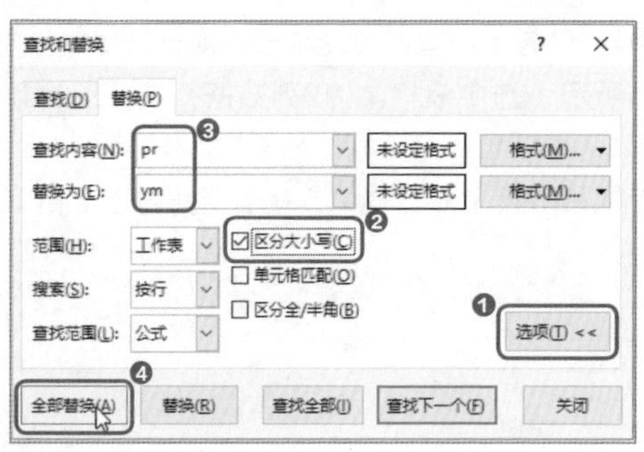

图4-78　区分大小写替换

	A	B	C	D
1	竞品编号	销售片区	平均日销售（件）	售价（元）
2	PR5125	长平区	524	255.59
3	BU6254	宁远区	124	353.56
4	ym62452	长平区	265	250.00
5	PR7154	长平区	325	295.00
6	ym82515	槐安区	415	264.00
7	BU824142	槐安区	254	523.00
8	YB6245	宁远区	152	350.15
9	ym6215	长平区	624	255.42
10	MY84215	长平区	958	235.65
11	ym5214	槐安区	748	314.57
12	EM6215	宁远区	584	251.00

图4-79　查看效果

技能升级

在替换Excel数据时，还可以替换数据格式。其方法是单击【查找和替换】对话框中的【格式】按钮，选择要查找的格式和要替换的格式即可。

4.3.4 快速完成批量运算

赵经理

小李，昨天的产量需要重新统计，在进行质量抽查时每个车间都有10%的产品不合格，因此实际产量要减小10%。你修改一下数据，再将昨日的产量数据汇报给我。

小李

张姐，我需要批量将产量表中的数据减小10%。我记得您之前教过我一招，粘贴数据时进行运算，我这个问题是否也可以使用同样的方法解决呢？

张姐

小李，你的思路没错！不过解决你这个问题，需要一点儿变通。你需要在一个空白的单元格中输入0.9，然后复制这个单元格，再选中表格中的产品产量数据区域，选择【选择性粘贴】选项的同时使用【乘】运算。其意义是让产品产量乘以0.9，即减少0.1，也就是减少10%的产量。

下面以“产量统计.xlsx”文件为例，讲解如何进行批量运算，具体操作方法如下。

Step1：打开【选择性粘贴】对话框。如图4-80所示，❶在表格的一个空白单元格中输入数字0.9，然后选中这个单元格，按Ctrl+C组合键进行复制；❷选中C2:C15单元格区域；❸选择【粘贴】下拉列表中的【选择性粘贴】选项。

Step2：使用乘法运算。如图4-81所示，❶在打开的【选择性粘贴】对话框中，选中【运算】选项组中的【乘】单选按钮；❷单击【确定】按钮。此时C列的产量数据都批量乘以数字0.9。

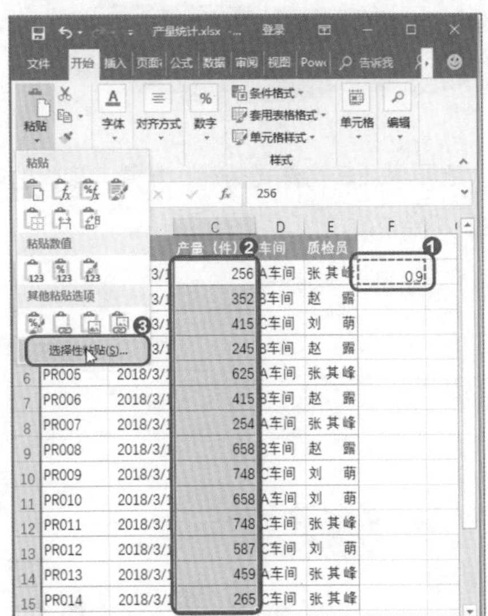

图4-80　打开【选择性粘贴】对话框

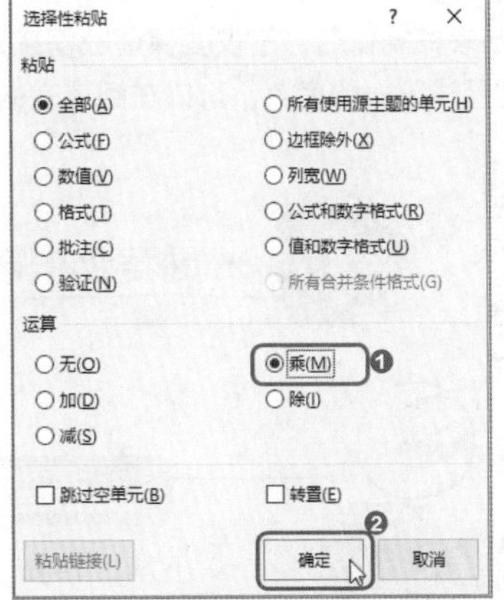

图4-81　使用乘法运算

Step3：调整小数位数。进行批量运算后，产量数据与数据0.9一样带有一位小数，这里可以调整小数位数。如图4-82所示，❶打开【设置单元格格式】对话框，在【分类】列表框中选择【数值】；❷设置【小数位数】为0位；❸单击【确定】按钮。

Step4：查看效果。完成小数位数调整后，结果如图4-83所示，所有的产量数据都减少了10%。

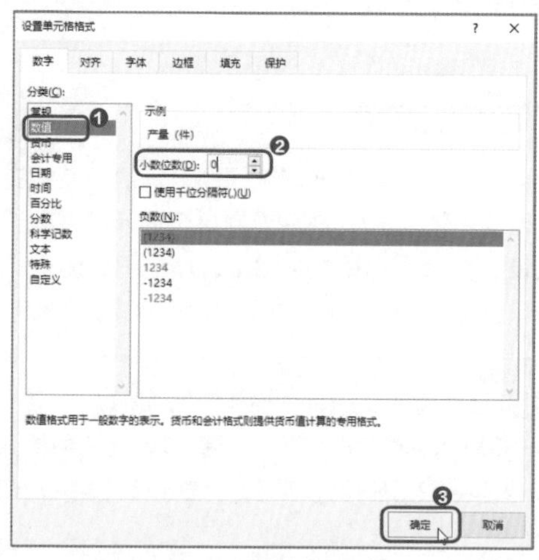

图4-82 调整小数位数

	A	B	C	D	E
1	产品编号	日期	产量（件）	车间	质检员
2	PR001	2018/3/1	230	A车间	张其峰
3	PR002	2018/3/1	317	B车间	赵 露
4	PR003	2018/3/1	374	C车间	刘 萌
5	PR004	2018/3/1	221	B车间	赵 露
6	PR005	2018/3/1	563	A车间	张其峰
7	PR006	2018/3/1	374	B车间	赵 露
8	PR007	2018/3/1	229	A车间	张其峰
9	PR008	2018/3/1	592	B车间	赵 露
10	PR009	2018/3/1	673	C车间	刘 萌
11	PR010	2018/3/1	592	A车间	刘 萌
12	PR011	2018/3/1	673	C车间	张其峰
13	PR012	2018/3/1	528	C车间	刘 萌
14	PR013	2018/3/1	413	A车间	张其峰
15	PR014	2018/3/1	239	C车间	张其峰

图4-83 查看效果

4.4 报表美化，既有内涵又有颜值

完成Excel表格制作后，不仅要保证数据正确，还要保证表格样式美观、方便阅读。例如，为表格中相邻的行填充深浅不一的底色，可以在阅读表格时有效区分相邻行，避免误读数据。

4.4.1 一键美化报表

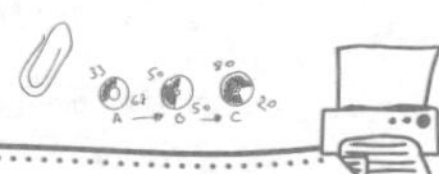

赵经理

小李，你做的表格数据没有问题，可是不够美观。等会儿你需要统计产品产量表，这张表是要上交给上层领导的，你留心美化处理一下。

小李

张姐，赵经理让我对表格进行美化处理。我发现Excel有一个【套用表格格式】功能，我可以选择这个功能美化表格吗？在这些样式中，有的格式将相邻的行设置为不同的底色，选择这种格式是否更方便阅读呢？

张姐

小李，你发现了一个“宝贝”，【套用表格格式】这个功能十分好用。对于没有设计基础的人来说，一键套用这里的格式，立刻就能设计出美观的表格。此外，你的思考没错，为了方便阅读，最好选择底纹填充深浅不一的样式。

下面以“产品统计.xlsx”文件为例，讲解一键设置表格样式的方法，具体操作方法如下。

Step1：选择样式。如图4-84所示，❶选中表格中任意有数据的单元格；❷单击【开始】选项卡下的【套用表格格式】下拉按钮；❸选择一种底纹填充深浅不一的样式。

Step2：确定数据源。如图4-85所示，此时自动选中了表格中有数据的区域，并在弹出的【套用表格格式】对话框中显示了数据源区域，单击【确定】按钮。

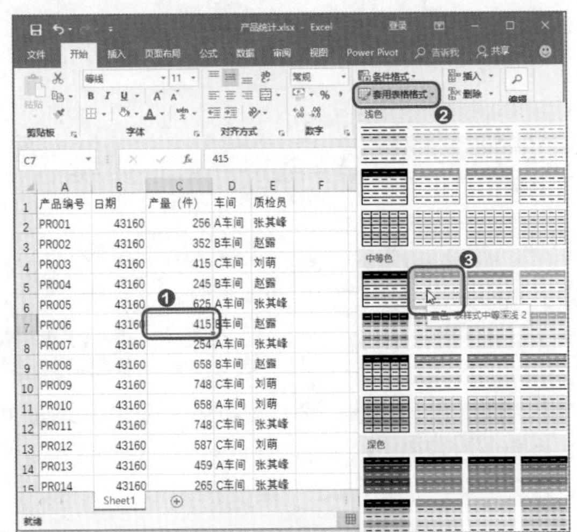

图4-84　选择样式

套用表格格式
表数据的来源(W):
=$A$1:$E$15
表包含标题(M)
确定
取消

图4-85　确定数据源

Step3：转换为普通区域。套用表格格式后，再对数据区域进行格式设置，这里将其转换为普通区域，避免影响后续的数据计算等操作。如图4-86所示，❶单击【表格工具—设计】选项卡下的【转换为区域】按钮；❷单击Microsoft Excel对话框中的【是】按钮。

Step4：完成样式设置。此时，就完成了表格的样式套用，效果如图4-87所示，相邻的行填充底色不同，十分方便阅读。

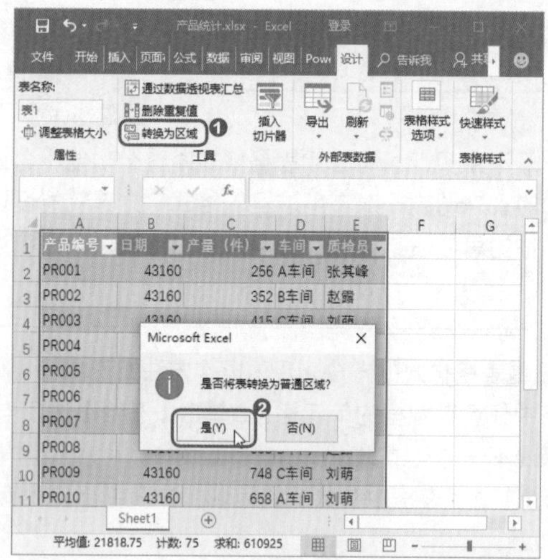

图4-86　转换为普通区域

	A	B	C	D	E
1	产品编号	日期	产量（件）	车间	质检员
2	PR001	43160	256	A车间	张其峰
3	PR002	43160	352	B车间	赵露
4	PR003	43160	415	C车间	刘萌
5	PR004	43160	245	B车间	赵露
6	PR005	43160	625	A车间	张其峰
7	PR006	43160	415	B车间	赵露
8	PR007	43160	254	A车间	张其峰
9	PR008	43160	658	B车间	赵露
10	PR009	43160	748	C车间	刘萌
11	PR010	43160	658	A车间	刘萌
12	PR011	43160	748	C车间	张其峰
13	PR012	43160	587	C车间	刘萌

图4-87　完成样式设置

4.4.2 设计与众不同的报表样式

赵经理

小李，上次你做的产品产量表，表格很美观。但是这是套用了Excel系统的样式，我希望我们的表格更个性化一点儿。今天你需要做一份物流信息表，不要套用系统提供的样式，要设计得简洁、时尚。

小李

张姐，这次您一定要教教我如何设计表格了。赵经理明确说了，不让我使用系统提供的样式，看来设计表格这件事，我是跑不了啦！

张姐

小李，其实自己动手设计表格也很简单呀。记住一个原则，不要滥用颜色，尽量将表格颜色控制在两种以内。表格设计，无非就是设计底纹填充颜色和边框颜色、边框样式而已。设置填充颜色很简单，选中单元格，再选择一种填充色即可。而边框设计需要先设置边框颜色、线型，再选择需要的边框类型。

下面以“物流信息表.xlsx”文件为例，讲解如何自定义设计表格的填充颜色和边框样式，具体操作方法如下。

Step1：设置第1行单元格样式。如图4-88所示，❶选中表格中A1:F1单元格区域，在【字体】组中设置文字为加粗格式，单击【字体颜色】下拉按钮，选择颜色为【白色，背景1】；❷单击【填充颜色】下拉按钮，选择颜色为【橙色，个性色2】。

Step2：设置单元格填充颜色为白色。如图4-89所示，❶选中A2:F7单元格区域，单击【填充颜色】下拉按钮；❷选择颜色为【白色，背景1】。此时，选中的单元格被填充为白色。

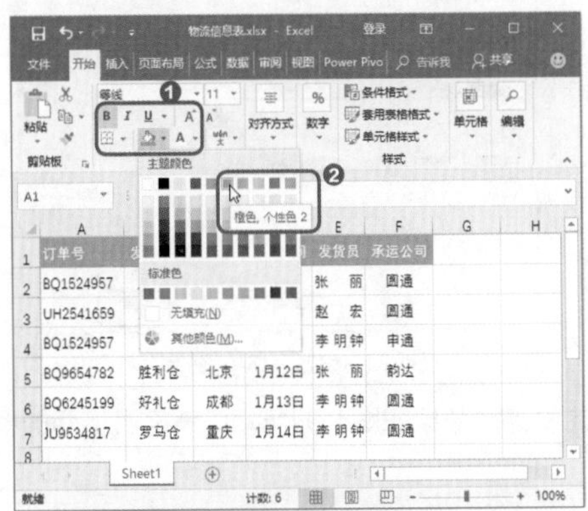

图4-88　设置第1行单元格样式

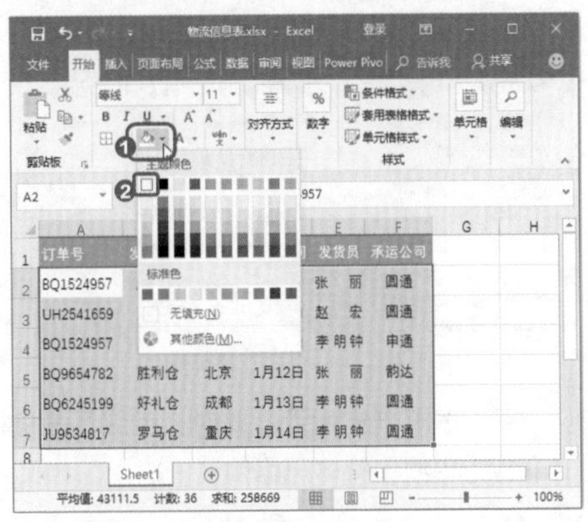

图4-89　设置单元格填充颜色为白色

Step3：选择边框颜色。保持选中A2:F7单元格区域，❶单击【边框】下拉按钮；❷选择【线条颜色】选项；❸选择【黑色，文字1】颜色，如图4-90所示。

Step4：选择线型。如图4-91所示，❶单击【边框】下拉按钮；❷选择【线型】选项；❸选择双线型。

Step5：选择边框类型。此时，已经完成了边框的颜色和线型设置，直接选择边框类型，就可以完成边框设置。如图4-92所示，❶单击【边框】下拉按钮；❷选择【下框线】选项。此时，选中的单元格区域中，最下面的单元格下框线变为双线型。

Step6：设置表格中间的边框。如图4-93所示，❶打开【设置单元格格式】对话框，选择线的【样式】为单线样式；❷选择中间的边框；❸单击【确定】按钮。

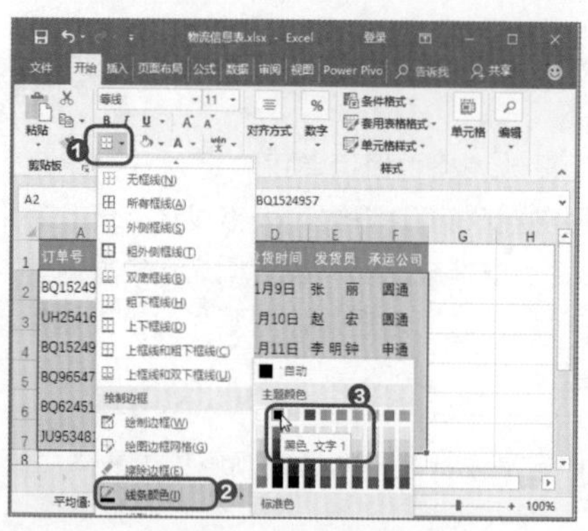

图4-90　选择边框颜色

图4-91　选择线型

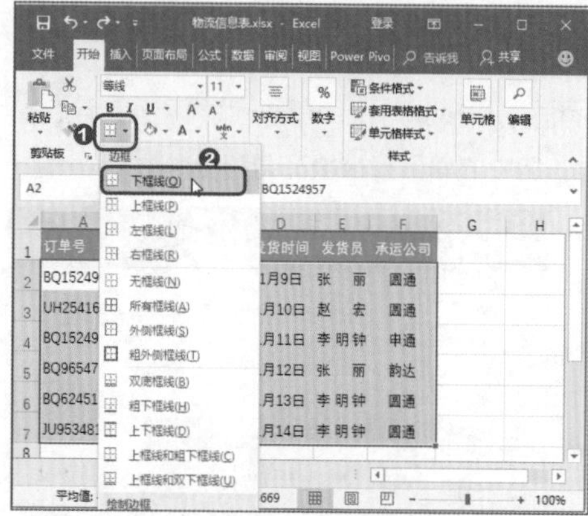

图4-92　选择边框类型

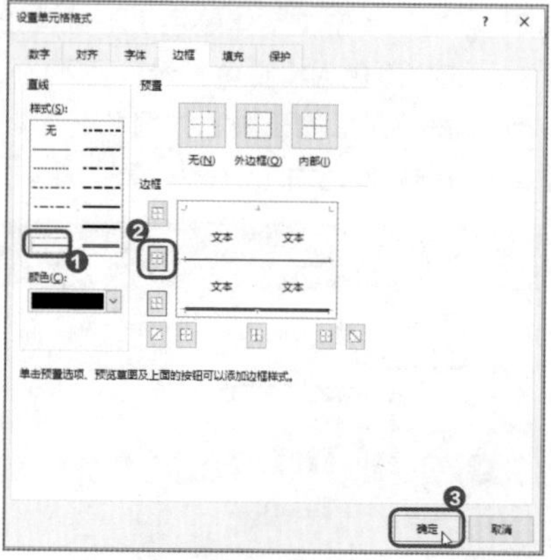

图4-93　设置表格中间的边框

Step7：完成表格样式设计。此时，完成了表格样式设计，效果如图4-94所示。表格最下面的框线为双线，中间的框线为单线，整体风格简洁、时尚。

	A	B	C	D	E	F
1	订单号	发货仓库	收货地	发货时间	发货员	承运公司
2	BQ1524957	胜利仓	成都	1月9日	张　丽	圆通
3	UH2541659	罗马仓	上海	1月10日	赵　宏	圆通
4	BQ1524957	罗马仓	昆明	1月11日	李明钟	申通
5	BQ9654782	胜利仓	北京	1月12日	张　丽	韵达
6	BQ6245199	好礼仓	成都	1月13日	李明钟	圆通
7	JU9534817	罗马仓	重庆	1月14日	李明钟	圆通

图4-94　完成表格样式设计

温馨提示

在【边框】菜单中选择颜色、线型、边框类型可以设计表格的边框样式。其效果和打开【设置单元格格式】对话框的设置效果一致。但不同的是，在对话框中进行设置，可以有更多的边框选择类型。

CHAPTER 5

数据处理：不会英语也能玩转公式函数

小李

我深知Excel的重要性，也刻意学习过Excel的数据输入等基本功能。可是我一直逃避学习公式函数。我抱着侥幸的心理，以为自己从事的工作不是财务这类需要经常与数据打交道的工作，就不用熟练掌握公式函数。

谁知赵经理给我布置的工作任务中，有的任务确实只能靠公式函数才能解决。我硬着头皮抽丝剥茧地开始了解什么是公式、什么是函数。学着学着，我才发现，过去的我无法掌握公式函数，是因为心理因素在作祟。

公式很简单，只要进行简单的加、减、乘、除运算，就可以玩转公式。

函数也不难，只要摸清每个函数的结构，数据处理也能轻而易举。

Excel之所以广受欢迎，很大程度上是因为它强大的计算功能。而数据计算的依据就是公式和函数。函数可以看作更智能的公式，通过简化和缩短公式，更轻松地实现运算。此外，函数还能实现普通公式无法实现的特殊运算，从而提高运算效率。

既然函数这么重要，不学习函数，如何高效办公呢？

很多人会因为自己英语不好而放弃函数学习，其实函数并不难，记不住英语单词还可以通过插入函数的方式进行函数运算。

工作这么多年，我亲眼见证很多“英语不好”的人成为函数高手。

由此可见，函数学习，关键要对自己有信心。

张姐

5.1 公式函数就是“纸老虎”

很多人一提到公式函数就觉得太难，在学习公式函数的路上迟迟不敢迈出脚步。其实只要理解公式函数的概念，掌握其使用方法，再动手尝试编写几个公式函数，就会发现原来公式函数并不难。

5.1.1 看清公式函数的真面目

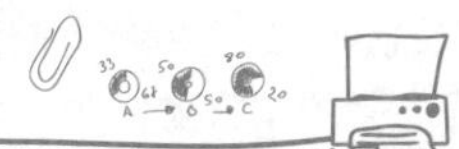

小李

张姐，赵经理给我下达死命令了，让我赶快熟悉一下公式函数，接下来有大量的数据需要我统计处理。看来学习公式函数，我是跑不了啦。您快给我补补课吧，在我心里，公式函数可是像高山一样难以翻越啊！

张姐

小李，困难像弹簧，你强它就弱，公式函数的这座山你一定可以翻过去。

首先你需要区分公式和函数的概念；其次你需要掌握它们的基本使用方法。跟着我的思路一步一步来，学习公式函数会变得很简单。

打开“公式函数.xlsx”文件，进入公式函数的世界。

1 什么是公式

在文件中，可以看到D列为利润列，而利润=售价-成本价。选中D列的第一个单元格，可以在编辑栏中看到该单元格中的公式为“=C2-B2”。该公式表示，用C2单元格的售价减去B2单元格的成本价，就是该商品的利润，如图5-1所示。

D2　=C2-B2

	A	B	C	D	E
1	商品编号	成本价（元）	售价（元）	利润（元）	销量（件）
2	NJ5136	52.62	165.52	112.90	52
3	NJ5137	65.52	236.15	170.63	62
4	NJ5138	125.50	195.42	69.92	41
5	NJ5139	63.52	98.45	34.93	52
6	NJ5140	45.59	66.82	21.23	85
7	NJ5141	635.52	756.32	120.80	74

选中单元格后，编辑栏中会显示详细公式

图5-1　查看单元格中的公式

从上面的例子中可以看出，在Excel中，可以对单元格中的数据进行简单的加、减、乘、除运算，只

要用运算符号将单元格连接起来即可。

因此，使用公式进行运算的第1步是准确定位单元格区域。Excel工作表由行和列组成，行是数据编号，列是字母编号。列的字母加行的数字，就构成了一个单元格区域的定义。例如，B列第5个单元格在公式中可以写为B5或b5，字母大小写均可。

在进行Excel公式运算时，所有公式均需要在英文输入法下进行，且以“=”开头。其运算符号见表5-1。

表5-1　运算符号举例

运算名称	运算符号	举　例
相加	+	=B2+B3
相减	−	=B2−B3
相乘	*	=B2*B3
相除	/	=B2/B3

理解公式的概念后，下面就动手输入公式计算商品的销售额，具体操作方法如下。

Step1：分析计算公式。首先分析商品的销售额计算公式，销售额=售价*销量。因此，第1件商品的销售额等于C2单元格的售价乘以E2单元格的销量。

Step2：输入公式。如图5-2所示，将输入法切换到英文状态下，在F2单元格中输入公式“=c2*e2”。

VLOOKUP　=c2*e2

	A	B	C	D	E	F
1	商品编号	成本价（元）	售价（元）	利润（元）	销量（件）	销售额（元）
2	NJ5136	52.62	165.52	112.90	52	=c2*e2
3	NJ5137	65.52	236.15	170.63	62	
4	NJ5138	125.50	195.42	69.92	41	
5	NJ5139	63.52	98.45	34.93	52	
6	NJ5140	45.59	66.82	21.23	85	
7	NJ5141	635.52	756.32	120.80	74	

图5-2　输入公式

Step3：完成公式计算。输入公式后，按Enter键，就会显示公式计算结果，如图5-3所示。将光标放到单元格的右下角，准备复制公式。

F2　=C2*E2

	A	B	C	D	E	F
1	商品编号	成本价（元）	售价（元）	利润（元）	销量（件）	销售额（元）
2	NJ5136	52.62	165.52	112.90	52	8,607.04
3	NJ5137	65.52	236.15	170.63	62	
4	NJ5138	125.50	195.42	69.92	41	
5	NJ5139	63.52	98.45	34.93	52	

图5-3　完成公式计算

Step4：复制公式。按住鼠标左键不放，往下拖动复制公式，如图5-4所示。完成公式复制后，其他商品的销售额也被计算出来了，结果如图5-5所示。选中F5单元格，会发现单元格中公式对应的售价和销量单元格也随之发生了变化。

D	E	F
利润（元）	销量（件）	销售额（元）
112.90	52	8,607.04
170.63	62	
69.92	41	
34.93	52	
21.23	85	
120.80	74	
45.44	62	
102.25	85	
114.16	74	
258.32	95	
129.55	85	
315.00	74	
142.00	15	

图5-4　复制公式

F5　=C5*E5

	A	B	C	D	E	F
1	商品编号	成本价（元）	售价（元）	利润（元）	销量（件）	销售额（元）
2	NJ5136	52.62	165.52	112.90	52	8,607.04
3	NJ5137	65.52	236.15	170.63	62	14,641.30
4	NJ5138	125.50	195.42	69.92	41	8,012.22
5	NJ5139	63.52	98.45	34.93	52	5,119.40
6	NJ5140	45.59	66.82	21.23	85	5,679.70
7	NJ5141	635.52	756.32	120.80	74	55,967.68
8	NJ5142	54.56	100.00	45.44	62	6,200.00
9	NJ5143	95.75	198.00	102.25	85	16,830.00
10	NJ5144	95.84	210.00	114.16	74	15,540.00
11	NJ5145	56.68	315.00	258.32	95	29,925.00
12	NJ5146	85.45	215.00	129.55	85	18,275.00
13	NJ5147	100.00	415.00	315.00	74	30,710.00
14	NJ5148	200.00	342.00	142.00	15	5,130.00
15	NJ5149	235.00	319.00	84.00	25	7,975.00
16	NJ5150	562.00	680.00	118.00	62	42,160.00
17	NJ5151	325.25	420.25	95.00	42	17,650.50

图5-5　完成所有商品的销售额计算

2 什么是函数

学习公式的概念和用法后，会发现公式将Excel变成了计算器，可以随心所欲地对单元格数据进行运算。可是，如果需要进行加、减、乘、除之外的运算又该怎么办呢？例如，要计算B2单元格到B17单元格中所有商品的成本价之和，难道需要输入公式“=B2+B3+…+B17”吗？

解决以上问题，就需要使用函数了。函数可以进行比公式更复杂的运算。在Excel中共有财务、统计、逻辑等14类函数，每类函数下又包括多种具体函数。

例如，选中表格中的B18单元格，可以在编辑栏中看到函数为“=SUM(B2:B17)”。这里的SUM就是求和函数，用于计算B2:B17单元格区域的数据之和，如图5-6所示。

B18　=SUM(B2:B17)

	A	B	C	D	E	F
1	商品编号	成本价（元）	售价（元）	利润（元）	销量（件）	销售额（元）
14	NJ5148	200.00	342.00	142.00	15	5,130.00
15	NJ5149	235.00	319.00	84.00	25	7,975.00
16	NJ5150	562.00	680.00	118.00	62	42,160.00
17	NJ5151	325.25	420.25	95.00	42	17,650.50
18		2798.80				

图5-6　利用函数求和

理解函数的概念后，下面动手计算商品的平均售价，具体操作方法如下。

Step1：选择【平均值】函数。如图5-7所示，❶选中需要计算商品平均售价的单元格C18；❷单击【公式】选项卡下的【自动求和】下拉按钮；❸选择下拉列表中的【平均值】函数。

Step2：确定函数区域。插入函数后会自动选择数据区域。如图5-8所示，选中的数据区域表示将要计算C2:C17单元格区域内所有数据的平均值。该区域是正确的，因此可以按Enter键完成函数计算，计算结果如图5-9所示。

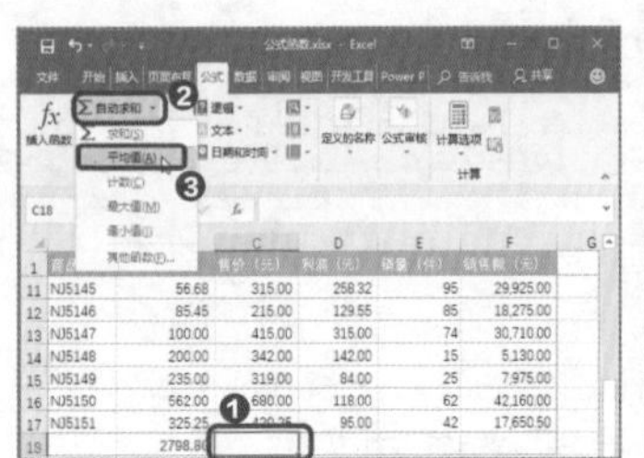

图5-7 选择【平均值】函数

VLOOKUP =AVERAGE(C

	A	B	C	D
1	商品编号	成本价（元）	售价（元）	利润（
7	NJ5141	635.52	756.32	1
8	NJ5142	54.56	100.00	
9	NJ5143	95.75	198.00	1
10	NJ5144	95.84	210.00	1
11	NJ5145	56.68	315.00	2
12	NJ5146	85.45	215.00	1
13	NJ5147	100.00	415.00	3
14	NJ5148	200.00	342.00	1
15	NJ5149	235.00	319.00	
16	NJ5150	562.00	680.00	1
17	NJ5151	325.25	420.25	
18		2798.80	=AVERAGE(C2:C17)	
19			AVERAGE(number1,	

图5-8 确定函数区域

C18 =AVERAGE(C2:C17)

	A	B	C	D
1	商品编号	成本价（元）	售价（元）	利润（元）
7	NJ5141	635.52	756.32	120.80
8	NJ5142	54.56	100.00	45.44
9	NJ5143	95.75	198.00	102.25
10	NJ5144	95.84	210.00	114.16
11	NJ5145	56.68	315.00	258.32
12	NJ5146	85.45	215.00	129.55
13	NJ5147	100.00	415.00	315.00
14	NJ5148	200.00	342.00	142.00
15	NJ5149	235.00	319.00	84.00
16	NJ5150	562.00	680.00	118.00
17	NJ5151	325.25	420.25	95.00
18		2798.80	295.81	

图5-9 完成函数计算

温馨提示

如果函数选定的数据区域与需求不符，可以在编辑栏中插入光标，删除错误的区域，输入正确的区域，或者用鼠标拖动的方法选择正确的单元格区域。

5.1.2 分清引用方式再下手

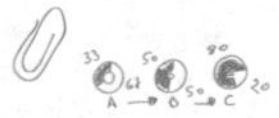

赵经理

小李，昨天看你请教张姐公式函数的问题，学得特别认真，下班了都还在琢磨。那今天正好练练手，你统计一下1月和2月各类商品的销量占总销量的比例。

小李

张姐，昨天听了您的讲解，我觉得公式函数挺简单的呀。可是为什么我一开始使用就出问题。我在统计1月和2月各类商品的销量比例时，计算出第1件商品的销量比例后，往下复制公式就出错。真是心累啊！

张姐

小李，我昨天忘记告诉你一个公式函数使用的“陷阱”了，可有不少人掉进去过呢。在公式和函数中，引用单元格时要根据情况选择相对引用或绝对引用。相对引用，即复制公式后，单元格的位置会发生变化；绝对引用，即复制公式后，单元格的位置不会发生变化。绝对引用符号是$，如$B$2表示复制公式时，保持B2单元格的位置不变。

打开“商品销量比例统计.xlsx”文件，根据情况选择引用方式进行公式计算，具体操作方法如下。

Step1：输入公式。如图5-10所示，在表格的C2单元格中输入公式“=b2/$B$8”。该公式表示用B2单元格的电冰箱销量除以B8单元格的商品总销量，得到电冰箱商品在1月的销量比例。在B8单元格的列字母和行数字前都添加了绝对引用符号$，表示在复制公式时要保持B8单元格的引用位置不变。

Step2：复制公式。如图5-11所示，往下复制C2单元格的公式。完成公式复制后，结果如图5-12所示。在其他单元格中，公式中分母的引用位置始终是B8单元格。

C2 =b2/$B$8

	A	B	C
1	商品名称	1月销量（台）	1月销量比例
2	电冰箱	512	=b2/$B$8
3	空调机	425	
4	电视机	152	
5	书架	415	
6	货柜	854	
7	保险箱	125	
8	总销量	2483	

图5-10 输入公式

C2 =B2/$B$8

	A	B	C
1	商品名称	1月销量（台）	1月销量比例
2	电冰箱	512	20.62%
3	空调机	425	
4	电视机	152	
5	书架	415	
6	货柜	854	
7	保险箱	125	
8	总销量	2483	

图5-11 复制公式

其实在本例中，往下复制公式时，公式的列字母并不会改变，而行数字会改变。因此，只需控制总销量单元格的行数字不变即可，即在行数字前加$符号，让整个单元格引用中既有相对引用又有绝对引用，称为混合引用。

Step3：使用混合引用。如图5-13所示，在E列使用混合引用后，计算2月各商品的销量比例。

C5　=B5/$B$8

	A	B	C
1	商品名称	1月销量（台）	1月销量比例
2	电冰箱	512	20.62%
3	空调机	425	17.12%
4	电视机	152	6.12%
5	书架	415	16.71%
6	货柜	854	34.39%
7	保险箱	125	5.03%
8	总销量	2483	

图5-12　查看公式复制结果

E5　=D5/D$8

	A	B	C	D	E
1	商品名称	1月销量（台）	1月销量比例	2月销量（台）	2月销量比例
2	电冰箱	512	20.62%	6235	72.93%
3	空调机	425	17.12%	524	6.13%
4	电视机	152	6.12%	125	1.46%
5	书架	415	16.71%	625	7.31%
6	货柜	854	34.39%	415	4.85%
7	保险箱	125	5.03%	625	7.31%
8	总销量	2483		8549	
9					
10					

图5-13　使用混合引用

5.1.3 函数，不一定要自己写

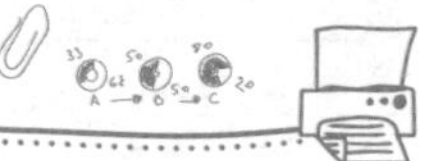

小李

张姐，使用公式函数后，统计数据的效率确实大大提高了。但是我作为新手来说，使用函数还是有很多不方便的地方。我不清楚Excel有哪些函数，更别提输入函数进行运算了。我想，Excel是一个智能工具，肯定不会要求人们把所有函数都牢记于心，而是提供了更便捷的使用方法。那么如何在不熟悉函数的情况下快速进行函数运算呢？

张姐

小李，你的思考很正确。Excel有几十种函数，大多数人都记不住这些函数。但是，你可以灵活利用【插入函数】对话框，在该对话框中进行函数搜索，在搜索结果中阅读函数说明，然后通过【函数参数】对话框来编辑函数。

打开“赠品统计.xlsx”文件，计算不同类型赠品的数量，具体操作方法如下。

Step1：打开【插入函数】对话框。如图5-14所示，现在需要计算A类、B类、C类赠品各有多少；换句话说，需要计算B列、C列、D列非空单元格的个数。❶选中B17单元格；❷单击【公式】选项卡下的【插入函数】按钮，打开【插入函数】对话框。

Step2：搜索函数。如图5-15所示，❶在【搜索函数】文本框中输入需要进行的运算关键词“计数”；❷单击【转到】按钮。

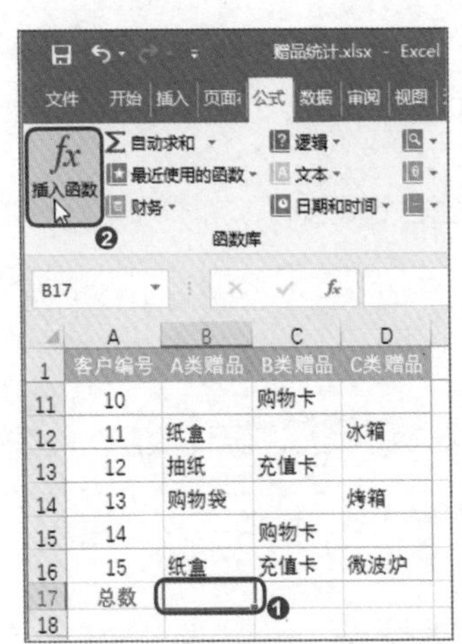

图5-14　打开【插入函数】对话框

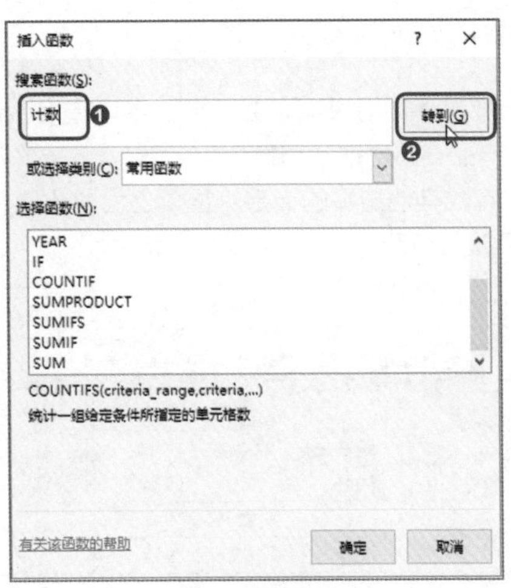

图5-15　搜索函数

Step3：选择函数。在搜索结果中会出现推荐的多种函数。选中某一函数，查看下面的函数说明。如图5-16所示，❶选择COUNTA函数后，下面的说明符合运算需求；❷单击【确定】按钮。

Step4：设置函数参数。如图5-17所示，❶在【函数参数】对话框中输入需要计数非空单元格的数据区域；❷单击【确定】按钮。

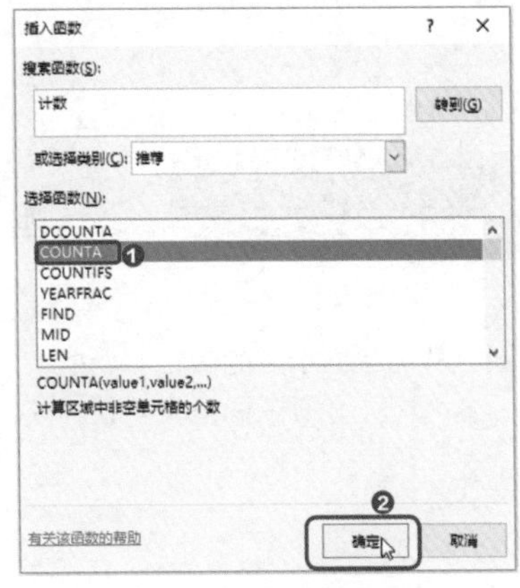

图5-16　选择函数

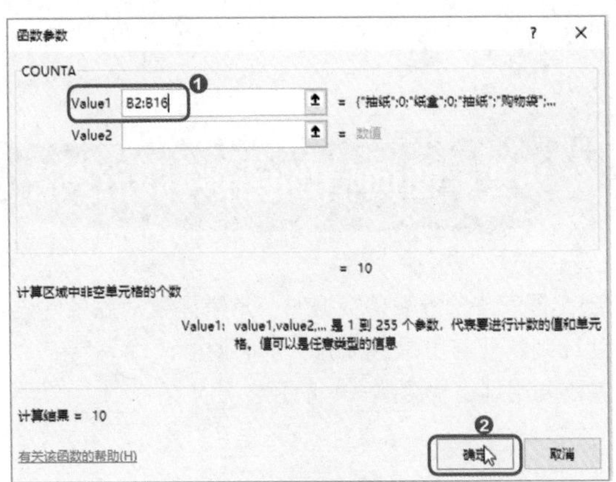

图5-17　设置函数参数

技能升级

在【函数参数】对话框中，可以单击按钮，在表格中拖动鼠标选择单元格区域，然后再单击按钮，完成单元格引用。

Step5：查看计数结果。完成函数参数设置后，选中的B17单元格中会出现计算结果。如图5-18所示，表示A类赠品一共赠送了10份。

Step6：完成其他赠品的计数。重复上面的步骤，或者往右复制公式，完成B类和C类赠品的数量计算，结果如图5-19所示。

	A	B	C	D
1	客户编号	A类赠品	B类赠品	C类赠品
8	7		充值卡	微波炉
9	8	购物袋		
10	9	抽纸		烤箱
11	10		购物卡	
12	11	纸盒		冰箱
13	12	抽纸	充值卡	
14	13	购物袋		烤箱
15	14		购物卡	
16	15	纸盒	充值卡	微波炉
17	总数	10		

图5-18　查看计数结果

C17　=COUNTA(C2:C16)

	A	B	C	D	E
1	客户编号	A类赠品	B类赠品	C类赠品	
8	7		充值卡	微波炉	
9	8	购物袋			
10	9	抽纸		烤箱	
11	10		购物卡		
12	11	纸盒		冰箱	
13	12	抽纸	充值卡		
14	13	购物袋		烤箱	
15	14		购物卡		
16	15	纸盒	充值卡	微波炉	
17	总数	10	9	7	

图5-19　完成其他赠品的计数

5.2　如何借助函数判断逻辑

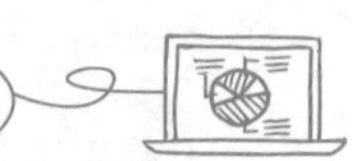

在制作报表或分析表格数据时，常常需要根据条件进行判断，从而返回相应的内容。例如，通过业务员的业绩判断业务员是否优秀，从而返回“优秀”或“良好”等内容。类似于这种与逻辑判断相关的运算，就需要用到逻辑函数——IF函数。

5.2.1 用IF函数判断商品销量是否达标

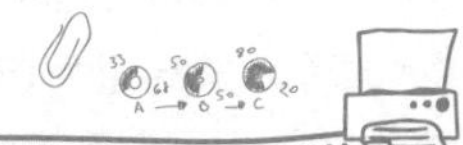

赵经理

小李，这里有公司上市销售的200件商品在2月的销量统计。月销量大于5000件的商品为合格商品，否则为不合格商品。你将合格商品和不合格商品找出来。

小李

张姐，我需要判断200件商品合格与否，肯定不能对照每个数字进行人工判断，否则效率太低了。我发现Excel有一类函数叫逻辑函数，其中IF函数比较符合我的需求。可是我打开【函数参数】对话框后，发现不会设置参数，您教教我如何通过逻辑函数完成商品合格与否的判断。

张姐

小李，经过你的思考，你离成功只差一步啦！要想熟练使用函数，确实需要你对函数语法有一定的了解，否则打开【函数参数】对话框，你会无从下手。

你要做的是，了解这个函数的语法结构是什么，各结构的含义是什么，然后再根据结构进行参数设置就可以了。

IF函数可以根据指定的条件来判断其“真”（TRUE）、“假”（FALSE）。IF函数的表达式为=IF(Logical_test,Value_if_true,Value_if_false)。

（1）Logical_test表示计算结果为TRUE或FALSE的任意值或表达式。例如，在本案例中，要判断B2单元格的销量值是否大于5000，其逻辑表达式为B2>5000。如果B2单元格的值大于5000，则表达式成立，计算结果为TRUE；反之则不成立，计算结果为FALSE。

（2）Value_if_true表示当Logical_test为TRUE时返回的值。例如，在本案例中，当B2>5000成立时，返回TRUE值，而TRUE值为“合格”。因此，会返回“合格”结果。

（3）Value_if_false表示当Logical_test为FALSE时返回的值。

例如，本案例中，当B2>5000不成立时，返回FALSE值，而FALSE值为“不合格”。因此，会返回“不合格”结果。

IF函数的表达式示意图如图5-20所示。

IF(Logical_test,Value_if_true,Value_if_false)

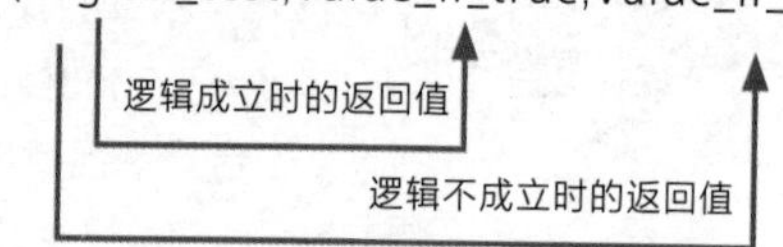

图5-20　IF函数的表达式示意图

打开“商品销量达标判断.xlsx”文件，判断商品的合格性，具体操作方法如下。

Step1：选择函数。如图5-21所示，❶选中E2单元格；❷打开【插入函数】对话框，选择IF函数，单击【确定】按钮。

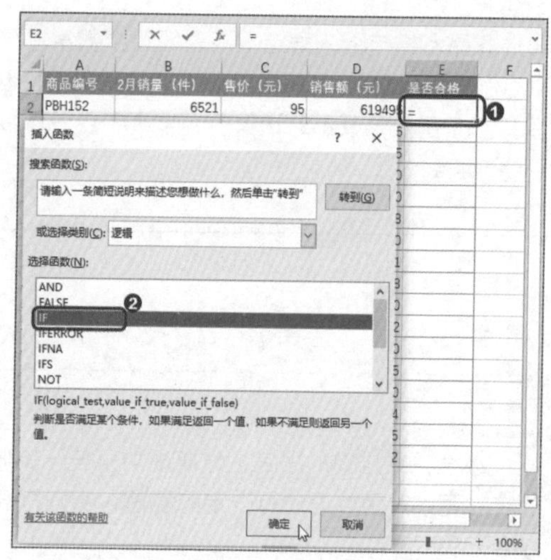

图5-21　选择函数

Step2：设置函数参数。如图5-22所示，❶在Logical_test文本框中输入逻辑表达式“B2>5000”，分别在Value_if_true和Value_if_false文本框中输入条件成立或不成立时返回的值“不合格”和“合格”；❷单击【确定】按钮。

Step3：完成商品合格性判断。完成第1件商品的合格性判断后，往下复制公式，完成所有商品的合格性判断。如图5-23所示，选中单元格，可以在编辑栏中查看具体的函数表达式。

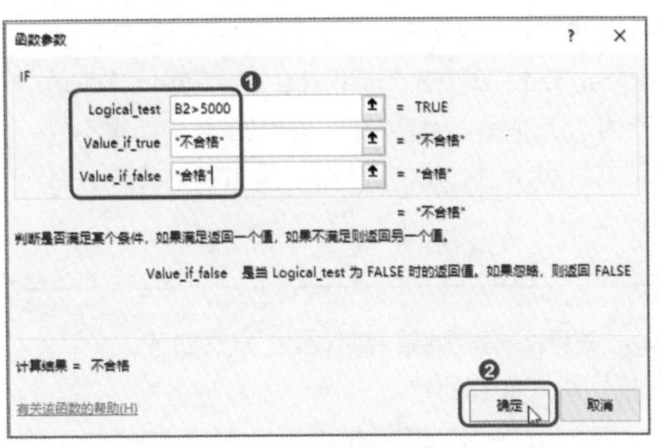

图5-22　设置函数参数

E2　=IF(B2>5000,"不合格","合格")

	A	B	C	D	E
1	商品编号	2月销量（件）	售价（元）	销售额（元）	是否合格
2	PBH152	6521	95	619495	不合格
3	PBH153	1254	74	92796	合格
4	PBH154	957	85	81345	合格
5	PBH155	5215	86	448490	不合格
6	PBH156	6254	85	531590	不合格
7	PBH157	8542	74	632108	不合格
8	PBH158	6254	85	531590	不合格
9	PBH159	5241	41	214881	不合格
10	PBH160	3254	52	169208	合格
11	PBH161	1524	65	99060	合格
12	PBH162	6254	78	487812	不合格
13	PBH163	9578	85	814130	不合格
14	PBH164	8457	95	803415	不合格
15	PBH165	8458	85	718930	不合格
16	PBH166	8546	74	632404	不合格
17	PBH167	6547	85	556495	不合格
18	PBH168	8548	74	632552	不合格

图5-23　完成商品合格性判断

5.2.2 用IF函数判断业务员优秀与否

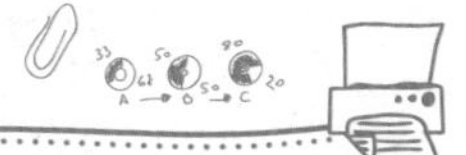

赵经理

小李，又到了发季度奖金的时候啦。你根据本季度市场部各业务员的销售额，为业务员标注上“优秀”“良好”“需进步”3个档次。销售额大于100万元为“优秀”，50万~100万元为“良好”，小于50万元为“需进步”。

小李

赵经理，我现在已经会用IF函数了，您的任务难不倒我！

哎哟，张姐，我把IF函数想得太简单啦，这下又出问题了。我现在需要将业务员分类为“优秀”“良好”“需进步”3个档次。我在网络中查询了一下，需要使用嵌套函数，这让我一头雾水，您快指点我一下。

张姐

IF嵌套函数的使用频率比较高。当有两个或两个以上的逻辑关系需要判断时，可以使用多条IF语句，即IF嵌套函数。其表达式写法为=IF(Logical_test1,"A",IF(Logical_test2,"B",IF(Logical_test3,"C",...)))。该表达式表示，如果第1个逻辑表达式Logical_test1成立，则返回"A"。如果不成立，则计算第2个逻辑表达式Logical_test2，若第2个逻辑表达式成立，则返回"B"，以此类推。

下面以“业务员等级判断.xlsx”文件为例，讲解如何使用IF嵌套函数，具体操作方法如下。

Step1：输入嵌套函数。如图5-24所示，在E2单元格中输入嵌套函数。

IF　=IF(D2>1000000,"优秀",IF(D2>500000,"良好",IF(D2<500000,"需进步")))

	A	B	C	D	E
1	业务员	销量（件）	平均售价（元）	销售额（元）	等级
2	张强	975	562.25	548,193.75	=IF(D2>1000000,"优秀",IF(D2>500000,"良好",IF(D2<500000,"需进步")))
3	李红梅	675	325.25	219,543.75	
4	赵奇	645	195.62	126,174.90	
5	周文元	3251	452.26	1,470,297.26	
6	李祁红	425	125.26	53,235.50	
7	赵天	125	352.15	44,018.75	
8	罗梦	521	425.25	221,555.25	

图5-24　输入嵌套函数

Step2：完成业务员等级判断。完成函数输入后，往下复制函数，完成所有业务员的等级判断，如图5-25所示。

E9　=IF(D9>1000000,"优秀",IF(D9>500000,"良好",IF(D9<500000,"需进步")))

	A	B	C	D	E
1	业务员	销量（件）	平均售价（元）	销售额（元）	等级
2	张强	975	562.25	548,193.75	良好
3	李红梅	675	325.25	219,543.75	需进步
4	赵奇	645	195.62	126,174.90	需进步
5	周文元	3251	452.26	1,470,297.26	优秀
6	李祁红	425	125.26	53,235.50	需进步
7	赵天	125	352.15	44,018.75	需进步
8	罗梦	521	425.25	221,555.25	需进步
9	刘璐	4251	625.23	2,657,852.73	优秀
10	王东	624	957.00	597,168.00	良好
11	李小寒	425	524.00	222,700.00	需进步
12	陈玉如	624	125.26	78,162.24	需进步

图5-25　完成业务员等级判断

5.2.3 用IF函数找出符合双重条件的商品

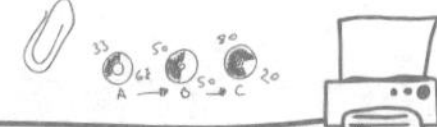

赵经理

小李，你根据各种商品的库存和月销量，将需要补货的商品找出来。库存小于500且月销量大于200的商品是需要补货的商品。

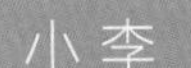

小李

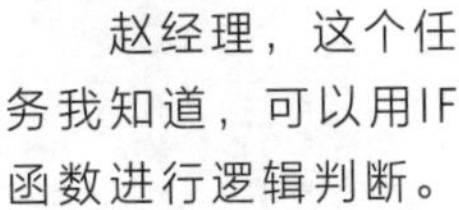

赵经理，这个任务我知道，可以用IF函数进行逻辑判断。

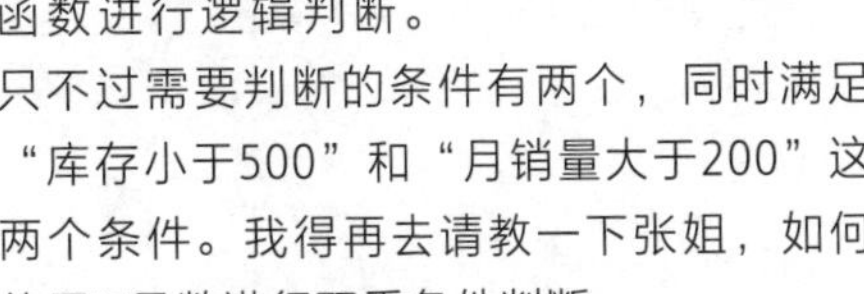

只不过需要判断的条件有两个，同时满足“库存小于500”和“月销量大于200”这两个条件。我得再去请教一下张姐，如何使用IF函数进行双重条件判断。

张姐

小李，IF函数可以与AND（和）函数和OR（或）函数嵌套使用。AND函数表示同时满足条件，OR函数表示满足其中一个条件。在你的这个任务中，你要使用IF函数和AND函数的嵌套。

下面以“库存清单.xlsx”文件为例，讲解如何使用IF函数和AND函数进行逻辑判断，具体操作方法如下。

Step1：输入嵌套函数。如图5-26所示，在E2单元格中输入IF函数和AND函数的嵌套函数。

IF　　=IF(AND(C2<500,D2>200),"补货","不补货")

	A	B	C	D	E	F	G	H
1	商品编号	单位	库存量	月销量	是否需要补货			
2	BY5134	件	=IF(AND(C2<500,D2>200),"补货","不补货")					
3	BY5135	箱	325	215				
4	BY5136	件	415	425				
5	BY5137	件	625	415				
6	BY5138	箱	854	241				
7	BY5139	件	958	154				

图5-26　输入嵌套函数

Step2：完成商品补货判断。完成第1件商品的补货判断后，往下复制公式，完成其他商品的补货判断，如图5-27所示。

E8　=IF(AND(C8<500,D8>200),"补货","不补货")

	A	B	C	D	E	F	G
1	商品编号	单位	库存量	月销量	是否需要补货		
2	BY5134	件	526	100	不补货		
3	BY5135	箱	325	215	补货		
4	BY5136	件	415	425	补货		
5	BY5137	件	625	415	不补货		
6	BY5138	箱	854	241	不补货		
7	BY5139	件	958	154	不补货		
8	BY5140	箱	745	125	不补货		
9	BY5141	件	1215	254	不补货		
10	BY5142	件	1245	152	不补货		
11	BY5143	箱	1245	625	不补货		
12	BY5144	件	2154	425	不补货		
13	BY5145	箱	154	142	不补货		
14	BY5146	件	958	154	不补货		
15	BY5147	件	748	125	不补货		
16	BY5148	箱	54	415	补货		
17	BY5149	件	152	524	补货		
18	BY5150	箱	415	265	补货		

图5-27　完成商品补货判断

5.3　如何借助函数实现汇总

使用函数进行表格数据的汇总，是常用的函数操作。需要用到的是有求和功能的函数。在统计函数中，SUM函数可以用于进行常规数据的汇总，而SUMIF函数可以用于根据条件进行数据汇总。用好这两个函数，可以解决大部分的汇总问题。

5.3.1　用SUM函数实现常规汇总

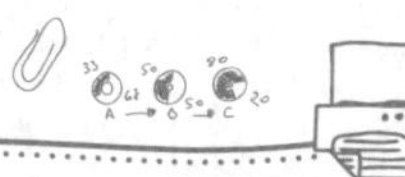

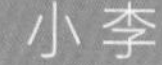

小李

张姐，我统计了一下这个月不同店铺不同商品的销量。其中胜利店和长宁店是重点店铺，而3号和10号商品是重点商品。我需要对这两个店铺和这两款商品的销量进行汇总。我有一个疑问，汇总的数据区域并不相邻，应该如何编辑SUM函数呢？

张姐

如果汇总的数据区域是相邻的，使用SUM函数可以实现一键汇总。如果区域不相邻，那就需要插入SUM函数后，使用英文逗号“,”将不相邻的区域连起来。例如，“B2:B6,D2:D6”表示需要对B2到B6和D2到D6这两个不相邻的单元格区域进行函数运算。

下面使用“商品销量统计.xlsx”文件，讲解如何使用SUM函数进行汇总计算，具体操作方法如下。

Step1：选择求和函数。如图5-28所示，❶选中存放胜利店和长宁店商品销量汇总结果的单元格I2；❷在【公式】选项卡下选择【自动求和】下拉列表中的【求和】函数。

图5-28　选择求和函数

Step2：编辑求和区域。选择SUM求和函数后，会自动出现求和区域。将光标插入公式编辑栏中进行求和区域编辑，不相邻的区域用英文逗号相隔，如图5-29所示。完成公式编辑后，按Enter键，即可计算出胜利店和长宁店的商品销量总和。

I2　=SUM(C2:C22,E2:E22)

	A	B	C	D	E	F	G	H	I	J
1	商品编号	单位	胜利店销量	美蓉店销量	长宁店销量	永安店销量	宁品店销量		胜利店和长宁店总销量	3号和10号商品总销量
2	1	件	524	625	652	625	95		=SUM(C2:C22,E2:E22)	
3	2	件	152	425	415	425	74			
4	3	台	415	152	625	152	125			
5	4	台	625	325	325	415	452			
6	5	箱	425	624	451	325	142			
7	6	件	658	152	254	415	325			
8	7	箱	748	514	152	958	415			
9	8	箱	658	524	265	745	125			
10	9	件	458	152	154	658	625			

图5-29　编辑求和区域

Step3：完成汇总计算。使用同样的方法，计算3号和10号商品的总销量，如图5-30所示。

J2 =SUM(C4:G4,C11:G11)

	A	B	C	D	E	F	G	H	I	J
1	商品编号	单位	胜利店销量	芙蓉店销量	长宁店销量	永安店销量	宁品店销量		胜利店和长宁店总销量	3号和10号商品总销量
2	1	件	524	625	652	625	95		22227	4080
3	2	件	152	425	415	425	74			
4	3	台	415	152	625	152	125			
5	4	台	625	325	325	415	452			
6	5	箱	425	624	451	325	142			
7	6	件	658	152	254	415	325			
8	7	箱	748	514	152	958	415			
9	8	箱	658	524	265	745	125			
10	9	件	458	152	154	658	625			
11	10	件	957	625	125	452	452			
12	11	台	485	452	265	152	415			

图5-30　完成汇总计算

5.3.2 用SUMIF函数进行条件汇总

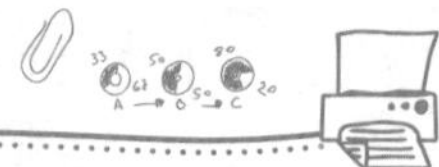

赵经理

小李，最近一个月开发新项目，大家都辛苦了。公司准备给大家发放奖金，工龄超过2年的员工按照职务标准发放奖金，你统计一下这次需要发放多少奖金，把金额上报到财务部。

小李

赵经理，这项任务表面上看就是一个汇总工作，只不过是有条件的汇总，只将工龄超过2年的员工奖金汇总出来。看来不能使用SUM函数，我得研究一下，什么函数可以进行条件汇总。

张姐

小李，不用研究了，我现在就告诉你吧，SUMIF函数可以根据条件对指定区域的数据进行汇总。使用这个函数，要设置条件区域和条件表达式以及求和区域。

下面以“奖金统计.xlsx”文件为例，讲解如何使用SUMIF函数进行条件汇总，具体操作方法如下。

Step1：选择函数。如图5-31所示，❶选中需要进行汇总计算的D25单元格；❷打开【插入函数】对话框，选择SUMIF函数；❸单击【确定】按钮。

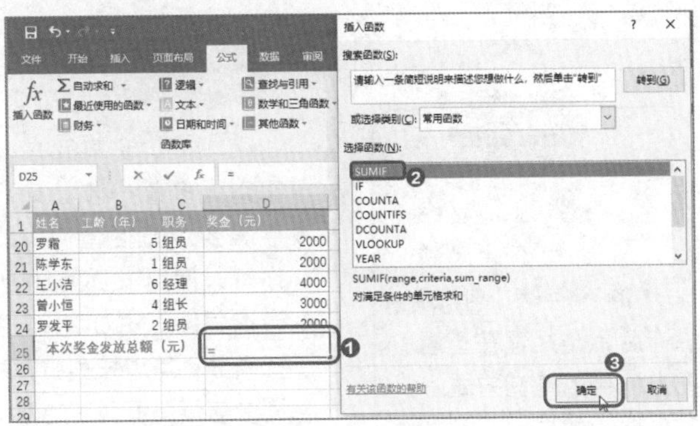

图5-31 选择函数

Step2：编辑函数。如图5-32所示，❶在【函数参数】对话框中编辑函数参数，其中Range表示条件区域；Criteria是定义的条件；Sum_range是用于求和计算的数据区域。这样设置参数的含义是寻找B2:B24单元格区域中数值大于2的员工，在D2到D24单元格区域中进行员工的奖金数据求和；❷单击【确定】按钮。

Step3：查看效果。完成函数参数设置后，汇总结果如图5-33所示。该函数并没有对D列所有数据进行汇总，而是对D列中满足条件的数据进行汇总。

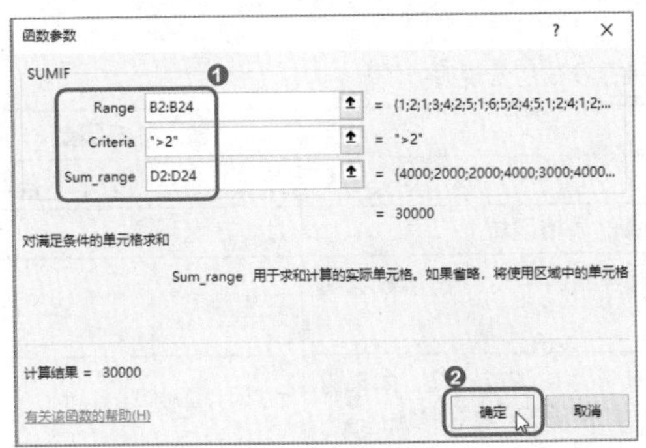

图5-32 编辑函数

D25 =SUMIF(B2:B24,">2",D2:D24)

	A	B	C	D
1	姓名	工龄（年）	职务	奖金（元）
18	张天	1	经理	4000
19	周庆	2	组员	2000
20	罗霜	5	组员	2000
21	陈学东	1	组员	2000
22	王小洁	6	经理	4000
23	曾小恒	4	组长	3000
24	罗发平	2	组员	2000
25	本次奖金发放总额（元）			30000

图5-33 查看效果

5.4 如何借助函数进行数据查找

Excel有查找功能，但是该功能只能满足简单的数据查找，如果想实现人性化的数据查找功能，可以借助VLOOKUP函数实现。例如，在一张有海量数据的表格中，可以做一个简单的查询界面，通过VLOOKUP函数实现数据查找。

5.4.1 用VLOOKUP函数查找数据

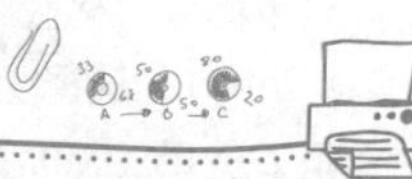

小李

张姐，赵经理让我统计最新的库存表。我想了一下，完成数据统计后，赵经理在查看报表时，应该需要更人性化的查询方式。毕竟库存表中那么多数据，如果赵经理能快速查询到某件商品的库存信息，可以为赵经理节约不少时间呢。可是我应该用什么函数实现呢？

张姐

小李，你做事总比别人多想一步。库存表要想方便查询，你可以使用VLOOKUP函数做一个简单的查询界面。**VLOOKUP函数是一个纵向查找函数，可以按列查找数据，最终返回该列中与查询值对应的值。**

因此，你的任务解决思路是使用VLOOKUP函数，根据商品名称在库存表中按列查找，找到对应的商品后，返回商品对应的其他列信息。

VLOOKUP函数的语法为=VLOOKUP(Lookup_value,Table_array,Col_index_num,Range_lookup)，其中各参数的用法说明见表5-2。

表5-2　VLOOKUP函数参数用法说明

参　数	使 用 方 法	输入数据类型
Lookup_value	要查找的值，本例中为商品名称	数值、引用或文本字符串
Table_array	要查找的数据区域，本例中为包含商品信息的表格区域	数据表区域
Col_index_num	返回数据在查找区域的第几列数，本例中商品的平均月销量数据在第4列	正整数
Range_lookup	模糊匹配或精确匹配，如果为模糊匹配，其值为TRUE或省略；如果为精确匹配，其值为FALSE，本例中商品名称是唯一的，需要精确匹配	TRUE、省略、FALSE

下面以“库存查询表.xlsx”文件为例，讲解如何进行数据查找，具体操作方法如下。

Step1：选择函数。如图5-34所示，❶选中H2单元格；❷打开【插入函数】对话框，选择VLOOKUP函数；❸单击【确定】按钮。

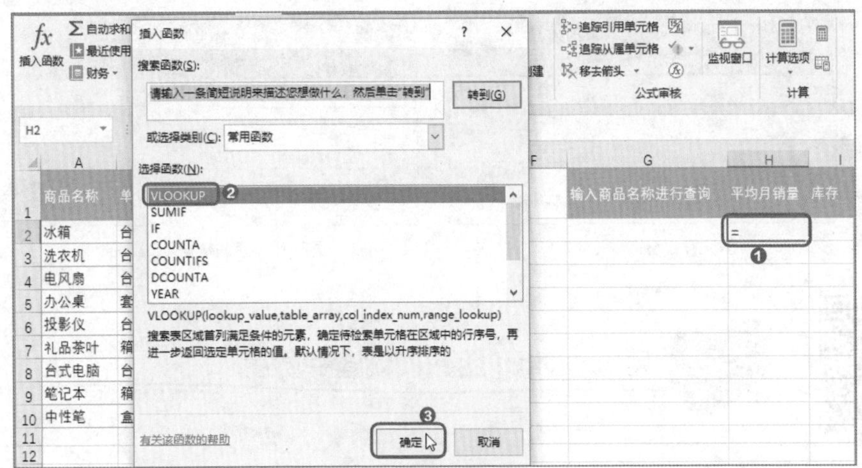

图5-34 选择函数

Step2：为“平均月销量”设置函数参数。如图5-35所示，❶在打开的【函数参数】对话框中设置函数参数。该参数表示，根据G2单元格中的商品名称进行查询，查询范围为A1:E10单元格区域。找到对应的商品后，返回该值对应第4列的数据。商品名称在A列，第4列为D列，正好是商品的平均月销量数据。FALSE表示精确匹配；❷单击【确定】按钮，此时就完成了“平均月销量”函数的设置。

Step3：为“库存”设置函数参数。如图5-36所示，❶使用同样的方法，选中I2单元格，插入VLOOKUP函数，并设置相应的函数参数；❷单击【确定】按钮。

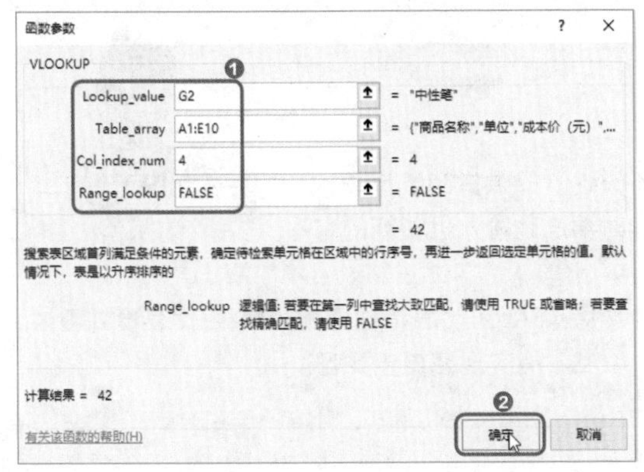

图5-35 为“平均月销量”设置函数参数

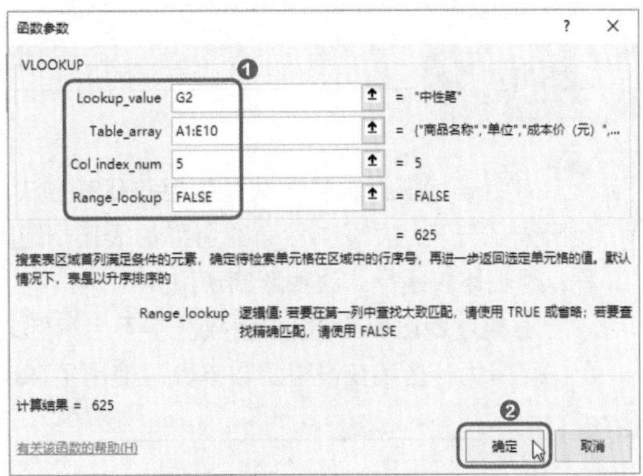

图5-36 为“库存”设置函数参数

Step4：查询数据。如图5-37和图5-38所示，完成H2和I2单元格的函数设置后，在G2单元格中输入商品名称，便立刻显示商品对应的平均月销量和库存数据。

G	H	I
输入商品名称进行查询	平均月销量	库存
冰箱	51	125

图5-37　查询数据（1）

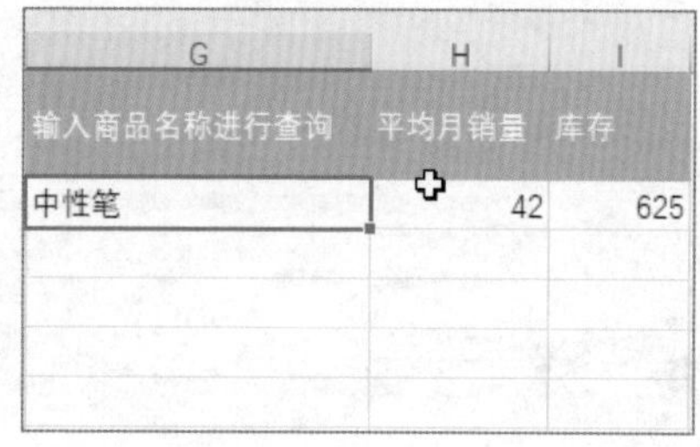

G	H	I
输入商品名称进行查询	平均月销量	库存
中性笔	42	625

图5-38　查询数据（2）

5.4.2 用VLOOKUP函数模糊查找数据

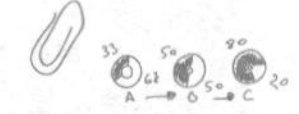

赵经理

小李，你上次做的库存表很棒，还自带查询功能，特别实用。你按照这样的思路做一张供货商统计表。

小李

赵经理，您过奖了，都是张姐教我的方法。不过这次的供货商统计表，我研究了一下，发现供货商的名称都很长，在查询时要准确输入供货商的名称，恐怕比较困难。让我琢磨琢磨！

张姐，我跟VLOOKUP函数八字不合！您之前教我的FALSE代表精确匹配、TRUE代表模糊匹配。可是为什么我在设置函数参数时使用了TRUE，依然不能实现模糊查找呢？

张姐

小李，这次我要批评你学艺不精了。VLOOKUP函数的模糊查找可不是这样用的，应该结合通配符使用。在Excel中有两种通配符：“*”（星号）代表所有字符；“?”（问号）代表一个字符。

你的需求是，输入“五福”就查询出“北京五福同乐食品有限公司”的相关信息。那么“五福”前后都有一定数量的字符，因此需要写成“*五福*”。

所以，在VLOOKUP函数表达式中，要查找的值应该写为*&单元格&*。其中，“&”符号是文本连接符号。

下面以“供货商查询.xlsx”文件为例，讲解如何使用VLOOKUP函数进行模糊查找，具体操作方法如下。

Step1：选择函数。如图5-39所示，❶选中H2单元格；❷在【插入函数】对话框中选择VLOOKUP函数，单击【确定】按钮。

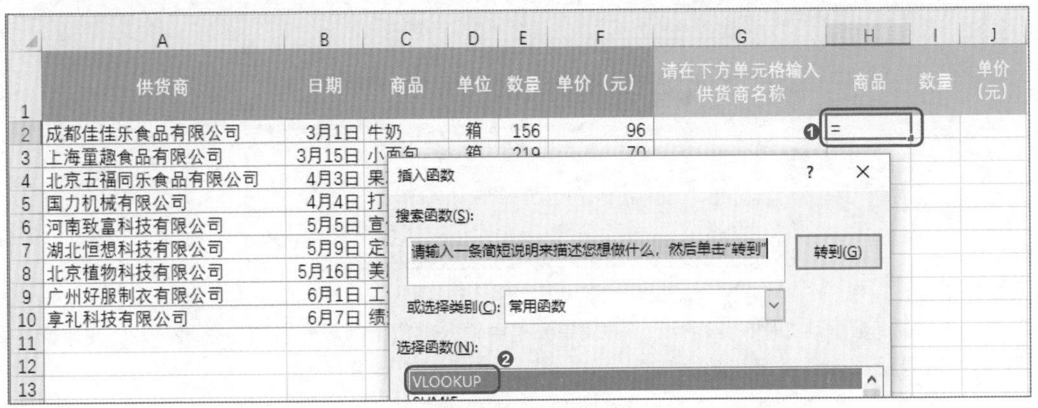

图5-39 选择函数

Step2：设置函数参数。如图5-40所示，❶进行函数参数设置，在设置Lookup_value参数时，要使用“*”和“&”；❷单击【确定】按钮。

Step3：设置“数量”函数参数。使用同样的方法，选中I2单元格，插入VLOOKUP函数。如图5-41所示，❶设置函数参数；❷单击【确定】按钮。

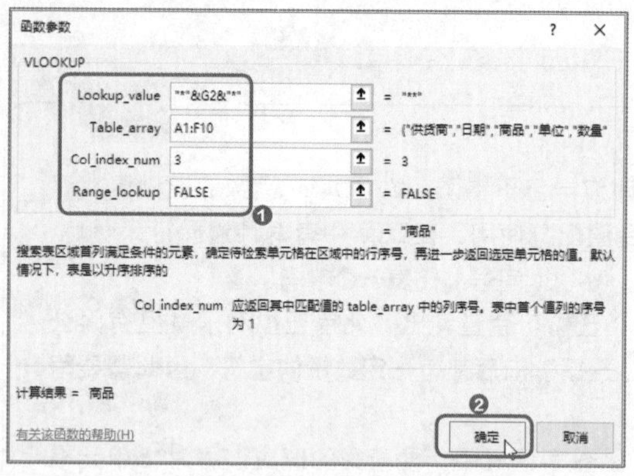

图5-40　设置函数参数

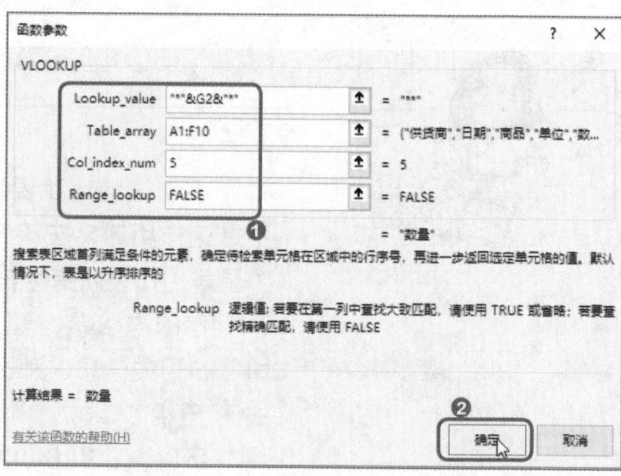

图5-41　设置“数量”函数参数

Step4：设置“单价”函数参数。使用同样的方法，选中J2单元格，插入VLOOKUP函数。如图5-42所示，❶设置函数参数；❷单击【确定】按钮。

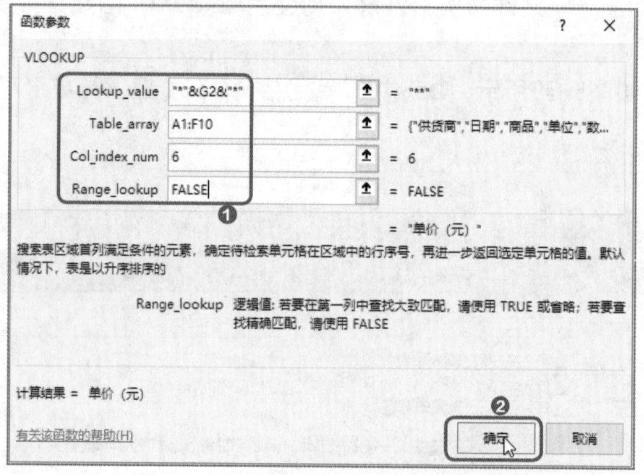

图5-42　设置“单价”函数参数

Step5：查询数据。如图5-43所示，在G2单元格中输入供货商的部分名称，在H2、I2、J2单元格中出现了对应的商品名称、数量和单价信息。

G2　致富

	A	B	C	D	E	F	G	H	I	J
1	供货商	日期	商品	单位	数量	单价（元）	请在下方单元格输入供货商名称	商品	数量	单价（元）
2	成都佳佳乐食品有限公司	3月1日	牛奶	箱	156	96	致富	宣传册	629	100
3	上海重趣食品有限公司	3月15日	小面包	箱	219	70				
4	北京五福同乐食品有限公司	4月3日	果冻	箱	624	63				
5	国力机械有限公司	4月4日	打印机	台	56	1,246				
6	河南致富科技有限公司	5月5日	宣传册	本	629	100				
7	湖北恒想科技有限公司	5月9日	定制礼品	份	436	210				
8	北京植物科技有限公司	5月16日	美肤套装	份	369	298				
9	广州好服制衣有限公司	6月1日	工作服	套	296	367				
10	享礼科技有限公司	6月7日	绩效软件	个	1	3,600				

图5-43　查询数据

温馨提示

在本例中，需要查找的区域是A列数据，如果查找区域不是A列数据，则需要注意：查找区域的首列必须含有查找的内容。例如，A列是工号，B列是姓名，C列是职务。需要在D列输入姓名，在E列出现职务。那么公式不能是=VLOOKUP(D1,A:C,3,0)，而应该是=VLOOKUP(D1,B:C,2,0)。这样才能保证查找区域的首列包含查找内容。

5.5　如何借助函数计算时间长短

在Excel中，日期时间函数是处理日期型或时间型数据的函数。利用日期时间函数不仅可以返回当前的时间值，还可以计算时间长短。

5.5.1　用DATEDIF函数计算间隔天数

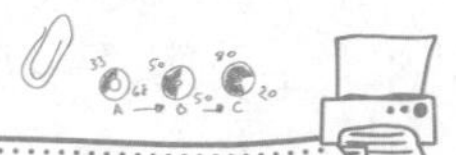

赵经理

小李，最近辛苦你了，在你的组织下，兼职人员圆满完成了各展区的任务。你统计一下各兼职人员的兼职天数，将兼职工资核算后上报给财务部。

小李

张姐，我现在需要统计兼职人员的兼职天数。我大概知道需要使用日期与时间类型的函数。可是我在【插入函数】对话框中查看了各种日期与时间函数的说明，为什么没有计算天数的函数呢？

张姐

小李，你认真查看函数说明，这一点值得表扬。可是你偏偏遇到了一个隐藏函数，隐藏函数在【插入函数】对话框里没有，只能手动输入。

你的任务是需要计算兼职人员的兼职天数，只要知道兼职人员的开始工作日期和结束工作日期，就可以使用DATEDIF函数来计算，该函数可以返回两个日期之间的年、月、日间隔数。

DATEDIF函数可以计算两个日期之间的间隔天数、月数、年数，其语法为=DATEDIF(Start_date,End_date,Unit)。各参数说明如下。

（1）Start_date为开始日期。注意起始日期必须在1900年之后。

（2）End_date为结束日期。

（3）Unit为所需信息的返回类型。Y类型表示返回整年数；M类型表示返回整月数；D类型表示返回天数。

下面使用“兼职费用统计.xlsx”文件计算兼职人员的兼职天数，具体操作方法如下。

Step1：输入函数。如图5-44所示，在第1个需要计算兼职天数的E2单元格中输入函数。

VLOOKUP　=DATEDIF(C2,D2,"d")

	A	B	C	D	E	F	G
1	兼职人员姓名	兼职地点	开始日期	结束日期	兼职天数	工资（元/天）	兼职费用结算（元）
2	张笑	胜利区	2018/6/4	2018/6/25	=DATEDIF(C2,D2,"d")		4200
3	罗怡	胜利区	2018/6/5	2018/6/18		150	0
4	刘正东	胜利区	2018/6/7	2018/6/12		200	0
5	张小舍	胜利区	2018/6/4	2018/6/20		150	0
6	李刚	芙蓉区	2018/6/9	2018/6/23		150	0

图5-44　输入函数

Step2：完成兼职工资统计。如图5-45所示，完成E2单元格的天数统计后，往下复制公式，完成其他兼职人员的兼职天数统计。由于G列事先输入了兼职费用结算公式，此时就完成了每位兼职人员的总兼职费用统计。

	A	B	C	D	E	F	G
1	兼职人员姓名	兼职地点	开始日期	结束日期	兼职天数	工资（元/天）	兼职费用结算（元）
2	张笑	胜利区	2018/6/4	2018/6/25	21	200	4200
3	罗怡	胜利区	2018/6/5	2018/6/18	13	150	1950
4	刘正东	胜利区	2018/6/7	2018/6/12	5	200	1000
5	张小舍	胜利区	2018/6/4	2018/6/20	16	150	2400
6	李刚	芙蓉区	2018/6/9	2018/6/23	14	150	2100
7	赵奇	芙蓉区	2018/6/13	2018/6/22	9	200	1800
8	陈学毓	芙蓉区	2018/6/11	2018/6/21	10	250	2500

图5-45　完成兼职工资统计

5.5.2 用YEAR函数计算工龄

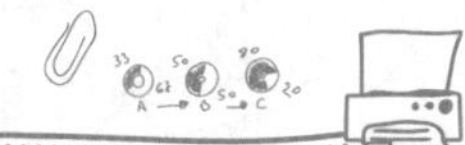

赵经理

小李，上次你核算兼职人员的费用，效率很高嘛。这次有一个类似的任务交给你，你统计一下公司现有员工的工龄，单位是“年”。

小李

张姐，我记得上次您教我使用DATEDIF函数时，您说过参数Unit值表示信息的返回类型，当值为Y时表示返回整年数。按照这个思路，我是否可以计算出我们公司的员工工龄？

除了这个函数外，我是否还可以用YEAR函数来完成工龄计算呢？

张姐

小李，你的学习能力很强，给你点赞。你确实可以使用DATEDIF函数计算两个日期之间间隔的年数。并且还可以使用YEAR函数，让结束日期减去开始日期，计算出两个日期间隔的年数。

YEAR函数的语法为=YEAR(serial_number)，其中serial_number为一个日期值，包含要查找的年份。如果想计算两个日期间隔的年数，其语法结构为=YEAR(serial_number2)-YEAR(serial_number1)，即后一个日期减去前一个日期。

下面以“工龄统计.xlsx”文件为例，讲解如何使用YEAR函数计算员工工龄，具体操作方法如下。

Step1：输入函数。如图5-46所示，在D2单元格中输入公式“=YEAR(NOW()) - YEAR(C2)”，表示用当前的日期减去C2单元格的日期，其中NOW()代表当前的日期。

VLOOKUP | =YEAR(NOW())-YEAR(C2)

	A	B	C	D	E	F
1	工号	姓名	入职时间	工龄（年）	职务	学历
2	001	张嘉汇	2014/6/8	=YEAR(NOW())-YEAR(C2)		硕士
3	002	王祁山	2015/6/5		组长	本科
4	003	赵慵	2011/9/7		组员	专科
5	004	李梦	2010/5/6		组员	本科

图5-46　输入函数

Step2：调整数据格式。完成D2单元格的日期间隔计算后，往下复制公式。此时，需要将数据调整为数值格式。如图5-47所示，❶选中D列中的工龄数据；❷打开【设置单元格格式】对话框，选择【数值】类型；❸设置【小数位数】为0位。此时，D列的工龄数据显示为整数，即可得到员工的工龄。

D2 | =YEAR(NOW())-YEAR(C2)

	A	B	C	D	E	F
1	工号	姓名	入职时间	工龄（年）	职务	学历
2	001	张嘉汇	2014/6/8	4	经理	硕士
3	002	王祁山	2015/6/5	3	组长	本科
4	003	赵慵	2011/9/7	7	组员	专科
5	004	李梦	2010/5/6	8	组员	本科
6	005	罗怡	2013/5/8	5	组员	专科
7	006	赵欢	2015/6/9	3	组长	本科
8	007	付成玉	2016/4/7	2	组员	本科
9	008	王钱瑜	2017/5/4	1	组员	专科
10	009	陈东	2016/3/4	2	组员	本科
11	010	李定来	2015/6/7	3	组长	本科
12	011	王子恒	2015/4/1	3	经理	本科
13	012	赵纾缓	2016/4/3	2	组员	专科
14	013	陈媛媛	2016/7/8	2	组长	本科
15	014	周文情	2016/9/8	2	组员	本科

图5-47　调整数据格式

CHAPTER 6

数据分析：发现隐藏的数据价值

信息时代，数据量爆炸式增长。“数据分析”成为一个热词，也让我望而却步。我既不懂HPCC也不懂SPSS，数据分析真的是我能做好的事情吗？

随着赵经理开始让我接触公司更深的业务，给我布置带有数据分析性质的工作，我“赶鸭子上架”，硬着头皮开始学习使用Excel进行数据分析。

原来，Excel就是普通人最容易上手、也是最实用的数据分析工具。所谓数据分析，没有想象中那么神秘。很多数据分析理论都可以在Excel中找到可执行的操作。真后悔没有早点儿开始学习啊！

Excel功能强大，可惜大多数人只掌握了其中5%的功能。例如，在Excel中可以使用以下功能。

（1）可以使用【条件格式】功能快速进行数据标记，找出目标数据、分析数据现状。

（2）可以使用【筛选】【排序】【汇总】功能，让数据改头换面，实现数据清洗、数据重组、数据计算等功能，发现数据的另一面。

（3）可以使用【透视表】功能，对海量数据进行汇总、查询，再结合可视化的数据透视图，挖掘出数据中隐藏的信息。

将Excel中常规的数据分析工具用得出神入化后，你一定会成为一名业余的数据分析家！

6.1 用条件格式分析数据

条件格式是一个简单实用的工具，可以通过5种条件设置，快速标注出符合需求的数据，或者是让数据图形化，实现数据整体概况的分析。如果学会自定义条件设置，更是如虎添翼，可以实现上千种情况的数据条件格式显示。

6.1.1 根据数据特征快速找出数据

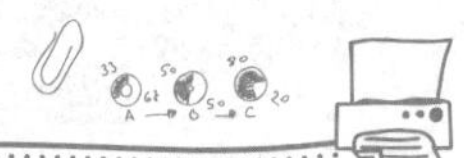

赵经理

小李，从你完成不同任务的水平来看，你十分优秀。接下来，我会让你多接触公司的核心业务，希望你继续努力。今天我就把公司重要的合作商家资料表给你，你将每天客流量大于20000人的商家及转化率高于平均水平的商家找出来，你需要重点跟进这类商家的合作事项。

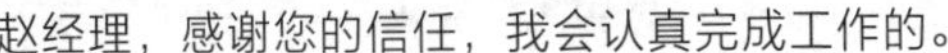

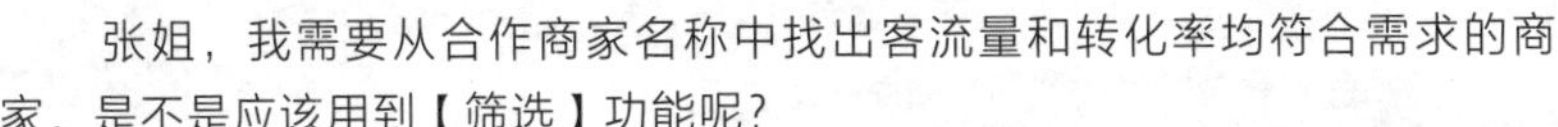

小李

赵经理，感谢您的信任，我会认真完成工作的。

张姐，我需要从合作商家名称中找出客流量和转化率均符合需求的商家，是不是应该用到【筛选】功能呢？

张姐

小李，用【筛选】功能是可以的。不过我建议你使用【条件格式】功能，条件格式会在符合要求的数据上设置单元格的填充颜色和文字颜色，帮助你识别目标数据，同时保留所有数据，让你可以全面分析所有的合作商家数据。

打开“合作商家筛选.xlsx”文件，使用【条件格式】功能标注出符合要求的数据，具体操作方法如下。

Step1：为客流量数据选择条件。如图6-1所示，❶选中B2到B14客流量数据区域；❷单击【开始】选项卡下的【条件格式】下拉按钮；❸选择【突出显示单元格规则】→【大于】选项。

Step2：设置条件格式。如图6-2所示，❶在打开的【大于】对话框中，输入数值20000；❷单击【确定】按钮。此时，就可以将客流量大于20000的数据用【浅红填充色深红色文本】的格式标注出来。

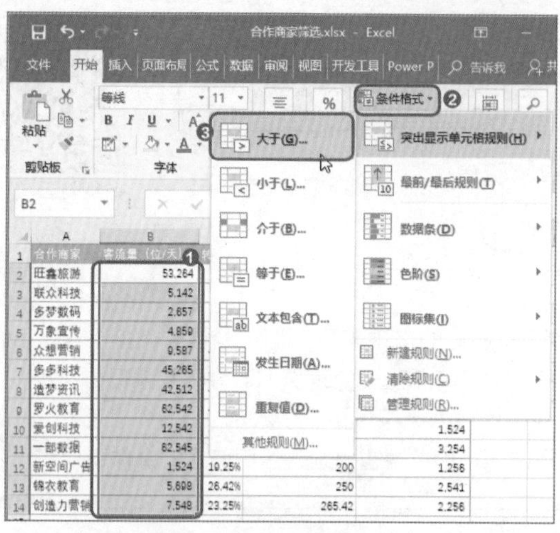

图6-1 为客流量数据选择条件

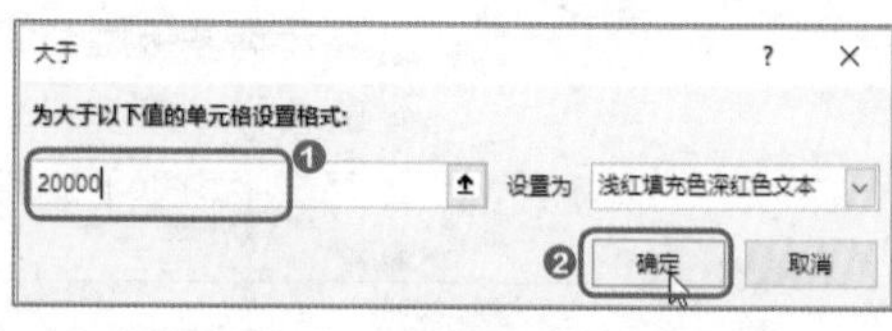

图6-2 设置条件格式（1）

Step3：为转化率数据选择条件。如图6-3所示，❶选中C2到C14转化率数据区域；❷单击【开始】选项卡下的【条件格式】下拉按钮；❸选择【最前/最后规则】→【高于平均值】选项。

Step4：设置条件格式。如图6-4所示，确定条件格式后，单击【确定】按钮。此时，就成功地将高于平均值的转化率数据设置为【浅红填充色深红色文本】的格式。

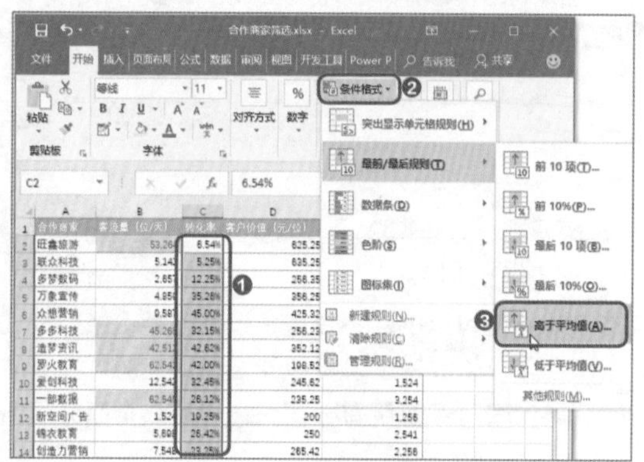

图6-3 为转化率数据选择条件

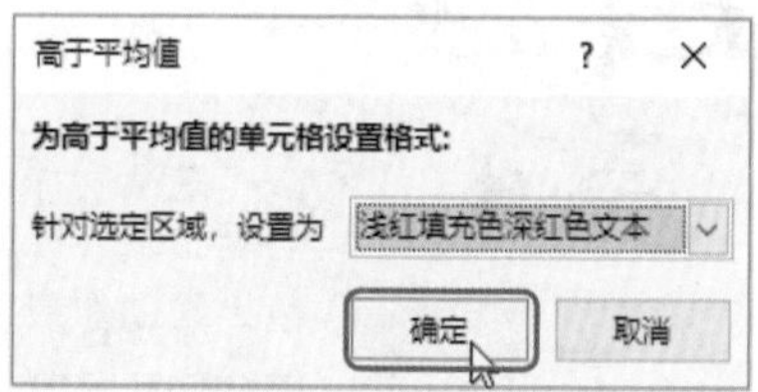

图6-4 设置条件格式（2）

温馨提示

在选择了条件后，默认的条件格式为【浅红填充色深红色文本】，此时可以自定义设置符合条件数据的单元格填充颜色及文字颜色。

Step5：查看效果。如图6-5所示，报表中符合要求的数据设置了便于区别的格式，既能快速找出客流量和转化率均符合要求的商家，又能查看其他商家的数据。

	A	B	C	D	E
1	合作商家	客流量（位/天）	转化率	客户价值（元/位）	合作费用（元/天）
2	旺鑫旅游	53,264	6.54%	625.25	9,542
3	联众科技	5,142	5.25%	635.25	6,254
4	多梦数码	2,657	12.25%	256.35	1,524
5	万象宣传	4,859	35.26%	356.25	4,587
6	众想营销	9,587	45.00%	425.32	4,584
7	多多科技	45,265	32.15%	256.23	6,598
8	造梦资讯	42,512	42.62%	352.12	7,458
9	罗火教育	62,542	42.00%	198.52	6,542
10	爱创科技	12,542	32.45%	245.62	1,524
11	一部数据	62,545	26.12%	235.25	3,254
12	新空间广告	1,524	19.25%	200	1,256
13	锦衣教育	5,698	26.42%	250	2,541
14	创造力营销	7,548	23.25%	265.42	2,256

图6-5　查看效果

一眼看出数据现状

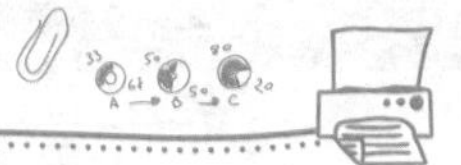

赵经理

小李，经过上次任务，相信你已经分析出哪些商家是我们的重点合作商家了。你将我给你的合作商家资料表再分析一下，对我们的合作商家有一个综合性的了解。

小李

张姐，我需要对合作商家数据有一个综合性的了解，可是报表中全是抽象的数据，阅读起来挺费劲的。我看到【条件格式】中有【数据条】和【色阶】功能，我是否可以用这两个功能来辅助分析数据呢？

张姐

非常正确！【数据条】功能可以根据数据大小添加长短不一的数据条，通过观察数据条就可以直观地比较、分析数据的大小。【色阶】功能可以根据数据大小添加颜色不一的填充颜色，通过观察颜色分布就可以直观地进行数据分析了。这两个功能均可以将抽象的数据变得更形象，有助于快速了解数据全貌。

打开“合作商家概况分析.xlsx”文件，为数据添加数据条或色阶，具体操作方法如下。

Step1：选择数据条。如图6–6所示，❶选中B2:B14单元格区域，单击【条件格式】下拉按钮；❷选择【数据条】→【蓝色数据条】选项。此时，可以为选中的单元格区域设置长短不一的蓝色数据条。

Step2：选择色阶。如图6–7所示，❶选中D2:D14单元格区域，单击【条件格式】下拉按钮；❷选择【色阶】→【绿–白色阶】选项。此时，可以为选中的单元格区域设置颜色不一的色阶。

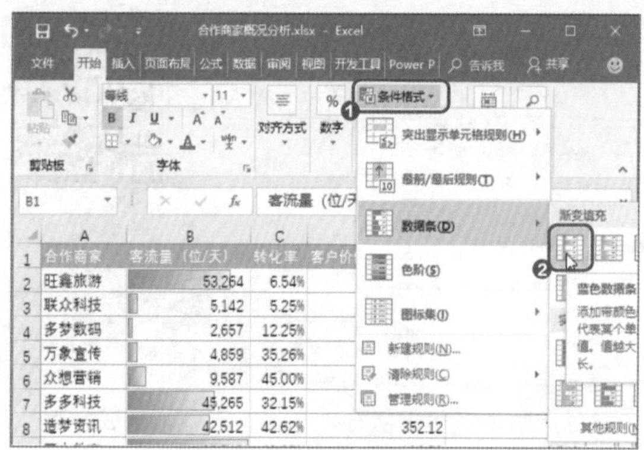

图6–6　选择数据条

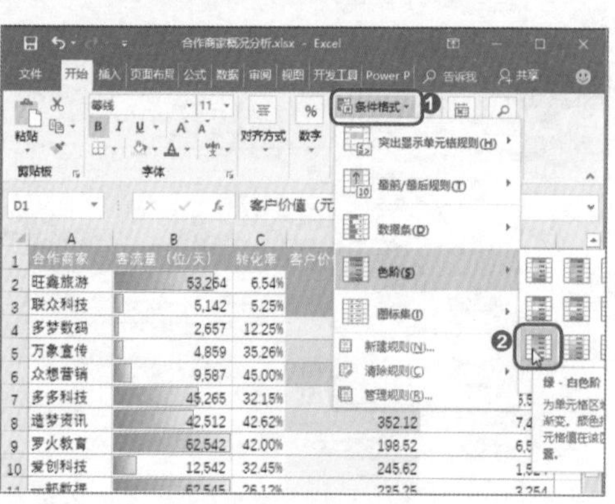

图6–7　选择色阶

Step3：完成数据条和色阶的添加。使用同样的方法，为C列和E列的数据分别设置数据条与色阶。由于C列是数据条，所以可以增加列宽，方便数据条展示。最终效果如图6–8所示，此时报表变得十分形象，仅从颜色上就可以判断合作商家的数据概况。

	A	B	C	D	E
1	合作商家	客流量（位/天）	转化率	客户价值（元/位）	合作费用（元/天）
2	旺鑫旅游	53,264	6.54%	625.25	9,542
3	联众科技	5,142	5.25%	635.25	6,254
4	多梦数码	2,657	12.25%	256.35	1,524
5	万象宣传	4,859	35.26%	356.25	4,587
6	众想营销	9,587	45.00%	425.32	4,584
7	多多科技	45,265	32.15%	256.23	6,598
8	造梦资讯	42,512	42.62%	352.12	7,458
9	罗火教育	62,542	42.00%	198.52	6,542
10	爱创科技	12,542	32.45%	245.62	1,524
11	一部数据	62,545	26.12%	235.25	3,254
12	新空间广告	1,524	19.25%	200	1,256
13	锦衣教育	5,698	26.42%	250	2,541
14	创造力营销	7,548	23.25%	265.42	2,256

图6–8　完成数据条和色阶添加

6.1.3 如虎添翼，学会自定义条件规则

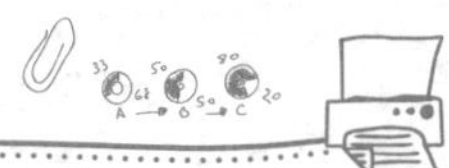

小李

张姐，条件格式分析数据时，系统只提供了5种格式，有一定的局限性。例如，我分析合作商家时，需要将客流量大于20000人的商家找出来，改变商家名称的文字格式，而不是改变客流量数据的格式，应该如何实现呢？

张姐

小李，条件格式可以自定义格式，你选择【新建规则】选项，就可以根据实际需要灵活地建立规则了。

打开“合作商家选定.xlsx”文件，通过公式改变合作商家的名称，具体操作方法如下。

Step1：新建规则。如图6-9所示，❶选中A2:A14单元格区域；❷在【条件格式】下拉列表中选择【新建规则】选项。

Step2：通过公式设置规则。如图6-10所示，❶在打开的【新建格式规则】对话框中，从【选择规则类型】列表框中选择【使用公式确定要设置格式的单元格】选项；❷在公式文本框中，将输入法切换到英文状态下，输入公式。该公式表示要将B列大于20000的数据找出来；❸单击【格式】按钮。

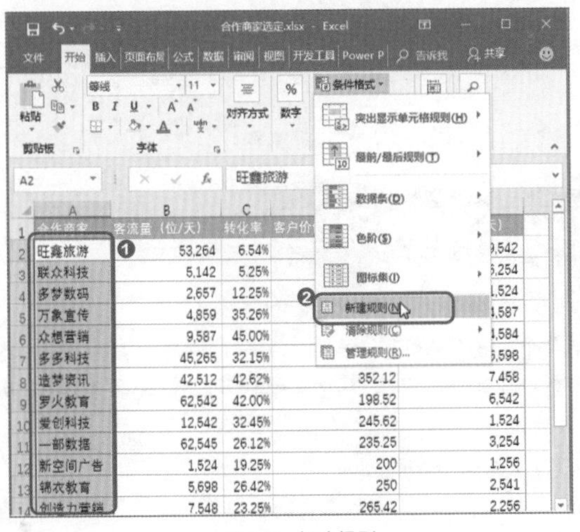

图6-9 新建规则

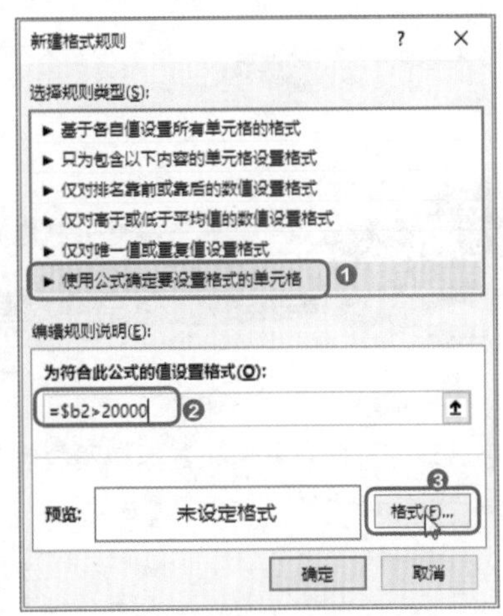

图6-10 通过公式设置规则

Step3：设置格式。如图6-11所示，❶在打开的【设置单元格格式】对话框中，设置A列中商家名称的文字格式为【加粗】；❷设置【颜色】为【红色】；❸单击【确定】按钮。

Step4：查看效果。如图6-12所示，此时A列中客流量大于20000的商家名称文字便改变了格式。

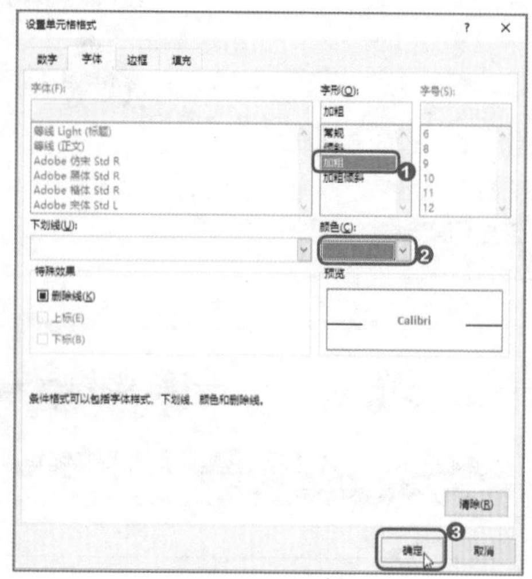

图6-11 设置格式

	A	B	C	D	E
1	合作商家	客流量（位/天）	转化率	客户价值（元/位）	合作费用（元/天）
2	旺鑫旅游	53,264	6.54%	625.25	9,542
3	联众科技	5,142	5.25%	635.25	6,254
4	多梦数码	2,657	12.25%	256.35	1,524
5	万象宣传	4,859	35.26%	356.25	4,587
6	众想营销	9,587	45.00%	425.32	4,584
7	多多科技	45,265	32.15%	256.23	6,598
8	造梦资讯	42,512	42.62%	352.12	7,458
9	罗火教育	62,542	42.00%	198.52	6,542
10	爱创科技	12,542	32.45%	245.62	1,524
11	一部数据	62,545	26.12%	235.25	3,254
12	新空间广告	1,524	19.25%	200	1,256
13	锦衣教育	5,698	26.42%	250	2,541
14	创造力营销	7,548	23.25%	265.42	2,256

图6-12 查看效果

技能升级

使用【条件格式】功能可以快速找出重复的数据，其方法是选中数据区域，单击【条件格式】按钮，选择【突出显示单元格规则】菜单中的【重复值】选项，此时重复的数据就会显示出来。

6.2 强大的排序筛选功能，你只用过50%

提到Excel的【排序】【筛选】功能，很多人不以为然，觉得这两个功能很简单，无非就是先对数据进行升序、降序排序，然后对数据按照数值范围进行筛选。其实不然，排序可以设置多条件排序、文字排序；筛选可以进行文字筛选、颜色筛选、条件筛选。

6.2.1　简单排序和简单筛选

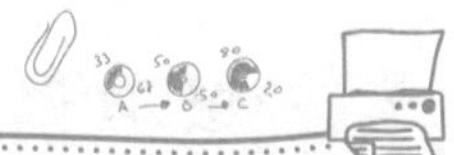

赵经理

小李，Excel【排序】【筛选】这种基本功能，相信你会用吧！我将公司的核心产品销售数据发给你，你利用【排序】功能了解一下商品的销量情况，再重点分析“张丽”业务员负责的商品数据。

小李

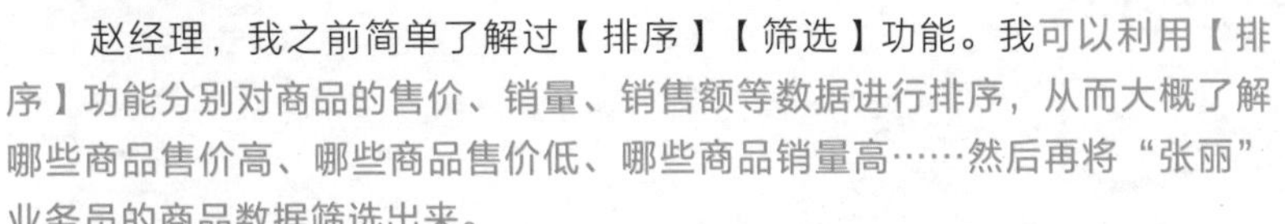

赵经理，我之前简单了解过【排序】【筛选】功能。我可以利用【排序】功能分别对商品的售价、销量、销售额等数据进行排序，从而大概了解哪些商品售价高、哪些商品售价低、哪些商品销量高……然后再将“张丽”业务员的商品数据筛选出来。

张姐

小李，我再给你补充一点。你可以直接为数据添加筛选按钮，这个按钮中既包括了【排序】功能，又包括了【筛选】功能，可谓一举两得！

下面以“商品销售数据分析.xlsx”文件为例，讲解如何进行简单的排序和筛选，具体操作方法如下。

Step1：添加筛选按钮。如图6-13所示，❶选中数据区域的任意单元格；❷在【开始】选项卡下单击【编辑】组中的【排序和筛选】下拉按钮，在弹出的下拉列表中选择【筛选】选项，为数据第1行添加筛选按钮。

Step2：降序排序。如图6-14所示，❶单击“销售（件/天）”单元格的筛选按钮；❷选择下拉列表中的【降序】选项。

Step3：查看排序结果。如图6-15所示，此时C列的销量数据就按照从大到小的顺序进行排列，可以方便地分析哪些商品的销量较高、哪些商品的销量较低。使用相同的方法，可以对其他数据列进行排序。

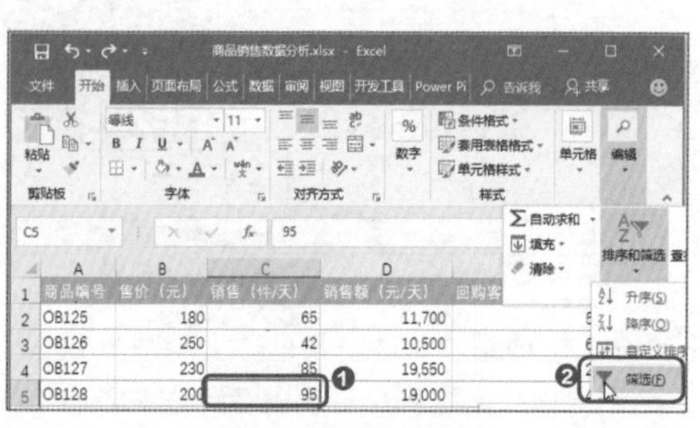

图6-13　添加筛选按钮

图6-14　降序排序

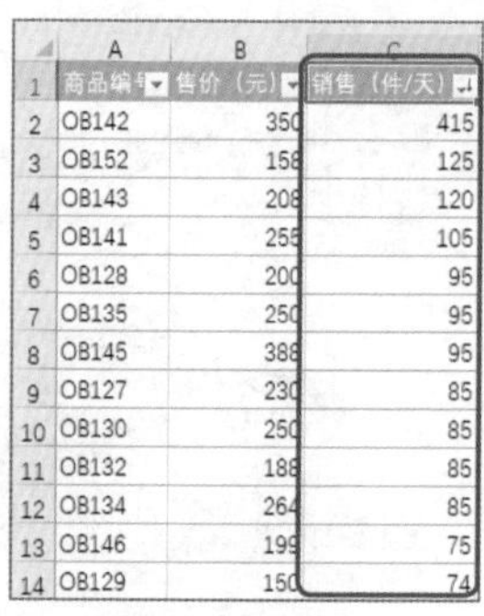

	A 商品编号	B 售价（元）	C 销售（件/天）
2	OB142	350	415
3	OB152	158	125
4	OB143	208	120
5	OB141	255	105
6	OB128	200	95
7	OB135	250	95
8	OB145	388	95
9	OB127	230	85
10	OB130	250	85
11	OB132	188	85
12	OB134	264	85
13	OB146	199	75
14	OB129	150	74

图6-15　查看排序结果

Step4：筛选数据。如图6-16所示，❶单击“业务员”单元格的筛选按钮；❷从下拉列表中选择“张丽”业务员；❸单击【确定】按钮。

Step5：查看筛选结果。如图6-17所示，此时报表中将业务员“张丽”负责的商品数据筛选出来了。

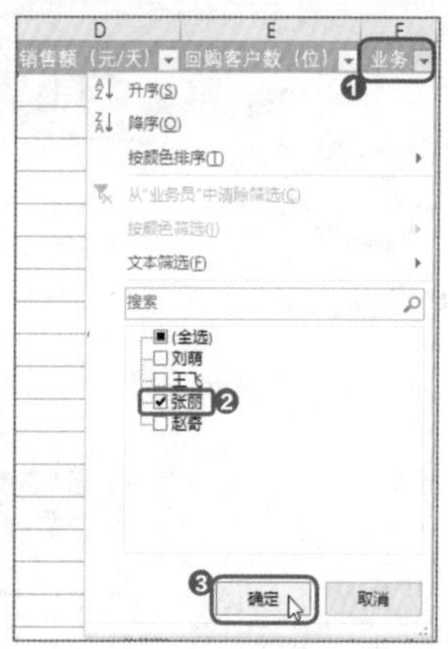

图6-16　筛选数据

	A 商品编号	B 售价（元）	C 销售（件/天）	D 销售额（元/天）	E 回购客户数（位）	F 业务员
4	OB143	208	120	24,960	42	张丽
5	OB141	255	105	26,775	45	张丽
6	OB128	200	95	19,000	4	张丽
9	OB127	230	85	19,550	2	张丽
17	OB125	180	65	11,700	5	张丽
21	OB151	154	42	6,468	9	张丽
24	OB144	209	15	3,135	58	张丽

图6-17　查看筛选结果

6.2.2 多条件排序和文字序列排序

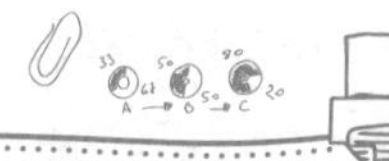

赵经理

小李，我们现在需要调整营销策略。你再将商品销售数据表分析一下，找出每位业务员销售额最好的商品和最差的商品，找出业务员的优势和短板。注意要按照业务员去年的业绩“张丽→刘萌→赵奇→王飞”的顺序进行排列。

小李

张姐，我需要请教您一下。我如何按照特定的业务员姓名顺序进行数据排列？又要如何实现销售额和业务员姓名这样的双重条件排序呢？

张姐

小李，别着急。你需要使用【自定义排序】功能，在该功能中你可以添加多个排序条件，并且将业务员的姓名设置为自定义序列，就大功告成啦，快去完成任务吧！

下面以“商品销售数据高级排序.xlsx”文件为例，讲解如何实现多条件排序和文字序列排序，具体操作方法如下。

Step1：选择【自定义排序】选项。如图6-18所示，❶在【开始】选项卡下单击【编辑】组中的【排序和筛选】下拉按钮；❷选择【自定义排序】选项。

Step2：设置排序条件。首先设置业务员姓名的排序条件。如图6-19所示，❶在弹出的【排序】对话框中选择【业务员】为排序主要关键字；❷选择【自定义序列】为次序条件。

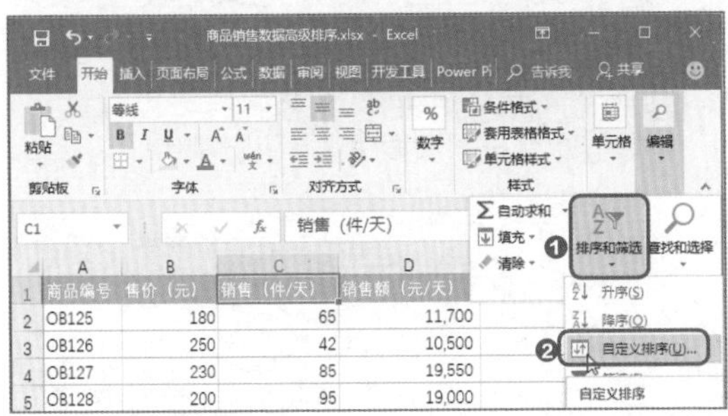

图6-18　选择【自定义排序】选项

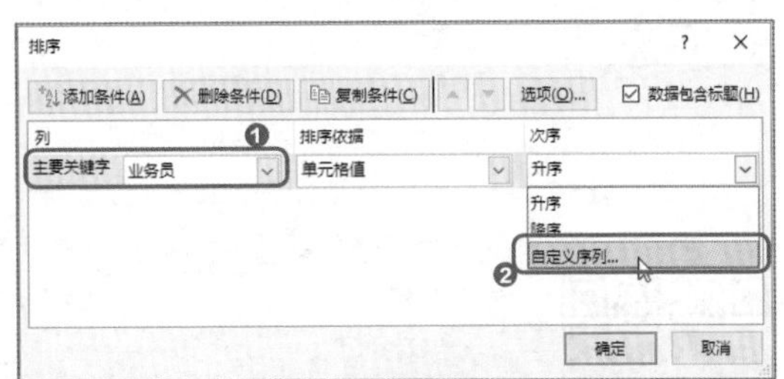

图6-19　设置排序条件

Step3：设置自定义序列。如图6-20所示，❶在【自定义序列】对话框中，按照顺序输入业务员的姓名，注意姓名之间用英文逗号相隔；❷单击【添加】按钮；❸完成自定义序列添加后，单击【确定】按钮。

Step4：添加排序条件。如图6-21所示，❶单击【添加条件】按钮；❷设置次要关键字；❸单击【确定】按钮。

Step5：查看排序结果。如图6-22所示，此时报表中的数据就按照业务员姓名顺序进行排列，当业务员相同时，则按照销售额大小进行排序。

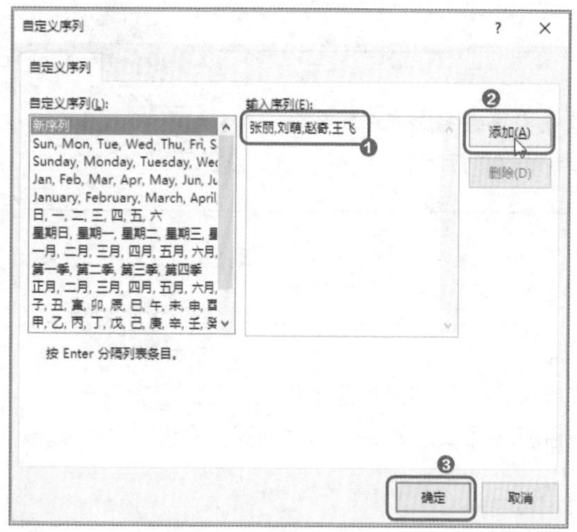

图6-20　设置自定义序列

图6-21　添加排序条件

	A	B	C	D	E	F
1	商品编号	售价（元）	销售（件/天）	销售额（元/天）	回购客户数（位）	业务员
2	OB141	255	105	26,775	45	张丽
3	OB143	208	120	24,960	42	张丽
4	OB127	230	85	19,550	2	张丽
5	OB128	200	95	19,000	4	张丽
6	OB125	180	65	11,700	5	张丽
7	OB144	180	65	11,700	58	张丽
8	OB151	154	42	6,468	9	张丽
9	OB134	264	85	22,440	25	刘萌
10	OB133	289	74	21,386	10	刘萌
11	OB130	250	85	21,250	5	刘萌
12	OB132	188	85	15,980	1	刘萌
13	OB146	180	65	11,700	8	刘萌
14	OB147	148	41	6,068	5	刘萌
15	OB131	238	6	1,428	25	刘萌
16	OB142	350	415	145,250	51	赵奇

图6-22　查看排序结果

在进行自定义排序时，排序的主要关键字和次要关键字的顺序影响了排序结果。数据首先会按照主要关键字进行排序；其次会按照次要关键字进行排序。

6.2.3 自定义筛选

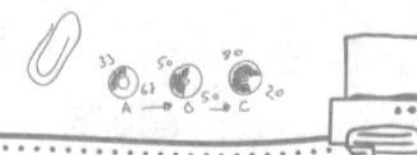

赵经理

小李，我们的运营经费和精力都有限，你现在需要将销售额大于50000元的商品找出来进行重点营销推广，将销售额小于20000元的商品找出来取消其营销推广方案，我们要将所有的力度都用在最有潜力的商品上。

小李

张姐，我现在需要筛选出销售额较高和较低的商品。我注意到添加筛选按钮后，在菜单中有【自定义筛选】选项，我是否可以用这个功能进行多条件筛选呢？

张姐

小李，使用【自定义筛选】只能进行1个或2个条件的筛选。在自定义筛选时，“与”表示同时满足条件，“或”表示满足其中一个条件。还可以使用“?”（代表1个字符）和“*”（代表多个字符）进行模糊筛选。

下面以“商品销售数据自定义筛选.xlsx”文件为例，讲解如何使用自定义筛选，具体操作方法如下。

Step1：选择自定义筛选。如图6-23所示，首先为第1行添加筛选按钮，❶单击“销售额（元/天）”单元格的筛选按钮；❷选择【数字筛选】选项；❸选择级联列表中的【自定义筛选】选项。

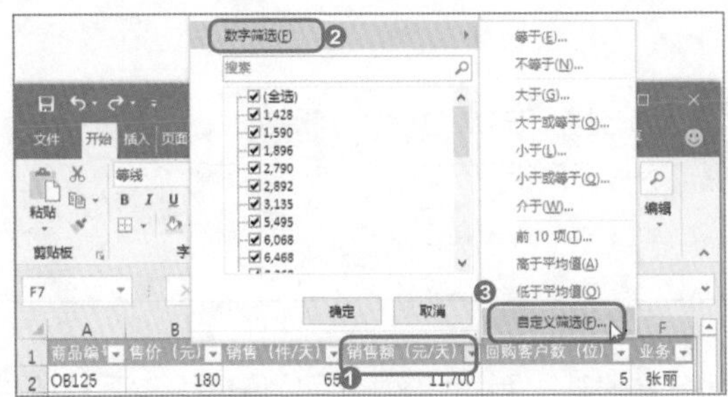

图6-23　选择自定义筛选

Step2：设置自定义筛选条件。如图6-24所示，❶在打开的【自定义自动筛选方式】对话框中设置筛选条件为销售额大于50000元或销售额小于20000元；❷单击【确定】按钮。

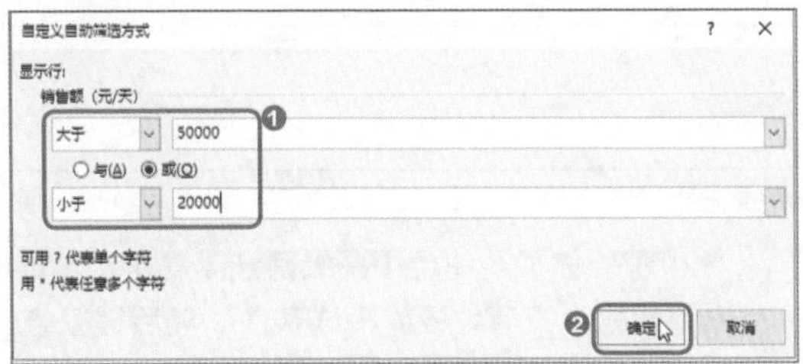

图6-24　设置自定义筛选条件

技能升级

在【自定义自动筛选方式】对话框中，如果想筛选出包含某一个字符的内容，例如，筛选出以“电”字开头，后面有一个字的内容，可以设置筛选条件为【等于】【电?】，即可筛选出“电视”“电脑”等内容。同样的道理，使用【等于】【电*】可以筛选出“电冰箱”“电风扇”等内容。

Step3：查看筛选结果。如图6-25所示，此时就将销售额大于50000元的重点商品和销售额小于20000元的需要放弃推广的商品筛选出来了。

	商品编号	售价（元）	销售（件/天）	销售额（元/天）	回购客户数（位）	业务
2	OB125	180	65	11,700	5	张丽
3	OB126	250	42	10,500	6	赵奇
4	OB127	230	85	19,550	2	张丽
5	OB128	200	95	19,000	4	张丽
6	OB129	150	74	11,100	1	赵奇
8	OB131	238	6	1,428	25	刘萌
9	OB132	188	85	15,980	1	刘萌
13	OB136	156	74	11,544	12	王飞
14	OB137	158	12	1,896	95	王飞

图6-25　查看筛选结果

6.2.4 设置条件进行高级筛选

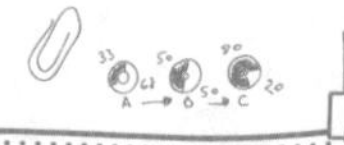

小李

张姐，在分析商品销售数据时，我认为潜力商品应该是销售额、回购客户数都不错的商品。我想将销售额大于20000元且回购客户数大于5位的商品筛选出来。可是使用【自定义筛选】功能只能针对一个字段进行筛选，我是否需要进行两次筛选呢？

张姐

小李，你需要使用【高级筛选】功能。Excel的高级筛选可以在表格空白单元格中灵活地设置筛选条件，然后根据条件进行筛选即可。

下面以“商品销售数据高级筛选.xlsx”文件为例，讲解高级筛选的使用方法，具体操作方法如下。

Step1：设置筛选条件，打开【高级筛选】对话框。如图6-26所示，❶在表格右边空白单元格中输入筛选条件，该条件表示要筛选出销售额大于20000元且回购客户数大于5位的商品；❷单击【数据】选项卡下的【高级】按钮。

图6-26　设置筛选条件，打开【高级筛选】对话框

温馨提示

在进行高级筛选时，需要注意以下几点：①筛选条件的标题必须与表格中的标题相同；②可以直接使用>、<、=、>=、<=符号表示数据筛选条件；③文字筛选时，可以使用通配符“?”和“*”；④当筛选条件有多个时，筛选的标题在同一行，条件也在同一行，表示【和】的关系，而筛选的标题在同一行，条件不在同一行表示【或】的关系。

Step2：进行高级筛选。如图6-27所示，❶在打开的【高级筛选】对话框中，设置【列表区域】和【条件区域】的相应内容；❷单击【确定】按钮。

Step3：查看筛选结果。此时表格中，就将销售额大于20000元且回购客户数大于5位的商品数据筛选出来了，如图6-28所示。

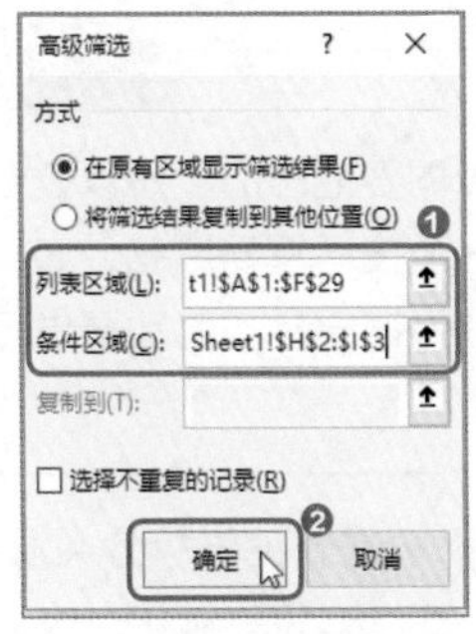

图6-27　进行高级筛选

	A	B	C	D	E	F
1	商品编号	售价（元）	销售（件/天）	销售额（元/天）	回购客户数（位）	业务员
10	OB133	289	74	21,386	10	刘萌
11	OB134	264	85	22,440	25	刘萌
12	OB135	250	95	23,750	35	王飞
18	OB141	255	105	26,775	45	张丽
19	OB142	350	415	145,250	51	赵奇
20	OB143	208	120	24,960	42	张丽
22	OB145	388	95	36,860	6	赵奇
30						

图6-28　查看筛选结果

6.3 用好分类汇总，统计数据不用愁

在统计Excel报表数据时，如果使用SUM函数进行求和统计，会增加步骤，且无法灵活地查看各数据项目的汇总。然而，使用Excel提供的【分类汇总】功能，则可以对每个项目进行汇总，且能方便地分析一级汇总、二级汇总、三级汇总，还能对项目下面的子项目再次进行汇总，这种操作称为嵌套汇总。

6.3.1 一学就会的数据简单汇总

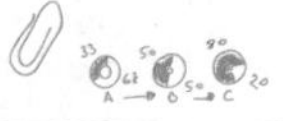

赵经理

小李，我们公司的产品按照之前制订的营销计划上市销售后，反馈回最近3个月的销售数据，你汇总分析一下每个月的销量以及每类产品的销量，总结一下营销计划的效果。

小李

张姐，我需要汇总最近3个月的商品销售信息表。我研究了一下，知道要使用【分类汇总】功能，可是为什么数据没有按照商品类型乖乖地汇总呢？

张姐

小李，使用【分类汇总】功能可以选择需要汇总的字段以及汇总的方式，如求和方式、平均值方式。但是有一个技巧需要注意，如果原始表格中需要汇总的字段中相同的数据没有排列在一起，就需要进行排序处理。

下面以“分类汇总商品数据.xlsx”文件为例，讲解如何按产品名称和销售日期进行分类汇总，具体操作方法如下。

➪ Step1：对产品名称进行排序。因为A列中相同的产品名称没有排列在一起，所以需要进行排序。如图6-29所示，❶右击A1单元格，选择【排序】选项；❷选择级联菜单中的【升序】选项。

➪ Step2：打开【分类汇总】对话框。如图6-30所示，单击【数据】选项卡下的【分级显示】组中的【分类汇总】按钮。

图6-29 对产品名称进行排序

图6-30 打开【分类汇总】对话框（1）

➪ Step3：设置分类汇总条件。如图6-31所示，❶在打开的【分类汇总】对话框中，分别设置汇总的【分类字段】和【汇总方式】为【产品名称】和【求和】；❷设置【选定汇总项】为【销量】；❸单击【确定】按钮。

➪ Step4：查看一级汇总结果。默认情况下，显示三级汇总结果。如图6-32所示，汇总表中显示了不同商品的销量汇总。结果显示，“微波炉”商品的总销量最高，“空调”商品的总销量最低。

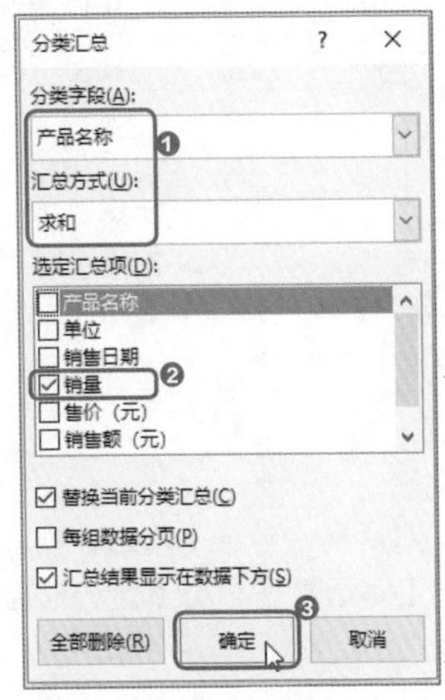

图6-31 设置分类汇总条件（1）

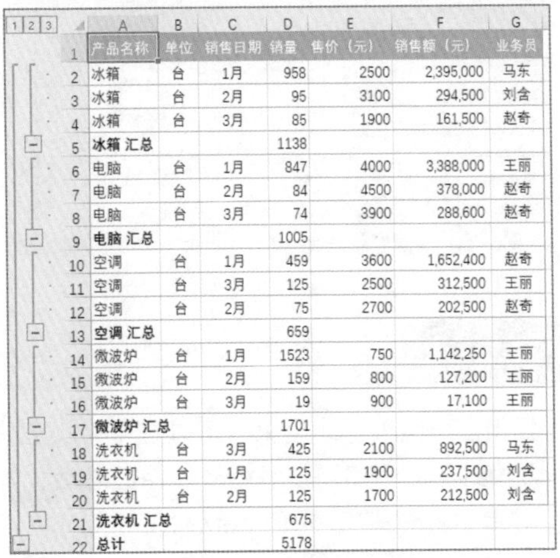

	A	B	C	D	E	F	G
1	产品名称	单位	销售日期	销量	售价（元）	销售额（元）	业务员
2	冰箱	台	1月	958	2500	2,395,000	马东
3	冰箱	台	2月	95	3100	294,500	刘含
4	冰箱	台	3月	85	1900	161,500	赵奇
5	冰箱 汇总			1138			
6	电脑	台	1月	847	4000	3,388,000	王丽
7	电脑	台	2月	84	4500	378,000	赵奇
8	电脑	台	3月	74	3900	288,600	赵奇
9	电脑 汇总			1005			
10	空调	台	1月	459	3600	1,652,400	赵奇
11	空调	台	3月	125	2500	312,500	王丽
12	空调	台	2月	75	2700	202,500	赵奇
13	空调 汇总			659			
14	微波炉	台	1月	1523	750	1,142,250	王丽
15	微波炉	台	2月	159	800	127,200	王丽
16	微波炉	台	3月	19	900	17,100	王丽
17	微波炉 汇总			1701			
18	洗衣机	台	3月	425	2100	892,500	马东
19	洗衣机	台	1月	125	1900	237,500	刘含
20	洗衣机	台	2月	125	1700	212,500	刘含
21	洗衣机 汇总			675			
22	总计			5178			

图6-32 查看一级汇总结果

Step5：查看二级汇总结果。如果想直接查看各类商品的销量汇总，可以单击左上角的2按钮，直接查看二级汇总结果，如图6-33所示。

	A	B	C	D	E	F	G
1	产品名称	单位	销售日期	销量	售价（元）	销售额（元）	业务员
5	冰箱 汇总			1138			
9	电脑 汇总			1005			
13	空调 汇总			659			
17	微波炉 汇总			1701			
21	洗衣机 汇总			675			
22	总计			5178			

图6-33　查看二级汇总结果

Step6：删除汇总结果。接下来，要按销售日期对商品销量数据进行汇总，需要回到原始表格中对销量数据进行排序，因此要删除汇总结果。再次单击【数据】选项卡下的【分类汇总】按钮，打开【分类汇总】对话框，单击【全部删除】按钮，如图6-34所示。

Step7：打开【分类汇总】对话框。如图6-35所示，❶对C列的销售日期数据进行【升序】排序；❷单击【数据】选项卡下的【分级显示】组中的【分类汇总】按钮。

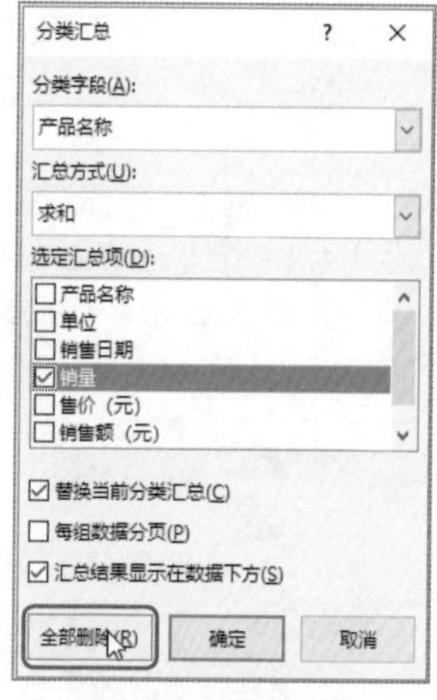

图6-34　删除汇总结果

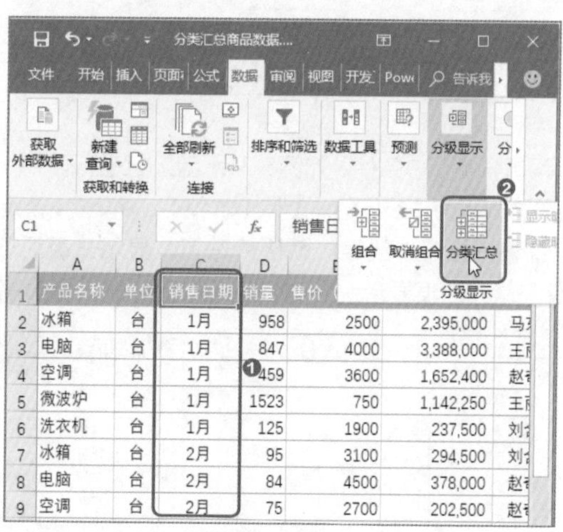

图6-35　打开【分类汇总】对话框（2）

技能升级

如果需要将汇总结果打印出来，可以在【分类汇总】对话框中勾选【每组数据分页】复选框，让数据分页打印。例如，按照销售日期汇总后，勾选【每组数据分页】复选框后，1月、2月、3月的汇总数据将分别在3页纸上显示。

Step8：设置分类汇总条件。如图6-36所示，❶在【分类汇总】对话框中设置汇总的【分类字段】及【汇总方式】；❷设置【选定汇总项】为【销量】；❸单击【确定】按钮。

Step9：查看汇总结果。如图6-37所示，此时可以查看按日期汇总的结果。结果显示1月的总销量远高于2月和3月。总体来看，这3个月的销量趋势是下降的。

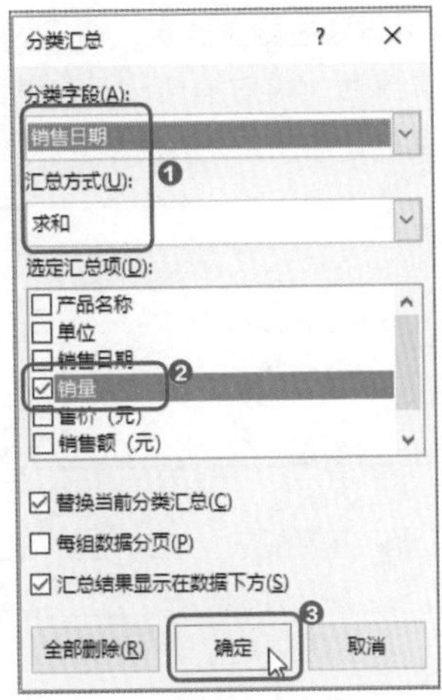

图6-36 设置分类汇总条件（2）

	A	B	C	D	E	F	G
1	产品名称	单位	销售日期	销量	售价（元）	销售额（元）	业务员
2	冰箱	台	1月	958	2500	2,395,000	马东
3	电脑	台	1月	847	4000	3,388,000	王丽
4	空调	台	1月	459	3600	1,652,400	赵奇
5	微波炉	台	1月	1523	750	1,142,250	王丽
6	洗衣机	台	1月	125	1900	237,500	刘含
7			1月 汇总	3912			
8	冰箱	台	2月	95	3100	294,500	刘含
9	电脑	台	2月	84	4500	378,000	赵奇
10	空调	台	2月	75	2700	202,500	赵奇
11	微波炉	台	2月	159	800	127,200	王丽
12	洗衣机	台	2月	125	1700	212,500	刘含
13			2月 汇总	538			
14	冰箱	台	3月	85	1900	161,500	赵奇
15	电脑	台	3月	74	3900	288,600	赵奇
16	空调	台	3月	125	2500	312,500	王丽
17	微波炉	台	3月	19	900	17,100	王丽
18	洗衣机	台	3月	425	2100	892,500	马东
19			3月 汇总	728			
20			总计	5178			

图6-37 查看汇总结果

6.3.2 必要时使用的数据嵌套汇总

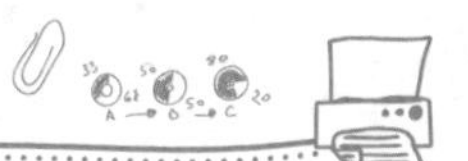

赵经理

小李，我看了你对最近3个月的商品销售数据的汇总分析，这3个月内整体销量下降严重。你找一下原因，看看是否是业务员的销售能力影响了商品销量。

小李

张姐，为了分析出不同月份下不同业务员的销量，我需要汇总每个月的商品销量，在相同的月份下再汇总不同业务员的销量。我应该用什么方法实现这种双重汇总呢？

张姐

小李，这不叫“双重汇总”，叫“嵌套汇总”。很简单，你使用【自定义排序】功能，将“销售日期”作为排序主要关键字，将“业务员”作为排序次要关键字进行排序即可。排序后，再对销售日期的销量进行汇总。接着，再次打开【分类汇总】对话框，对业务员的销量进行汇总。

下面以“嵌套汇总商品数据.xlsx”文件为例，讲解如何汇总不同月份下不同业务员的销量数据，具体操作方法如下。

Step1：自定义排序。打开报表后，再打开【排序】对话框，❶设置排序的主要关键字和次要关键字；❷单击【确定】按钮，如图6-38所示。

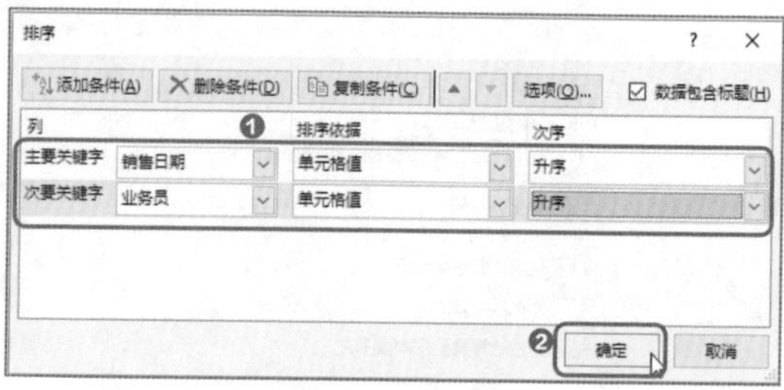

图6-38 自定义排序

Step2：打开【分类汇总】对话框。如图6-39所示，此时表格中已经将相同月份的数据排列到一起；月份相同时，再将相同的业务员数据排列到一起。单击【数据】选项卡下的【分级显示】组中的【分类汇总】按钮。

Step3：按销售日期进行汇总。如图6-40所示，❶在打开的【分类汇总】对话框中，设置汇总条件为按销售日期进行求和汇总；❷设置【选定汇总项】为【销量】；❸单击【确定】按钮。

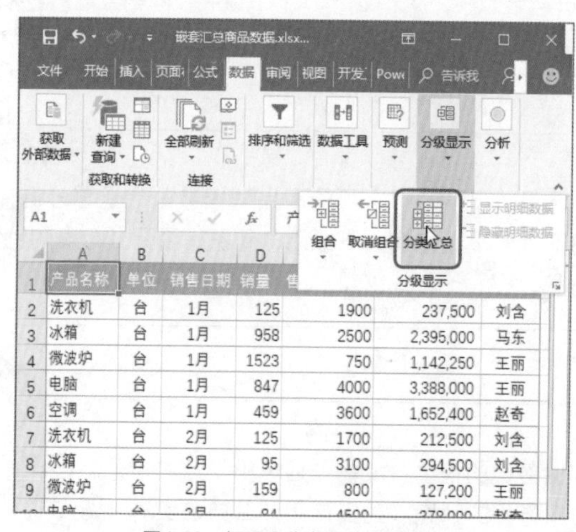

图6-39 打开【分类汇总】对话框

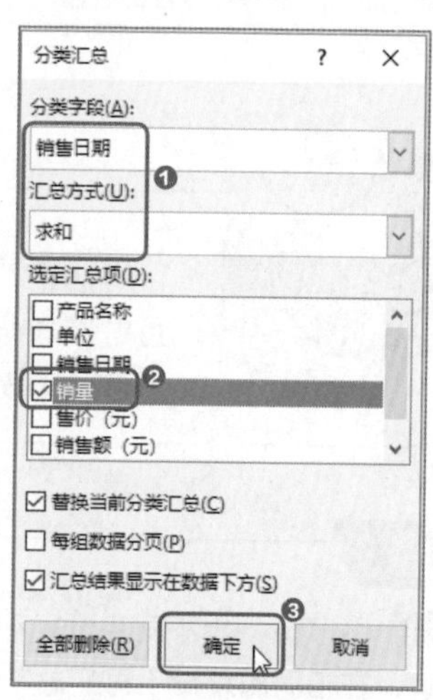

图6-40 按销售日期进行汇总

Step4：按业务员进行汇总。再次单击【分类汇总】按钮，如图6-41所示，❶设置汇总条件为按业务员的销量进行求和汇总；❷取消勾选【替换当前分类汇总】复选框；❸单击【确定】按钮。

Step5：查看嵌套汇总结果。此时，数据进行了两次汇总，选择三级汇总结果，如图6-42所示，显示每个月内不同业务员的总销量。对比业务员在不同月份下的销量，就可以判断业务员的销售能力是否处于稳定状态。

分类汇总　?　×

分类字段(A)：业务员

汇总方式(U)：求和 ❶

选定汇总项(D)：

☐产品名称
☐单位
☐销售日期
☑销量
☐售价（元）
☐销售额（元）

☐替换当前分类汇总(C) ❷

☐每组数据分页(P)

☑汇总结果显示在数据下方(S)

全部删除(R)　确定 ❸　取消

图6-41　按业务员进行汇总

	A	B	C	D	E	F	G
1	产品名称	单位	销售日期	销量	售价（元）	销售额（元）	业务员
3				125			刘含 汇总
5				958			马东 汇总
8				2370			王丽 汇总
10				459			赵奇 汇总
11			1月 汇总	3912			
14				220			刘含 汇总
16				159			王丽 汇总
19				159			赵奇 汇总
20			2月 汇总	538			
22				425			马东 汇总
25				144			王丽 汇总
28				159			赵奇 汇总
29			3月 汇总	728			
30			总计	5178			

图6-42　查看嵌套汇总结果

6.4　数据透视表有多强大，你真的懂吗

数据透视表不仅仅是汇报工作的工具，更是数据分析、管理的工具。无论数据量有多大，创建成数据透视表后，均能以灵活的方式汇总查询海量数据；以交互的方式汇报大量数据；汇总数据后按照要求对数据进行计算；将重点数据转变为数据透视图，并通过数据透视图放大数据特征。

6.4.1　1分钟就能创建数据透视表

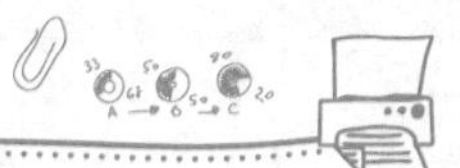

小李

张姐，赵经理给了我一份详细的订单数据表，里面有大量的订单，看得我眼花缭乱。我使用了SUM函数求和后，才发现原来可以用【数据透视表】功能快速分析订单。可是为什么我创建的数据透视表总出现错误呢？

张姐

小李，你在订单中使用了SUM函数求和，是不是还顺便合并了单元格呀？

小李

嘿嘿，张姐，您怎么知道？

张姐

创建数据透视表只要1分钟，但前提是你的原始数据表不出错。你使用SUM函数汇总，导致数据透视表出现了“异常”数据类型，又合并单元格，导致数据透视表无法正常进行数据汇总。总的来说，正确的原始数据表不能出现以下错误。

（1）第1行表头字段不能出现合并单元格或多层表头。

（2）不能在数据中插入标题内容。

（3）不能有空白单元格或合并单元格。

（4）不能有重复的字段或数据。

（5）数据格式要规范，如日期数据的格式一定要为【日期】格式。

要想正确创建数据透视表，关键要有规范的原始数据。规范的原始数据表格如图6-43所示，表中第1行是字段，下面为数据。千万不能画蛇添足地进行求和等计算，也不要合并单元格。

	A	B	C	D	E	F	G	H	I	J
1	日期	客户名称	客户所在地	销售商品	数量	售价（元）	销售额（元）	收费方式	销售员	交易状态
2	18/1/5	张　英	成都	雨刷器	254	89.9	22,834.60	POS机	张高强	完成
3	18/1/6	李　名	昆明	汽车座套	125	150.5	18,812.50	支付宝	李　宁	换货
4	18/1/7	赵　奇	北京	SP汽车轮胎	625	180	112,500.00	微信	赵　欢	退货
5	18/1/8	刘晓双	重庆	合成机油	89	98	8,722.00	转账	刘　璐	完成
6	18/1/9	彭万里	上海	火花塞	85	95	8,075.00	现金	李　宁	完成
7	18/1/10	高大山	成都	雨刷器	74	85	6,290.00	现金	张高强	完成
8	18/1/11	谢大海	北京	汽车座套	152	74	11,248.00	现金	李　宁	完成
9	18/1/12	马宏宇	银川	雨刷器	325	85	27,625.00	支付宝	李　宁	完成
10	18/1/13	林　莽	南宁	汽车座套	624	155.6	97,094.40	现金	张高强	换货
11	18/1/14	黄强辉	柳州	SP汽车轮胎	125	125	15,625.00	支付宝	刘　璐	完成
12	18/1/15	章汉夫	成都	合成机油	654	89	58,206.00	支付宝	刘　璐	完成
13	18/1/16	范长江	重庆	火花塞	845	45.5	38,447.50	现金	赵　欢	完成
14	18/1/18	林君雄	成都	雨刷器	125	65	8,125.00	微信	赵　欢	退货
15	18/1/18	谭平山	昆明	汽车座套	654	95	62,130.00	微信	张高强	完成

图6-43　规范的原始数据表格

1 数据透视表的原始数据规范

数据透视表的原始数据要避免的“雷区”主要有以下几种。

（1）第1行表头字段不能出现合并单元格或多层表头，也不能在数据中插入标题。多层表头和记录中插入标题是数据透视表大忌，如图6-44所示。在创建数据透视表前，应该将不必要的表头删除，只留下一行表头，且表头不能有合并单元格。例如，在图6-44所示的数据记录中不能插入标题。

（2）不能有空白单元格或合并单元格。源数据表中不能有空白单元格，否则会影响数据透视表数据汇总。对于合并单元格，应该取消单元格合并再创建数据透视表。不规范的数据源如图6-45所示。

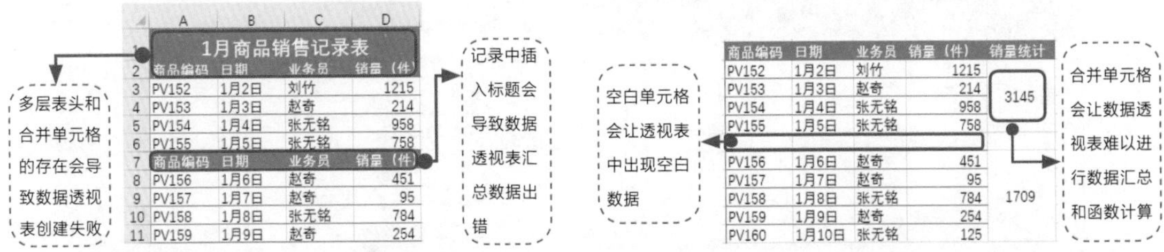

图6-44 多层表头和记录中插入标题的数据源

图6-45 有空白单元格和合并单元格的数据源

（3）不能有重复的字段或数据。在原始数据表中，如果有重复数据，数据透视表会对重复数据进行重复统计，影响统计结果的正确性。当表格中多列数据使用同一个名称时，会造成数据透视表的字段混淆，后期无法分辨数据属性。有重复数据和重复字段的不规范数据源如图6-46所示。

图6-46 有重复数据和重复字段的不规范数据源

（4）数据格式要规范。不规范的数据格式会给数据透视表分析带来很多麻烦，关于数据格式规范可以回顾第4章的内容，复习如何设置数据格式。如图6-47所示，日期数据应该是【日期】格式，而非【文本】数据。

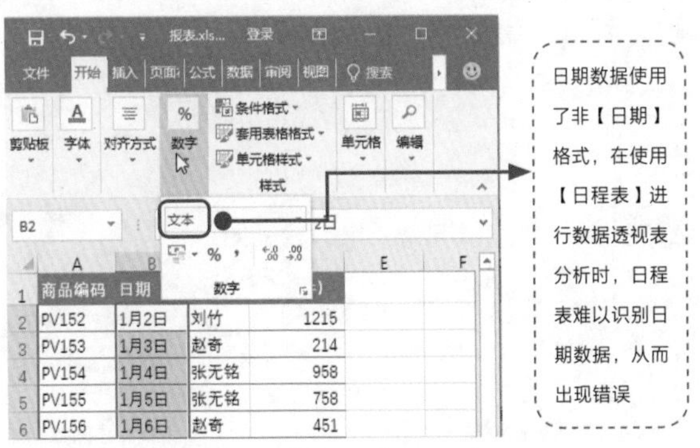

图6-47 【日期】格式错误的数据源

2 数据透视表创建方法

下面以“透视表创建.xlsx”文件为例，讲解如何快速创建数据透视表，具体操作方法如下。

Step1：创建数据透视表。如图6-48所示，❶选中表格中任意的数据单元格；❷单击【插入】选项卡下的【数据透视表】按钮。

Step2：设置数据透视表的创建参数。如图6-49所示，❶在打开的【创建数据透视表】对话框中，会默认选中表格中所有的数据区域，确定区域是否正确；❷如果正确，单击【确定】按钮。

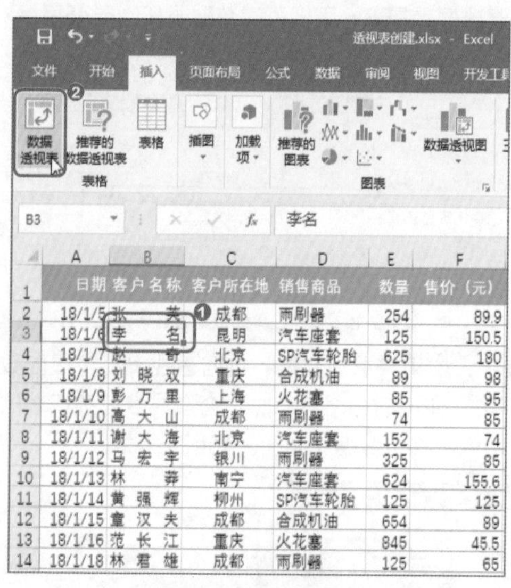

图6-48 创建数据透视表

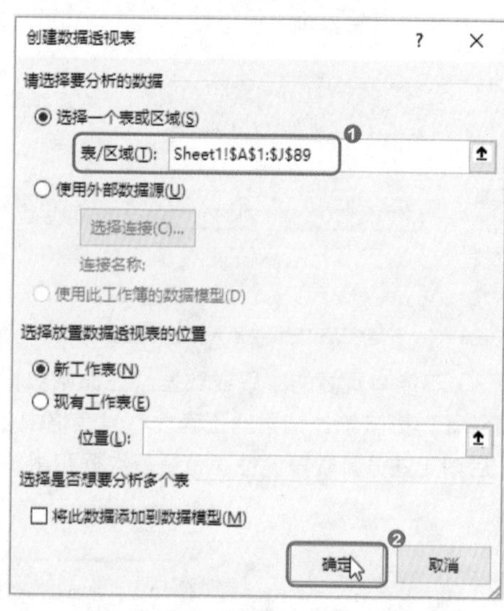

图6-49 设置数据透视表的创建参数

Step3：选择数据透视表字段。数据透视表创建成功后，需要手动选择要显示的透视表字段。勾选【日期】和【数量】字段，如图6-50所示。

Step4：查看创建的数据透视表。完成字段选择后，数据透视表结果如图6-51所示，显示了不同月份下的商品销售总数量。如果单击月份前面的⊞按钮，还可以展示该月具体日期下的商品销售数量。

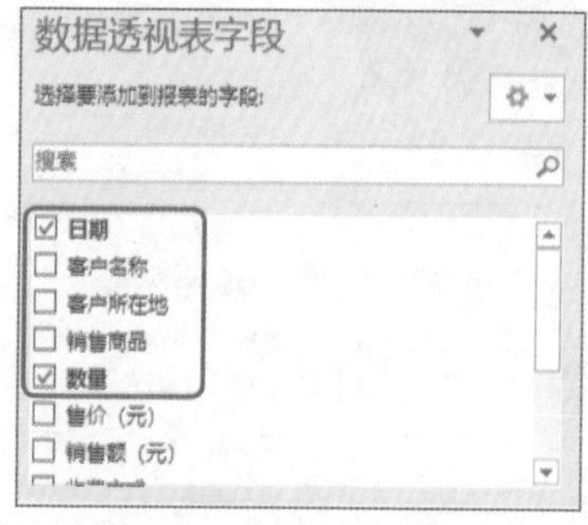

图6-50 选择数据透视表字段

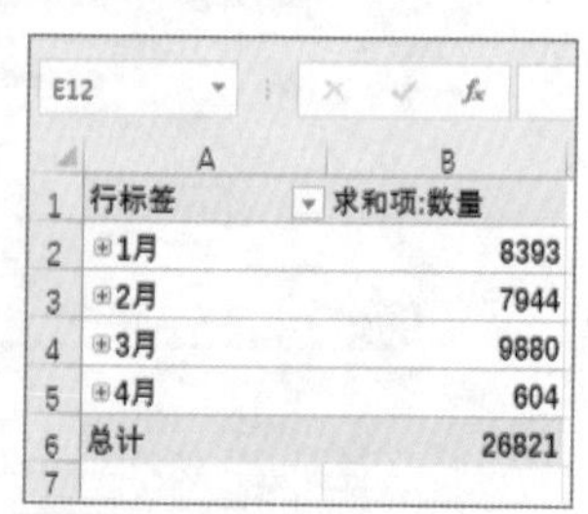

图6-51 查看创建的数据透视表

6.4.2 用两招灵活查看数据透视表

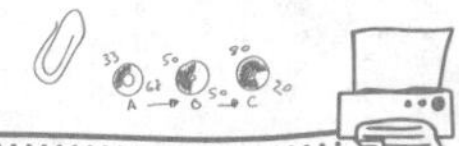

赵经理

小李，不错嘛，都会使用数据透视表了。你继续在这份订单数据表上分析一下不同商品的交易状态以及销售到不同地区的商品销量，看看哪些商品的退货率高、不同的商品分别在什么地区受欢迎。

小李

赵经理，请稍等，我先理一理您的要求。这又要分析商品的交易状态，还要分析地区和销量，可能需要建立多张数据透视表吧！

张姐，您快帮我看看，我是否需要用多张数据透视表来完成赵经理交给我的任务呢？

张姐

小李，你只要会选择字段以及改变字段位置，就可以完成任务啦。分析商品的交易状态，要选择【销售商品】【数量】【交易状态】；分析商品的销售地区，要选择【客户所在地】【销售商品】【数量】，再根据需要拖动字段的位置。数据透视表会根据字段设置，自动变化，无须另外建表。

下面以“透视表数据查看.xlsx”文件为例，讲解如何通过字段选择与位置改变来交互式查看数据透视表，具体操作方法如下。

Step1：选择字段。将报表中的数据创建成数据透视表后，勾选【销售商品】【数量】【交易状态】3个字段，如图6-52所示。

Step2：拖动字段位置。如图6-53所示，❶在下面的字段位置中选择【交易状态】字段；❷按住鼠标左键不放，将【交易状态】拖到【列】字段位置下。

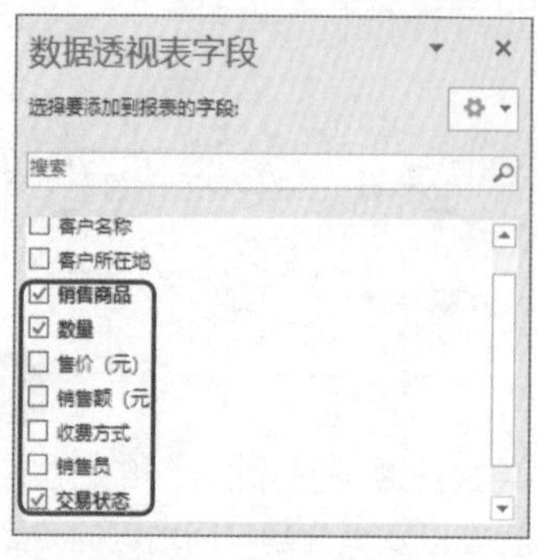

图6-52　选择字段（1）

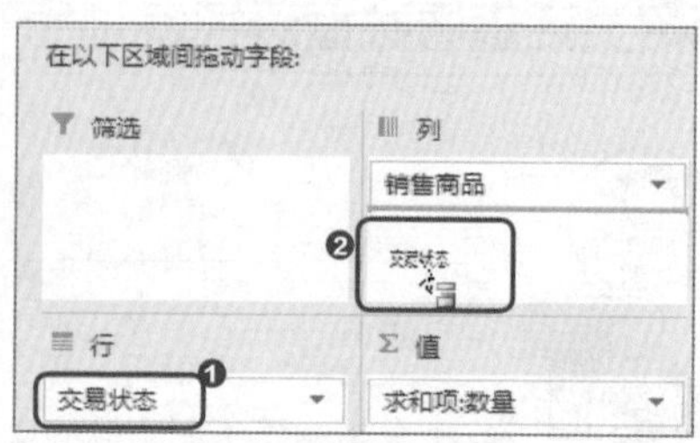

图6-53　拖动字段位置

Step3：完成字段设置。如图6-54所示，用拖动的方法，完成字段设置。【列】和【行】决定了字段的显示位置；【值】中的字段默认情况下是求和项，表示要对【值】中的字段进行求和计算；拖动到【筛选】中的字段可以进行数据筛选。

Step4：查看数据透视表。图6-55所示是根据字段选择和字段位置设置而显示的数据透视表结果，从中可以快速看出“火花塞”和“汽车座套”商品的退货量最高。

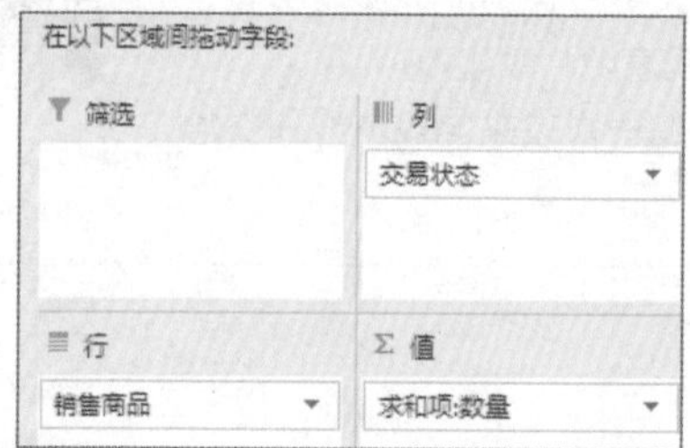

图6-54　完成字段设置

求和项:数量	列标签			
行标签	换货	退货	完成	总计
SP汽车轮胎		625	734	1359
合成机油	85	415	3088	3588
火花塞	152	956	4526	5634
汽车座套	1205	964	6331	8500
雨刷器	1621	250	5869	7740
总计	3063	3210	20548	26821

图6-55　查看数据透视表（1）

Step5：选择字段。接下来调整数据透视表，分析不同地区的销量情况。如图6-56所示，在【数据透视表字段】窗格中重新选择字段，勾选【客户所在地】【销售商品】【数量】3个字段。

Step6：调整字段位置。如图6-57所示，拖动调整字段位置。

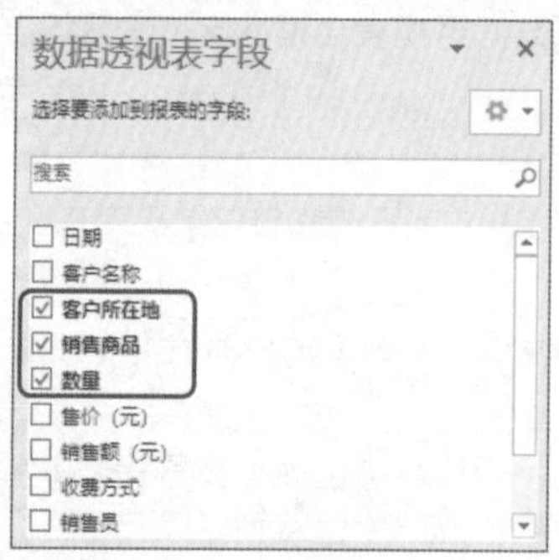

图6-56　选择字段（2）

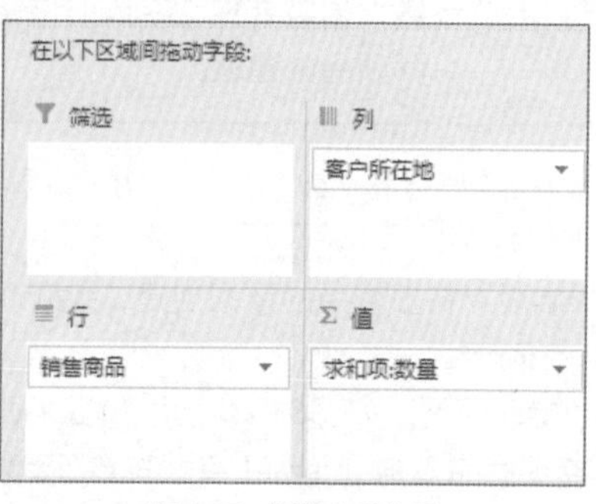

图6-57　调整字段位置

Step7：查看数据透视表。此时，便根据字段选择和字段位置重置数据透视表，改变了显示的数据，结果如图6-58所示。从数据透视表中可以快速分析出不同商品在不同地区的销量。例如，“SP汽车轮胎”商品在“北京”的销量最高，“合成机油”商品在“成都”的销量最高。

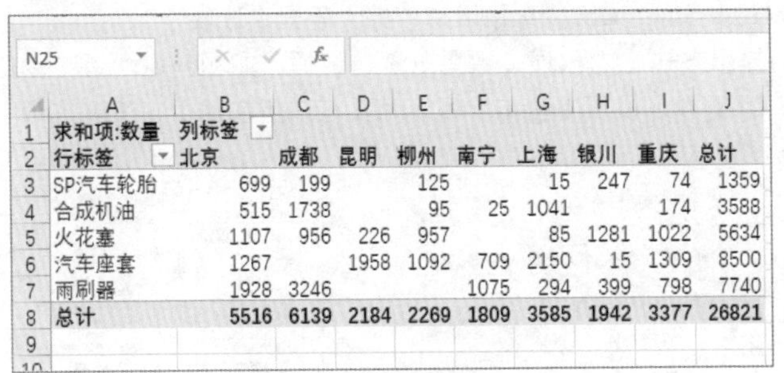

求和项:数量	列标签								
行标签	北京	成都	昆明	柳州	南宁	上海	银川	重庆	总计
SP汽车轮胎	699	199		125		15	247	74	1359
合成机油	515	1738		95	25	1041		174	3588
火花塞	1107	956	226	957		85	1281	1022	5634
汽车座套	1267		1958	1092	709	2150	15	1309	8500
雨刷器	1928	3246			1075	294	399	798	7740
总计	5516	6139	2184	2269	1809	3585	1942	3377	26821

图6-58 查看数据透视表（2）

6.4.3 更改值显示方式，数据透视表大变样

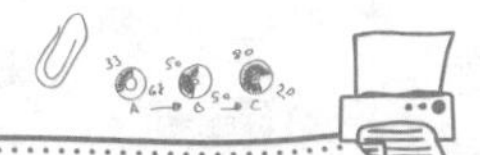

赵经理

小李，北京地区一直是我们的重点销售地区，你再分析一下我给你的订单数据表，看看其他地区的商品销量与北京地区的差距。

小李

赵经理，您放心，我已经思考出了分析思路：一种思路是计算其他地区的商品销量与北京地区的商品销量差值；另一种思路是计算其他地区的商品销量与北京地区的商品销量比值。两种思路均能以北京地区为基准，分析其他地区的销量。有了思路，我再去问问张姐，如何用数据透视表实现。

张姐

小李，你的思路完全正确！在数据透视表中，可以改变值的显示方式，以便从不同的方向分析数据。

在你的思路中，选择以【差异】的方式显示值，可以以北京地区的销量为基准，显示其他地区与北京地区的商品销量差异值。选择以【百分比】的方式显示值，可以显示其他地区与北京地区的商品销量百分比值，这样就可以轻松分析地区销售情况了。

下面以“商品销量波动分析.xlsx”文件为例，通过改变数据透视表的值显示方式，分析其他地区与“北京”地区的销量差距，具体操作方法如下。

Step1：选择【差异】值显示方式。如图6-59所示，❶右击数据透视表中的单元格；❷从弹出的快捷菜单中选择【值显示方式】选项；❸选择级联菜单中的【差异】选项。

Step2：设置【值显示方式（求和项：数量）】对话框。如图6-60所示，❶在弹出的【值显示方式（求和项：数量）】对话框中，设置【基本字段】为【客户所在地】，【基本项】为【北京】，表示以北京地区的数据为基准；❷单击【确定】按钮。

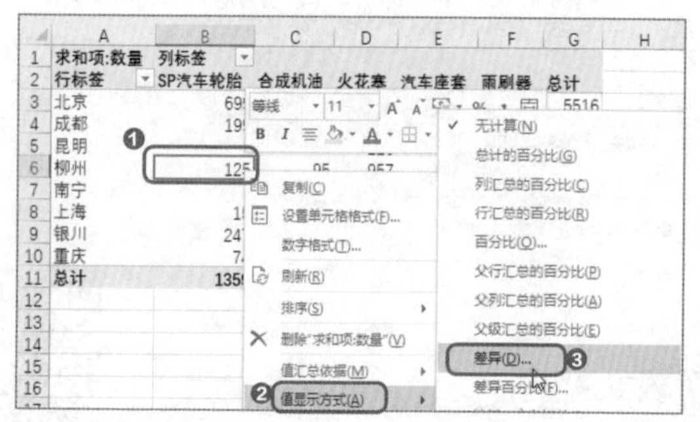

图6-59　选择【差异】值显示方式

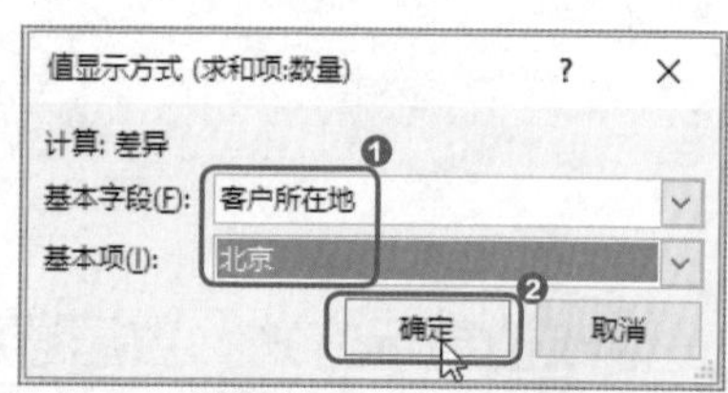

图6-60　设置【值显示方式（求和项：数量）】对话框（1）

Step3：以差异的值显示方式查看数据。此时，数据透视表中的数据显示方式发生了改变，如图6-61所示。从数据透视表中可以轻松分析各地区销量与北京地区销量的差异值，如“SP汽车轮胎”商品“昆明”地区的销量比“北京”地区少699件，而“汽车座套”商品“昆明”地区的销量比“北京”地区多691件。

Step4：选择【百分比】值显示方式。如图6-62所示，❶右击数据透视表中的单元格，从弹出的快捷菜单中选择【值显示方式】选项；❷选择级联菜单中的【百分比】选项。

	A	B	C	D	E	F	G
1	求和项:数量	列标签					
2	行标签	SP汽车轮胎	合成机油	火花塞	汽车座套	雨刷器	总计
3	北京						
4	成都	-500	1223	-151	-1267	1318	623
5	昆明	-699	-515	-881	691	-1928	-3332
6	柳州	-574	-420	-150	-175	-1928	-3247
7	南宁	-699	-490	-1107	-558	-853	-3707
8	上海	-684	526	-1022	883	-1634	-1931
9	银川	-452	-515	174	-1252	-1529	-3574
10	重庆	-625	-341	-85	42	-1130	-2139
11	总计						

图6-61　以差异的值显示方式查看数据

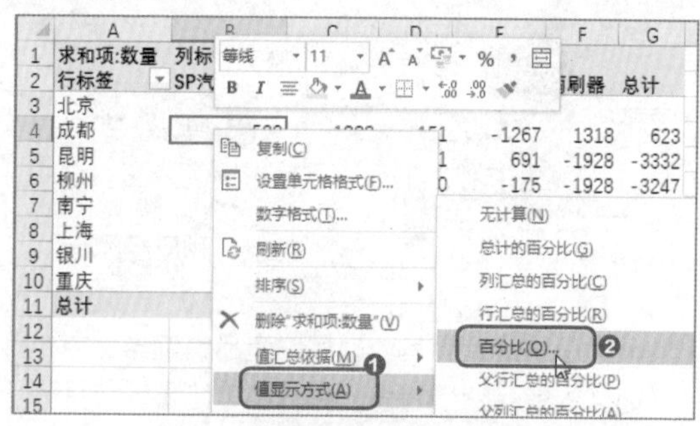

图6-62　选择【百分比】值显示方式

Step5：设置【值显示方式（求和项：数量）】对话框。如图6-63所示，❶在弹出的【值显示方式（求和项：数量）】对话框中，设置【基本字段】为【客户所在地】，【基本项】为【北京】，表示以北京地区的数据为基准；❷单击【确定】按钮。

Step6：以百分比的值显示方式查看数据。如图6-64所示，从数据透视表中可以看到各地区与“北京”地区的销量比值。例如，销售“SP汽车轮胎”商品时，“成都”地区的销量是“北京”地区的28.47%。显示“#NULL！”的数据可以不用管，这说明这个地区没有销量数据。

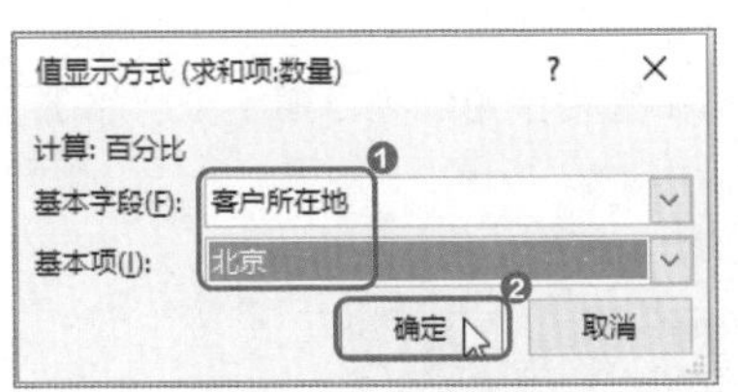

图6-63　设置【值显示方式（求和项：数量）】对话框（2）

	A	B	C	D	E	F	G
1	求和项:数量	列标签					
2	行标签	SP汽车轮胎	合成机油	火花塞	汽车座套	雨刷器	总计
3	北京	100.00%	100.00%	100.00%	100.00%	100.00%	100.00%
4	成都	28.47%	337.48%	86.36%	#NULL!	168.36%	111.29%
5	昆明	#NULL!	#NULL!	20.42%	154.54%	#NULL!	39.59%
6	柳州	17.88%	18.45%	86.45%	86.19%	#NULL!	41.13%
7	南宁	#NULL!	4.85%	#NULL!	55.96%	55.76%	32.80%
8	上海	2.15%	202.14%	7.68%	169.69%	15.25%	64.99%
9	银川	35.34%	#NULL!	115.72%	1.18%	20.70%	35.21%
10	重庆	10.59%	33.79%	92.32%	103.31%	41.39%	61.22%
11	总计						

图6-64　以百分比的值显示方式查看数据

6.4.4 数据透视表两大神器这样用

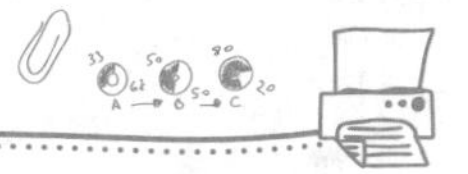

赵经理

小李，你对数据透视表的使用越来越熟练。这样吧，明天的会议上，由你进行数据汇报。我给你一张包含2018年3~6月的商品销售数据，你将其制作成数据透视表。在会议上，针对4月的销售数据进行重点汇报；然后对“火花塞”商品的销量和销售额进行重点展示、再分析销往“北京”地区的“火花塞”商品数据，以及销售员为“张高强”时，该商品的销售表现。

小李

赵经理，我明白您的意思，也就是说，我需要在会议上将数据透视表不同方面的数据筛选出来进行展示。除了数据筛选外，我得去请教张姐，有没有更方便的数据动态展示方法。

张姐

小李，对数据透视表进行数据筛选和动态展示数据，最方便的方法是使用日程表和切片器。赵经理给你的任务，换种说法，就是筛选出4月的商品数据，筛选出“火花塞”数据，筛选出“北京”地区的“火花塞”数据，筛选出“张高强”销售员在“北京”地区的“火花塞”数据。

1 使用日程表

在数据透视表中可以使用日程表快速、轻松地选择不同的时间段，从而筛选出不同时间段下的数据。日程表能以年、季度、月、日为时间单位进行筛选。下面以“用日程表分析透视表.xlsx”文件为例，讲解如何使用日程表分析数据透视表，具体操作方法如下。

Step1：选择字段。如图6-65所示，在【数据透视表字段】窗格中勾选【日期】【产品】【销量（件）】【销售额（元）】字段。

Step2：设置字段。调整字段的位置，如图6-66所示。

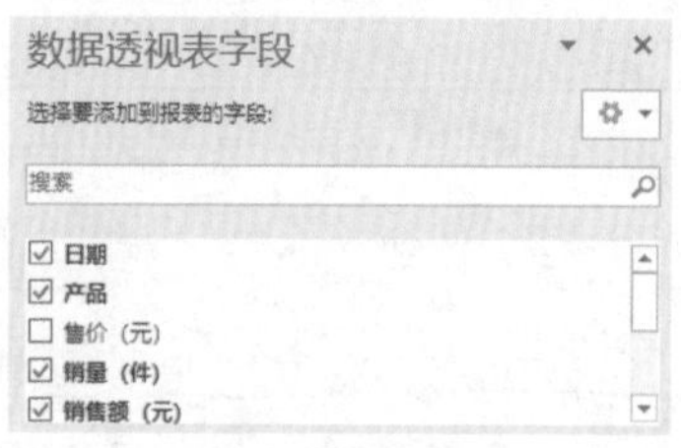

图6-65 选择字段

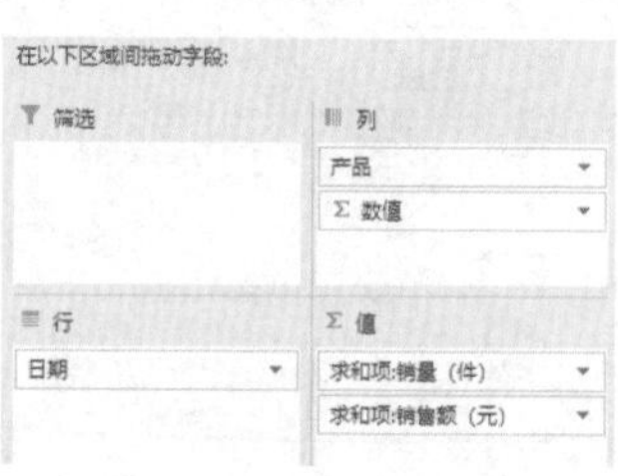

图6-66 设置字段

Step3：查看透视表。此时，数据透视表如图6-67所示，其中显示了3~6月不同产品的销量和销售额数据。

	A	B	C	D	E	F	G
1		列标签					
2		SO汽车轮胎		合成机油		火花塞	
3	行标签	求和项:销量（件）	求和项:销售额（元）	求和项:销量（件）	求和项:销售额（元）	求和项:销量（件）	求和项:销售额（元）
4	3月1日						
5	3月2日						
6	3月3日	180	112500				
7	3月4日			98	8722		
8	3月5日			124	11780	95	8075
9	3月6日						
10	3月7日						
11	3月8日						
12	3月9日						
13	3月10日	125	15625				

图6-67 查看透视表

Step4：打开日程表。如图6-68所示，单击【数据透视表工具—分析】选项卡下的【筛选】组中的【插入日程表】按钮。

Step5：勾选【日期】复选框。如图6-69所示，❶在打开的【插入日程表】对话框中勾选【日期】复选框；❷单击【确定】按钮。

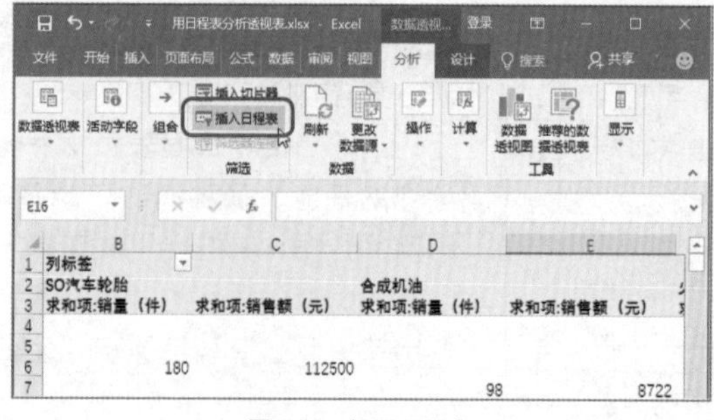

图6-68 打开日程表

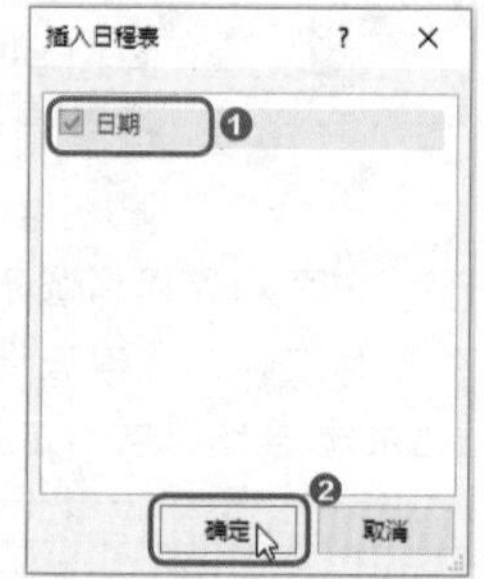

图6-69 勾选【日期】复选框

Step6：进行日期筛选。如图6-70所示，在打开的【日期】筛选器中选择2018年4月。

Step7：查看经过日期筛选的数据透视表。此时，在数据透视表中已成功地将4月的数据筛选出来，如图6-71所示。

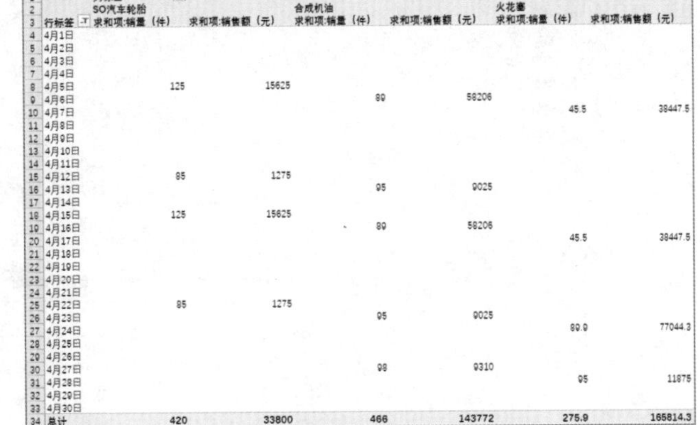

行标签	SO汽车轮胎 求和项:销量（件）	求和项:销售额（元）	合成机油 求和项:销量（件）	求和项:销售额（元）	火花塞 求和项:销量（件）	求和项:销售额（元）
4月1日						
4月2日						
4月3日						
4月4日						
4月5日	125	15625				
4月6日			89	58206		
4月7日					45.5	38447.5
4月8日						
4月9日						
4月10日						
4月11日						
4月12日	85	1275				
4月13日			95	9025		
4月14日						
4月15日	125	15625				
4月16日			89	58206		
4月17日					45.5	38447.5
4月18日						
4月19日						
4月20日						
4月21日						
4月22日	85	1275				
4月23日			95	9025		
4月24日					89.9	77044.3
4月25日						
4月26日						
4月27日			98	9310		
4月28日					95	11875
4月29日						
4月30日						
总计	420	33800	466	143772	275.9	165814.3

日期

2018年4月 月

2018

3月 4月 5月 6月 7月 8月

图6-70 进行日期筛选

图6-71 查看经过日期筛选的数据透视表

Step8：以【日】的方式进行数据筛选。如图6-72所示，❶选择【日】的筛选方式；❷选择某一天，此时数据透视表中将显示选中日期的数据。

Step9：清除日期筛选。完成日期筛选后，单击筛选器右上角的【清除筛选器】按钮，如图6-73所示，即可清除日期筛选，显示所有日期和数据。

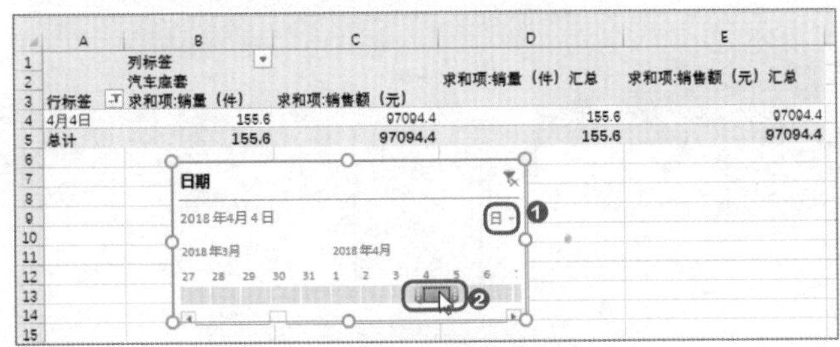

行标签	列标签 汽车座套 求和项:销量（件）	求和项:销售额（元）	求和项:销量（件）汇总	求和项:销售额（元）汇总
4月4日	155.6	97094.4	155.6	97094.4
总计	155.6	97094.4	155.6	97094.4

图6-72 以【日】的方式进行数据筛选

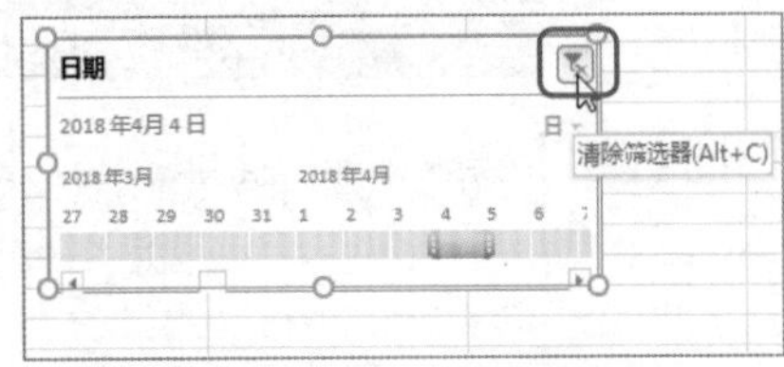

图6-73 清除日期筛选

2 使用切片器

切片器的原理和日程表类似，只不过切片器可以对各字段数据进行筛选，以便让数据透视表动态灵活地展示数据。下面以"用切片器分析透视表.xlsx"文件为例，讲解如何使用切片器分析数据透视表，具体操作方法如下。

Step1：选择字段。根据筛选需求，重新设置数据透视表。如图6-74所示，选择与筛选需求相关的字段。

Step2：设置字段。对各字段区域进行设置，如图6-75所示。

Step3：查看数据透视表。数据透视表效果如图6-76所示，其中显示了不同商品在不同地区的销量和销售额数据，以及不同销售员销售不同商品的销量和销售额数据。

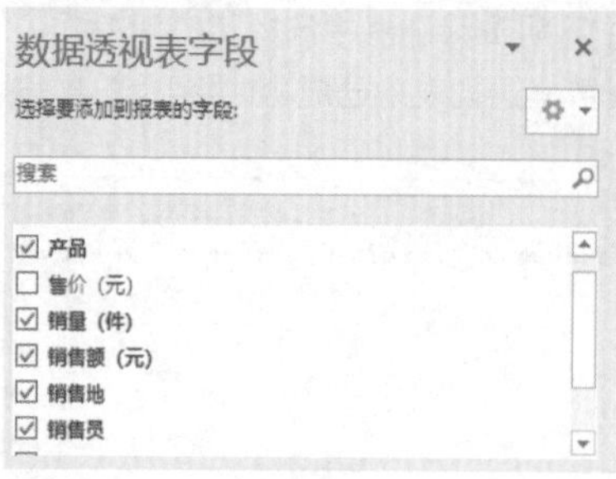

图6-74　选择字段

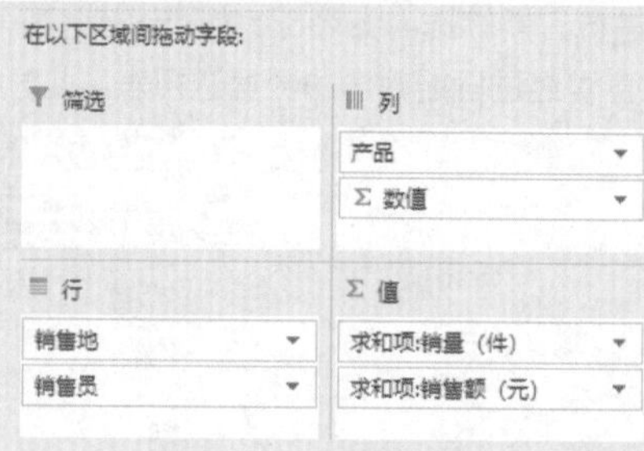

图6-75　设置字段

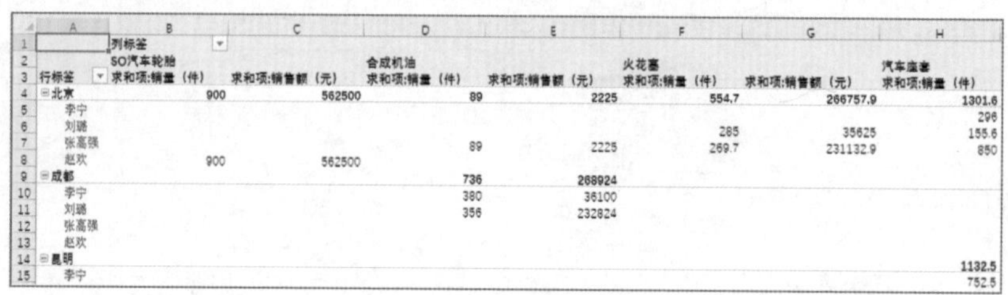

	A	B	C	D	E	F	G	H
1		列标签						
2		SO汽车轮胎		合成机油		火花塞		汽车座套
3	行标签	求和项:销量（件）	求和项:销售额（元）	求和项:销量（件）	求和项:销售额（元）	求和项:销量（件）	求和项:销售额（元）	求和项:销量（件）
4	⊟北京	900	562500	89	2225	554.7	266757.9	1301.6
5	李宁							296
6	刘璐					285	35625	155.6
7	张高强			89	2225	269.7	231132.9	850
8	赵欢	900	562500					
9	⊟成都			736	268924			
10	李宁			380	36100			
11	刘璐			356	232824			
12	张高强							
13	赵欢							
14	⊟昆明							1132.5
15	李宁							752.5

图6-76　查看数据透视表

Step4：打开切片器。如图6-77所示，单击【数据透视表工具—分析】选项卡下的【筛选】组中的【插入切片器】按钮。

Step5：选择需要筛选的字段。如图6-78所示，❶在打开的【插入切片器】对话框中勾选与筛选需求相关的字段；❷单击【确定】按钮。

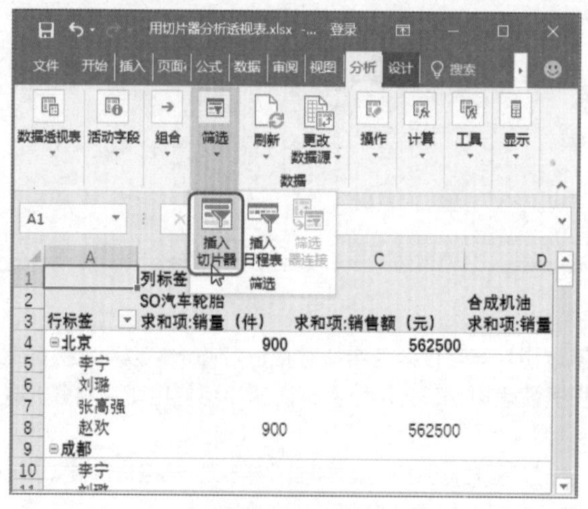

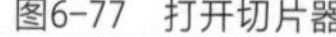

图6-77　打开切片器

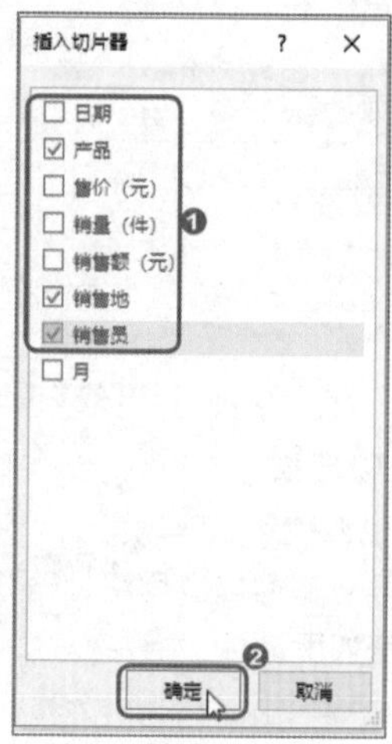

图6-78　选择需要筛选的字段

Step6：筛选和查看“火花塞”商品数据。如图6-79所示，此时出现3个切片器。在【产品】切片器中单击“火花塞”商品名称，便可在数据透视表中将“火花塞”商品数据筛选出来，如图6-80所示。

图6-79　筛选“火花塞”商品数据

	A	B	C	D	E
1		列标签			
2		火花塞		求和项:销量（件）汇总	求和项:销售额（元）汇总
3	行标签	求和项:销量（件）	求和项:销售额（元）		
4	⊟北京	**554.7**	**266757.9**	**554.7**	**266757.9**
5	刘璐	285	35625	285	35625
6	张高强	269.7	231132.9	269.7	231132.9
7	⊟柳州	**45.5**	**43543.5**	**45.5**	**43543.5**
8	李宁	45.5	43543.5	45.5	43543.5
9	⊟上海	**475**	**40375**	**475**	**40375**
10	李宁	475	40375	475	40375
11	⊟重庆	**182**	**153790**	**182**	**153790**
12	赵欢	182	153790	182	153790
13	总计	**1257.2**	**504466.4**	**1257.2**	**504466.4**

图6-80　查看“火花塞”商品数据

Step7：筛选和查看“北京”地区数据。如图6-81所示，在【销售地】切片器中单击“北京”地区名称，便可在数据透视表中筛选出“北京”地区的“火花塞”商品数据，如图6-82所示。

图6-81　筛选“北京”地区数据

	A	B	C	D	E
1		列标签			
2		火花塞		求和项:销量（件）汇总	求和项:销售额（元）汇总
3	行标签	求和项:销量（件）	求和项:销售额（元）		
4	⊟北京	**554.7**	**266757.9**	**554.7**	**266757.9**
5	刘璐	285	35625	285	35625
6	张高强	269.7	231132.9	269.7	231132.9
7	总计	**554.7**	**266757.9**	**554.7**	**266757.9**

图6-82　查看“北京”地区数据

Step8：筛选和查看“张高强”销售员数据。如图6-83所示，在【销售员】切片器中单击“张高强”销售员名称，便可在数据透视表中筛选出“张高强”销售员在“北京”地区的“火花塞”商品数据，如图6-84所示。

Step9：清除筛选数据。如果想清除筛选数据，需要依次单击切片器中的【清除筛选器】按钮。单击【销售地】切片器中的【清除筛选器】按钮可以清除销售地的筛选，如图6-85所示。单击【销售员】切片器中的【清除筛选器】按钮可以清除销售员的筛选，如图6-86所示。

图6-83 筛选“张高强”销售员数据

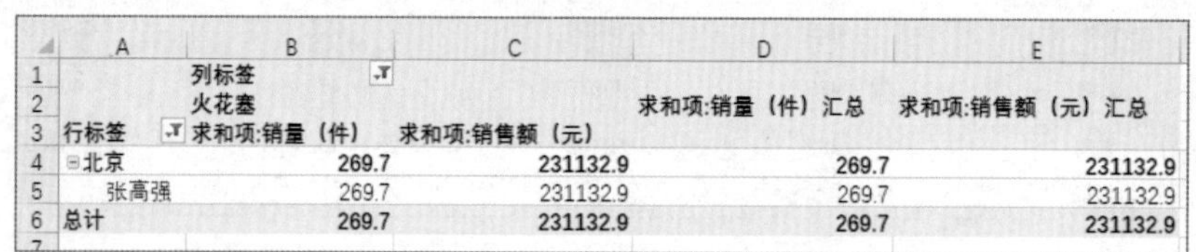

	A	B	C	D	E
1		列标签			
2		火花塞		求和项:销量（件）汇总	求和项:销售额（元）汇总
3	行标签	求和项:销量（件）	求和项:销售额（元）		
4	⊟北京	269.7	231132.9	269.7	231132.9
5	张高强	269.7	231132.9	269.7	231132.9
6	总计	269.7	231132.9	269.7	231132.9

图6-84 查看“张高强”销售员数据

图6-85 清除销售地的筛选

图6-86 清除销售员的筛选

技能升级

使用切片器进行数据筛选时，可以同时选择多项筛选条件。其方法是单击某切片器右上方的【多选】按钮，此时就可以在切片器中选择多项筛选条件了，如同时选择“北京”和“上海”地区。

6.4.5 用数据透视图做完美数据汇报

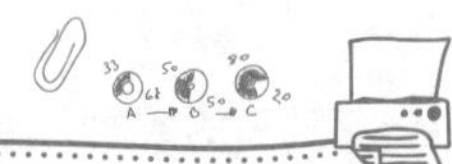

小李

张姐，上次在您的指点下我用日程表和切片器进行了数据透视表的数据动态演示，效果不错。但是数据透视表表格中的数据太抽象了，不能形象地体现出数据特征。我是否可以将数据透视表数据做成图表进行展示呢？

张姐

小李，当然可以啦。在数据透视表中创建的图表叫数据透视图，与普通图表不同，数据透视图自带【筛选】功能，可以动态展示图表数据。

下面以"透视图动态展示数据.xlsx"文件为例，讲解如何将数据透视表中的数据通过数据透视图动态地展示，具体操作方法如下。

Step1：选择图表类型。如图6-87所示，选中数据透视表中任意有数据的单元格，在【插入】选项卡下选择一种图表，如这里选择【簇状柱形图】。此时，就可以根据数据透视表中的数据创建透视图。

Step2：打开商品筛选窗口。在数据透视图中，根据数据透视表中的数据，提供了筛选按钮。如图6-88所示，这里需要进行商品筛选，单击【销售商品】下拉按钮。

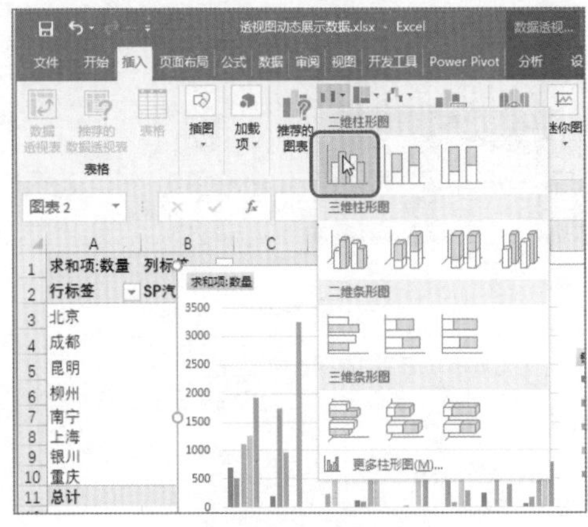

图6-87　选择图表类型

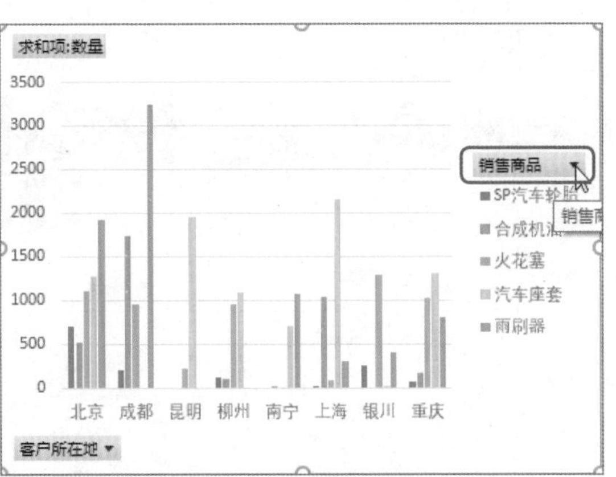

图6-88　打开商品筛选窗口

Step3：选择商品。如图6-89所示，❶在弹出的商品筛选下拉面板中勾选【合成机油】复选框；❷单击【确定】按钮。

Step4：查看经过筛选后的数据透视图。如图6-90所示，此时数据透视图中仅显示了“合成机油”商品的数据图表，方便分析该商品在不同城市的销量情况。

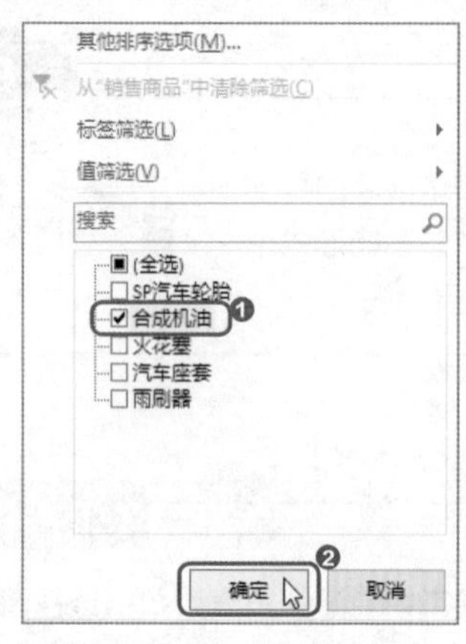

图6-89　选择商品

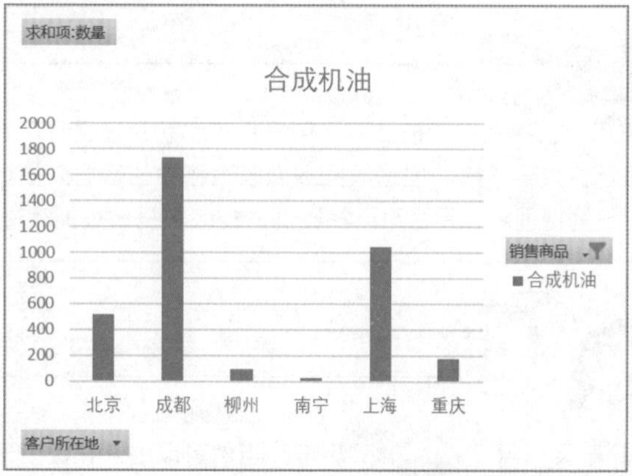

图6-90　查看经过筛选后的数据透视图

Step5：清除筛选。如图6-91所示，再次单击【销售商品】下拉按钮，选择【从“销售商品”中清除筛选】选项，就可以清除商品类型的筛选。

Step6：查看经过城市筛选后的数据透视图。使用同样的方法，单击【客户所在地】下拉按钮，选择【北京】和【上海】两个城市，结果如图6-92所示，此时就可以单独对比分析这两个城市的销售情况。

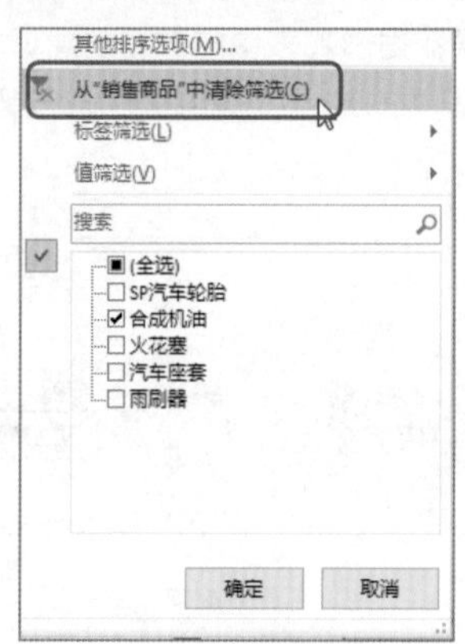

图6-91　清除筛选

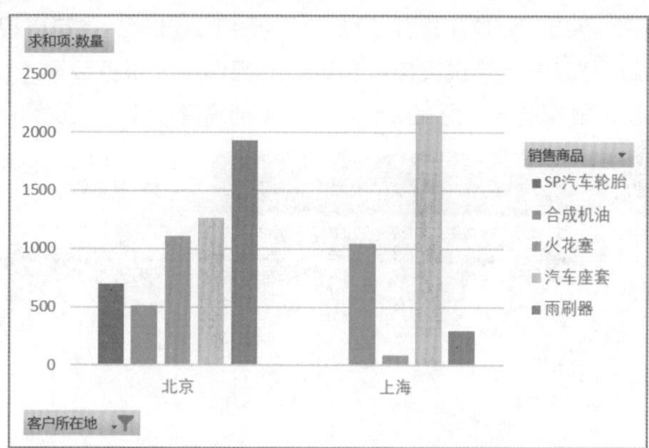

图6-92　查看经过城市筛选后的数据透视图

CHAPTER 7

数据展现：稳准狠做专业图表

在这个信息爆炸的时代，要想快速发现数据中的有用信息，就要学会数据可视化。随着我对Excel的认知加深，我发现真正的高手不会只满足于数据的正确性，而会更追求数据的可读性。

在赵经理的严格要求下，我开始尝试将表格数据做成图表。一开始，Excel中的几十种图表让我犯了选择困难症。好不容易学会了选择图表，我却总是在建表时出错。还好有张姐的耐心指导，帮我打开了图表世界的大门。

在信息时代，数据展现越来越重要。纵观网络上各类图表层出不穷、Excel新版本的图表类型不断增加，就可以知道，人们对图表的需求越来越大。

Excel图表对很多人来说是个大难题。大难题是由许多小问题组成的，那些无法制作出美观图表的人，往往是碰到一个小问题就放弃。例如，选择不了合适的图表，放弃；图表数据与原始数据不同，放弃……

向小李学习，一点一点攻克图表难题。将手中枯燥的数字变成美观有趣的图表，不仅可以帮助自己完成数据分析，还可以让他人更方便地读取数据。

7.1 图表创建指南

Excel创建图表与Word和PowerPoint创建图表不同。Excel创建图表，要求先在表格中输入数据，选择数据后再选择图表。而Word和PowerPoint则可以先选择图表，再根据数据模板编辑数据。因此，用Excel创建图表，更容易出错。不过只要学会图表选择方法以及图表编辑方法，正确创建图表并不难。

7.1.1 图表创建不再犯选择困难症

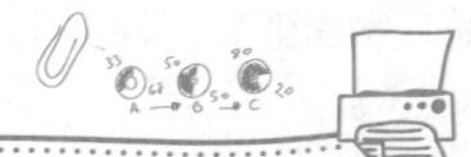

赵经理

小李，上周我们的6款重点商品销量数据已经统计出来了。你将数据做成图表并打印出来，放到我的会议资料中。

小李

张姐，我知道Excel创建图表的方法是先选中数据再选择图表。可是数据我有了，这么几十种图表，我应该选择哪一种呢？我第一次做图表，还请您多多帮助呀！

张姐

小李，你能思考图表选择问题，说明你是个谨慎的人。图表选择是制作图表的第一步，选择错误类型的图表，后面的工作做得再完美也是徒劳。在Excel 2016中提供了15种图表类型，每种类型下又细分为1~7种类型。不同类型的图表有不同的特点，一定要仔细甄别。

首先，你可以根据系统推荐的图表进行选择；其次，你可以根据展示目的，结合数据特点选择图表；如果对图表确实很陌生，那么可以选择Excel 2016根据数据特征推荐的图表，降低图表选择的错误率。

1 根据展示目的选择图表

如果对图表类型较为熟悉，知道不同的展示目的应该如何选择图表，可以直接创建图表，提高图表的制作效率。

使用图表展示数据的主要目的有4种：①比较数据，如比较不同商品的销量大小、比较不同时间段

商品的销售趋势；②展示数据分布，如展示客户消费水平的数据分布；③展示数据构成，如展示固定时间段内，不同商品的销售额如何构成了总销售额；④展示数据联系，如展示一个变量随着另一个变量变化的值。

图7-1所示是可视化专家Andrew Abela整理出来的基于4大展示目的的图表选择方向。

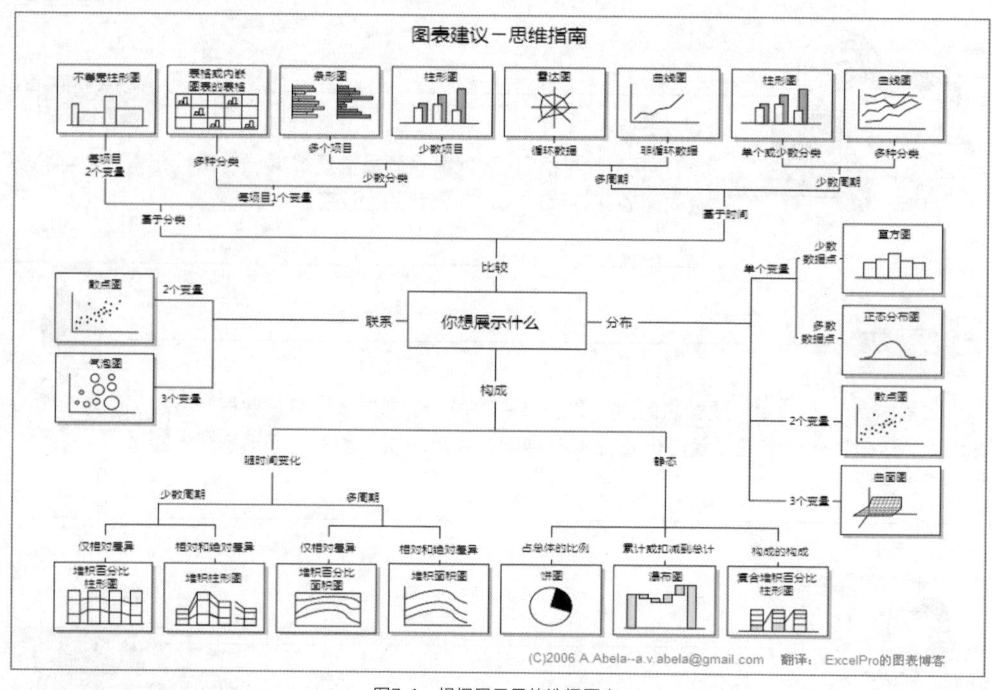

图7-1 根据展示目的选择图表

温馨提示

Excel的图表种类丰富，为了保证图表选择不出错，应该知道一些图表选择常识。体现数据大小对比，选择柱形图或条形图，当数据名称较长时选择条形图，数据名称较短时选择柱形图；体现数据趋势，选择折线图；体现数据比例，选择饼图；体现2个变量数据，选择散点图；体现3个变量数据，选择气泡图；既体现数据趋势又体现数据总量变化，选择面积图；寻找数据的最佳组合，选择曲面图。

2 使用系统推荐的图表

当图表新手对图表了解不多，并且时间紧张的情况下，可以直接选择系统推荐的图表。系统推荐的图表是Excel 2016增加的新功能，系统会根据表格中的数据特征推荐1种或多种图表。每一种推荐的图表均会显示预览图和图表使用说明，这能帮助图表创建者选择最为理想的图表类型。

下面以“商品销量对比图.xlsx”文件为例，讲解如何通过系统推荐的图表快速创建商品销量展示图，具体操作方法如下。

Step1：单击【推荐的图表】按钮。如图7-2所示，❶选中需要创建成图表的表格数据；❷单击【插入】选项卡下的【图表】组中的【推荐的图表】按钮。

Step2：选择推荐的图表。如图7-3所示，❶在弹出的【插入图表】对话框中选择【推荐的图表】选项卡，在左侧的列表框中选择推荐的图表进行查看；❷通过预览推荐的图表和图表说明，确定这是符合需求的图表后，单击【确定】按钮。

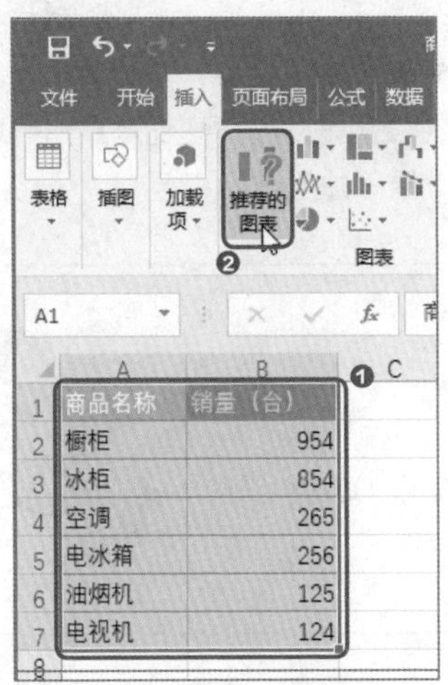

图7-2 单击【推荐的图表】按钮

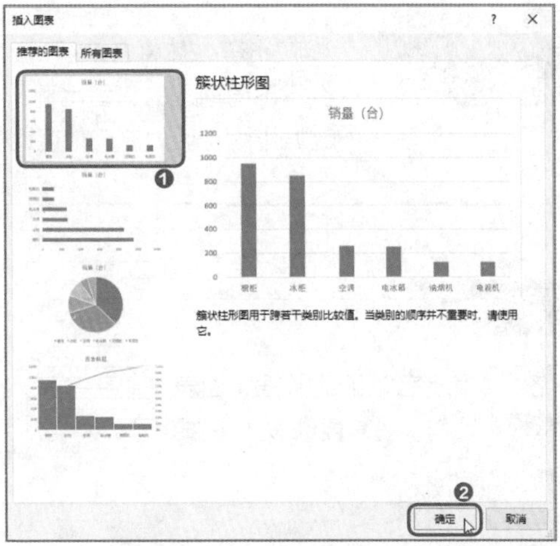

插入图表

推荐的图表 所有图表

簇状柱形图

销量（台）

簇状柱形图用于跨若干类别比较值。当类别的顺序并不重要时，请使用它。

确定 取消

图7-3 选择推荐的图表

Step3：查看创建成功的图表。图7-4所示是根据数据源和推荐的图表样式创建成功的图表。

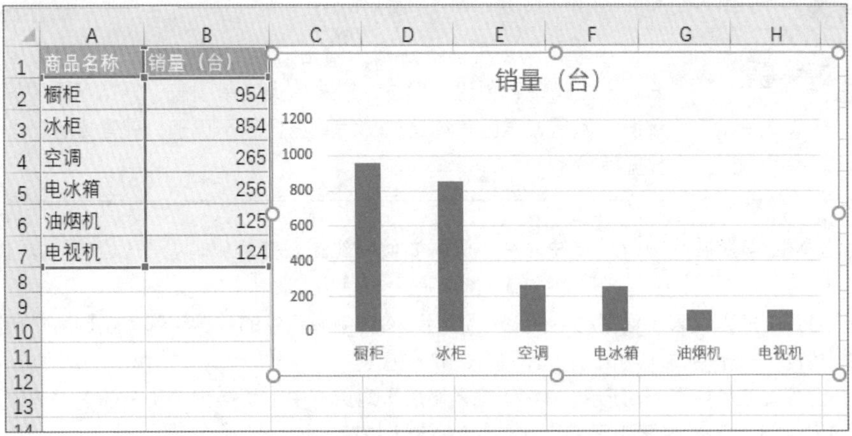

商品名称	销量（台）
橱柜	954
冰柜	854
空调	265
电冰箱	256
油烟机	125
电视机	124

销量（台）

图7-4 查看创建成功的图表

7.1.2 三步实现图表的创建与编辑

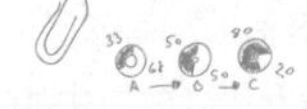

赵经理

小李，你将各地区1~7月的销售数据统计出来，我需要查看不同月份下不同地区的销售比例。不过你在做图表时，需要把“广州”地区的数据排除，因为这个地区比较例外，要单独考虑。

小李

表格中要统计各地区的数据，图表中却要排除“广州”地区的数据。这种“非常规”操作，看来要请教一下张姐了。

张姐

小李，图表创建的正确步骤是选择数据→选择图表→编辑图表数据。一般来说，创建柱形图、饼图这类简单图表，通常不需要编辑图表数据。但是如果图表创建成功后数据显示不正确，就需要进行图表原始数据编辑了。

下面以“地区销量展示.xlsx”文件为例，讲解如何创建图表并编辑调整图表数据，具体操作方法如下。

Step1：打开【插入图表】对话框。如图7-5所示，❶选中表格中的数据；❷单击【插入】选项卡下的【图表】组中的对话框启动器按钮。

Step2：选择图表。如图7-6所示，❶在【插入图表】对话框中，切换到【所有图表】选项卡下；❷选择【柱形图】中的【堆积柱形图】图表；❸单击【确定】按钮。

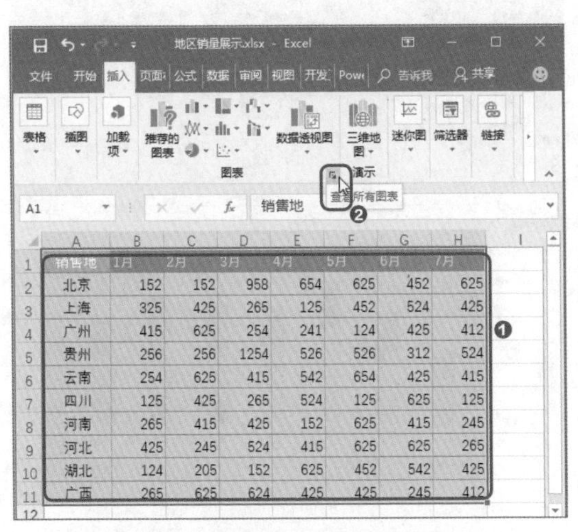

图7-5　打开【插入图表】对话框

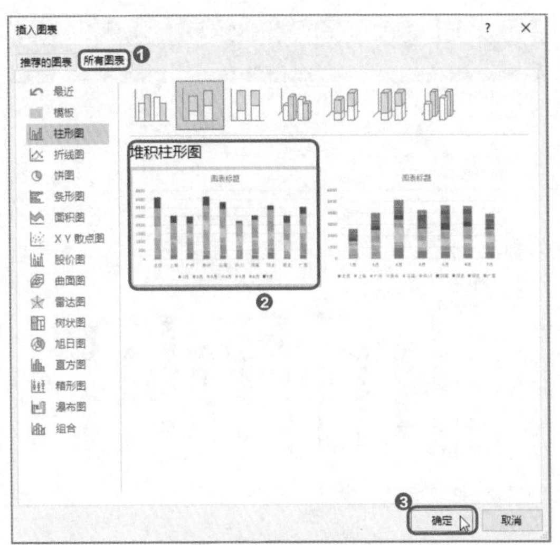

图7-6　选择图表

温馨提示

在本例中，还可以按住Ctrl键，选中A1:H3单元格区域和A5:H11单元格区域，再选择图表，这样就可以排除“广州”地区数据创建图表。

Step3：切换行和列。完成图表创建后，图表的X轴显示的是地区，而这里需要X轴显示时间，因此需要切换行和列。如图7-7所示，单击【图表工具—设计】选项卡下的【数据】组中的【切换行/列】按钮，即可调整X轴显示为时间。

Step4：打开【选择数据源】对话框。接下来，需要调整图表的数据源，取消选择“广州”地区的数据。如图7-8所示，单击【图表工具—设计】选项卡下的【数据】组中的【选择数据】按钮。

Step5：编辑数据源。在弹出的【选择数据源】对话框中，可以重新选择图表的数据源，设置图表各部分的数据。如图7-9所示，❶取消勾选【广州】复选框；❷单击【确定】按钮。

Step6：查看图表数据。如图7-10所示，此时就完成了图表制作，图表中没有显示“广州”地区的数据。

图7-7　切换行和列

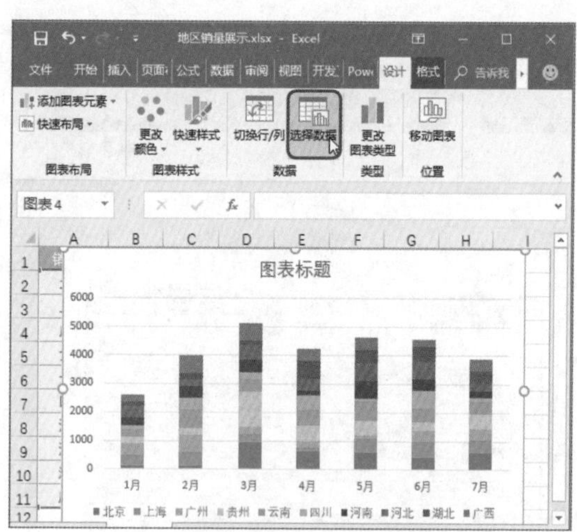

图7-8　打开【选择数据源】对话框

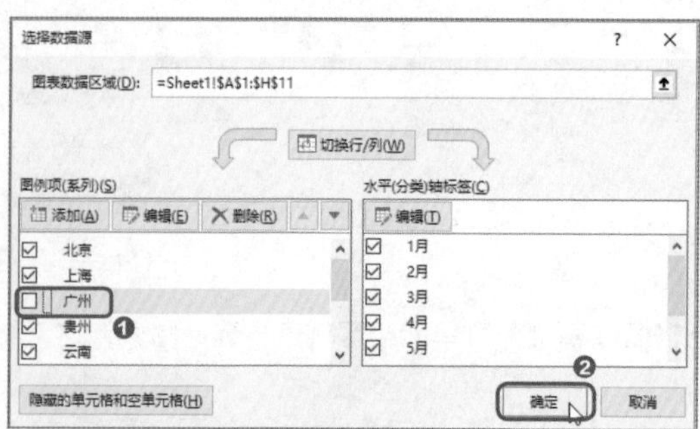

图7-9　编辑数据源

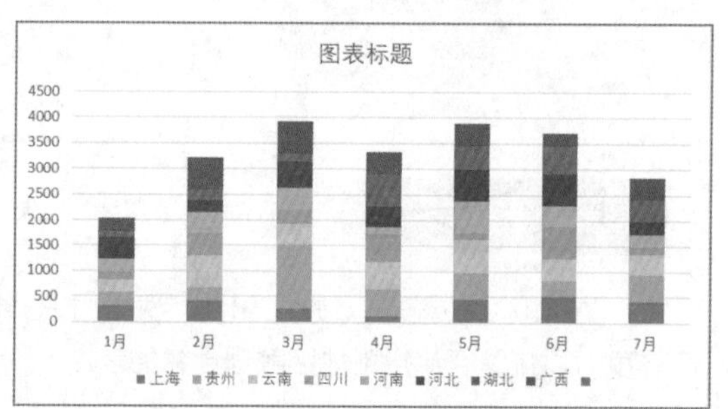

图7-10　查看图表数据

7.1.3 彻底明白什么是图表布局

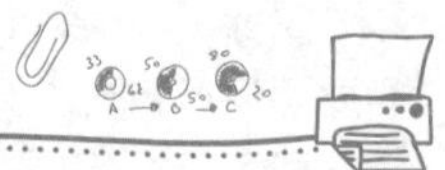

赵经理

小李，你现在已经能正确使用图表展示数据了。可是，你的图表不够美观，且布局老套。你应该根据展示需要，为数据量身定制图表。尤其是以后外出谈项目，你的图表水平一定不能差！

小李

赵经理，我也一直觉得自己做的图表太普通了，我一定会在这方面多下功夫。

张姐，我有个疑问，为什么别人做出来的图表就那么美观？那些美观又个性化的图表，真的可以用Excel做出来吗？

张姐

小李，不要小看Excel工具呢！很多人以为Excel做不出个性化的图表，其实是因为这些人不会搭配图表布局，也不会编辑每一项布局元素。

图表是由一个个布局元素构成的，如标题、坐标轴、数据标签等。根据数据展示目的的不同，图表布局元素的形式也有所不同。例如，想重点体现柱形图中销量最大的产品，可以为该产品添加【数据标签】布局元素，用具体数字引起观众注意。

让Excel提供的图表变得与众不同，其秘诀就在于修改图表布局元素的格式。将折线变成曲线、将网络实线变成虚线……布局元素格式的改变，会让图表发生巨大的变化，从而更好地体现数据，在视觉上更具差异性。

1 掌握布局元素的基本设置方法

要想合理设置图表的布局，就需要明白如何改变图表布局元素的种类、如何编辑布局元素。

增加图表布局元素的方法是选中图表，单击【图表工具—设计】选项卡下的【添加图表元素】按钮，从菜单中可以自由选择布局元素，还可以选择具体的布局方式。如图7-11所示，❶选择【数据表】布局元素；❷选择方式【显示图例项标示】；❸结果图表下方就增加了带有图例项标示的数据表。

对于新手来说，不知道为图表选择何种布局时，可以单击【图表工具—设计】选项卡下的【快速布局】按钮，从菜单中选择组合好的布局类型。如图7-12所示，❶选择【布局5】类型，这种布局包含图表标题、数据表、纵坐标轴标题等布局元素；❷选择这种布局后，图表呈现出【布局5】的样式。

根据需求为图表添加相应的布局元素后，往往需要编辑布局元素，使其更符合实际展示需求。编辑布局元素的方法是选中这种布局元素，双击，在打开的【设置XX格式】窗格中进行编辑。如图7-13所示，❶双击纵坐标轴；❷打开【设置坐标轴格式】窗格，在这里可以编辑坐标轴的颜色、粗细、边界值等项目。

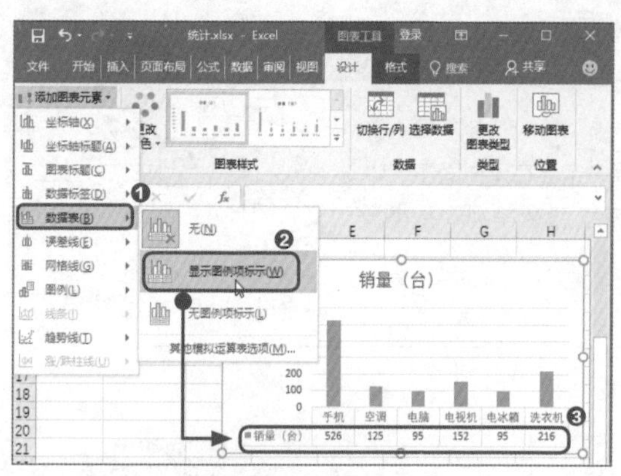

图7-11　添加布局元素

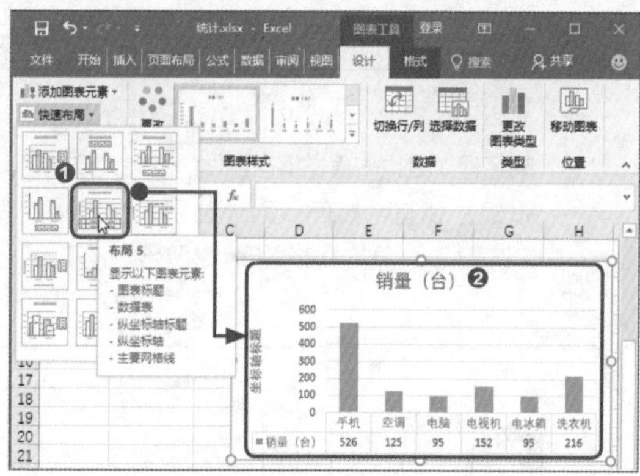

图7-12　快速布局

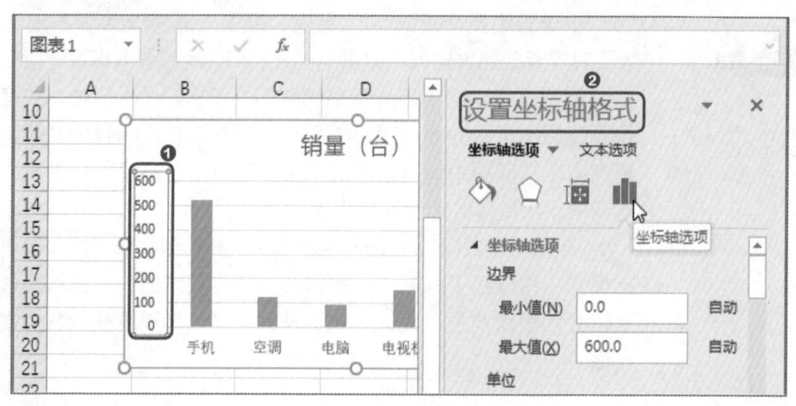

图7-13　编辑布局元素

2 设置折线图的布局

下面以“产品销量趋势图.xlsx”文件为例，讲解如何通过布局元素的编辑，制作出个性化的折线图，具体操作方法如下。

Step1：创建折线图。如图7-14所示，选中数据源，创建折线图。

Step2：设置标题文字格式。如图7-15所示，❶将光标插入图表标题文本框中，删除原有的文字，输入新的图表标题；❷选中标题，在【开始】选项卡下的【字体】组中设置标题文字的格式为【等线（正文）】【16】【黑色，文字1】。

Step3：设置折线格式。如图7-16所示，❶双击“电冰箱”折线；❷在打开的【设置数据系列格式】窗格中选择【填充与线条】选项卡；❸设置【线条】格式为【实线】；❹设置【宽度】为【1.75磅】；❺在【轮廓颜色】下拉列表中选择【其他颜色】选项。

Step4：设置折线颜色参数。如图7-17所示，❶在打开的【颜色】对话框中，分别设置折线的RGB颜色参数；❷单击【确定】按钮。

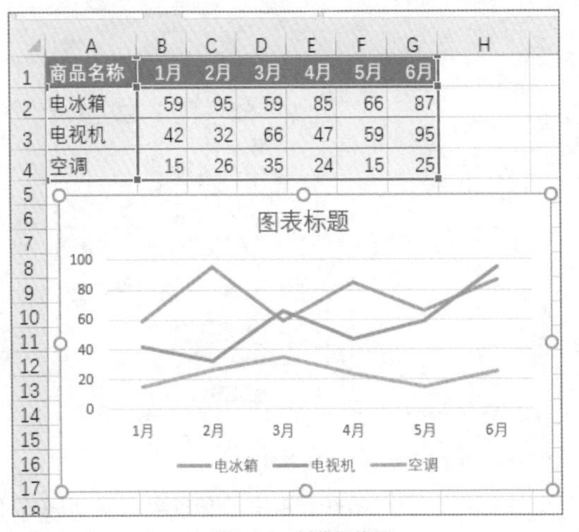

图7-14　创建折线图

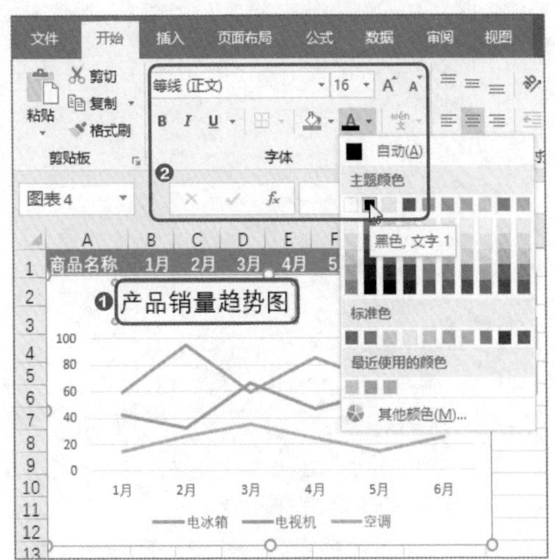

图7-15　设置标题文字格式

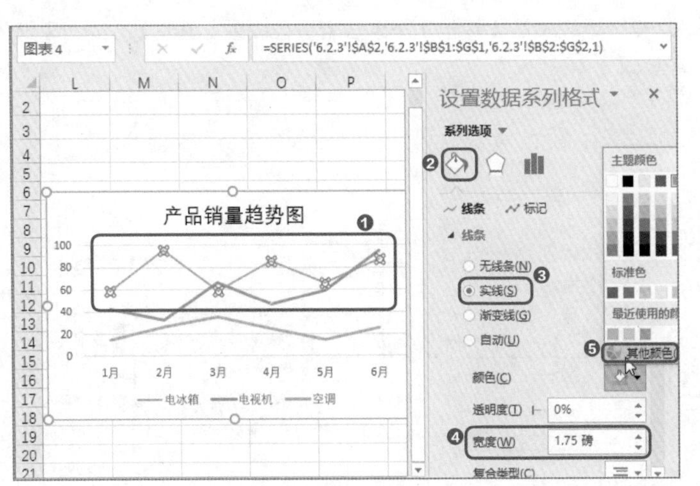

图7-16　设置折线格式

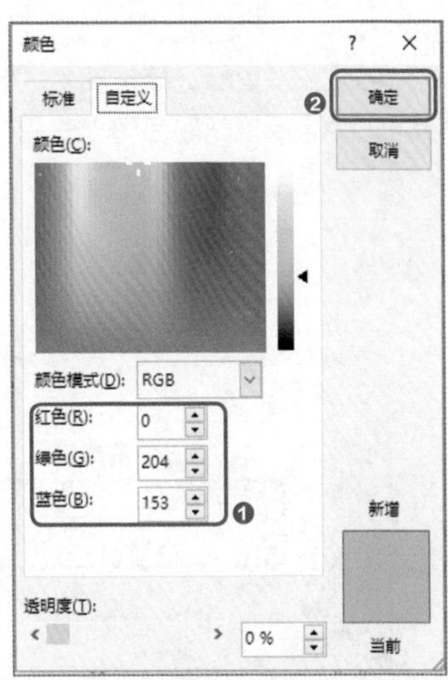

图7-17　设置折线颜色参数

Step5：将折线调整为平滑线。如图7-18所示，在【填充与线条】选项卡的最下方勾选【平滑线】复选框，此时选中的折线就被调整为平滑线。

Step6：设置另外两条折线的格式。使用同样的方法，对“电视机”和“空调”折线进行格式调整。其中“电视机”折线的RGB颜色参数为【204，153，255】，“空调”折线的RGB颜色参数为【0，204，255】，效果如图7-19所示。

图7-18　将折线调整为平滑线

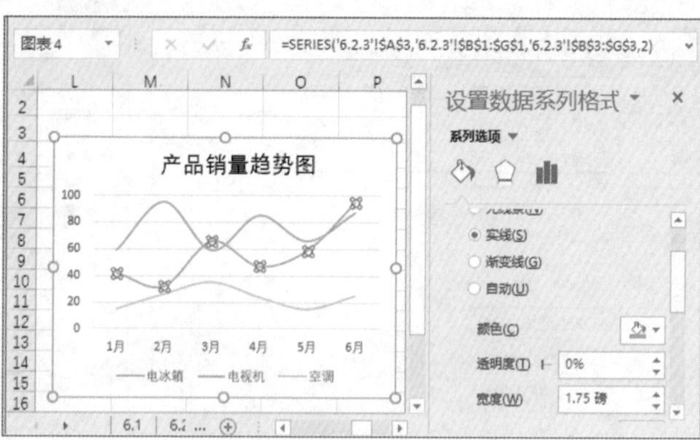

图7-19　设置另外两条折线的格式

Step7：设置数据标记。如图7-20所示，❶选中“电冰箱”产品的折线；❷在【设置数据系列格式】窗格中，切换到【填充与线条】→【标记】子选项卡；❸选择【内置】型标记，设置【类型】为圆形，【大小】为5。

Step8：设置标记填充颜色。如图7-21所示，❶在【标记】子选项卡下，设置【填充】方式为【纯色填充】；❷选择填充颜色为【白色，背景1】。

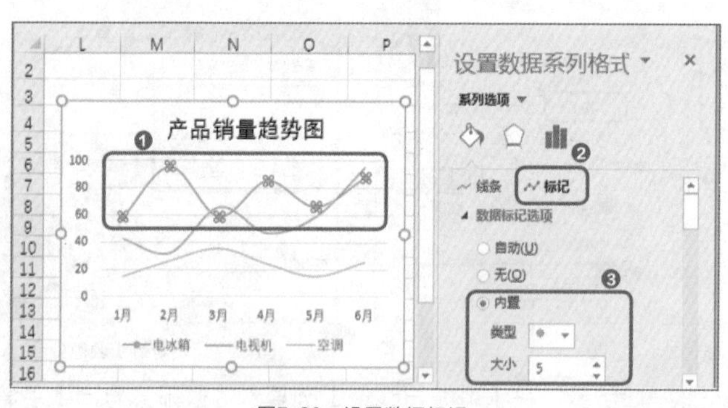

图7-20　设置数据标记

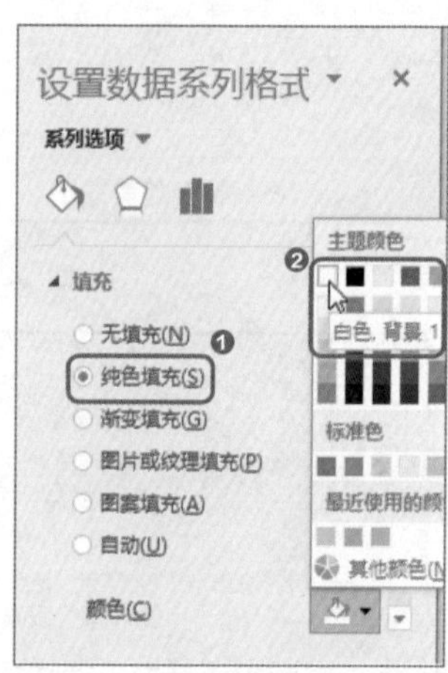

图7-21　设置标记填充颜色

Step9：设置标记边框颜色。如图7-22所示，❶设置标记的边框样式为【实线】；❷设置标记的边框颜色与折线的颜色一致。

Step10：设置其他产品的标记格式。使用同样的方法，完成“电视机”和“空调”产品的标记格式设置。如图7-23所示，标记的边框颜色与折线的颜色均保持一致。

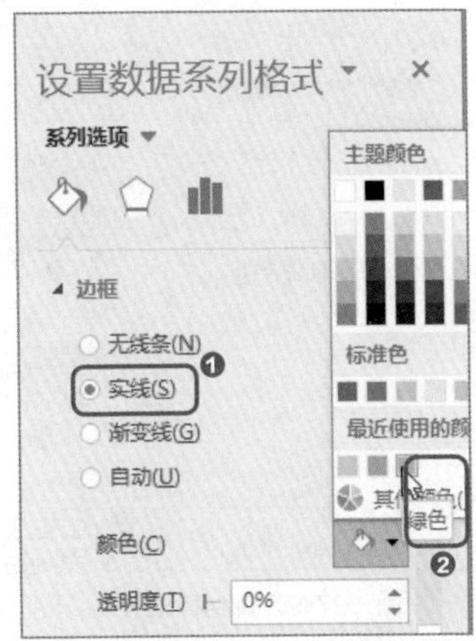

图 7-22　设置标记边框颜色

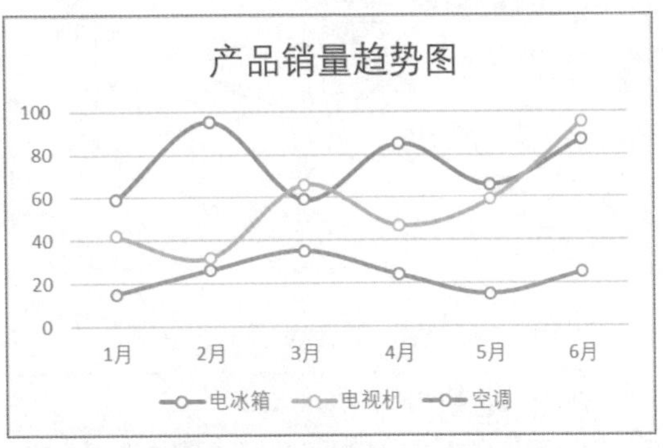

图7-23　设置其他产品的标记格式

Step11：添加数据标签。接下来，为产品的销量最大值添加数据标签。如图7-24所示，❶在“电冰箱”产品折线的最高点双击，单独选中这一拐点；❷单击【添加图表元素】下拉按钮；❸选择【数据标签】布局；❹样式为【上方】。此时，就能在选中的折线点上方添加一个数据标签，显示这个点的具体数值。

Step12：设置数据标签文字格式。如图7-25所示，❶选中添加的数据标签；❷在【开始】选项卡下的【字体】组中设置数字格式为【等线（正文）】【12】【**B**】【绿色】。

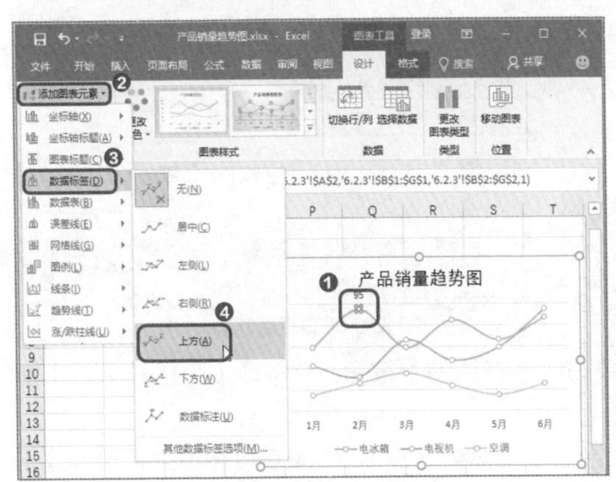

图7-24　添加数据标签

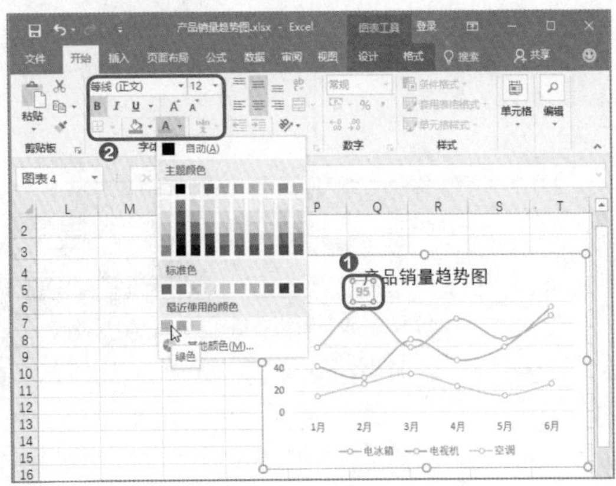

图7-25　设置数据标签文字格式

Step13：完成其他产品的数据标签添加。使用同样的方法，为“电视机”和“空调”产品的销量最大值添加数据标签，并调整各自的文字格式，如图7-26所示。

Step14：设置坐标轴格式。如图7-27所示，❶双击纵坐标轴；❷在【设置坐标轴格式】窗格中设置

【线条】样式为【实线】；❸设置颜色RGB参数为【68，114，196】；❹设置【宽度】为【1磅】。使用同样的方法，设置横坐标轴的格式。

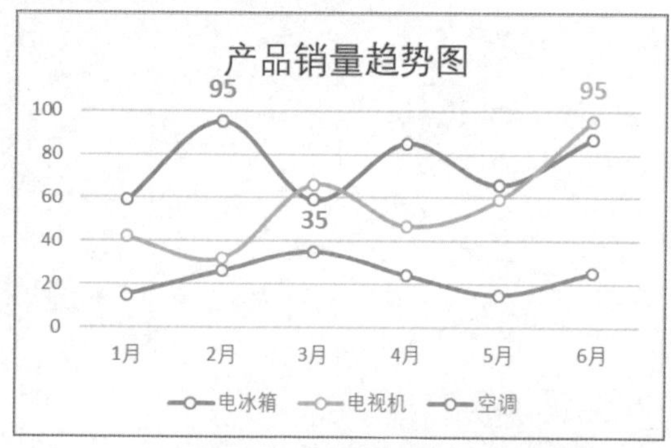

图7-26　完成其他产品的数据标签添加

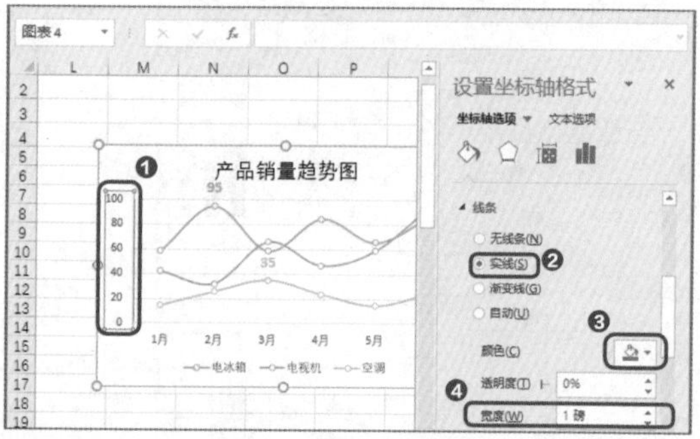

图7-27　设置坐标轴格式

Step15：设置网格线格式。如图7-28所示，❶选中网格线；❷设置【线条】样式为【实线】；❸设置【透明度】为58%、【宽度】为【0.75磅】，线型为【短划线】，从而设置出虚线网格线效果。增加透明度的目的是让网格线变“淡”，降低显眼程度。

Step16：设置图例位置。如图7-29所示，❶选中图例；❷在【设置图例格式】窗格中选择图例的位置为【靠上】。

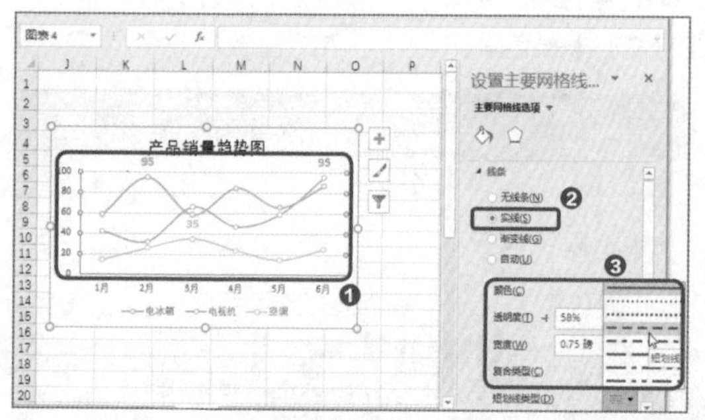

图7-28　设置网络线格式

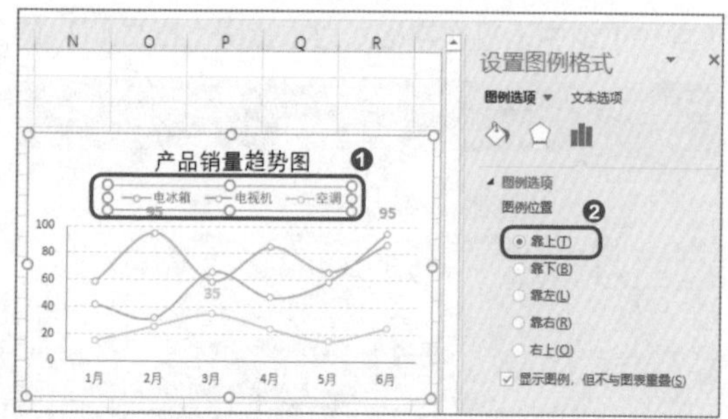

图7-29　设置图例位置

Step17：增加坐标轴标题。如图7-30所示，❶单击图表右边的+按钮；❷勾选【坐标轴标题】复选框。

Step 18：调整坐标轴标题文字方向。如图7-31所示，双击纵坐标轴标题，❶在【设置坐标轴标题】窗格中选择【文本选项】选项卡；❷在【文本框】栏中设置【文字方向】为【竖排】。

Step19：设置坐标轴标题文字格式。在纵坐标轴标题中输入文字，然后在【字体】组中设置文字格式，字号为【11】、颜色为【黑色，文字1】，如图7-32所示。使用同样的方法，完成横坐标轴的标题文字格式设置。此时，就完成了图表的布局元素编辑，效果如图7-33所示。

图7-30 增加坐标轴标题

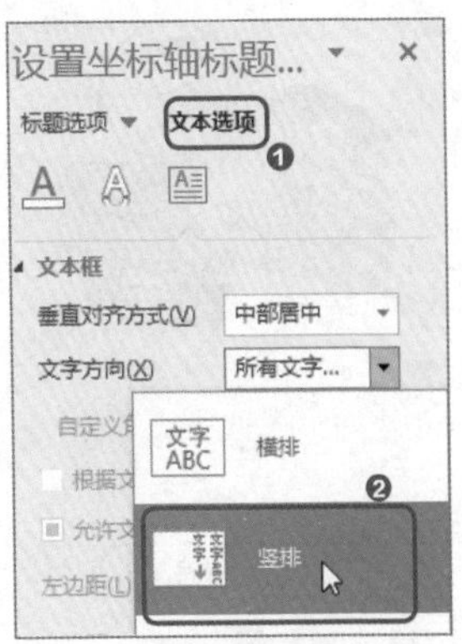

图7-31 调整坐标轴标题文字方向

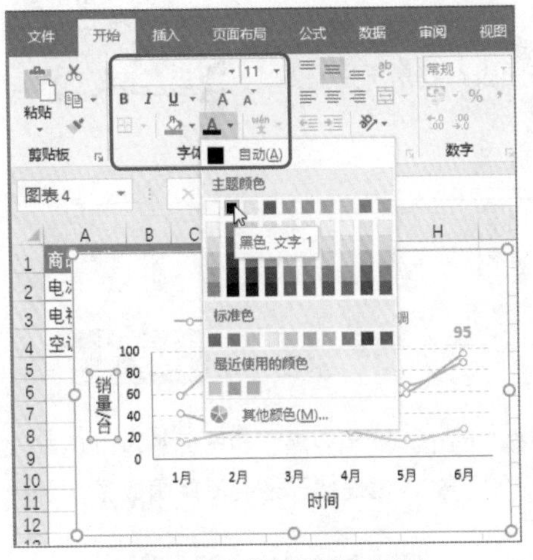

图7-32 调整坐标轴标题文字格式

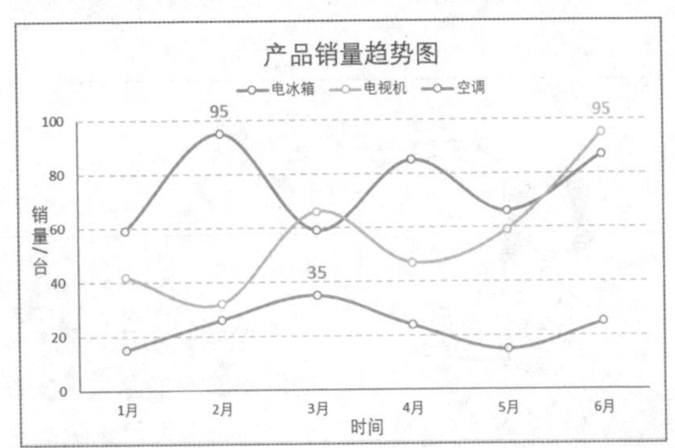

图7-33 完成图表制作

7.2 用动态图表进行工作汇报

赵经理

小李，你学习能力很强嘛，这么快就会做美观与内涵并存的图表了。我决定给你布置一项特别重要的任务。明天我们有一个项目提案，

赵经理

你负责展示商品销售数据。最好做成动态图表展示，让对方的项目经理可以在你的报表中自由查看数据。当项目经理单击“华北”时，就显示“华北”地区的饼图数据；当单击“东北”时，就显示“东北”地区的饼图数据。

小李

动态图表？赵经理，您确定我这种水平能做出动态图表？我是不是需要恶补一下VBA知识啊？算了，我还是赶紧请教张姐吧。

张姐

哈哈，小李，别一听“动态”两个字就色变啊。动态图表可以通过控件加简单的函数来实现。学了这么久，相信你已经会使用函数了，至于控件嘛，那可比函数简单多了。

动态图表是一种高级的数据汇报方式。动态图表也叫交互式图表，可以随数据的选择而变化。动态图表的数据展示效率更高，通过数据的动态展示灵活地读取数据，可以分析出更多有价值的信息。

下面以“亲子活动说明.xlsx”文件为例，讲解如何为文档中的文字添加控件，具体操作方法如下。

Step1：添加【开发工具】。通过控件制作动态图表需要在Excel选项卡中添加【开发工具】功能。选择【文件】→【选项】选项，打开如图7-34所示的【Excel选项】对话框。❶切换到【自定义功能区】选项卡下；❷勾选【开发工具】复选框；❸单击【确定】按钮。

图7-34　添加【开发工具】

Step2：选择列表框控件。如图7-35所示，❶单击【开发工具】选项卡下的【插入】下拉按钮；❷单击【列表框（窗体控件）】按钮。

Step3：绘制控件并进入设置。如图7-36所示，在表格中绘制一个列表框控件。右击控件，选择【设置控件格式】选项，进入控件设置。

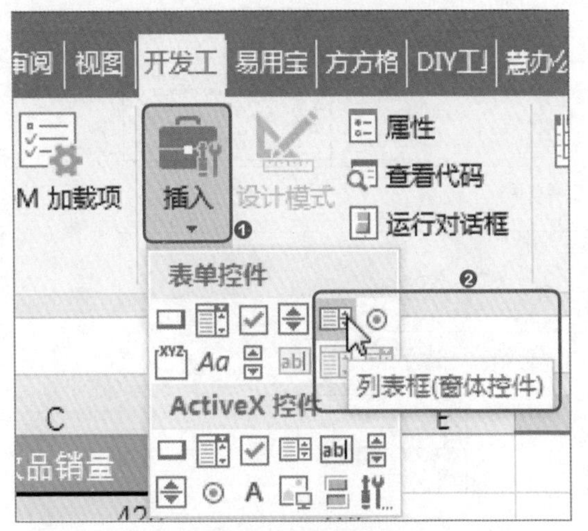

图7-35　选择列表框控件

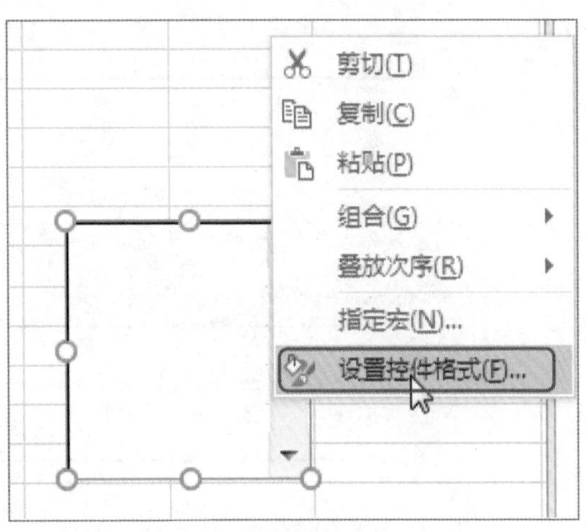

图7-36　绘制控件并进行设置

Step4：设置控件格式。如图7-37所示，在【设置对象格式】对话框的【控制】选项卡下，【数据源区域】为事先输入的数据区域内的地区名称区域，再设置一个单元格链接。

Step5：查看效果。完成控件设置后，效果如图7-38所示。此时，控件中出现了表格中的地区文字，选择不同的地区，E1这个链接单元格出现了编号的变化。

Step6：输入公式。在表格中找一个空白的地方输入数据名称，如在G1:J1单元格内输入数据名称。然后在“地区”下方的单元格内输入公式“=INDEX(A2:A7,$E$1)”，如图7-39所示。

这个公式表示，在A2:A7单元格内寻找与E1单元格中的值对应的地区名称，如E1单元格为3时，对应的地区是“东北”。

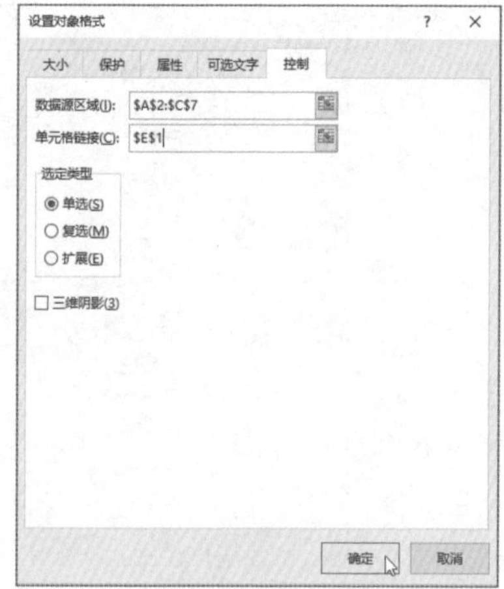

图7-37 设置控件格式

	A	B	C	D	E	F	G
1	地区	食品销量	饮品销量	日用品销量	4		
2	华北	524	426	524			
3	华东	125	524	125			
4	东北	265	152	652			
5	西南	524	425	124			
6	华南	236	623	156			
7	西北	214	97	352			
8							
9							
10							

华北
华东
东北
西南
华南
西北

图7-38 查看效果

VLOOKUP =INDEX(A2:A7,$E$1)

	A	B	C	D	E	F	G	H	I	J
1	地区	食品销量	饮品销量	日用品销量	4		地区	食品销量	饮品销量	日用品销量
2	华北	524	426	524			=INDEX(A2:A7,$E$1)			
3	华东	125	524	125						
4	东北	265	152	652						
5	西南	524	425	124						
6	华南	236	623	156						
7	西北	214	97	352						
8										
9										
10										

华北
华东
东北
西南
华南
西北

图7-39 输入公式

Step7：复制公式，制作图表。将G2单元格的公式复制到H2、I2、J2单元格中。然后选中G1:J2单元格区域的数据，制作一张饼图，并调整好饼图的格式，如图7-40所示。

Step8：查看动态图表效果。此时，便完成了动态图表的制作。在列表框控件中切换地区，如切换到“东北”地区，饼图的数据随之发生改变，如图7-41所示。

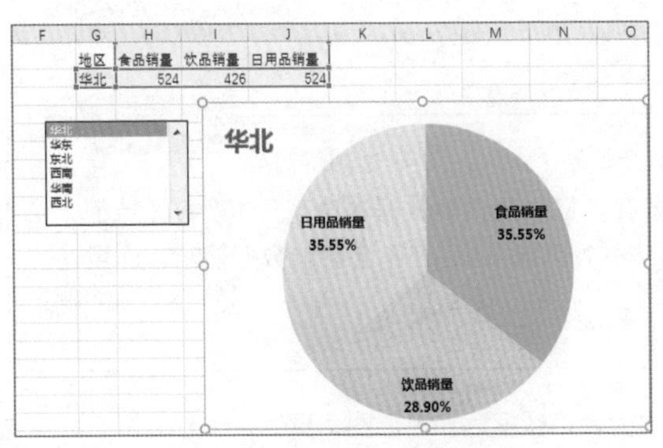

图7-40 复制公式，制作图表

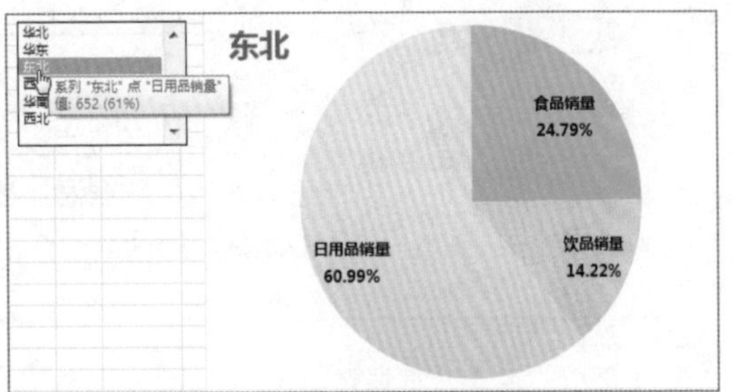

图7-41 查看动态图表效果

7.3 用迷你图辅助说明数据

赵经理

小李，明天有领导来公司视察，要查看公司的经营数据。你将相关数据的报表整理一下，站在领导的角度，让领导轻松读数。

小李

张姐，您看我对这项任务的理解是否正确。领导关注数据本身，因此不能将数据做成图表，图表无法体现数据明细。但是如果只有数据，又会造成领导读数困难。我为报表添加迷你图，让数据与图表并存，一举两得，您看可以吗？

张姐

小李，给你点赞。要在表格中既体现数据本身，又体现数据特征，可以为表格数据添加迷你图。迷你图的存在不会影响数据显示，而且还能起到辅助读数的作用。

下面以“库存数据展示.xlsx”文件为例，讲解如何为表格数据添加迷你图，具体操作方法如下。

Step1：调整单元格高度。迷你图是显示在单元格中的微型图表，为了让迷你图充分展示，这里需要增加放置迷你图的单元格的高度和宽度，如图7-42所示。

Step2：完成单元格调整。完成单元格的高度和宽度调整后，效果如图7-43所示。选中的单元格是需要创建迷你图的单元格，其中G列单元格的迷你图要体现不同商品在不同月份下的销量变化，因此创建折线迷你图；而第11行单元格的迷你图要体现在相同月份下不同商品的销量对比，因此创建柱形迷你图。

	A	B	C	D	E	F
1	商品名称	单位	库存数量	1月销量	2月销量	3月销量
2	空调机	台	1000	600	524	524
3	传感器	个	500	125	152	625
4	车门	个	568	142	425	425
5	车玻璃	块	957	524	625	425
6	车座	个	854	253	428	654
7	CD	个	152	25	425	152
8	车垫	个	624	262	652	625
9	空调皮带	条	152	95	415	425
10	发电机带	条	254	86	256	425
11						

高度: 27.00 (36 像素)

图7-42　调整单元格高度

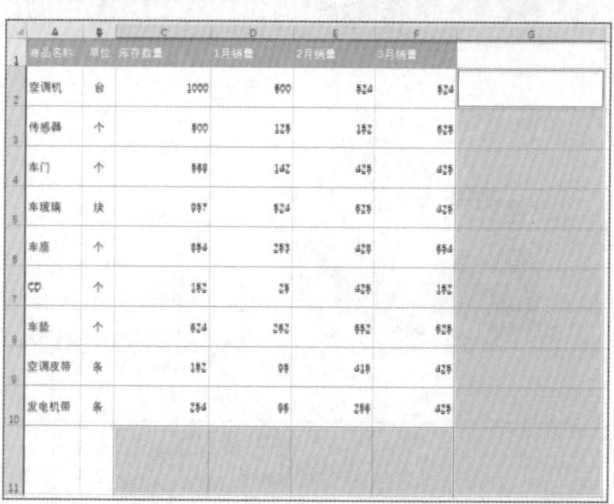

	A	B	C	D	E	F	G
1	商品名称	单位	库存数量	1月销量	2月销量	3月销量	
2	空调机	台	1000	600	524	524	
3	传感器	个	500	125	152	625	
4	车门	个	568	142	425	425	
5	车玻璃	块	957	524	625	425	
6	车座	个	854	253	428	654	
7	CD	个	152	25	425	152	
8	车垫	个	624	262	652	625	
9	空调皮带	条	152	95	415	425	
10	发电机带	条	254	86	256	425	
11							

图7-43　完成单元格调整

Step3：选择【折线】迷你图。如图7-44所示，单击【插入】选项卡下的【迷你图】组中的【折线】按钮。

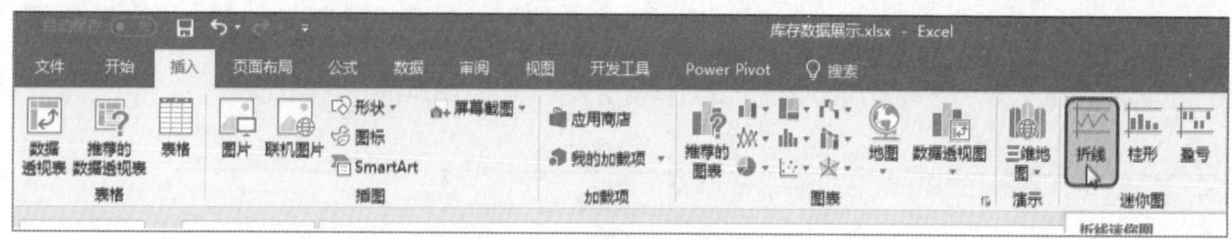

图7-44　选择【折线】迷你图

Step4：创建迷你图。此时，会打开【创建迷你图】对话框，如图7-45所示。❶在该对话框中设置【数据范围】和【位置范围】；❷单击【确定】按钮。

Step5：为折线迷你图添加高点标记。如图7-46所示，❶单击【迷你图工具—设计】选项卡下的【标记颜色】下拉按钮；❷选择【高点】标记；❸选择【红色】颜色，便能为折线迷你图的数值最大点添加红色标记。

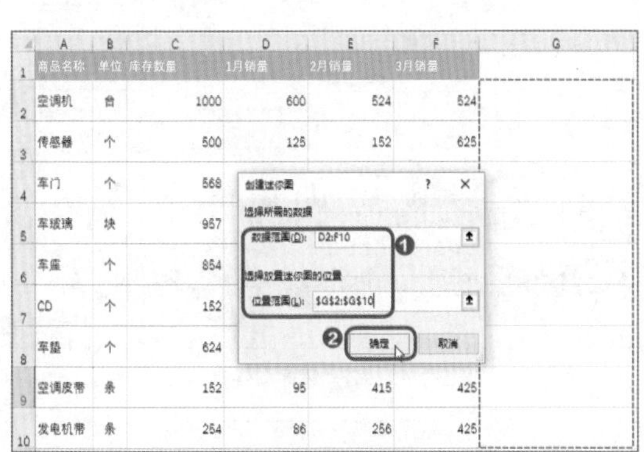

图7-45 创建迷你图（1）

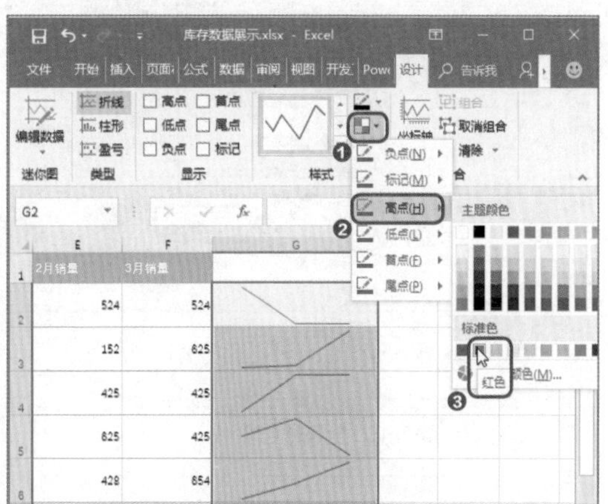

图7-46 为折线迷你图添加高点标记

Step6：选择【柱形】迷你图。完成折线迷你图创建后，继续创建柱形迷你图。如图7-47所示，单击【插入】选项卡下的【迷你图】组中的【柱形】按钮。

图7-47 选择【柱形】迷你图

Step7：创建迷你图。如图7-48所示，❶在打开的【创建迷你图】对话框中设置【数据范围】和【位置范围】；❷单击【确定】按钮。

Step8：选择迷你图样式。如图7-49所示，❶选择【迷你图工具—设计】选项卡；❷在【样式】列表中选择一种迷你图样式，这种样式的颜色应尽量与表格中的颜色相搭配。

Step9：查看迷你图效果。此时，便为表格中的数据添加了折线迷你图和柱形迷你图，效果如图7-50所示。

	A	B	C	D	E	F
1	商品名称	单位	库存数量	1月销量	2月销量	3月销量
2	空调机	台	1000	600	524	524
3	传感器	个	500	125	152	625
4	车门	个	568	142	425	425
5	车玻璃	块				425
6	车座	个				654
7	CD	个				152
8	车垫	个				625
9	空调皮带	条				425
10	发电机带	条	254	86	256	425
11						

创建迷你图 ? ×

选择所需的数据

❶ 数据范围(D): C2:F10

选择放置迷你图的位置

位置范围(L): $C$11:$F$11

❷ 确定 取消

图7-48　创建迷你图（2）

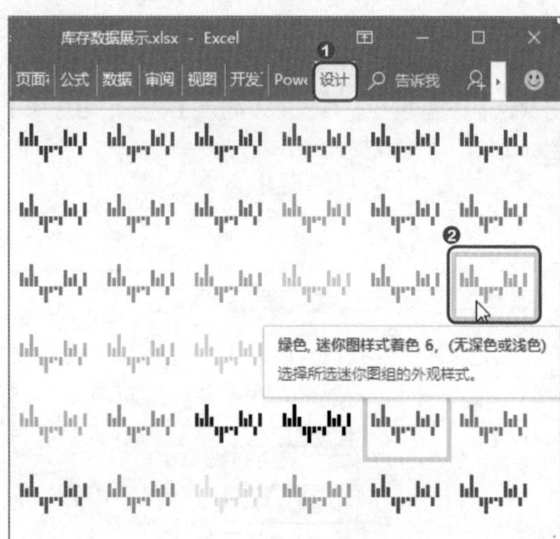

图7-49　选择迷你图样式

	A	B	C	D	E	F	G
1	商品名称	单位	库存数量	1月销量	2月销量	3月销量	
2	空调机	台	1000	600	524	524	
3	传感器	个	500	125	152	625	
4	车门	个	568	142	425	425	
5	车玻璃	块	957	524	625	425	
6	车座	个	854	253	428	654	
7	CD	个	152	25	425	152	
8	车垫	个	624	262	652	625	
9	空调皮带	条	152	95	415	425	
10	发电机带	条	254	86	256	425	
11							

图7-50　查看迷你图效果

第3篇

PPT演说家速成指南

近年来，掀起一阵PPT学习热潮。这不是时尚新风向，而是因为PPT越来越重要。发布会上靠PPT吸引观众对产品的兴趣；融资演讲时靠PPT打动投资人的心；职场中靠PPT汇报工作、进行项目提案……简而言之，学好PPT千值万值。

但是，PPT制作光有热情却不懂方法，其后果将不堪设想。充满文字的幻灯片、丑陋的配图、群魔乱舞的动画、播放出错的音频、视频……看到这样的PPT，恐怕领导或投资人都要和你说“拜拜”了。PPT制作与审美、逻辑、排版等息息相关，涉及文字、图片、SmartArt图形、图形、图表、表格等元素。掌握这些技能，PPT才能变成“屠龙宝刀”，而不是“水果刀”。

CHAPTER 8

操作技能：打开PPT不再无从下手

曾经我认为在Office软件中，PowerPoint是最简单的软件，无非就是插入几张图片，再输入几个说明文字。这样浅显的认知导致我的PPT水平停滞不前。

在公司实习一段时间后，我发现市场部很多同事的PPT都做得特别出色。他们的PPT不仅图片讲究、配色讲究、版式讲究，甚至每一个字都是精雕细琢的结果。

原来PPT的世界这么丰富，我决心系统地学习PPT制作，争取让自己的PPT更有说服力！

PPT在职场中受到越来越多的关注，PPT做得好就是成功的基石，做得不好就是成功的绊脚石。然而很多人打开PowerPoint软件，大脑就一片空白，找不到下手的点。其实PPT制作是一项系统性工程，既需要掌握技术，又需要有一定的排版配色理论，还要考虑内容的逻辑。

要想快速提高PPT制作水平，可以学习最精华的操作技巧、模板使用方法以及不同页面的排版布局法。相信掌握了这些核心技术，你也能像小李一样，让PPT制作水平突飞猛进。

8.1　软件设置，找到舒心的工作方式

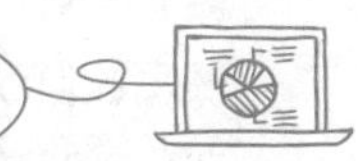

普通人一打开PowerPoint软件就开始输入内容，而PPT高手会根据个人习惯设置软件参数，如对保存参数进行设置、对工具栏中的工具进行自定义、对视图进行调整等。所谓磨刀不误砍柴工，大抵就是如此了。设置好软件配置，可以让后期的具体制作工作更加便捷。

8.1.1 保存设置，让PPT不丢失内容也不丢失质量

赵经理

小李，你之前为新员工做入职培训时，用的是Word文档。虽然文档的内容很详细，但是培训效果往往不理想。下周的入职培训你要用PPT来进行，赶快准备一下吧。

小李

张姐，做PPT我最怕文件保存出问题了。例如，做到一半，突然断电，导致文件丢失；PPT中的图片往往较多，不知道为什么，我每次保存后再打开，图片的清晰度似乎就降低了；再说字体吧，最让我头疼的是，换一台计算机，字体就变形，甚至变成乱码，真是让我哭笑不得。

张姐

哈哈，小李，被这些问题折磨着的人可多了。不过我有个一劳永逸的方法要教给你，做到这3点，保证你的文件保存不出问题。

①你将PPT的自动保存时间设置为每3分钟自动保存一次；②不要压缩PPT中的图片；③将字体嵌入文件中保存。

启动PowerPoint 2016软件进行保存设置，具体操作方法如下。

1 设置自动保存时间和位置

在制作PPT时，要养成良好的保存习惯。启动软件后，应该选择保存位置，输入文件名，将文件保存好。在制作过程中，随时按Ctrl+S组合键，及时保存文件。除了这两项措施外，还可以设置文件的自动保存时间，在意外情况下尽可能保存文件中的内容。

执行PowerPoint【文件】菜单中的【选项】命令，打开【PowerPoint 选项】对话框。如图8-1所示，❶切换到【保存】选项卡下；❷设置文件的自动保存时间为【3分钟】或者更短的时间，设置文件自动恢复的位置；❸单击【确定】按钮。此时，就成功地完成了文件的自动保存设置。

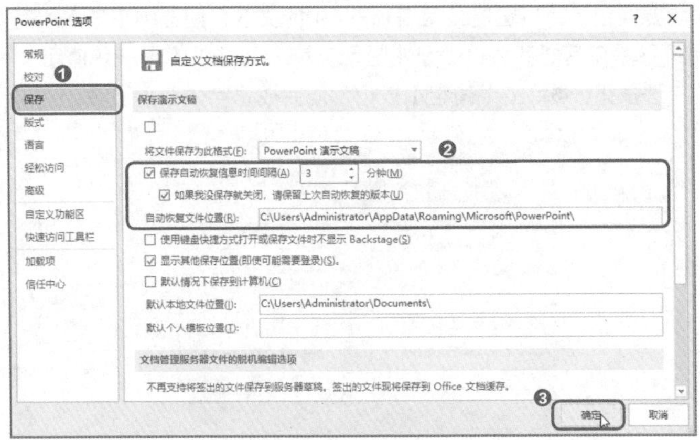

图8-1 设置PPT自动保存选项

2 设置图片不被压缩

PPT中往往会插入较多的图片，图片越多，文件就越大。在默认情况下，PowerPoint会对图片进行一定程度的压缩，让文件减小，同时降低图片质量。如果想保持图片的质量，可以在【PowerPoint 选项】对话框中进行设置。

如图8-2所示，❶切换到【高级】选项卡下；❷勾选【不压缩文件中的图像】复选框；❸单击【确定】按钮。此时，就可以最大限度地保证PPT中图片的清晰度。

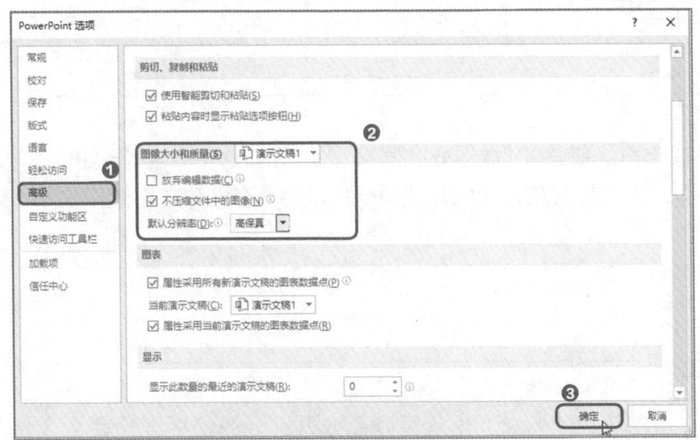

图8-2 设置图片不被压缩

3 将字体嵌入文件中保存

在制作PPT时，如果使用了非Windows默认的字体，那么将PPT复制到另一台计算机中，而这台计算机没有安装相应的字体时，字体显示则会出现异常。解决方法是将字体嵌入文件中。

如图8-3所示，在【PowerPoint 选项】对话框中，❶切换到【保存】选项卡下；❷勾选【将字体嵌入

文件】复选框，如果需要换台计算机也能正常编辑PPT中的文字，则选中【嵌入所有字符（适于其他人编辑）】单选按钮；如果只需在其他计算机上正常显示文字，则选中【仅嵌入演示文稿中使用的字符（适于减小文件大小）】单选按钮；❸单击【确定】按钮，便完成了字体嵌入设置。

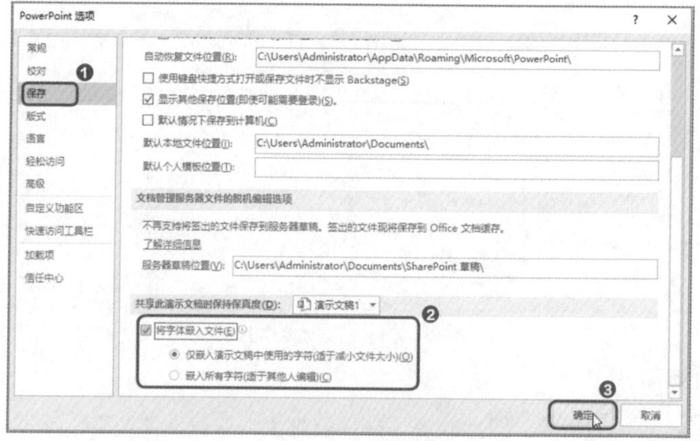

图8-3　将字体嵌入文件中保存

8.1.2 工具栏有哪些工具，你说了算

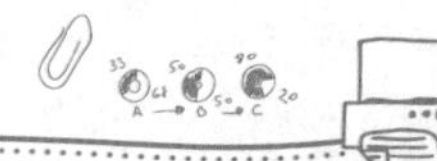

张姐，我发现市场部那些PPT做得好的同事，他们的PowerPoint界面似乎有点儿与众不同。有的功能在我的软件选项卡中没有，有的功能位置似乎又不太一样。

张 姐

小李，这就是“高效办公”的秘诀啊！每个人做PPT时的习惯不同，喜欢用到的工具也不同，将常用的工具放到最顺手的地方，可以提高PPT的制作效率。

市场部的同事是将他们使用频率高的工具放到了【快速访问工具栏】中，或者是单独建一个常用工具选项卡。对于选项卡中没有却又需要高频率使用的工具，就需要到【自定义功能区】中进行设置了。

启动PowerPoint 2016软件，进行工具栏设置，具体操作方法如下。

1 将常用工具放到快速访问工具栏中

对于使用频率特别高的工具，可以将其添加到【快速访问工具栏】中，提高其使用效率。例如，市场部人员在制作PPT时，经常需要插入图表，那么可以将【图表】工具添加到【快速访问工具栏】中，具体操作方法如下。

Step1：添加工具到快速访问工具栏中。如图8-4所示，将光标放到【插入】选项卡下的【图表】按钮上，右击，从弹出的快捷菜单中选择【添加到快速访问工具栏】选项。

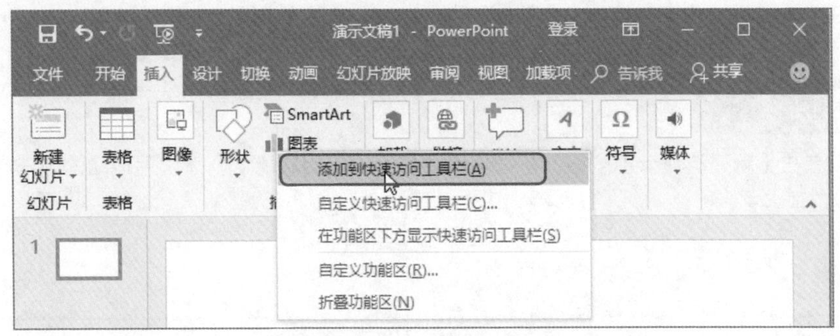

图8-4 添加工具到快速访问工具栏中

Step2：使用快速访问工具栏中的工具。如图8-5所示，此时在左上角的快速访问工具栏中就出现了图表按钮，直接单击该按钮，就可以打开【插入图表】对话框。

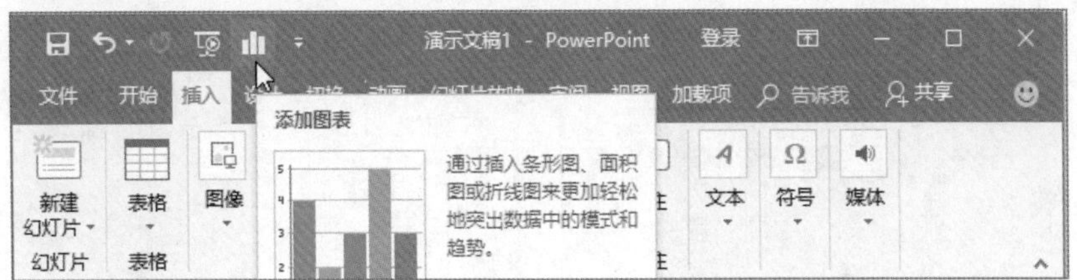

图8-5 使用快速访问工具栏中的工具

温馨提示

默认情况下，快速访问工具栏的位置是在功能区上方，单击 按钮，选择【在功能区下方显示】选项，可以将工具栏移动到功能区下方显示。

2 设置选项卡中的工具

默认情况下，PowerPoint由【开始】【插入】【设计】等选项卡构成，每个选项卡下包含了多种功能。根据个人操作习惯，可以将自己常用的功能调整到一个选项卡中，也可以在选项卡中增加默认情况下没有的功能，具体操作方法如下。

Step1：移动【图像】功能。根据个人的操作习惯，可以改变功能所在的选项卡。如图8-6所示，选中【插入】选项卡下的【图像】功能，按住鼠标左键并拖动。

Step2：将【图像】功能拖到其他选项卡下。将【图像】功能拖到【开始】选项卡下再松开鼠标左键，即可改变该功能命令所在的选项卡，如图8-7所示。

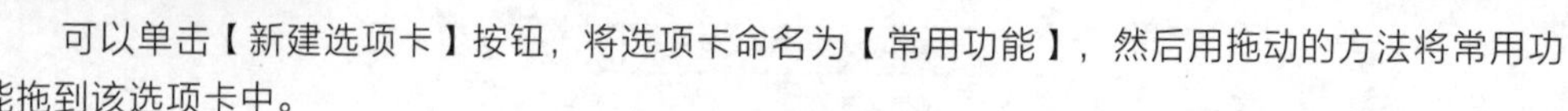

可以单击【新建选项卡】按钮，将选项卡命名为【常用功能】，然后用拖动的方法将常用功能拖到该选项卡中。

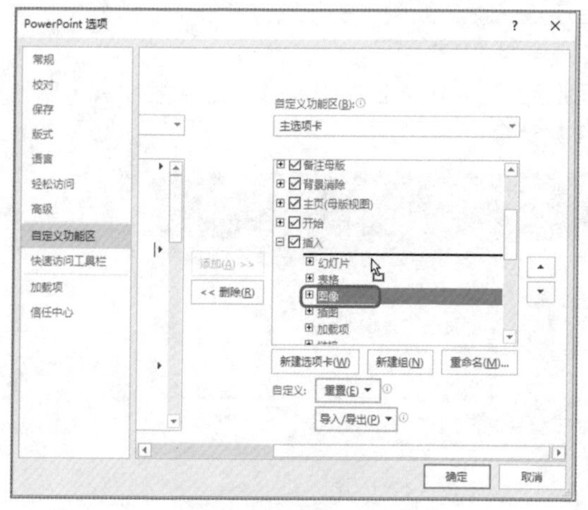

图8-6 移动【图像】功能

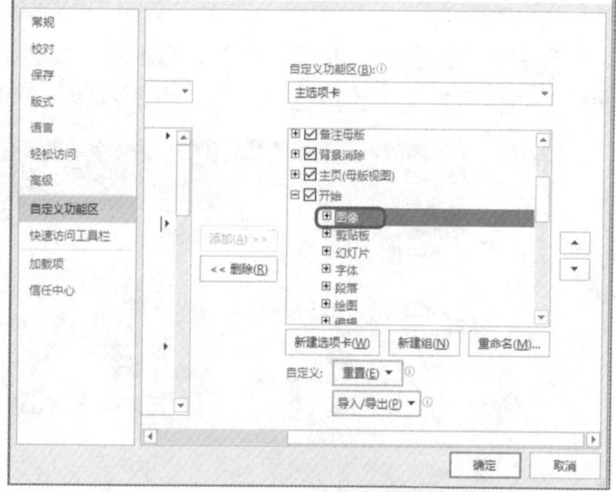

图8-7 将【图像】功能拖到其他选项卡下

Step3：将新功能添加到新建的组中。如图8-8所示，❶单击【开始】选项卡中的【新建组（自定义）】按钮，可以在该选项卡下新建一个组；❷在【不在功能区中的命令】中找到所需要的命令；❸单击【添加】按钮，就可以将找到的功能添加到新建的组中；❹单击【确定】按钮，即可完成功能区的自定义设置。

Step4：查看效果。完成功能区设置后，效果如图8-9所示。【图像】功能被成功移到【开始】选项卡下；在【开始】选项卡下的【新建组】组中，有了新添加的【查看文档属性】功能命令。

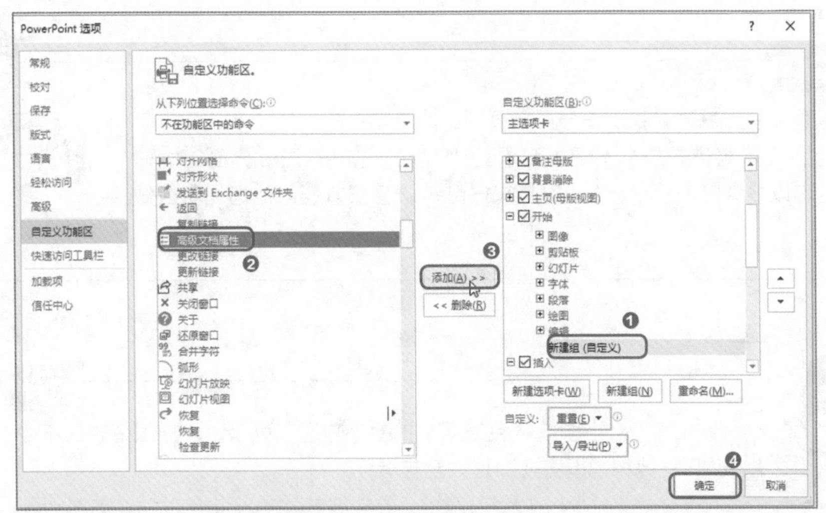

图8-8 将新功能添加到新建的组中

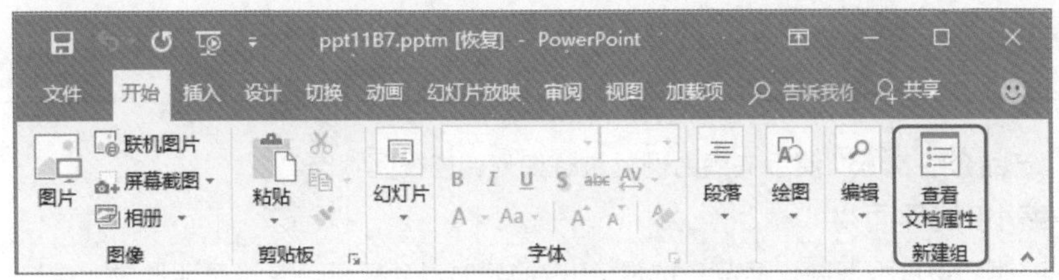

图8-9 查看效果

8.1.3 视图调整，解救眼睛

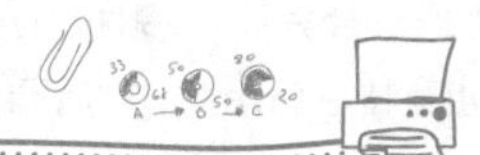

赵经理

小李，我昨天让你做的产品介绍PPT做好了吗？你得加快速度，今天下午要给客户看呢。

小李

赵经理，马上就好，我正在一页一页浏览检查呢！

张姐，还是再请教您一下吧，我看到别人在制作PPT时，界面时大时小，而且可以多张PPT一起浏览。看起来好酷炫，又很方便。他们是怎么做到的呢？

张姐

小李，学会使用【视图】功能，可以让你的眼睛轻松不少，今天我就将视图变换的秘诀全告诉你。

（1）放大PPT局部，查看细节，按Ctrl键的同时往前滑动鼠标滚轮。

（2）想快速浏览所有PPT，进入【幻灯片浏览】状态。

（3）想在播放状态下检查PPT，进入【阅读视图】。

下面以“产品介绍.pptx”演示文稿为例，讲解如何调整视图状态。

1 放大/缩小PPT界面

在制作PPT时，可以根据制作情况，按住Ctrl键的同时滑动鼠标滚轮，灵活地放大或缩小PPT界面，方便设计。具体操作方法如下。

Step1：选中需要放大的元素。在第2页幻灯片中，需要放大左下角的图形进行编辑。如图8-10所示，选中这个图形。

Step2：放大幻灯片界面。按住Ctrl键，再往前滑动鼠标滚轮，则以选中的元素为中心放大幻灯片，如图8-11所示。如果按住Ctrl键，往后滑动鼠标滚轮，则以选中的元素为中心缩小幻灯片。

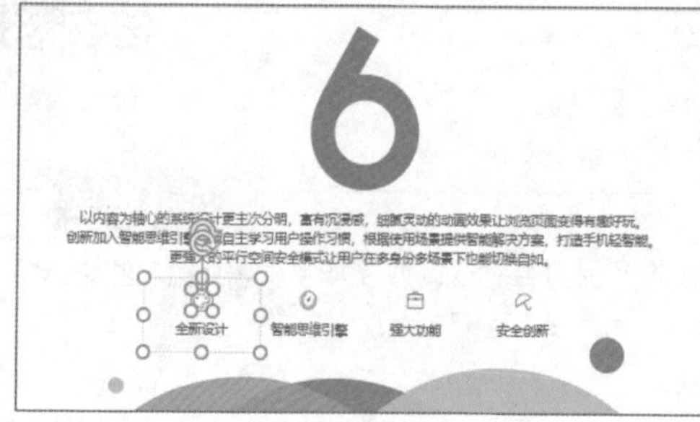

图8-10　选中需要放大的元素

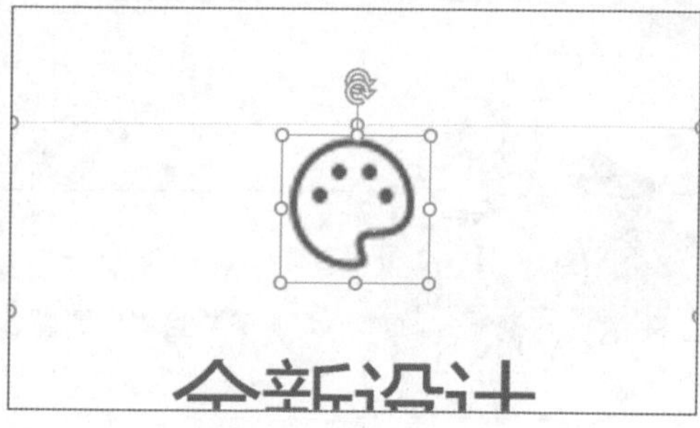

图8-11　放大幻灯片界面

Step3：使用其他界面大小调整按钮。❶在PowerPoint界面下方，有比例地调整滑块，移动滑块可以调整界面显示比例。单击滑块中间的竖线，可以快速将比例调整到100%；❷单击右下角的【按当前窗口调整幻灯片大小】按钮则可以快速让幻灯片界面适应当前窗口的大小，如图8-12所示。

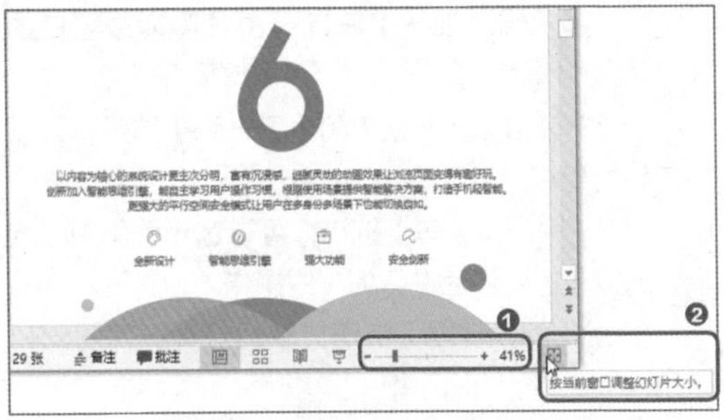

图8-12 使用其他界面大小调整按钮

2 使用【幻灯片浏览】视图

当需要快速浏览一份PPT中的所有幻灯片时，可以进入【幻灯片浏览】视图。如图8-13所示，单击【视图】选项卡下的【演示文稿视图】组中的【幻灯片浏览】按钮，即可进入【幻灯片浏览】视图界面。在浏览视图中，有以下浏览技巧。

（1）按住Ctrl键，再滚动鼠标滚轮，可以放大/缩小幻灯片。

（2）需要进入某一页幻灯片编辑界面时，双击这页幻灯片即可进入编辑界面。

（3）在浏览视图中，可以快速调整幻灯片的顺序和位置。其方法是选中幻灯片，按住鼠标左键不放，将其移到相应的位置处。

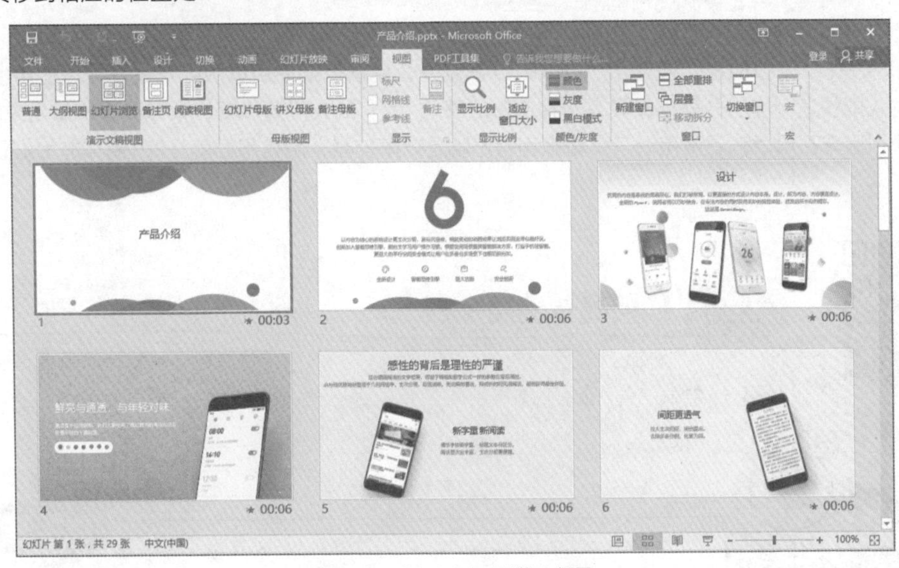

图8-13 进入【幻灯片浏览】视图

3 使用【阅读视图】

完成PPT制作后，需要放映幻灯片，以观看幻灯片的放映效果。如果不想进入全屏放映状态，只想快速查看放映效果，可以进入【阅读视图】状态。单击【视图】选项卡下的【演示文稿视图】组中的【阅读视图】按钮，会出现如图8-14所示的【阅读视图】界面。【阅读视图】的使用技巧如下。

（1）【阅读视图】可以自由调整播放窗口的大小。

（2）单击【上一张】和【下一张】按钮，可以快速切换幻灯片。

（3）单击【菜单】按钮，可以选择菜单中的选项，对放映的幻灯片进行相应的操作。

使用【阅读视图】快速放映幻灯片，如图8-14所示。

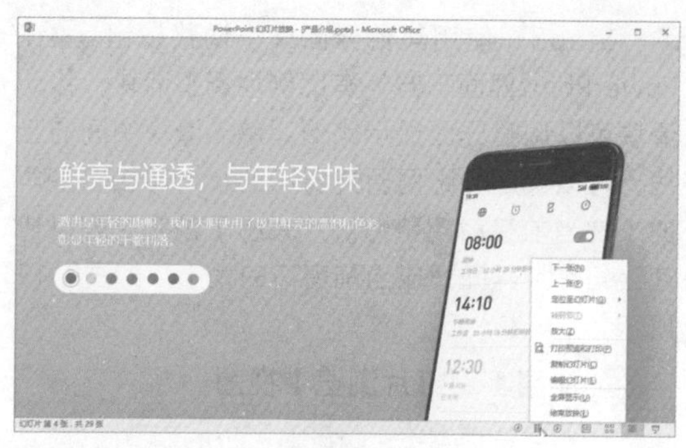

图8-14　使用【阅读视图】快速放映幻灯片

8.2　有70%的人不会正确使用模板和母版

很多人在制作PPT时都知道这个“秘诀”，那就是套用模板或使用母版。可是同样是使用模板，为什么有的人能快速制作出既美观又具有个性色彩的PPT，而有的人打开模板，修修改改，做出来的PPT依然不能吸引眼球？母版就更不用说了，母版用得好就是效率神器，用得不好就是PPT制作的大难题。

8.2.1　如何高效使用模板

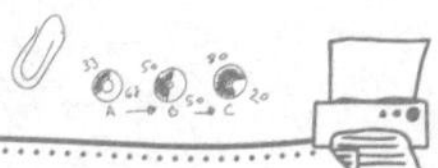

赵经理

小李，你上周交给我的培训计划不错。你根据计划将培训PPT制作好，明天到子公司去给刚入职的新人做培训。

小李

赵经理，明天就要去啊？时间好紧，看来我得提高效率了。

张姐，我需要快速完成PPT制作，我可以通过下载模板快速制作完这次的培训PPT吗？

张姐

嘿嘿，小李，模板可是一个好法宝啊，就看你怎么用。如果你不懂得模板使用的技巧，PPT效果可能适得其反。你按照我说的去做，保证不出错。

（1）找优秀的模板。好的模板在审美、配色、版式上均有较高的水平，可以让你站在巨人的肩上，快速完成作品。

（2）审视模板配色。一份PPT有固定的配色，如果模板配色与实际需求不符合，应当进行配色调整。

（3）使用替换法。模板中的图片或文字已经进行了设计处理，要想保留效果，应该使用【更改图片】的方法替换图片，替换文字时注意保留文字格式。

1 模板选择

找到一份优秀的PPT模板，不仅可以提高PPT制作效率，还能快速提升个人审美。好的PPT模板可以考虑从以下网站中寻找：PPTSTORE、优品PPT、微软OfficePLUS、演界网、PPT之家等。

从整体来看，优秀的PPT模板会有统一的配色和风格。如图8-15所示，这份PPT主色为橙色，再搭配黑色的字体和图片。图片和图形下方有轻微的阴影，使风格统一，如图8-16所示。

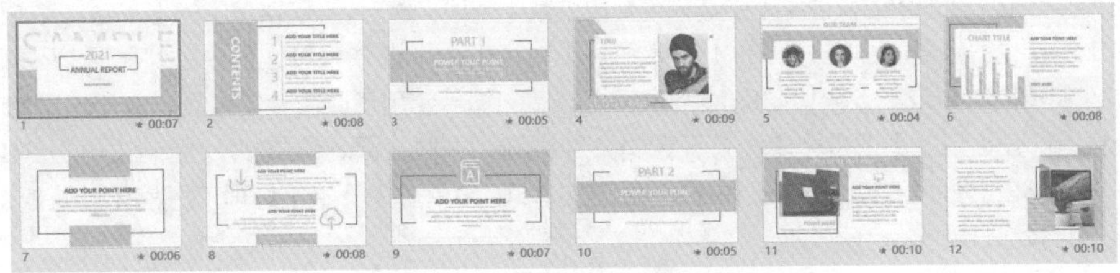

图8-15 PPT整体配色、风格统一

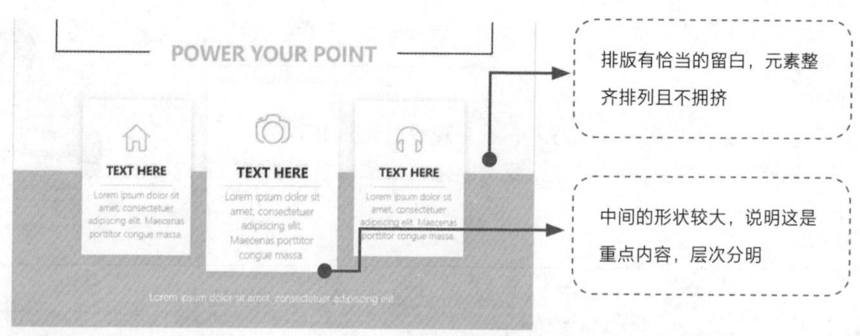

图8-16　内容排版美观有逻辑

② 模板配色修改

下载好模板后，首先应该审视模板的配色是否与实际需求一致。一般来说，如果企业有固定要求的配色，就使用企业的配色方案。如果不考虑企业配色，可以根据PPT内容的主题选择配色。

一份优秀的PPT模板，每一种配色都有固定的用途。在调整模板配色时，最好将模板配色方案提取出来，再进行调整。如图8-17所示，从模板中提取出背景色、装饰色、辅助色，然后根据配色网站中的配色方案，决定新的背景色、装饰色、辅助色。

PPT模板配色

网站中找到的配色

背景色 → 背景色

装饰色 → 装饰色

辅助色 → 辅助色

图8-17　调整模板配色

③ 模板内容替换

在替换模板内容时，有的人会采用删除模板原内容后再插入新内容的方法，这种方法的弊端是无法最大限度地保留模板设计。下面以“入职培训.pptx”文件为例，讲解模板图片和文字的替换方法，具体操作方法如下。

Step1：更改图片。打开“入职培训.pptx”文件后，切换到第11页幻灯片。如图8-18所示，❶选中幻灯片中的图片，右击，在弹出的快捷菜单中选择【更改图片】选项；❷选择级联菜单中的【来自文件】选项。

Step2：完成图片更改。在打开的【插入图片】对话框中，选择素材文件中的“图片1.jpg”文件，就可以快速完成图片更改。效果如图8-19所示，更改后的图片使用了原图片的位置、大小、阴影效果。

Step3：打开【粘贴】下拉列表。打开素材文件中的“入职培训.txt”文件，复制文件中的文字。如图8-20所示，❶在第11页幻灯片中，选中右下角的文本框；❷单击【开始】选项卡下的【剪贴板】组中的【粘贴】下拉按钮。

Step4：选择粘贴方式。如图8-21所示，❶从【粘贴】下拉列表中选择【只保留文本】粘贴方式；❷此时，选中的文本框中文字内容就被替换，且保留了之前的字体和其他格式。

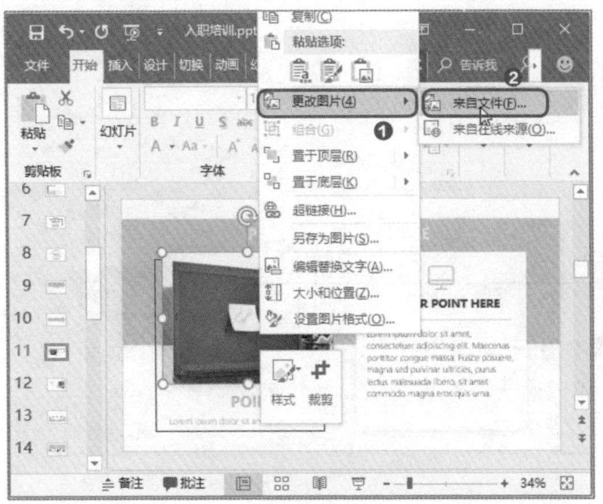

图 8-18　更改图片

图 8-19　完成图片更改

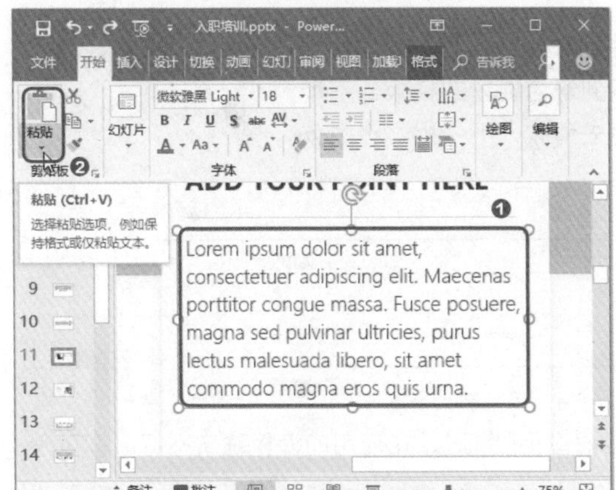

图8-20　打开【粘贴】下拉列表

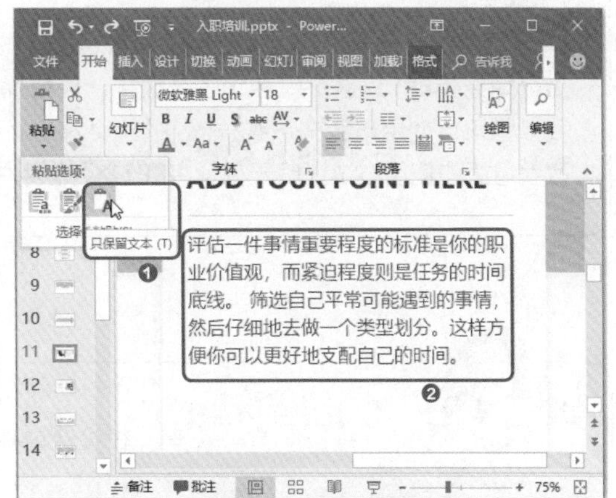

图8-21　选择粘贴方式

温馨提示

在替换模板中的文字时，还可以只保留文本框中的第1个文字，删除其他文字。然后在第1个文字后面输入新的文字内容，完成内容输入后，再删除第1个文字。用这种方法，也可以实现保留模板中设置的文本框字体格式。

8.2.2 如何高效使用母版

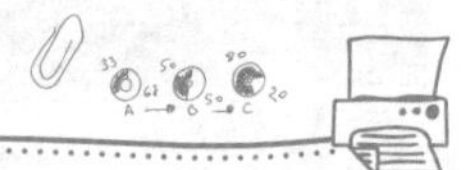

赵经理

小李，你上次赶时间做出来的培训计划还不错。你根据这个标准，做一份公司的宣传PPT，我们后天要给客户看。

小李

嘿嘿，赵经理，我上次使用了模板，所以做得比较快。不过这次您让我做公司宣传PPT，这个内容比较个性化，恐怕找不到符合要求的模板。不过我知道可以使用母版快速统一PPT的设计风格。我去请教一下张姐，让她教教我母版的使用方法，明天保证将PPT交到您手中。

张姐

小李，在设计这种公司宣传PPT时，找通用的模板确实不行。你可以根据PPT的内容，将统一的元素设计到母版中。一份PPT通常使用一份母版，一份母版中包括一张母版和多张版式。其中，所有页面都有的元素，要设计到母版中。例如，所有页面中都有的Logo标志、背景颜色，部分页面有的元素，要设计到版式中。例如，PPT内容页的标题样式相同，就可以将标题样式设计到为内容页准备的母版中。

我知道我这样解释，你还是一头雾水，快来看看我的操作方法吧。

下面启动PowerPoint 2016，讲解如何从零开始设计并使用母版，具体操作方法如下。

Step1：分析母版设计。在动手设计母版前，要根据实际需求，将页面中统一的元素提取出来。图8-22所示是一份常规的PPT页面，从这份示意图中可以看到，所有页面的背景色相同，封面页和结尾页的版式相同，目录页单独一页，标题页的版式相同，内容页中的标题样式相同。因此，这份PPT的母版可以这样设计：①将母版的背景色设计为统一的【深灰色】；②设计一张“封面尾页”母版；③设计一张“标题页”母版；④设计一张“内容页”母版。

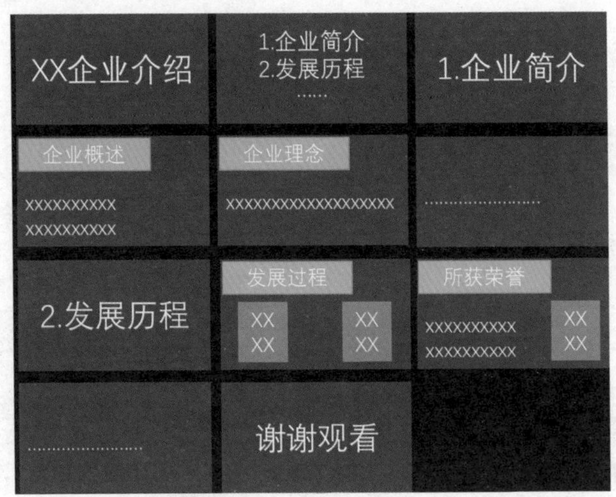

图8-22 分析母版设计

Step2：进入背景设计窗格。单击【视图】选项卡下的【幻灯片母版】按钮，进入母版视图。如图8-23所示，在左边的导航窗格中，一个母版下面挂了多张版式。❶单击【幻灯片母版】选项卡下的【背景】下拉按钮；❷选择下拉列表中的【设置背景格式】选项。

Step3：设置母版背景。如图8-24所示，❶在【设置背景格式】窗格中，选中【纯色填充】单选按钮；❷设置背景色为【深灰色】，颜色RGB参数为【48,48,47】。完成母版的背景填充色设置后，母版下面的版式也同时改变了背景色。

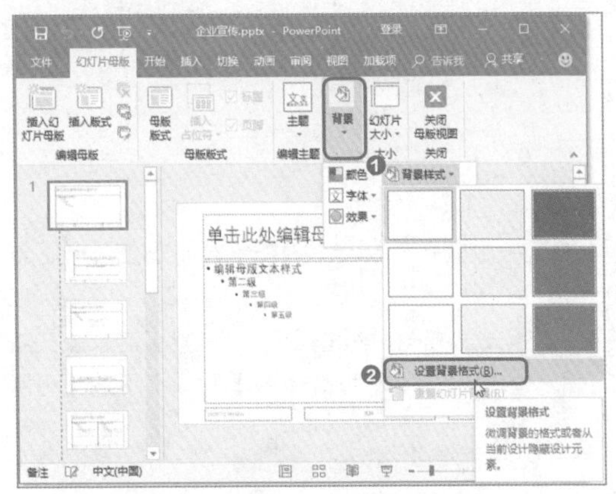

图8-23 进入背景设计窗格

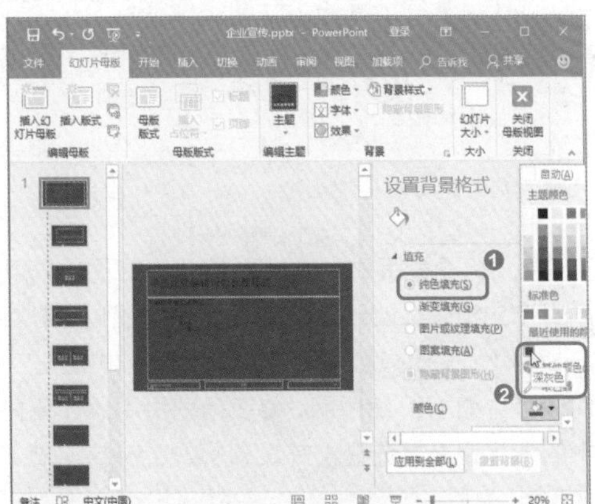

图8-24 设置母版背景

Step4：重命名版式。如图8-25所示，❶选中第1张版式；❷右击，在弹出的快捷菜单中选择【重命名版式】选项，在弹出的【重命名版式】对话框中输入【版式名称】并单击【重命名】按钮，将这张版式命名为“封面尾页”。

Step5：在版式中添加内容。如图8-26所示，❶删除版式中原来的内容，在版式下方绘制一个矩形；❷勾选【幻灯片母版】选项卡下的【母版】组中的【标题】复选框。

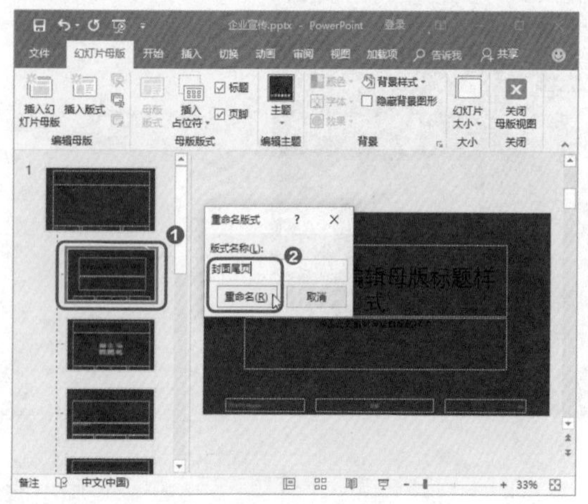

图8-25　重命名版式

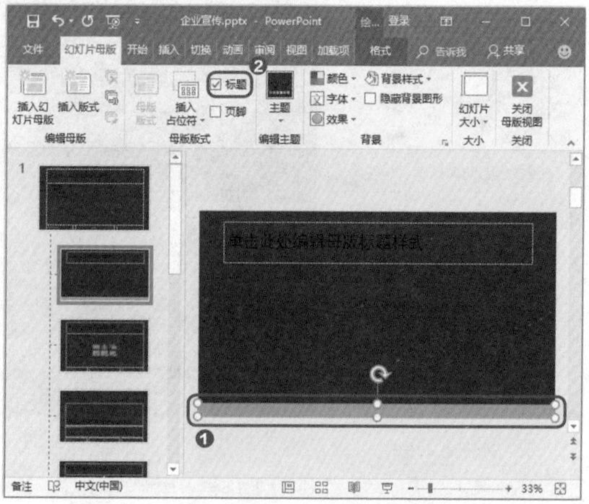

图8-26　在版式中添加内容

温馨提示

在母版中，选择【标题】或插入文本占位符后，设置文本框内的字体格式，在利用母版新建幻灯片后，可以在保留字体格式的前提下修改文字内容。但是直接插入文本框，则无法达到这种效果。

Step6：设置版式中的标题格式。如图8-27所示，❶选中版式中的标题；❷在【开始】选项卡下设置标题文字的格式。此时，就完成了“封面尾页”版式的设计。

Step7：设计标题页版式。使用同样的方法，将第2张版式命名为“标题页”，并删除这张版式中原来的内容。如图8-28所示，❶在标题页中添加三角形的形状；❷勾选【幻灯片母版】选项卡下的【母版】组中的【标题】复选框，并设置标题的文字格式。

图8-27　设置版式中的标题格式

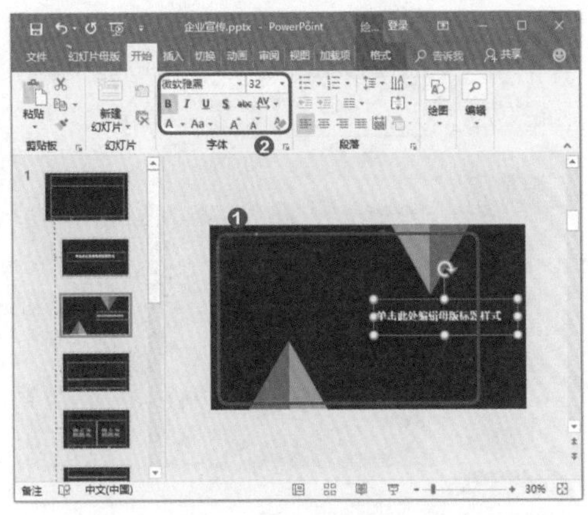

图8-28　设计标题页版式

Step8：在版式中添加文本占位符。如图8-29所示，❶单击【插入占位符】下拉按钮；❷选择【文本】选项。

Step9：设置文本占位符的格式。如图8-30所示，❶将占位符中多余的内容删除，然后输入“1”；❷在【字体】组中设置文本占位符的字体格式。此时，就完成了“标题页”的版式设计。

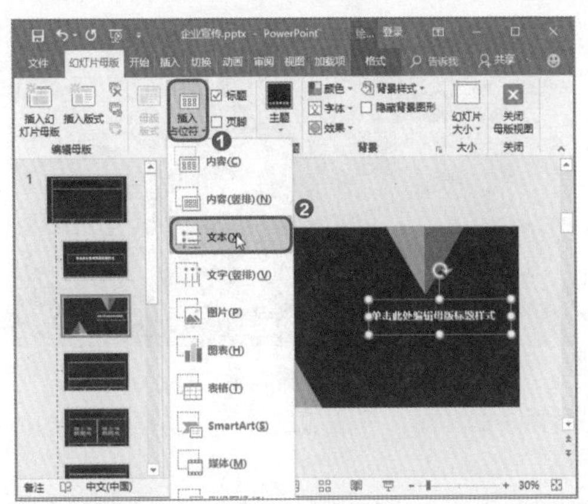

图8-29　在版式中添加文本占位符

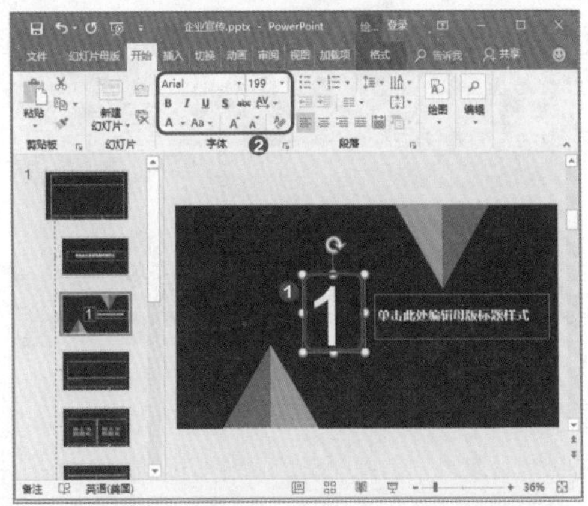

图8-30　设置文本占位符的格式

Step10：设计内容页版式。将第3张版式命名为“内容页”，并删除这页版式中原来的内容。如图8-31所示，❶在版式左上方绘制矩形，并添加【标题】元素；❷在【字体】组中设置标题的字体格式。此时，就完成了所有的版式设计，单击【幻灯片母版】选项卡下的【关闭母版视图】按钮，退出母版视图。

Step11：新建幻灯片。完成母版设计后，就可以在新建幻灯片时选择所需要的版式，在此基础上快速完成幻灯片的内容设计。如图8-32所示，❶单击【开始】选项卡下的【新建幻灯片】下拉按钮；❷从下拉列表中可以看到经过上述步骤设计好的版式，在此选择【封面尾页】版式。

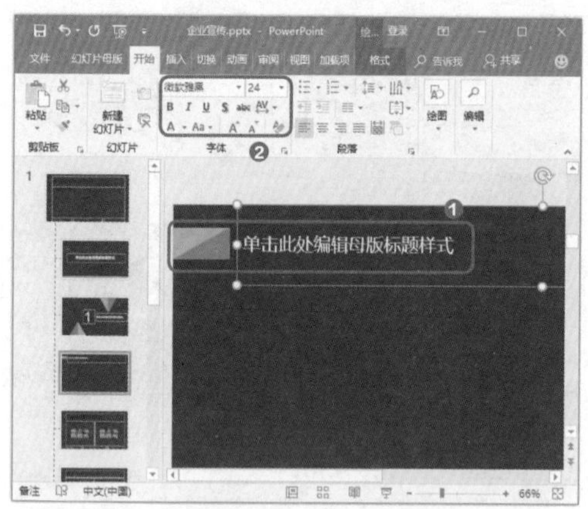

图8-31　设计内容页版式

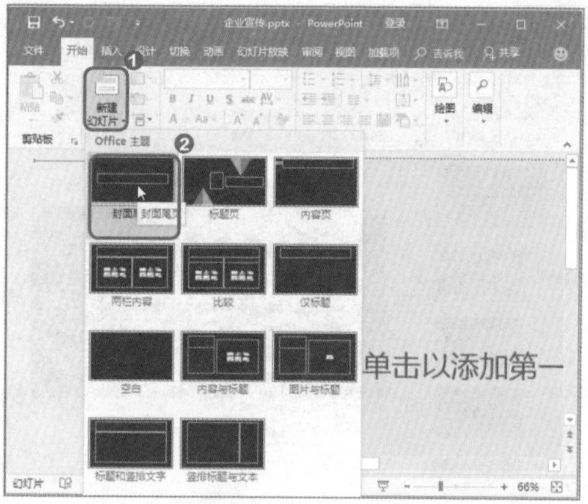

图8-32　新建幻灯片

Step12：更改封面页中的文字内容。如图8-33所示，单击封面页中的文本框，输入新的文字内容，此时文字的格式与母版中设置好的字体格式一致。

Step13：更改标题页中的文字内容。使用同样的方法，新建一页标题页幻灯片，直接修改标题页中的文字，完成第1页标题页的制作，如图8-34所示。

图8-33　更改封面页中的文字内容

图8-34　更改标题页中的文字内容

Step14：编辑内容页。新建两页内容页，修改内容页中的标题，并添加图片、文本框等内容元素，完成制作后效果分别如图8-35和图8-36所示。

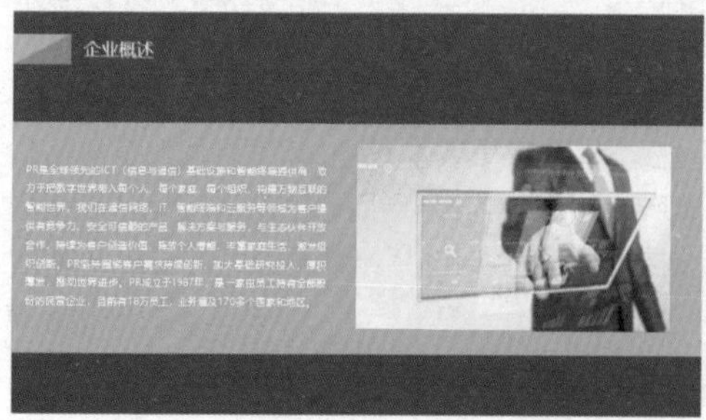

图8-35　编辑内容页（1）

图8-36　编辑内容页（2）

温馨提示

使用设计好的母版新建幻灯片，可以让幻灯片中相同的元素格式、位置等情况保持统一，且无须重复设置。

8.3　面对空白PPT，如何下手做封面

启动PowerPoint软件，准备动手设计幻灯片时，很多人往往在设计封面页时就卡住了。面对空白的幻灯片页面，找不到一点儿思路和灵感。其实只要多观察优秀的幻灯片封面，不难发现大气、美观的封面页大多有3种排版方式，熟悉这3种排版方式的特点，选择一种版式进行设计即可。

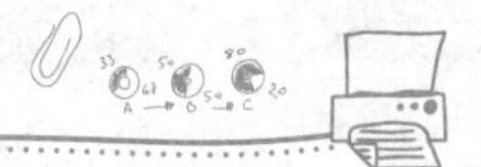

8.3.1　思维短路，就用半图型封面

小李

张姐，我设计PPT没思路呀。这不，赵经理让我做一份产品介绍PPT，打开软件后我的大脑就一片空白。在封面页中插入了文字、图片，却不知如何排版。唉！

张姐

小李，你不是脑中没思路，而是心中没套路。PPT封面页，比较经典的就是半图型，即上文下图、上图下文、左图右文、左文右图，具体排版选择要根据图片的尺寸和内容来决定。为了让版面更加美观，建议你在文字下方添加色块，色块颜色要与图片一致，或与幻灯片其他内容的颜色保持和谐。快动手试试这个好方法吧！

1 上文下图型封面

如图8-37所示，幻灯片中的图片是一双握紧的双手，双手指向上方，自然会将观众的视线引导到幻灯片上方。并且图片的长度远大于宽度。因此，在幻灯片上方绘制矩形，并在矩形上输入文字。矩形的颜色与图片颜色接近，保证了幻灯片色系的统一性。

2 上图下文型封面

如图8-38所示，幻灯片中使用的图片素材，其内容是在笔记本上写字的情景。而写字这个姿势，指向下方，观众看到幻灯片中的图片后，会自然而然地往下看。并且图片的长度远大于宽度。因此，让文字位于图片下方，幻灯片页面的信息传递效果更好。

图 8-37　上文下图

图 8-38　上图下文

3 左图右文型封面

如果图片的宽度大于长度，这类图片适合放在幻灯片的左边或右边。如图8-39所示，图片中的高楼微微向右倾斜，因此将文字放在图片右边，保持左右内容平衡。

4 左文右图型封面

如图8-40所示，图片宽度和长度相当，且图片中的手势向左倾斜。因此将文字放在图片左边。文字下方添加了黄色色块，色块颜色与右边图片上的文字颜色保持一致。

图8-39　左图右文

图8-40　左文右图

8.3.2 想高大上，就用全图型封面

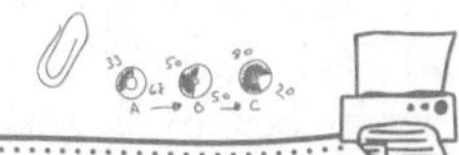

赵经理

哎哟，小李，你在做PPT呀。嗯，不错，你这个半图型封面设计得挺有感觉的，不过半图型封面看起来不够大气。我正好需要你帮我调整一下这几份产品介绍的PPT封面，你设计得高大上一点儿。

小李

张姐，赵经理说半图型封面不够大气。对于我这种设计小白来说，很难领会到“高大上封面”的设计内涵啊。您可不可以再教我一招设计大气封面的绝招啊？

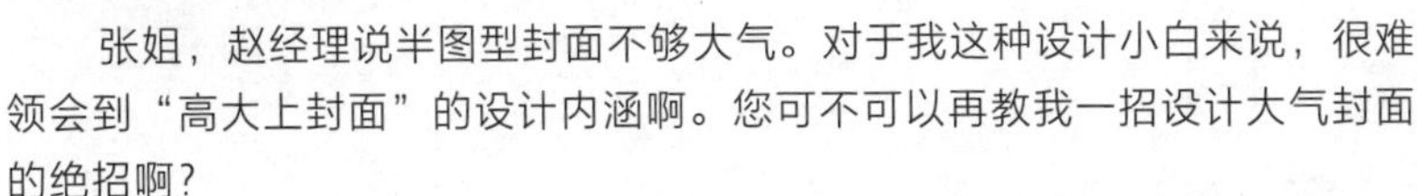

张姐

小李，别急。要想封面高端、大气、上档次，其实比做半图型封面更简单。秘诀就是“找图”！你到Pexels、Pixabay这类优秀的图片网站中找到与PPT主题相关的优质图片，直接将图片插入PPT中作为背景。然后在背景上通过添加透明形状遮罩、文字或其他美化元素，就可以快速完成全图型封面了，这种封面很吸引观众。需要注意的是，全图型封面中文字的位置也需要根据图片内容来调整。

下面以“全图型封面.pptx”文件为例，讲解如何找图、如何在图片上添加透明形状遮罩和文字，具体操作方法如下。

Step1：寻找图片。进入Pixabay网站中，如图8-41所示，❶输入关键词“办公桌”搜索图片；❷找到满意的图片后，单击【下载】按钮，选择需要的尺寸进行图片下载。

Step2：裁剪图片。将图片插入幻灯片中，❶单击【图片工具—格式】选项卡下的【裁剪】按钮；❷裁剪图片的大小，让图片与幻灯片大小一致，如图8-42所示。

图8-41　寻找图片

Step3：在图片上添加透明的形状遮罩。因为这张图片的内容太丰富，且图片中没有恰当的留白来添加文字，因此需要在图片上覆盖一个透明的矩形，这样既能保证图片内容的显示，又能减少图片的表现力。如图8-43所示，❶选择【形状】下拉列表中的【矩形】工具，在图片上方绘制一个矩形；❷右击矩形，选择【设置形状格式】选项，打开【设置形状格式】窗格，选择矩形的填充方式为【纯色填充】；❸选择矩形的填充颜色；❹设置矩形的填充色【透明度】为65%。

图8-42　裁剪图片

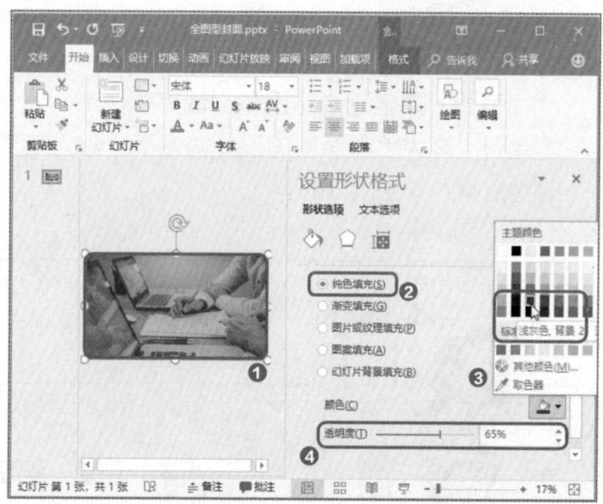

图8-43　在图片上添加透明的形状遮罩

Step4：在文字下方添加透明形状遮罩。此时，在透明矩形上插入文本框并输入文字，文字依然不够显眼，因此需要在文字下方添加透明形状遮罩。如图8-44所示，绘制两个矩形，下方的矩形无填充颜色，轮廓为白色；上面的矩形的轮廓为白色，❶设置填充方式为【纯色填充】；❷选择该矩形的填充颜色；❸设置该矩形的填充颜色【透明度】为50%。

Step5：完成幻灯片制作。此时，就完成了这页幻灯片的制作，效果如图8-45所示。在全图型幻灯片中，图片十分大气，使用透明形状遮罩后，图片和文字的显示互不影响。

图8-44　在文字下方添加透明形状遮罩

图8-45　完成幻灯片制作

使用同样的理念可以制作出其他效果的全图型封面。如图8-46所示，仅为文字添加了形状遮罩。如图8-47所示，图片中间有一片留白，所以文字下方的形状没有设置透明色。

图8-46　全图型封面（1）

图8-47　全图型封面（2）

8.3.3 想艺术化，就用形状做封面

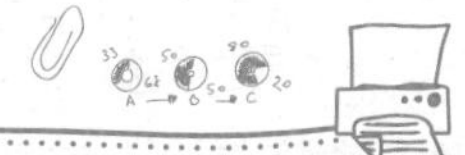

小李

张姐，您之前教我的半图型封面和全图型封面都特别好用，做出来的效果也很不错。但是这两种封面都需要用到图片，我有个疑问，如果我实在找不到恰当的图片素材该怎么办呢？

张姐

小李，PPT封面页设计，我还有一招没告诉你呢。PowerPoint中提供了几十种形状，运用简单的形状，你就可以做出有艺术性的封面。

启动PowerPoint 2016软件，利用软件提供的形状制作封面页的具体操作方法如下。

Step1：选择形状。在一页空白的幻灯片中，设置好幻灯片的填充背景色。如图8-48所示，❶单击【插入】选项卡下的【插图】组中的【形状】按钮；❷选择【矩形】形状。

Step2：绘制矩形，插入文本框。如图8-49所示，在幻灯片中按住鼠标左键不放，在幻灯片上方绘制一个长条矩形。使用相同的方法，在幻灯片下方再绘制两个矩形。在幻灯片下方的两个矩形之间插入一个文本框，输入文字。

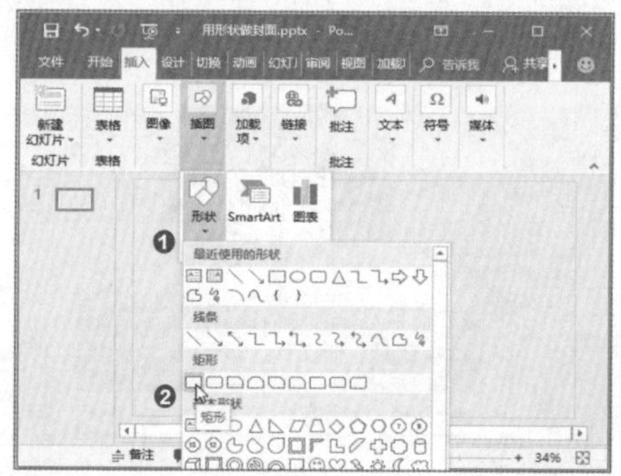

图8-48　选择形状

图8-49　绘制矩形，插入文本框

Step3：继续绘制矩形。如图8-50所示，使用同样的方法，继续在幻灯片中绘制矩形，只不过矩形的填充颜色和轮廓颜色不同而已。

Step4：在矩形中输入文字。如图8-51所示，在幻灯片中间上方的位置绘制矩形，矩形的填充颜色与幻灯片背景色相同，在矩形中输入文字。

图8-50　继续绘制矩形

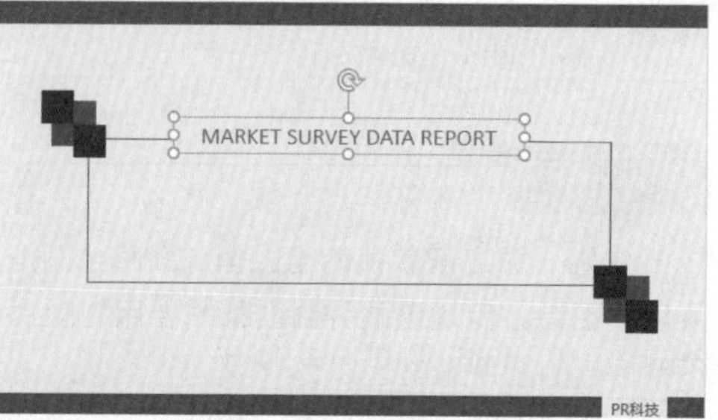

图8-51　在矩形中输入文字

Step5：完成封面页制作。在这页幻灯片中绘制直线、三角形，插入文本框，即可完成这页幻灯片的制作，如图8-52所示。

使用形状制作PPT封面，样式多变。用形状制作的封面页如图8-53～图8-55所示。

图8-52　完成封面页制作

图8-53　用形状制作的封面页（1）

图8-54　用形状制作的封面页（2）

图8-55　用形状制作的封面页（3）

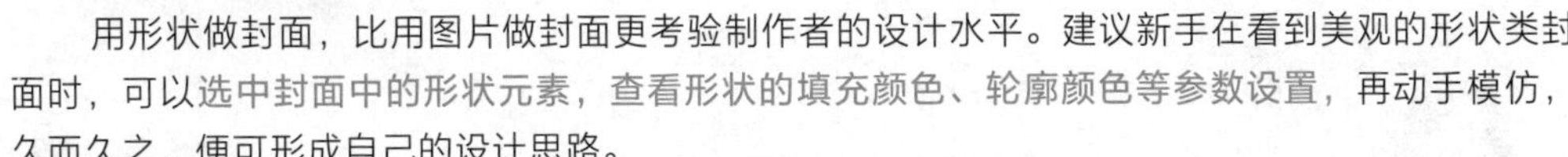

温馨提示

用形状做封面，比用图片做封面更考验制作者的设计水平。建议新手在看到美观的形状类封面时，可以选中封面中的形状元素，查看形状的填充颜色、轮廓颜色等参数设置，再动手模仿，久而久之，便可形成自己的设计思路。

8.4　有了封面，如何下手做目录页和标题页

在一份PPT中，目录页可以告诉观众这场演讲的内容结构，标题页可以告诉观众即将进入的演讲环

节。一份PPT有一张目录页，目录页中有几个目录，这份PPT就会有几张标题页。目录页和标题页设计，同样有规律可循。

8.4.1 目录页要根据目录数量来设计

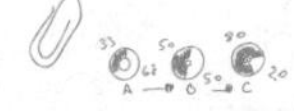

赵经理

小李，你做的PPT有一个缺点，封面页很漂亮，目录页却很简陋。这两张紧邻的页面形成鲜明的对比啊。目录页虽然只有一页，却也不能轻视。

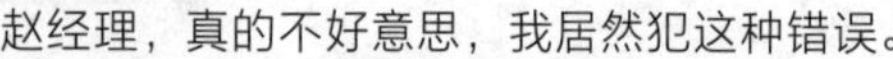

小李

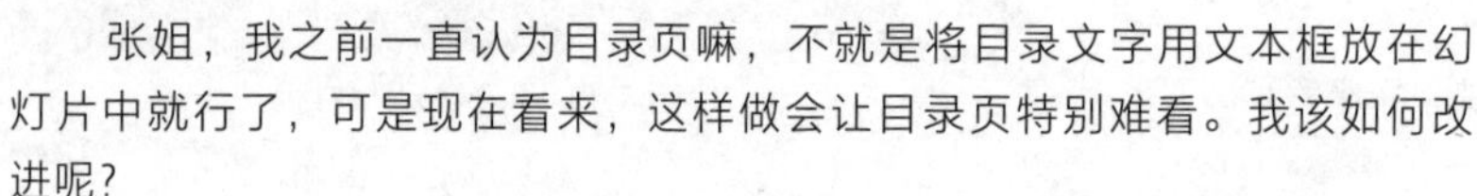

赵经理，真的不好意思，我居然犯这种错误。

张姐，我之前一直认为目录页嘛，不就是将目录文字用文本框放在幻灯片中就行了，可是现在看来，这样做会让目录页特别难看。我该如何改进呢？

张姐

小李，目录页要根据目录的数量来设计。现在常用的幻灯片长宽比是16：9，即长度大于宽度。因此，目录数量小于等于5个时，可以纵向排列或横向排列；目录数量大于5个时，建议横向排列、左右对称排列、倾斜排列。排列好目录后，在空白的地方插入图片、形状等元素作为修饰就可以了。

当目录数量小于等于5个时，通常选择纵向排列，如图8-56所示。这是最常见的目录排列方式。这种排列方式合理利用了幻灯片16：9的比例。

当目录数量小于等于5个时，也可以选择横向排列，效果如图8-57所示。这种排列方式要求目录之间的距离要增加，否则在幻灯片横向距离上会有较多留白，页面不够饱满。

当目录数量较多，大于5个目录时，可以选择横向排列。因为在16：9的幻灯片中长度大于宽度，在横向方向上有更多的空间来放置数量较多的目录，效果如图8-58所示。

当目录数量较多时，选择横向排列，可能出现页面横向方向上内容较少、留白较多的情况。此时，可以让目录左右对称排列，既合理利用了空间，又让幻灯片页面内容显得较为丰富，如图8-59所示。

图8-56　纵向排列的目录

图8-57　横向排列的目录（1）

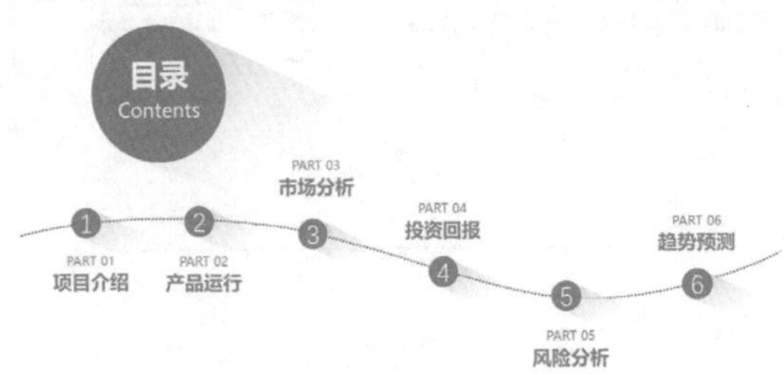

图8-58　横向排列的目录（2）

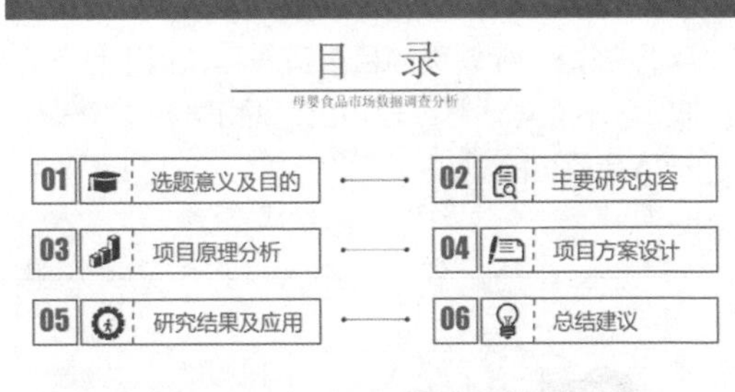

图8-59　左右对称排列的目录

在目录数量较多的情况下，还可以选择倾斜排列，这种排列方式可以避免横向排列时留白太多的情况，也可以避免纵向排列时空间太挤的情况。倾斜排列的目录效果如图8-60所示。

图8-60　倾斜排列的目录

技能升级

在制作目录时，让目录整齐排列是首要原则。对齐目录时，可以选中目录，使用【对齐】菜单中的【顶端对齐】选项，让目录在水平线上对齐。使用【左对齐】和【右对齐】，可以让目录在垂直线上对齐。对于倾斜排列的目录，可以依次使用【横向分布】和【纵向分布】选项，让目录在水平方向和垂直方向上的距离相等，以便均匀分布。

8.4.2 标题页，醒目大气就对了

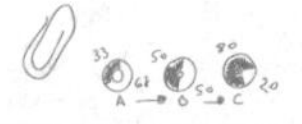

小李

张姐，标题页和目录页一样，似乎也不是PPT的重点内容。这次我做的PPT可不能再让赵经理指出纰漏了。我需要做一份产品介绍PPT，想向您请教一下标题页的做法。

张姐

小李，PPT的标题页也称为过渡页，起到了承上启下的作用，提醒观众接下来要进入的演讲环节。如果你的PPT页数小于10页，可以考虑省略标题页。为了使PPT的风格统一，标题页的元素和排版方式最好从封面页中进行提取。例如，使用封面页中的形状、图片、版式可以提升PPT的统一性。

图8-61和图8-62分别是一份PPT的封面页与标题页。标题页的排版与封面页相同，且使用了封面页的颜色。

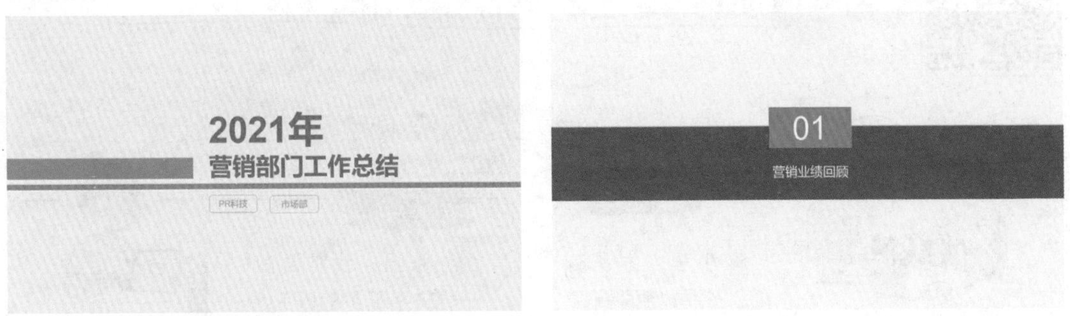

图8-61 封面页（1）　　图8-62 标题页（1）

如图8-63和图8-64所示，这份PPT的封面页和标题页达到了高度的一致。标题页使用的元素和封面页一致，只不过巧妙地改变了位置，让两个页面既有所不同，又具有统一性。

图8-63 封面页（2）

图8-64 标题页（2）

8.5 告别内容页图文排版之痛

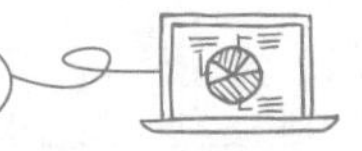

内容页是PPT的重点页面，内容页中使用频率最高的元素就是文字和图片。让文字和图片在页面中和谐排版，至少可以解决70%的PPT制作难题。当文字较少时，通过设计字体格式，让文字具有表现力；当文字较多时，做好段落排版；既有图片又有文字时，不仅需要掌握基本的排版技巧，还可以利用SmartArt图形进行快速排版。

8.5.1 如何将普通文字用得出神入化

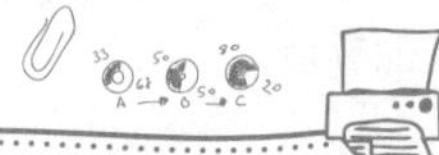

赵经理

小李，为了增加公司与消费者之间的黏性，市场部策划了一场古风产品鉴赏会，邀请咱们的客户前来参加。你需要根据主题做一份PPT，注意文字不要太多，否则观众要打瞌睡。

小李

张姐，我需要做一份文字不多的PPT。我想了一下，文字不多，又要让页面吸引人，我除了在配图上下功夫外，还要在文字上下功夫。我浏览了一些优秀的PPT作品，发现幻灯片中的文字都很有吸引力，格式也不是PPT默认的格式，这是如何实现的呢？

张姐

一般来说，PPT中文字越少，越需要对文字进行设计。其要点是根据PPT的主题设计文字的风格。例如，与古典文化相关的主题，就要让文字散发出古典韵味，可以考虑使用毛笔字体。在设计文字时，可以通过改变字体及设置文字的阴影效果、映像效果、发光效果等，让文字变得与众不同。

下面以“文字设计.pptx”文件为例，讲解如何设计幻灯片页面中的文字，具体操作方法如下。

Step1：分析页面文字。如图8-65所示，幻灯片中的文字使用了现代化的字体，文字风格与内容主题、页面风格完全不搭调，需要调整文字格式使其更有古典韵味。

Step2：调整文字的字体。幻灯片中左边的两排文字，其文字数量较多，应该选择较容易阅读辨认的字体。如图8-66所示，❶按住Ctrl键，同时选中两个文本框；❷在【开始】选项卡下的【字体】组中设置文字的字体为【Adobe楷体Std R】，这种字体略带古典韵味，又容易辨认。

图8-65　分析页面文字

图8-66　调整文字的字体（1）

Step3：调整文字的字体。幻灯片中右边的两个文字，可以设计得更具艺术效果，以起到画龙点睛的作用。如图8-67所示，❶选中幻灯片右边的两个文字；❷调整其字体为【华文行楷】，这种字体的古典韵味更为浓厚。

Step4：设置文字的阴影效果。如图8-68所示，保持选中幻灯片右边的两个文字，❶单击【绘图工具—格式】选项卡下的【文本效果】下拉按钮；❷选择【阴影】效果；❸选择【偏移：右】阴影效果。

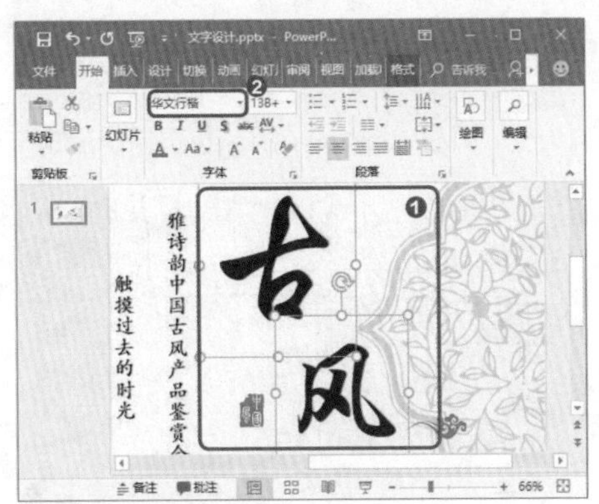

图8-67　调整文字的字体（2）

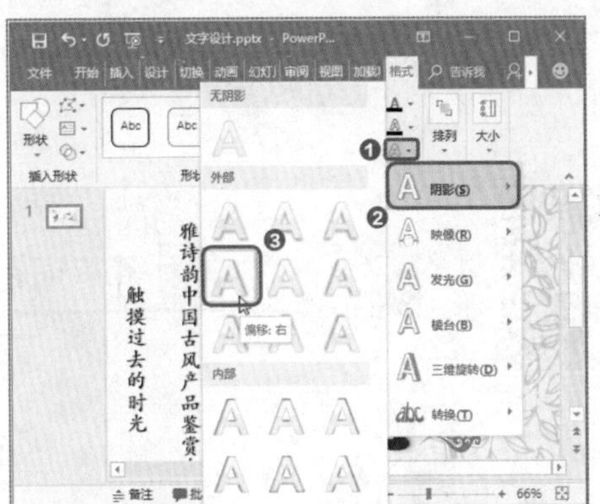

图8-68　设置文字的阴影效果

温馨提示

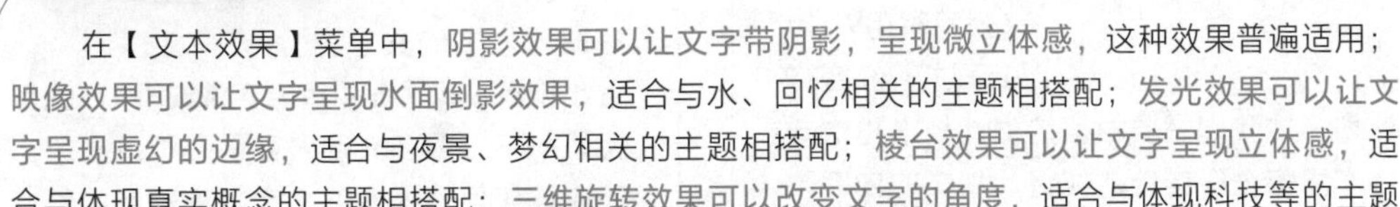

在【文本效果】菜单中，阴影效果可以让文字带阴影，呈现微立体感，这种效果普遍适用；映像效果可以让文字呈现水面倒影效果，适合与水、回忆相关的主题相搭配；发光效果可以让文字呈现虚幻的边缘，适合与夜景、梦幻相关的主题相搭配；棱台效果可以让文字呈现立体感，适合与体现真实概念的主题相搭配；三维旋转效果可以改变文字的角度，适合与体现科技等的主题相搭配；转换效果可以改变文字排列的幅度，增加活泼有趣度，适合与儿童相关的主题相搭配。

Step5：设置文字的发光效果。如图8-69所示，保持选中幻灯片右边的两个文字，❶单击【绘图工具-格式】选项卡下的【文本效果】下拉按钮；❷选择【发光】效果；❸选择【发光：8磅；灰色，主题色3】发光效果。

Step6：查看最终效果。如图8-70所示，此时幻灯片中的文字经过调整后古典韵味更为强烈，与幻灯片的主题和页面其他内容元素相搭配。

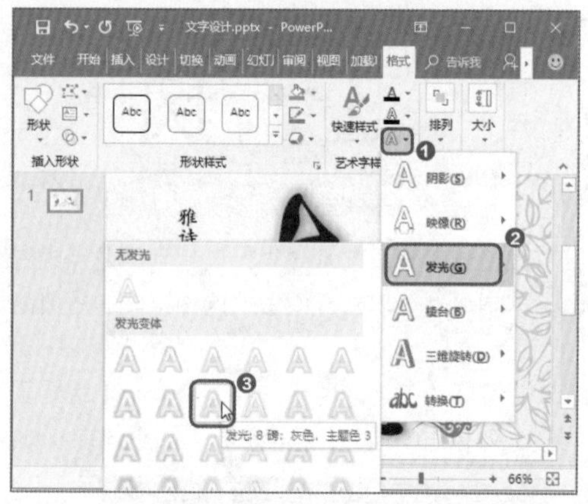

图8-69　设置文字的发光效果

图8-70　查看最终效果

8.5.2 文字太多不用怕

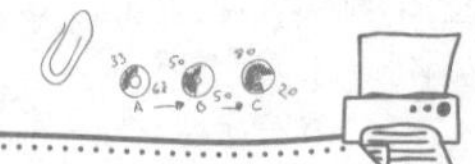

赵经理

小李，你刚来公司时用Word拟订过一份合作计划书，我们需要根据这份计划书再次与合作商家进行详谈。你将计划书的内容改成PPT，方便我在详谈时放映。

小李

张姐，我之前拟订的计划书的文字内容比较多，我现在要将内容做成PPT。我审视了一下，很多文字内容是必不可少的。我应该如何处理这种文字内容较多的幻灯片呢？

张姐

唉，文字较多的幻灯片确实让人头疼，不过也不是没有办法。处理幻灯片中的大量文字要这样做：审视文字内容，尽量精减文字→根据逻辑为文字分块→为每块文字列小标题→调整文字的字体和段落格式→对齐文字。

下面以“文字排版.pptx”文件为例，讲解如何在幻灯片中排版数量较多的文字，具体操作方法如下。

Step1：精减文字。阅读幻灯片中的大段文字，将不必要的内容删除。如图8-71所示，红字表示需要删除的内容。

首先合作是一个双方甚至多方协同一致的结果，双方的价值观是合作的基础，在这个基础之上大家又要明白人们之间之所以需要合作是因为需要完成仅仅靠个人能力难以达成的目标才会互相选择合作，在合作的过程中大家一定是各负其责的。其次越是互相信任的团队越容易达成目标，信任度高的团队内部还将因信任而产生的问题降到最低，减少了内耗，自然就提升了效率，最终成功的概率也大。最后大家要彼此放弃一定的安全感，这个如何来理解呢，之所以可以放弃部分的安全感来实现合作一定是基于信任的基础，越信任就可以放弃越多的安全感。

图8-71　精减文字

Step2：为文字分块并提取小标题。仅留下必要的文字后，根据文字的内在逻辑，将文字分为3大部分，并为每个部分提取了小标题，如图8-72所示。

1.价值观相同
合作是双方甚至多方协同一致的结果，双方的价值观是合作的基础，在这个基础之上大家又要明白合作是因为仅靠个人能力难以达成目标，在合作的过程中大家各负其责。
2.彼此信任
越是互相信任的团队越容易达成目标，信任度高的团队内部还将因信任而产生的问题降到最低，减少内耗，自然就提升了效率，最终成功的概率也大。
3.放弃一定的安全感
大家要放弃一定的安全感，之所以可以放弃部分的安全感来实现合作一定是基于信任的基础，越信任就可以放弃越多的安全感。

图8-72　为文字分块并提取小标题

Step3：设置文字格式。将每个部分的文字单独放在一个文本框中。如图8-73所示，❶设置小标题的字体格式为【黑体】、28号，颜色为蓝色。段落文字的格式为【微软雅黑】、18号，颜色为黑色；❷选中文本框，设置文本的对齐方式为【两端对齐】，这种对齐方式的使用频率较高，可以让文本框中的文字在左右两端均保证对齐。

Step4：设置文字行距。为了让小标题与段落文字之间有点儿距离，这里需要设置小标题的行距。如图8-74所示，❶选中小标题文字；❷单击【行距】下拉按钮，从下拉列表中选择2.0倍行距。

Step5：打开【段落】对话框。接下来需要设置段落文字的段落格式。如图8-75所示，❶选中段落文字；❷单击【段落】组中的对话框启动器按钮。

Step6：设置段落格式。如图8-76所示，在打开的【段落】对话框中，❶设置段落的行距为【固定值】【25磅】；❷单击【确定】按钮，就完成了这个文本框的格式设置。使用同样的方法，完成其他两个文本框的格式设置。

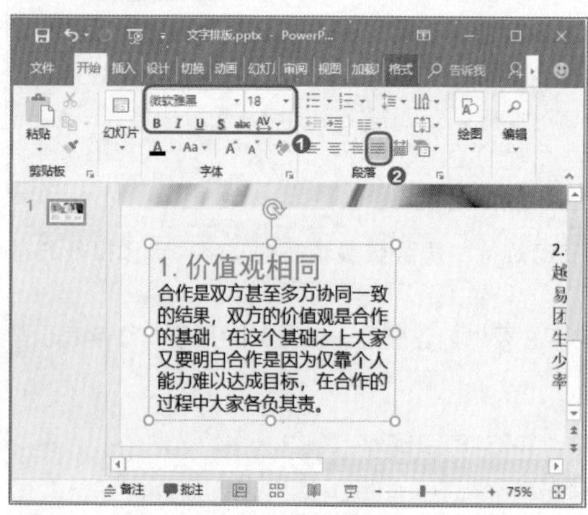

图8-73　设置文字格式

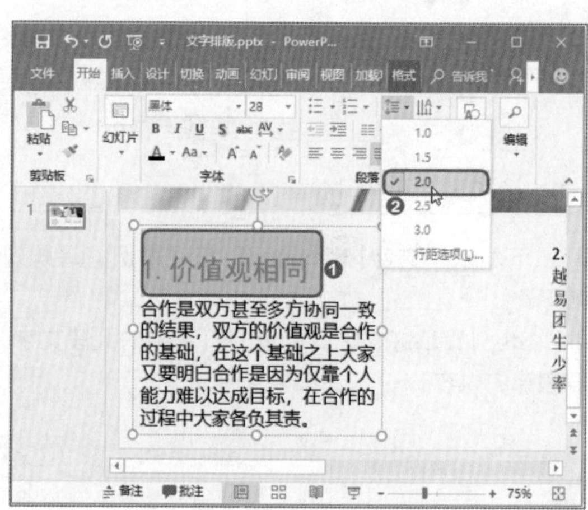

图8-74　设置文字行距

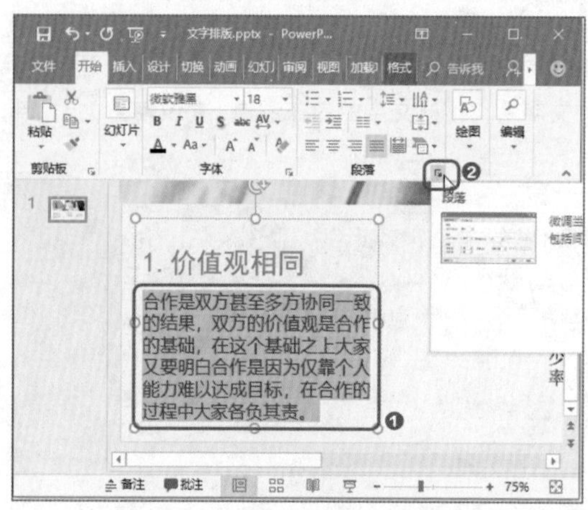

图8-75　打开【段落】对话框

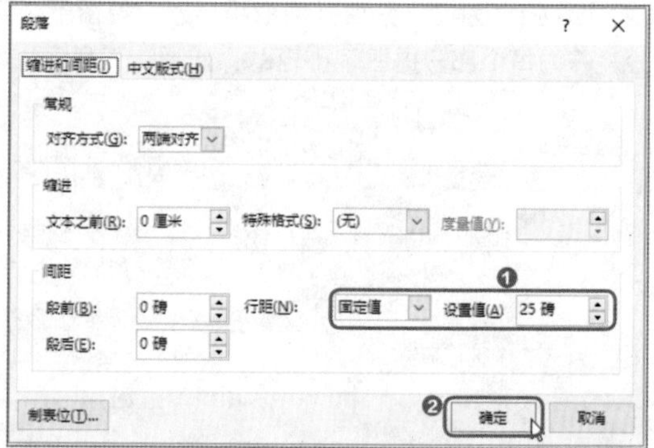

图8-76　设置段落格式

Step7：对齐文本框。❶按住Ctrl键，同时选中3个文本框；❷单击【绘图工具-格式】选项卡下的【排列】下拉按钮；❸从下拉列表中选择【顶端对齐】选项，让文本框顶端对齐；❹再选择【横向分布】选项，让文本框之间的距离相等，如图8-77所示。

Step8：查看效果。此时，就完成了段落文字的调整，效果如图8-78所示。

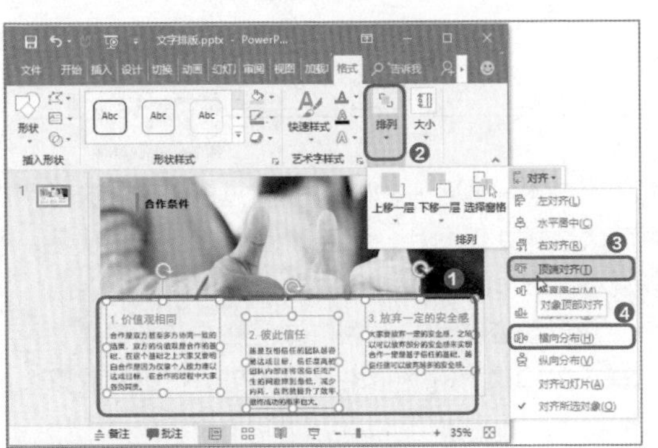

图8-77 对齐文本框

图8-78 查看效果

技能升级

对于规章制度类、条款类段落文字，可以为文字添加项目符号或编号，让文字的逻辑更加清晰，且容易阅读。具体方法是等距文字，在【开始】选项卡下的【段落】组中的【项目符号】或【编号】菜单中选择样式。

8.5.3 好用又高效的6大图片处理法

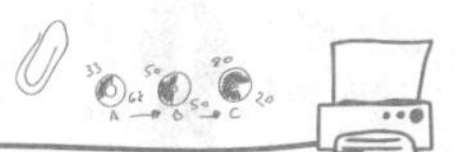

小李

张姐，我在研究PPT时发现，图片简直就是PPT的灵魂。我决定专项攻破图片这一关！我总结了一下，插入幻灯片中的图片，可以删除背景、使用图片样式，除了这两种图片处理方法外，您那儿还有没有“绝招”？

张姐

小李，现在“江湖”上流传一句话——PS快干不过PPT了。这可不是危言耸听，在PPT中可以这样处理图片：①删除图片背景；②使用【图片样式】功能快速美化图片；③使用【校正】功能改善图片的清晰度、亮度；④使用【颜色】功能改变图片的颜色；⑤使用【艺术效果】功能让图片呈现出油画、模糊等效果；⑥使用【裁剪】功能将图片裁剪成不同的形状。

下面通过“图片处理.pptx”文件，讲解PowerPoint 2016中图片处理的6种方式，具体操作方法如下。

Step1：进入背景删除状态。在第1页幻灯片中，图片有白色背景，看起来十分突兀。如图8-79所示，❶选中图片；❷单击【图片工具—格式】选项卡下的【删除背景】按钮，进入背景删除状态。

Step2：删除背景。如图8-80所示，❶单击【标记要保留的区域】按钮，在图片要保留的区域上单击；❷当图片的背景完全变成紫红色后，单击【保留更改】按钮，即可完成图片背景的删除。

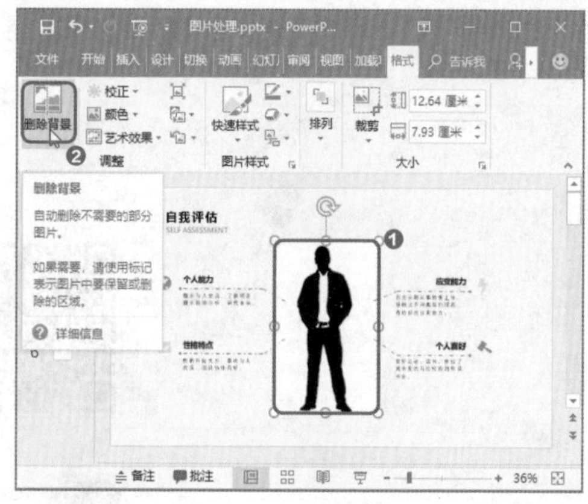

图8-79　进入背景删除状态

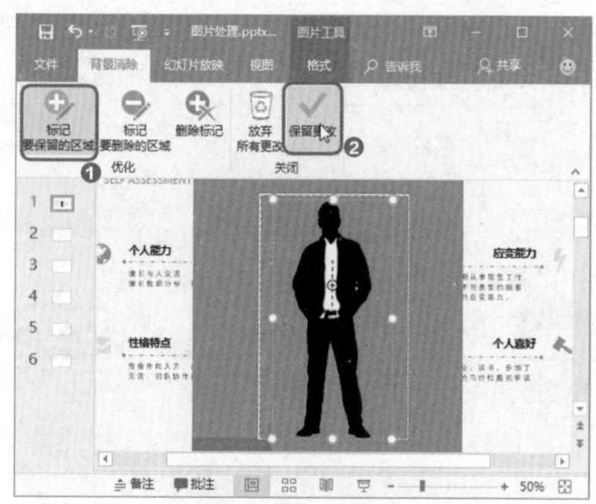

图8-80　删除背景

Step3：查看效果。如图8-81所示，完成图片背景删除后，图片与幻灯片的背景更好地融合在一起。

Step4：选择图片样式。进入第2页幻灯片中，❶选中幻灯片中的图片，单击【图片工具—格式】选项卡下的【快速样式】下拉按钮；❷选择一种图片样式，如图8-82所示。

Step5：查看图片样式设置效果。【快速样式】下拉列表中的样式，均合理设置了边框、阴影等样式。如图8-83所示，所选择的样式让图片有了白色边框，还有透视阴影。

Step6：校正图片锐化参数。进入第3页幻灯片，幻灯片中的图片轮廓不够清晰。如图8-84所示，❶选中幻灯片中的图片，单击【校正】下拉按钮；❷选择较高的锐化参数。

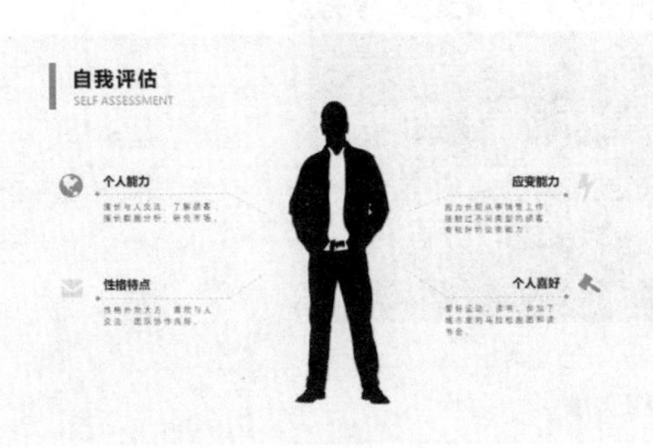

图8-81　查看效果

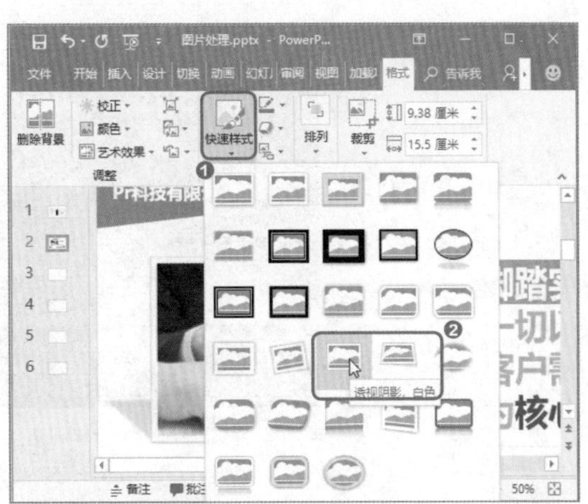

图8-82　选择图片样式

图8-83　查看图片样式设置效果

图8-84　校正图片锐化参数

Step7：查看图片校正效果。增加图片的锐化参数后，图片的轮廓更加清晰，效果如图8-85所示。通过【校正】下拉列表，还可以调整图片的亮度和对比度参数。

Step8：调整图片颜色。利用PowerPoint 2016还可以调整图片颜色。调整图片颜色前的幻灯片效果如图8-86所示。在【图片工具—格式】选项卡下，单击【颜色】下拉按钮，选择饱和度较高的参数后，调整后的图片效果如图8-87所示。

Step9：调整图片艺术效果。PowerPoint 2016提供了多种图片艺术效果。如图8-88所示是原始的幻灯片图片。选择图片后，单击【图片工具—格式】选项卡下的【艺术效果】下拉按钮，选择【图样】艺术效果，则调整后的图片效果如图8-89所示。调整图片艺术效果后，图片中的实物减少了真实感，体现出了人生之路无常的韵味。

图8-85　查看图片校正效果

图8-86　调整图片颜色（前）

图8-87　调整图片颜色（后）

图8-88　调整图片艺术效果（前）

图8-89　调整图片艺术效果（后）

Step10：将图片裁剪为其他形状。进入第6页幻灯片中，❶选中其中的一张图片；❷单击【图片工具—格式】选项卡下的【裁剪】下拉按钮；❸选择【裁剪为形状】选项；❹从子列表中选择【流程图：合并】形状，如图8-90所示。

Step11：查看图片裁剪效果。使用同样的方法裁剪幻灯片中的其他图片，效果如图8-91所示。三角形的图片排版让幻灯片更有灵性。

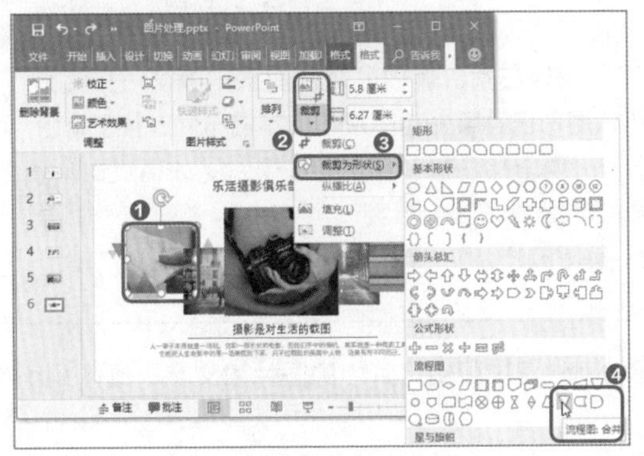

图8-90　将图片裁剪为其他形状

8-91　查看图片裁剪效果

8.5.4 手残党一学就会的SmartArt图形排版

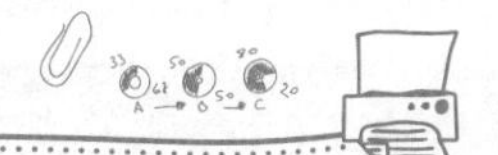

赵经理

小李，公司的新品开始上市销售了，你负责将产品说明书中的内容做成PPT，让市场部在展销会上进行展示，注意要图文并茂。

小 李

赵经理，我看了一下，说明书中的内容比较多，而我对图片和文字的排版还不够熟练。我得研究一下，看有没有快速的图文排版方法。

张姐

小李，你不用研究了，我现在就告诉你最好的图文排版法——使用SmartArt图形排版。SmartArt图形已经事先对图片和文字的布局进行了排版设计。如果你的幻灯片中什么内容都没有，那么可以插入SmartArt图形，在图形中编辑图片和文字。如果你的幻灯片中已经有了图片，那就更简单了，选中所有图片，选择一种【图片版式】就可以快速完成图片排版了。

下面通过“SmartArt图形排版.pptx”文件，介绍如何快速排版幻灯片中的图片和文字，具体操作方法如下。

Step1：单击SmartArt按钮。在第1页幻灯片中，单击【插入】选项卡下的【插图】组中的【SmartArt】按钮，如图8-92所示。

Step2：选择SmartArt图形。如图8-93所示，❶在打开的【选择SmartArt图形】对话框中，选择【图片】类型的图形；❷选择一种符合需求的图形；❸单击【确定】按钮。

图8-92　单击【SmartArt】按钮

图8-93　选择SmartArt图形

温馨提示

在【选择SmartArt图形】对话框中要阅读图形说明，确定图形中插入图片的位置以及输入文字的位置，以此来判断是否符合需求。

Step3：插入图片。插入幻灯片中的SmartArt图形已经对图片和文字进行了排版布局。如图8-94所示，单击图形中的图片按钮，然后将事先准备好的素材图片插入图形中。

Step4：完成SmartArt图文排版。插入图片后，在图形中为文字预留的位置中输入说明文字，此时就快速完成了图文排版，效果如图8-95所示。

Step5：选择图片版式。进入第2页幻灯片中，页面中已经有了4张大小不一、排版凌乱的图片。选中所有图片，❶单击【图片工具—格式】选项卡下的【图片版式】下拉按钮；❷从下拉列表中选择一种符合需求的版式，如图8-96所示。

Step6：输入文字完成图文排版。此时，选中的4张图片都大小相同地整齐排列在SmartArt图形中。在图形中预留的文字位置内输入说明文字，调整图形的颜色，即可快速完成这页幻灯片的图文排版，效果如图8-97所示。

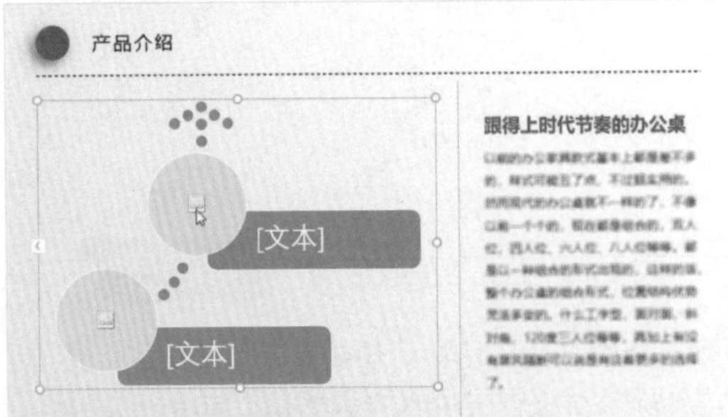

图8-94　插入图片

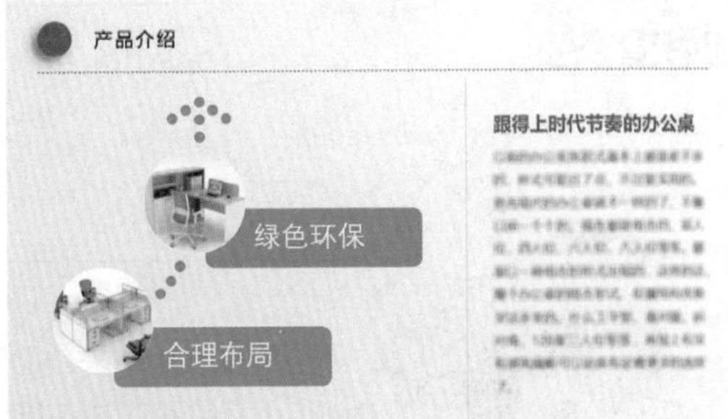

图8-95　完成SmartArt图文排版

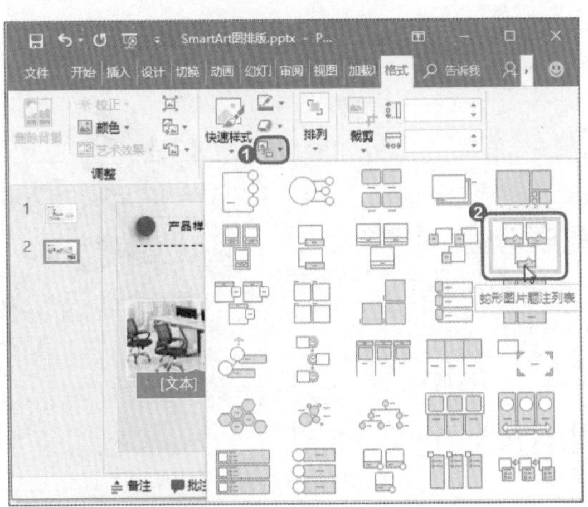

图8-96　选择图片版式

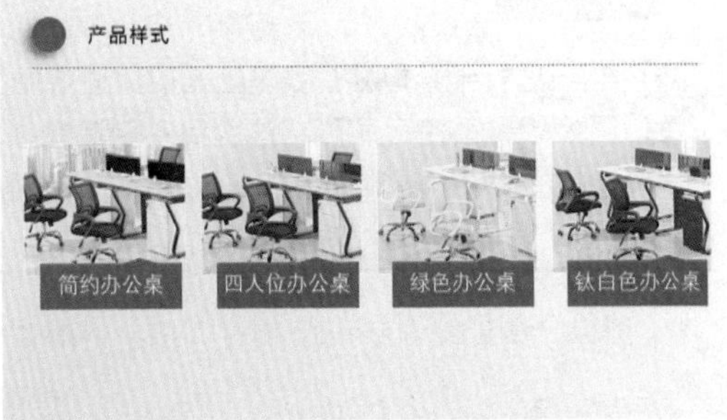

图8-97　输入文字完成图文排版

8.6 别忘记尾页，让观众意犹未尽

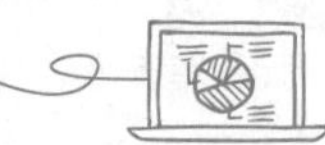

做PPT千万要杜绝虎头蛇尾，更不能有头无尾。PPT中尾页的存在是对观众的尊重，更可能带给观众回味无穷的效果，使演讲进一步升华。

8.6.1 想省事，尾页就参照封面设计

赵经理

小李，你来公司后做事一直很细心。这次我却要批评你一次了，你昨天交给我的员工培训PPT居然没有尾页，这样让内容戛然而止，不太好吧？

小李

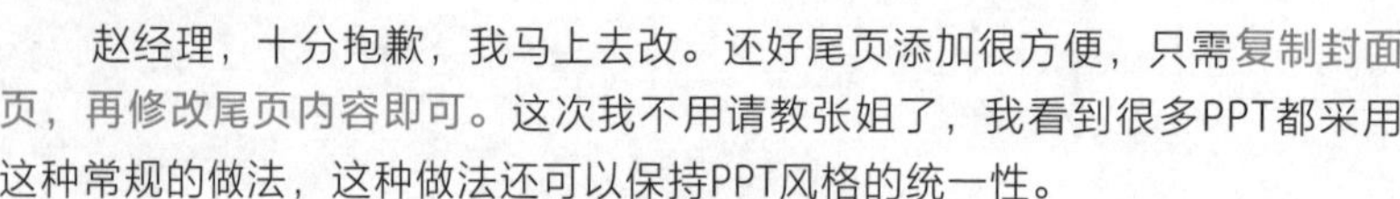

赵经理，十分抱歉，我马上去改。还好尾页添加很方便，只需复制封面页，再修改尾页内容即可。这次我不用请教张姐了，我看到很多PPT都采用这种常规的做法，这种做法还可以保持PPT风格的统一性。

下面以“员工培训.pptx”文件为例，讲解如何通过修改封面页快速完成尾页设计，具体操作方法如下。

Step1：复制封面页。如图8-98所示，选中第1页幻灯片，右击，在弹出的快捷菜单中选择【复制】选项。

Step2：粘贴页面。如图8-99所示，将光标插入幻灯片最后一页的后面，右击，在弹出的快捷菜单中选择【保留源格式】选项，就可以将封面页复制到尾页的位置。

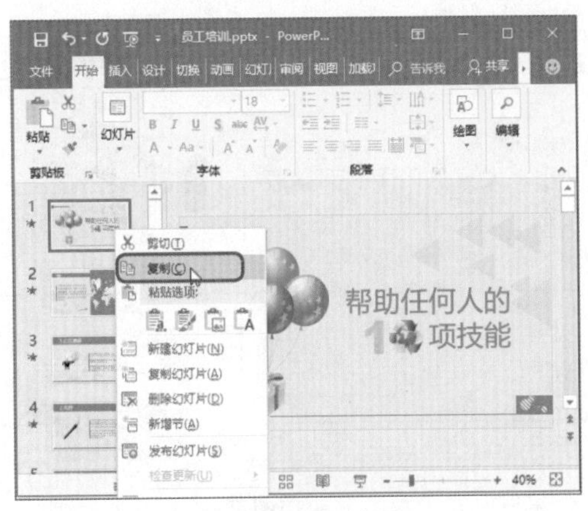

图8-98 复制封面页

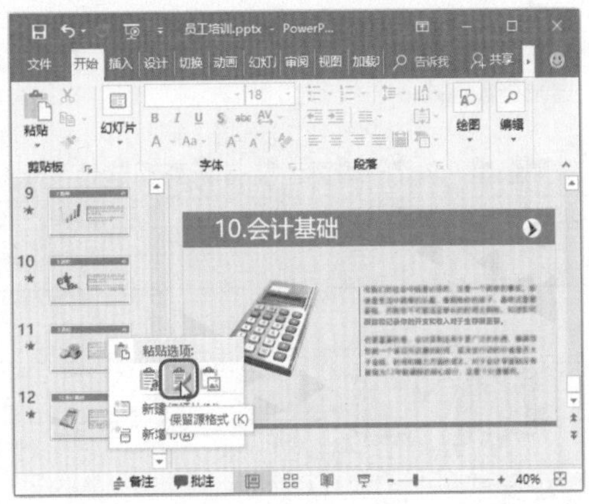

图8-99 粘贴页面

Step3：修改尾页文字内容。如图8-100所示，在尾页中修改文字内容为“谢谢观看！”或“Thanks”等内容，就完成了尾页制作。

图8-100 修改尾页文字内容

8.6.2 想出彩，试试这5种别出心裁的尾页

赵经理

小李，现在做营销，在每个方面都要做到位。你在做PPT时，要力争每一页都能传递特定有效的信息，不能为了做PPT而做PPT。尤其是你的PPT最后一页，总是千篇一律的“谢谢观看！”，这样意义就不大了。

小李

张姐，PPT的尾页还能有新意？这让我十分困惑，大家的PPT不都是表达鸣谢就可以了吗？

张姐

小李，PPT的尾页也是一个页面，在设计尾页时要结合PPT的主题、当前演讲的环节等情况来考虑。“谢谢观看！”并不适合所有场合。

你想赢得项目合作时，要有一个煽情式结尾，调动对方的情绪；你想让观众进一步联系你时，要在尾页留下详细的联系方式；PPT放映结束后会进入特定的环节，可以在尾页中进行提醒；你想升华你的演讲主题时，可以将核心内容提到更高的层面，让观众感觉意犹未尽；你还可以在尾页中亮出整场演讲的结论，让观众拍手称赞。

（1）煽情式尾页。图8-101所示是一份项目计划书的尾页。这份PPT的演讲目的是打动合作方。因此在尾页放上煽情的语言，配上煽情的图片，可以调动合作方的情绪，增加合作的可能性。例如，婚礼策划、项目提案、产品推广等类型的PPT均可选用这种结尾方式。

图8-101　煽情式尾页

（2）留下联系方式。图8-102所示是一份简历的尾页。之所以这样做，是因为面试官在通过PPT了解了面试者，肯定面试者的个人能力后，可能会对其产生兴趣，想要进一步联系面试者。例如，个人推荐、产品销售等类型的PPT均可选用这种结尾方式。

图8-102　留下联系方式

（3）提醒即将进入的环节。有时PPT演讲结束后，并不是整个会议的终点。此时，可以在PPT尾页中放上即将进入的环节提醒，让观众做好准备，效果如图8-103所示。

图8-103　提醒即将进入的环节

（4）强化主题。一场精彩的演讲，常常会给观众留下深刻的印象。图8-104所示是一份职业规划PPT的尾页。尾页中，将职业升华到人生的高度，恰到好处地强化了演讲主题。

图8-104　强化主题

（5）亮出结论。一份PPT应该有一个连贯的内容逻辑，当PPT前面的内容在论述事实，最后才呈现观点时，可以在尾页中亮出结论。此时的结论更有说服力，也容易赢得观众的掌声，效果如图8-105所示。

图8-105　亮出结论

CHAPTER 9

可视化：让每个信息都惊艳出场

小李

在张姐的指点下，我的PPT技能日益精进，现在我已经完全掌握了PowerPoint的操作重点及图文排版方法了。正当我准备放松一下时，赵经理突然要求我做信息图、表格、图表……

原来PowerPoint这个软件有如此丰富的内涵。在PPT中可以通过形状编辑、图标插入，让页面信息更加活泼、有趣。如果要体现的信息是数字型，还可以选用表格或图表进行表现。颠覆我认知的是，PPT中的表格居然也可以设计得美观、时尚；PPT中的图表居然也可以千变万化！

PowerPoint这个软件，初看很简单，深入了解却会吓一跳。这就是为什么PPT小白的页面中常常只有图片和文本框两种元素，而PPT高手的页面中却充满了无数的形状、美观的表格和魔幻的图表。

就拿形状来说，网络中不乏有一些高手的PPT矢量图作品，选中页面中的复杂图形，会发现这些图形是由无数个简单形状组合而成的；再拿表格边框来说，不一定非要是中规中矩的黑色边框；说到图标，就更神奇了，在PPT中，只要你脑洞大开，图标设计可以说是无所不能。

张姐

9.1　图形可视化，不一定要自己画

近年来，PPT设计流行扁平风，这种风格去除了多余的透视、纹理、渐变以及3D效果，使用简单的图形传递信息。在PPT中，掌握形状的编辑方法，或者是利用现成的图标，可以轻松完成扁平风幻灯片的制作。

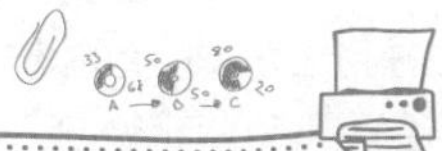

9.1.1 让形状自由变幻的秘诀

赵经理

小李，我们今天上午开会讨论的策划方案PPT由你来做。这次的甲方是一位学艺术出身的女士，你可不能随便插入图片和文字就完成策划案制作。多学习现在流行的扁平风作品，将策划案做出时尚感、高级感。

小李

唉，张姐，我从来没有这种灰心的感觉。赵经理让我做扁平风的策划案，PowerPoint中虽然提供了几十种形状，可是这些形状都很普通，我完全不知道如何根据信息表达需求，来制作出那些像“卡通画”一样的幻灯片效果。我可能需要去学习一下设计。

张姐

小李，很多PPT高手都不是设计专业出身呢。你仔细观看用PPT做的信息图，其实复杂的图形都是由简单的形状编辑而成的。如果你能灵活应用【合并形状】功能、形状的【编辑顶点】功能，相信你也可以让形状自由变幻。

1 合并形状

PowerPoint中提供了【合并形状】功能，可以将2个及2个以上的普通形状进行不同形式的组合，以改变形状，实现形状的自由变幻。【合并形状】功能一共有5种形状合并形式，并且形状选择的先后顺序会影响形状合并后的效果。

（1）形状联合。将形状联合到一起形成一个形状。如图9-1所示，先选中A形状再选中B形状，两个形状联合到一起，并且沿用A形状的填充颜色和轮廓格式。

（2）形状组合。将形状组合到一起，并且剪除相交部分。如图9-2所示，先选中A形状再选中B形状，两个形状组合到一起，并且剪除了中间相交部分，沿用了A形状的格式。

（3）形状拆分。从形状的相交点开始，对形状进行拆分。如图9-3所示，先选中A形状再选中B形状，进行形状拆分后，形状分为3个部分，且每个部分都可以单独设置填充颜色和边框线。

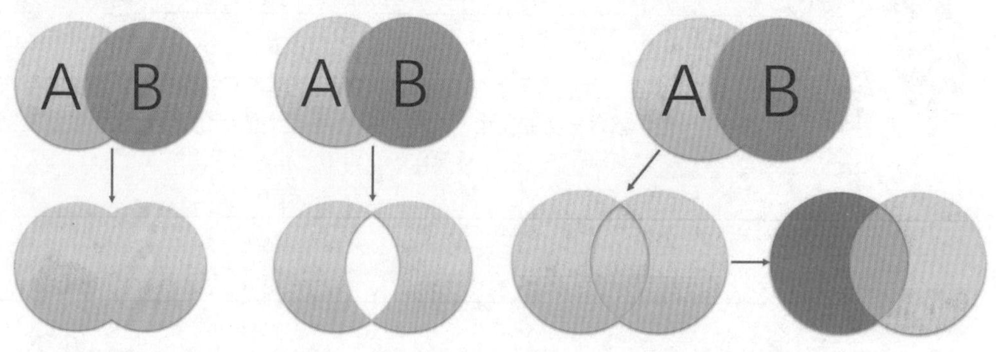

图 9-1　形状联合　　图 9-2　形状组合　　图 9-3　形状拆分

（4）形状相交。保留形状相交部分，剪除非相交部分。如图9-4所示，先选中A形状再选中B形状，进行形状相交后，留下中间相交部分，并且沿用A形状的格式。

（5）形状剪除。用一个形状剪除另一个形状的相交部分。如图9-5所示，分别是A形状剪除B形状和B形状剪除A形状的效果。

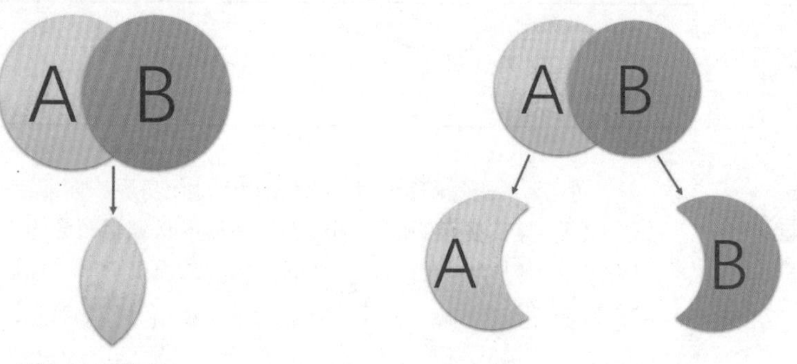

图9-4　形状相交　　图9-5　形状剪除

2 编辑顶点

形状是由一个又一个的点经过连线而成的，通过编辑形状的顶点，增加或删除顶点、改变顶点位置、调节顶点手柄，可以任意改变形状，实现形状的灵活创作。

在幻灯片中绘制一个图形，右击，从弹出的快捷菜单中选择【编辑顶点】选项，即可进入顶点编辑状态。如图9-6所示，可以看到矩形由4个顶点组成，可以移动顶点的位置；右击顶点，可以看到顶点类型。如图9-7所示为角部顶点，顶点左右的手柄形状角度互不干扰。

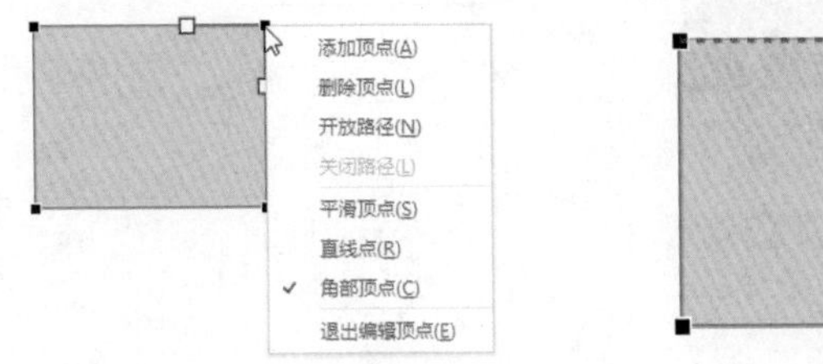

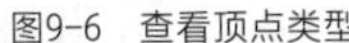
图9-6　查看顶点类型

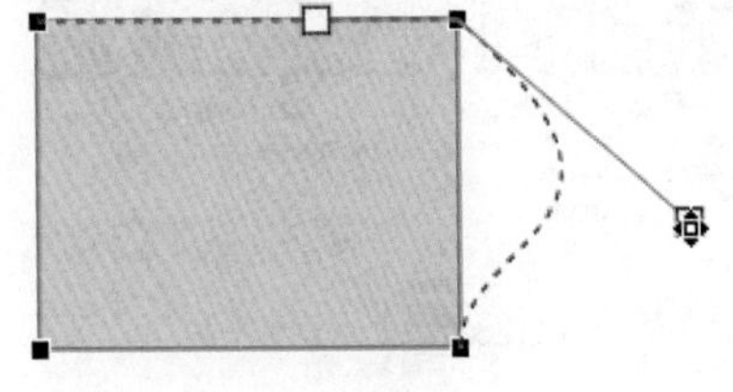
图9-7　调整角部顶点

选中顶点，右击，从弹出的快捷菜单中选择【直线点】选项，改变顶点的类型。如图9-8所示，此时顶点左右两边的手柄保持在一条直线上，调整一边的手柄，另一边受到影响。

将顶点调整为【平滑顶点】类型后，效果如图9-9所示。此时，顶点左右两边的手柄不仅保持在一条直线上，手柄的长度也相等，即调整一边的手柄，另一边的调整幅度相同。

如果想要添加顶点，则在需要添加顶点的轮廓上右击，从弹出的快捷菜单中选择【添加顶点】选项，如图9-10所示。

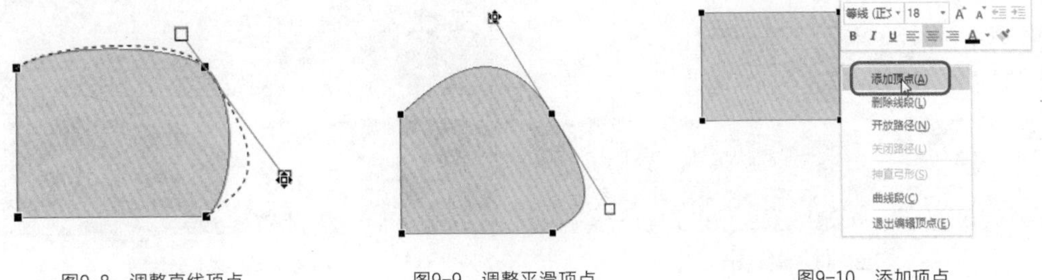

图9-8　调整直线顶点　　图9-9　调整平滑顶点　　图9-10　添加顶点

下面以“阅读APP策划案.pptx”文件为例，讲解【合并形状】和【编辑顶点】功能的综合应用，具体操作方法如下。

Step1：绘制矩形并打开参考线。启动PowerPoint 2016软件，❶在空白的幻灯片中绘制一个矩形；❷在【视图】选项卡下的【显示】组中勾选【参考线】复选框，打开参考线，如图9-11所示。

Step2：添加顶点。选中矩形，右击，从弹出的快捷菜单中选择【编辑顶点】选项，进入顶点编辑状态。如图9-12所示，在矩形与中间参考线相交的点上右击，从弹出的快捷菜单中选择【添加顶点】选项。

Step3：编辑顶点。往下移动Step2中添加的顶点位置，调整顶点左右两边的手柄，如图9-13所示。

Step4：复制形状。复制两个Step3中完成制作的形状，并将形状一上一下重合到一起。为了区分，这里为形状填充了不同的颜色，如图9-14所示。

Step5：剪除形状。如图9-15所示，依次选中形状，单击【合并形状】下拉按钮，在弹出的下拉列表中选择【剪除】选项。

Step6：完成幻灯片制作。调整上面步骤中完成制作的形状位置及填充颜色，再插入文本框输入文

字，便可完成这页幻灯片的制作，如图9-16所示。

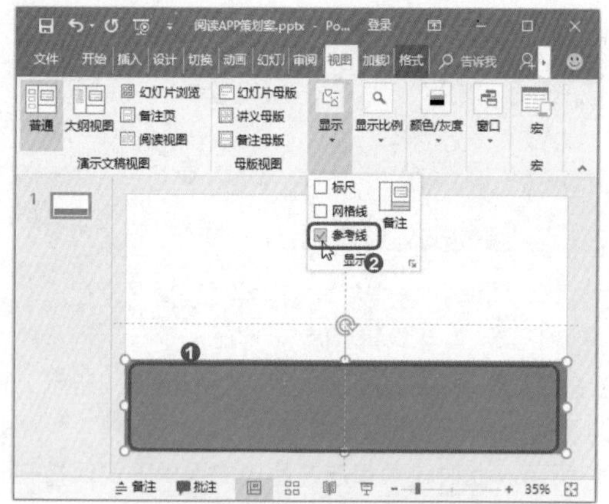

图9-11　绘制矩形打开参考线

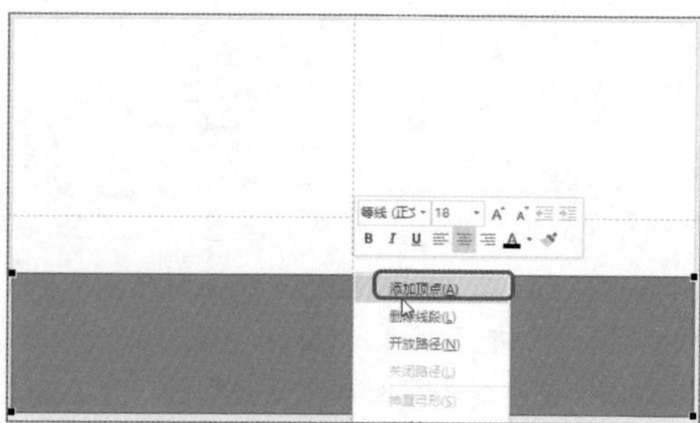

图9-12　添加顶点

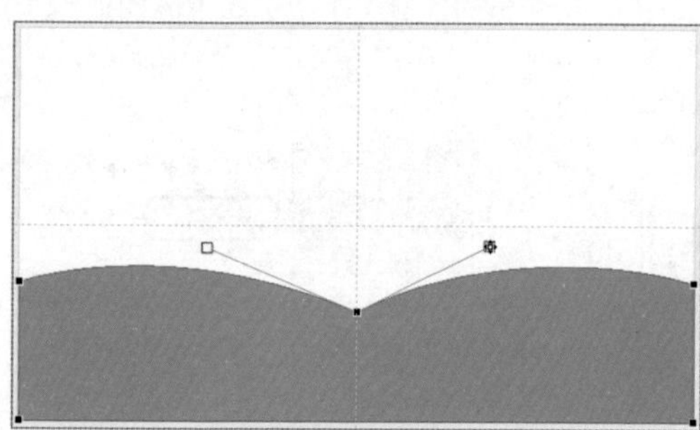

图9-13　编辑顶点

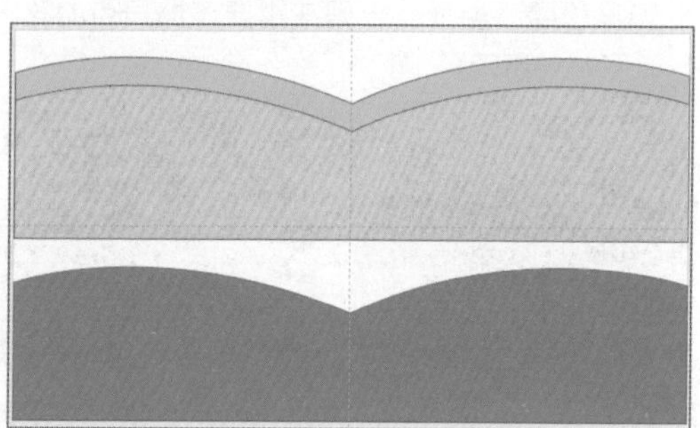

图9-14　复制形状

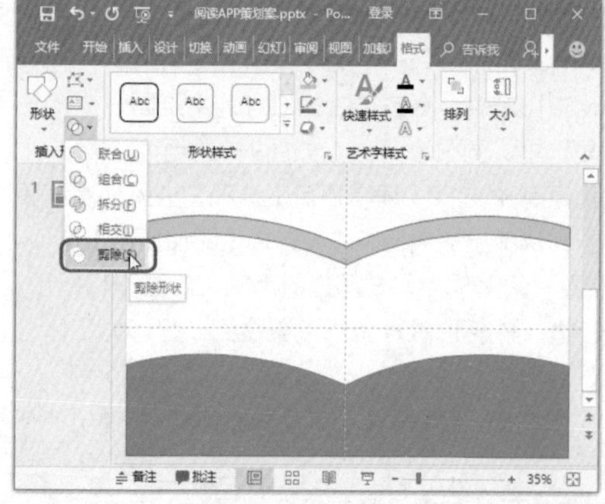

图9-15　剪除形状

图9-16　完成幻灯片制作

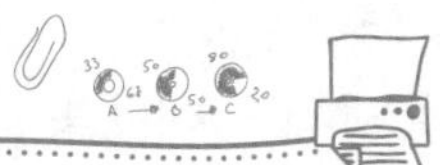

9.1.2 用图标帮助信息展示

小李

张姐，上次您教了我如何编辑幻灯片中的形状，可是无论【合并形状】功能还是【编辑顶点】功能，都需要通过一段时间的练习才能应用自如。今天，赵经理让我这周内完成项目汇报PPT的制作，我自己编辑形状，不仅效率低，效果还不理想，难道我要放弃图形元素的使用吗？

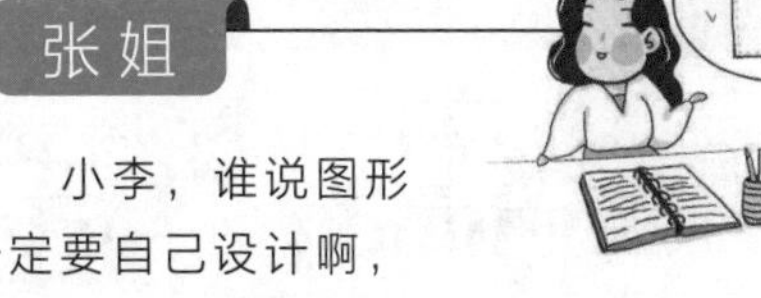

张姐

小李，谁说图形一定要自己设计啊，你可以用现成的。PowerPoint 2016中有一个“神器”——【图标】工具，里面提供了种类丰富的高清图标。下载图标后，还可以自由改变图标的颜色和大小。一张普通的幻灯片中，插入几张图标后，效果立刻就不一样了。

下面通过“插入图标.pptx”文件，讲解图标的使用方法，具体操作方法如下。

Step1：单击【图标】按钮。单击【插入】选项卡下的【插图】组中的【图标】按钮，如图9-17所示。

Step2：插入图标。如图9-18所示，❶在打开的【插入图标】对话框中选择需要的图标；❷单击【插入】按钮。

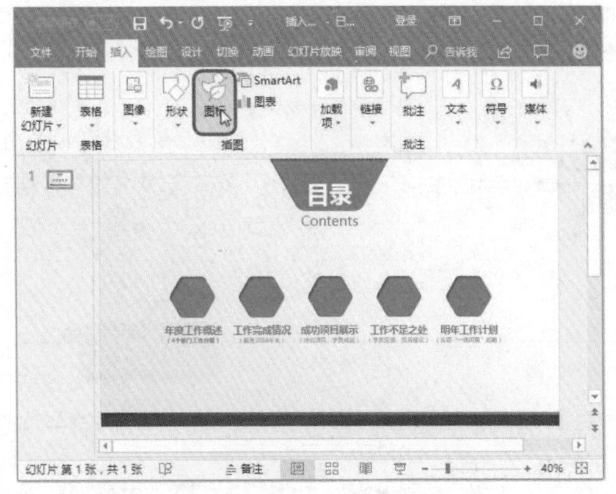

图9-17　单击【图标】按钮

图9-18　插入图标

Step3：改变图标的颜色和大小。插入幻灯片中的图标是矢量图，可以改变颜色和大小。如图9-19所示，❶选中图标，在【图形工具—格式】选项卡下单击【图形填充】下拉按钮，设置图标的填充颜色为【白色，背景1】；❷在【大小】组中设置图标的大小。最后将图标移到相应的位置。

Step4：完成幻灯片制作。使用同样的方法，选择其他图标并插入，再调整图标的颜色、大小、位置，效果如图9-20所示。

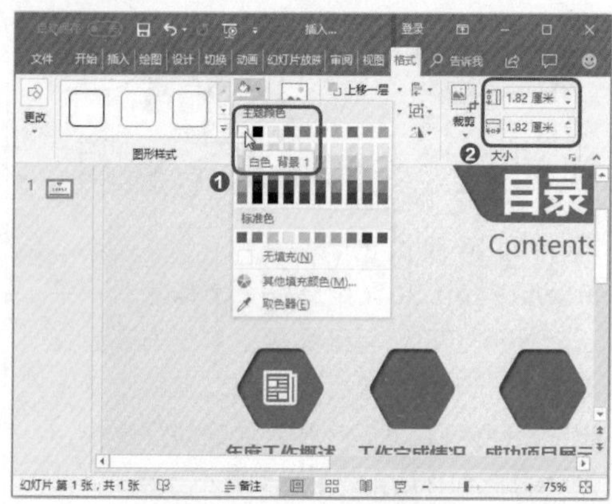

图9-19　改变图标的颜色和大小

图9-20　完成幻灯片制作

9.2　丑陋的表格如何不拉低PPT的颜值

表格与幻灯片似乎水火不相容。幻灯片要美，表格却怎么也美不起来。其实在幻灯片中创建表格，完全可以通过改变表格的字体、底纹和边框线，让表格符合现代审美。

9.2.1　表格从零变美只要4步

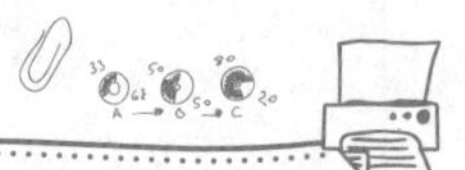

赵经理

小李，你上次做的项目汇报PPT中缺少销售数据的汇报。你新增一页幻灯片，将销售数据用表格展示出来。

小李

张姐，我之前交给赵经理的项目汇报PPT中没有表格。是因为我无论怎么修改，幻灯片中的表格都特别丑，我索性将这部分数据给省略了。我知道美化表格要从底纹颜色、边框线来入手，可是却依然找不到落脚点。

张姐

小李，表格是很多人的“老大难”。其实表格美化只要按照4个步骤来进行即可：首先统一单元格的行高和列宽；其次调整表格的对齐方式；再次套用PowerPoint提供的表格样式，在样式基础上调整字体和颜色；最后突出显示重点数据。

下面以“表格.pptx”文件为例，讲解如何从零开始制作一张美观的表格，具体操作方法如下。

Step1：插入表格。如图9-21所示，❶单击【插入】选项卡下的【表格】按钮；❷根据制表需要，选择表格的行数和列数。

Step2：编辑表格文字并调整表格大小。如图9-22所示，在幻灯片中插入表格后，在表格中输入文字。将光标放到表格右下方，拖动调整表格大小，让表格大小与幻灯片大小相匹配。

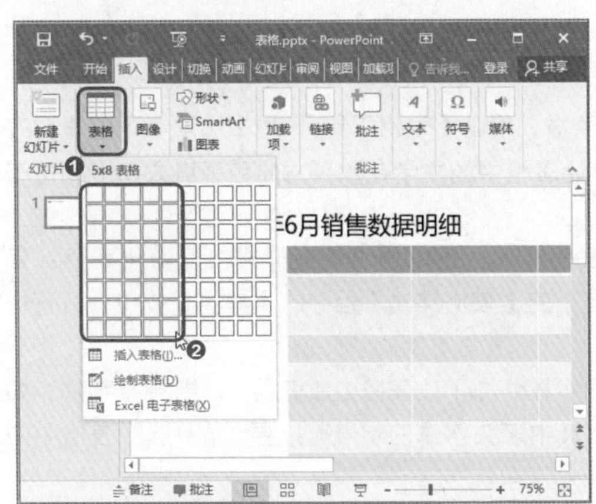

图9-21 插入表格

2018年6月销售数据明细

商品名称	单位	售价（元）	销量	业务员
电冰箱	台	1899.00	1542	张丽
电视机	台	3188.00	625	王颖红
吊灯	个	258.00	854	赵奇
复印纸	箱	198.00	758	李东
空调	台	2988.00	958	张丽
洗衣机	台	988.00	425	张丽
吸尘器	台	1588.00	624	李东

图9-22 编辑表格文字并调整表格大小

Step3：调整表格行高。表格的第1行为表头，可以适当增加表头的高度。如图9-23所示，选中第1行下面的边框线，按住鼠标左键不放，往下拖动，增加行高。

Step4：均匀分布行。除了表头外，表格其他的单元格行高应相等，这样才整齐。如图9-24所示，❶选中除第1行之外的单元格；❷单击【表格工具—布局】选项卡下的【单元格大小】组中的【分布行】按钮，让单元格的行高相等。

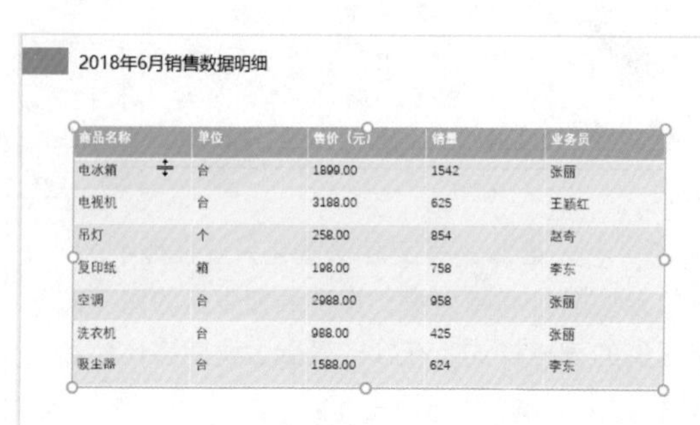

图9-23　调整表格行高

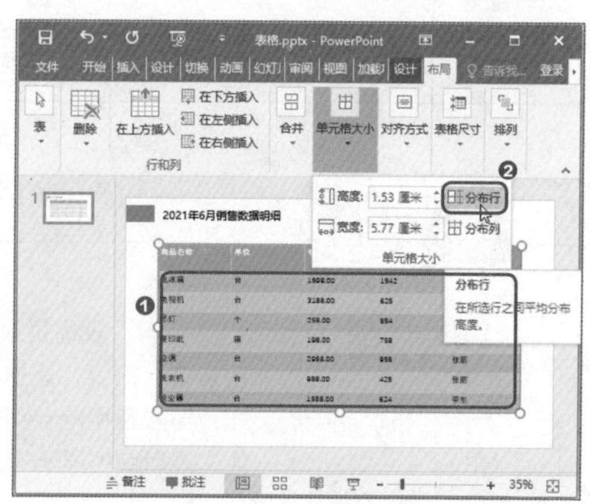

图9-24　均匀分布行

温馨提示

要想让单元格的列宽均匀分布，则选中单元格，单击【分布列】按钮。

Step5：调整对齐方式。如图9-25所示，选中整张表格，单击【表格工具-布局】选项卡下的【对齐方式】组中的【居中】按钮和【垂直居中】按钮，让表格中的文字在水平方向和垂直方向上均位于单元格的中间位置。

Step6：选择表格样式。PowerPoint中提供多种表格样式，可以通过这些样式快速美化表格。如图9-26所示，选中表格，单击【表格工具-设计】选项卡下的【表格样式】组中的【其他】按钮，打开样式列表，选择一种表格样式。

Step7：调整字体。应用样式后，同时应用了样式的字体。为了让表格更加美观，需要调整字体。如图9-27所示，设置表格中的中文字体为【微软雅黑】，其中表头字体的字号可以更大，❶选中表格中的数字；❷设置数字的字体为Arial。

Step8：选择【取色器】选项。为了让幻灯片中的颜色更统一，下面调整表头的底纹颜色。如图9-28所示，❶选中表格第1行，单击【表格工具—设计】选项卡下的【底纹】下拉按钮；❷从下拉列表中选择【取色器】选项。

图9-25 调整对齐方式

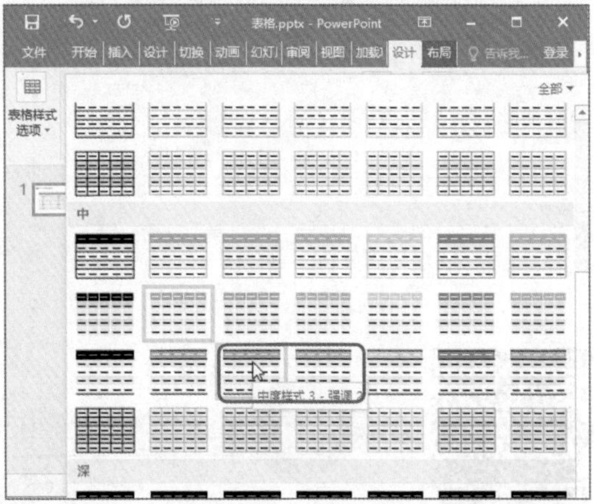

图9-26 选择表格样式

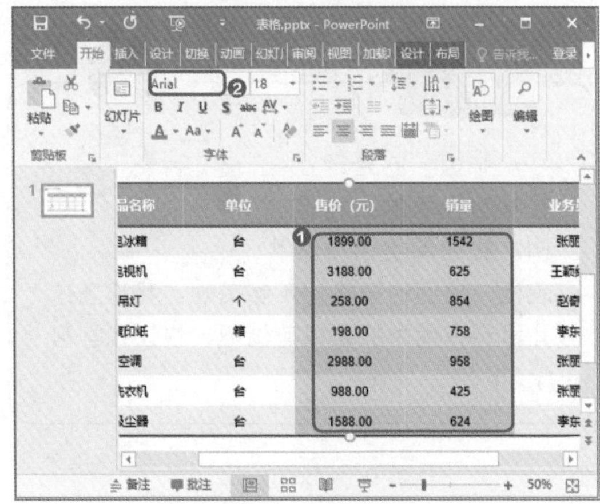

图9-27 调整字体

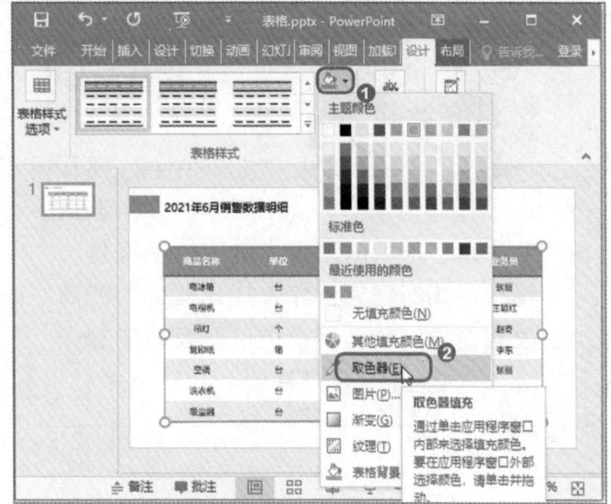

图9-28 选择【取色器】选项

Step9：吸取颜色。如图9-29所示，此时光标变成了吸管形状，在幻灯片左上角的形状中单击，吸取颜色，表头就会应用上这种颜色。

Step10：完成表格制作。此时，可以将表格中的重点数据，如销量最大的数据突出显示出来，其方法可以是改变数据的颜色及加粗字体。完成这一步后，就完成了表格制作，效果如图9-30所示。

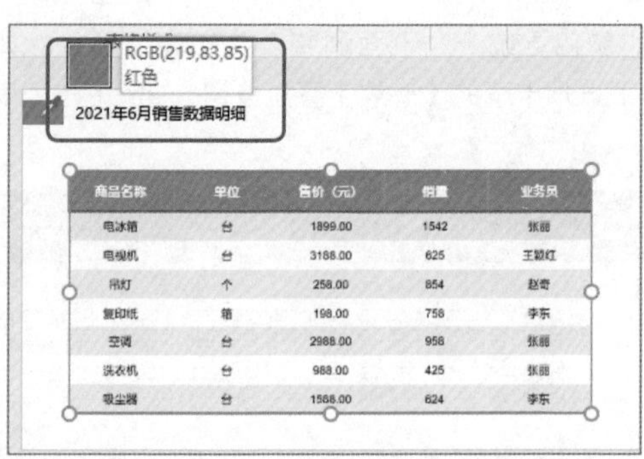

商品名称	单位	售价（元）	销量	业务员
电冰箱	台	1899.00	1542	张丽
电视机	台	3188.00	625	王颖红
吊灯	个	258.00	854	赵奇
复印纸	箱	198.00	758	李东
空调	台	2988.00	958	张丽
洗衣机	台	988.00	425	张丽
吸尘器	台	1588.00	624	李东

图9-29　吸取颜色

2021年6月销售数据明细

商品名称	单位	售价（元）	销量	业务员
电冰箱	台	1899.00	1542	张丽
电视机	台	3188.00	625	王颖红
吊灯	个	258.00	854	赵奇
复印纸	箱	198.00	758	李东
空调	台	2988.00	958	张丽
洗衣机	台	988.00	425	张丽
吸尘器	台	1588.00	624	李东

图9-30　完成表格制作

9.2.2 4张值得借鉴的商业表格

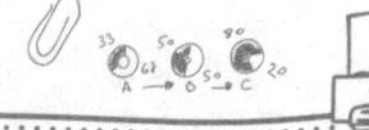

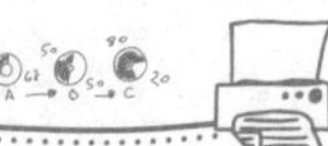

赵经理

小李，你在PPT中制作表格的效果有了很大的进步。这次给你安排一个轻松点儿的任务，你去找一些优秀的商业表格，尝试着动手模仿这些表格的制作方法，为今后的工作打基础。

小李

张姐，赵经理让我学习优秀的表格范例。我在网络中搜索表格，找到的表格都不够美观。我想您这儿肯定有优秀的表格范例吧，快让我学习学习。

张姐

小李，你还真没找错地儿！为了制作出美观的表格，我这儿确实收集了不少美观的商业表格呢。我将这些表格给你，你重点学习这些优秀表格的表头是如何突出的、底纹是如何设计的、如何简化表格元素等。

1 表头突出

表格中最上面的一行就是表头，通常显示项目名称。为了让观众清楚辨认项目名称，表头需要突出显示，其方法是增加字号、增加单元格行高、添加对比强烈的底纹颜色。如图9-31所示，仅对表头进行了突出设计，表格简洁而不失美观。

品牌	AOC	明基	HKC	华硕	飞利浦
型号	G2460PG/GB	XL2720Z	X3	VG248QE	272G5DJEB
面板类型	TN	不闪式TN	PVA	TN	TN
屏幕比例	24时	27时	23.5时	24时	27时
最佳分辨率	1920*1080	1920*1080	1920*1080	1920*1080	1920*1080
刷新率	144Hz	144Hz	144Hz	144Hz	144Hz
响应时间	1ms	1ms	1ms	1ms	1ms
3D显示	支持	不支持	不支持	支持	不支持
点距	0.276	0.303	0.271	0.276	0.303
色数	16.7M	16.7M	10.7E	16.7M	16.7M
亮度	350cd/m²	300cd/m²	300cd/m²	300cd/m²	300cd/m²

图9-31　表格的表头突出

2 用底纹区分行

表格的行数较多时，读者很难区分不同的行，可能导致数据错读。此时，可以对表格的行设置两种不同的底纹填充颜色，便于查看。表格底纹颜色的选择对色彩驾驭能力要求较高，通常情况下使用白色+灰色，或者是与页面背景色同色系、但颜色更浅的色彩。如图9-32所示，使用了白色+浅灰色进行行的颜色填充。

重点城市人才流动难度指数

从上海流入北京最难，其人才流动难度指数为1.00；从深圳流入成都、重庆相对容易，其人才流动难度指数为0.33。就整体而言，其他六个城市流入北京的难度最大，难度指数在0.72~1.00波动。

流出城市	流入城市						
	北京	上海	深圳	广州	杭州	成都	重庆
北京	0.64	0.97	0.78	0.74	0.59	0.44	0.47
上海	1.00	0.51	0.84	0.71	0.56	0.45	0.43
深圳	0.89	0.85	0.54	0.88	0.48	0.33	0.33
广州	0.82	0.77	0.77	0.42	0.44	0.40	0.38
杭州	0.72	0.70	0.70	0.57	0.37	0.45	0.45
成都	0.83	0.76	0.67	0.71	0.55	0.43	0.74
重庆	0.74	0.74	0.74	0.83	0.55	0.77	0.38

图9-32　表格行的底纹填充

3 用底纹区分列

当表格的列存在项目分类，或者是需要提醒读者进行列的区分时，可以对表格的列设置不同的底纹填充色，便于读者根据列查看信息。如图9-33所示，表格的左右两边都是相同的项目分类，需要提醒读者进行列的区分，因此为左右两边的列设置了不同的填充颜色，此时，表格的信息分类便会一目了然。

4 简化表格

尽量减少底纹填充、边框线，可以使表格呈现极简效果，带给观众整洁、干净、清爽的视觉感受。如图9-34所示，表格无底纹填充，且边框线只使用了横框线，显得十分整洁、清爽，方便读者查看。

2021年夏季求职期城市平均薪酬分布

薪酬水平进入全国前十的城市，基本分布在长三角、珠三角地区。沈阳、哈尔滨、长春作为东北三省省会，其薪酬水平在34个城市中排名靠后，尤其是哈尔滨和长春，排在最后两位。

排名	城市	平均薪酬（元）	排名	城市	平均薪酬
1	北京	9240	10	苏州	6719
2	上海	8962	11	南京	6680
3	深圳	8315	12	重庆	6584
4	广州	7409	13	福州	6522
5	杭州	7330	14	贵阳	6437
6	宁波	7152	15	成都	6402
7	佛山	7017	16	武汉	6331
8	东莞	6998	17	南昌	6235
9	厦门	6886	18	昆明	6230

图9-33　表格列的底纹填充

第20210321期钢铁市场行情

代码	品名	开盘价（元/吨）	收盘价（元/吨）	涨跌（元/吨）	成交量（吨）	订货量（吨）
R1103	热卷板	4545	4645	85	23360	44075
R1104	热卷板	4575	4703	119	569680	85280
R1105	热卷板	4590	4722	114	699015	133605
R1106	热卷板	4630	4746	109	30080	12905
L1103	螺纹钢	4601	4580	12	277710	54610
L1104	螺纹钢	4648	4640	47	18518	20240

图9-34　简洁的表格

9.3　从这一刻起克服图表难关

使用PowerPoint创建图表比Word和Excel更容易，虽然三者创建图表的步骤大同小异，但是PowerPoint中创建的图表可以更灵活地移动位置，可以使用【取色器】轻松调整图表的颜色。更让人惊喜的是，在PowerPoint中可以使用素材替换图表元素，轻松制作出信息图表。

9.3.1　PPT图表创建指南

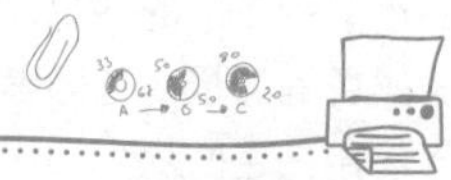

赵经理

小李，你现在的表格越做越漂亮，但是你也不能遇到数据就用表格呀。我记得你刚来时，在Word和Excel中做的图表也挺不错的呀。明天的年终工作汇报，记得要多用图表。

小李

嘿嘿，赵经理，我确实爱上了做表格。不过我想起您之前给我布置的任务，当数据不需要体现明细，而是体现数据特征和概况时，使用图表的效果更好。

张姐

小李，在幻灯片中制作图表，和在Word以及Excel中很像，都可以选择图表后，再修改原始数据、调整图表格式，完成图表制作。不过在幻灯片中，你可以轻松移动图表位置，关键时刻记得使用【取色器】来为图表配色哦。

下面以“图表创建.pptx”文件为例，讲解如何在幻灯片中快速创建图表，具体操作方法如下。

Step1：选择图表。单击【插入】选项卡下的【图表】按钮，打开【插入图表】对话框。如图9-35所示，❶选择【条形图】选项；❷选择【堆积条形图】图表；❸单击【确定】按钮。

Step2：打开图表的Excel数据。如图9-36所示，❶选中图表；❷单击【表格工具—设计】选项卡下的【编辑数据】下拉按钮，选择【在Excel中编辑数据】选项。

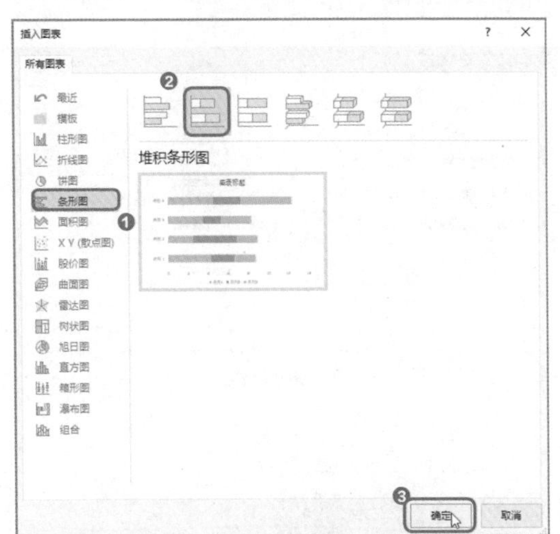

图9-35 选择图表

图9-36 打开图表的Excel数据

Step3：编辑图表原始数据。如图9-37所示，在打开的Excel表中编辑图表原始数据。对于新手来说，可以对照着幻灯片中的图表进行数据编辑，这样可以知道修改的是图表中的哪部分数据。完成数据编辑后，再在图表中修改图表的标题名称。

Step4：选择【取色器】选项。如图9-38所示，❶选中图表代表“战狼组”的数据条；❷单击【图表工具—格式】选项卡下的【形状填充】下拉按钮；❸选择【取色器】选项。

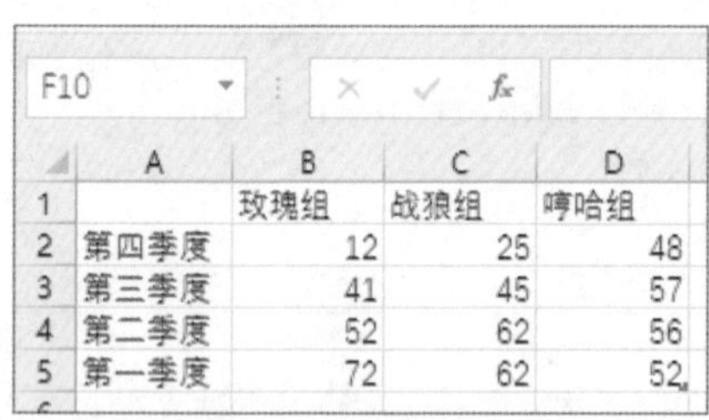

	A	B	C	D
1		玫瑰组	战狼组	哼哈组
2	第四季度	12	25	48
3	第三季度	41	45	57
4	第二季度	52	62	56
5	第一季度	72	62	52

图9-37　编辑图表原始数据

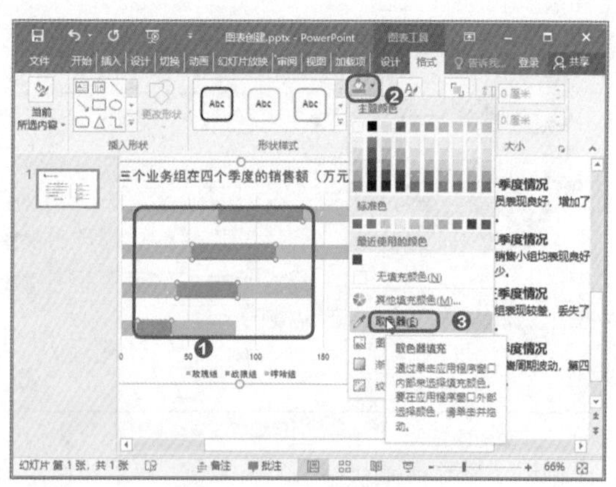

图9-38　选择【取色器】选项

Step5：吸取颜色。如图9-39所示，用吸管形状的取色器单击幻灯片左上角较小的矩形，吸取颜色。

Step6：完成图表制作。使用相同的方法，调整图表中其他数据系列的填充颜色，最终完成图表制作，效果如图9-40所示。

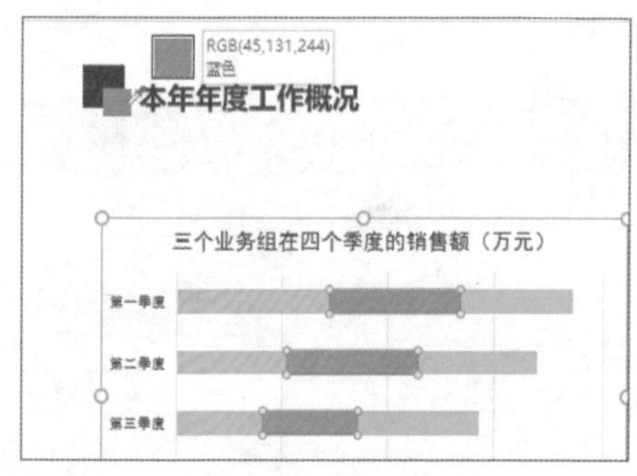

图9-39　吸取颜色

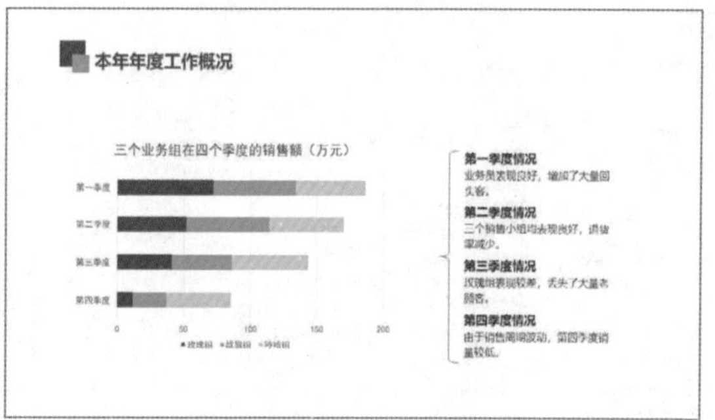

图9-40　完成图表制作

9.3.2 向《华尔街日报》学习专业图表制作

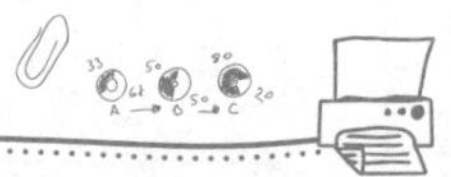

张姐，赵经理又给我提意见了。他说我现在的图表效果是不错，但是还没达到专业的水平，有些细节还需要优化。我研究了一下，不同类型的图表似乎有不同的要求，我感到很困惑，不知该如何下手提升图表的专业度。

张姐

小李，建议你多看看《华尔街日报》的图表，这是公认的专业图表。观察这些图表，不难发现一些通用的制表准则。例如，图表要标出数据来源和时间，意义传达要明确，纵坐标从0开始，使用二维图表，添加必要说明。我来给你举几个例子，你就可以轻松明白啦！

1 标出数据来源和时间

数据分析是一项严谨的工作，为了让图表信息真实、可信，需要在图表中标注数据来源。尤其是数据分析报告中的图表，读者并不知晓数据分析的过程，但是数据来源的标注像一块有力的筹码，让读者对图表信息感到信任。此外，数据具有时效性，只有将数据放在特定的时间下，数据才有意义。

如图9-41所示，图表标题对时间进行了说明，图表下方标注了数据出处，图表数据的真实性、有效性得以充分说明。

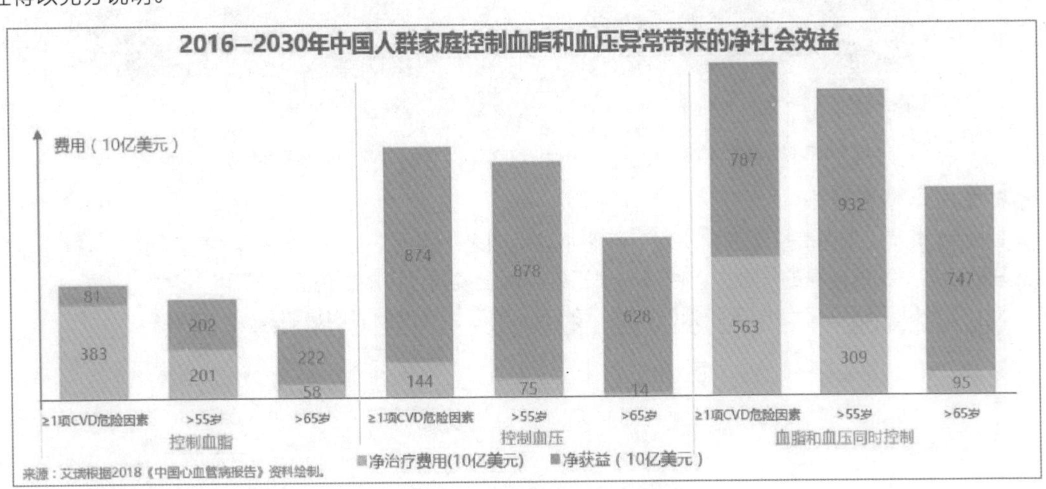

图9-41 有数据来源和时间的图表

2 意义传达明确

随着信息可视化的提倡，越来越多的人追求图表的标新立异，而忽视了图表最原始的作用——传递数据信息。如果图表无法让人看懂，无论图表多么美观，也是不合格、不专业的。

图9-42所示的图表，确实很艺术化，但是数据信息读取困难。

3 纵坐标从0开始

一般来说，图表纵坐标轴的起点应该是0，如果擅自调整起点值，有夸大数据的意味。如图9-43和图9-44所示，使用的是同一份数据，但是图9-44中“广州”地区的销量给人的直观感受是特别低，低得接近于0值。其实这是数据形象被夸大的结果。

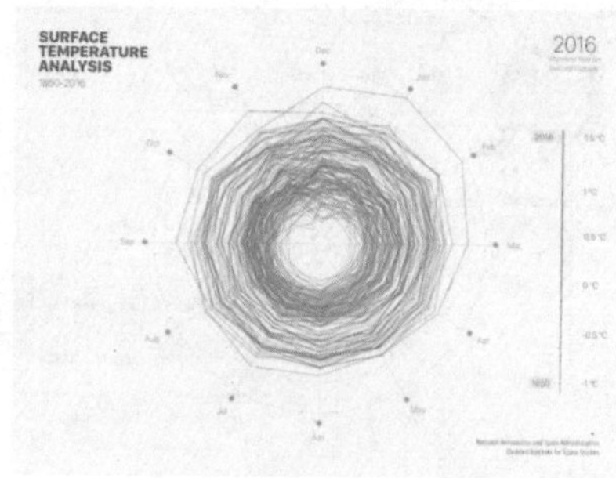

图9-42 意义不明确的图表

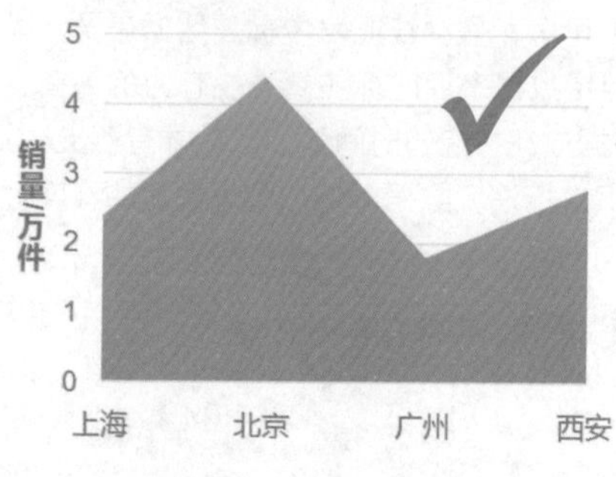

图9-43 纵坐标为0的图表

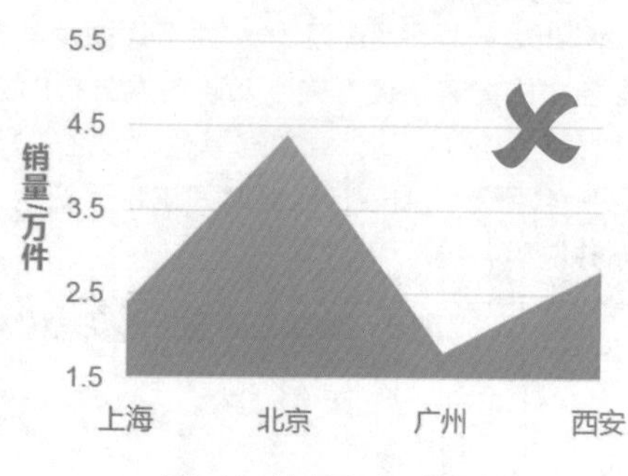

图9-44 纵坐标不为0的图表

4 使用二维图表

Excel提供了三维图表，但通常情况下不使用这种图表，因为三维图表增加了空间维度，这样的信息容易分散读者对数据本身的注意力。此外，在三维空间上读图，可能出现阅读障碍。

对比图9-45所示的二维图表和图9-46所示的三维图表，二维图表明显更直观、易读。

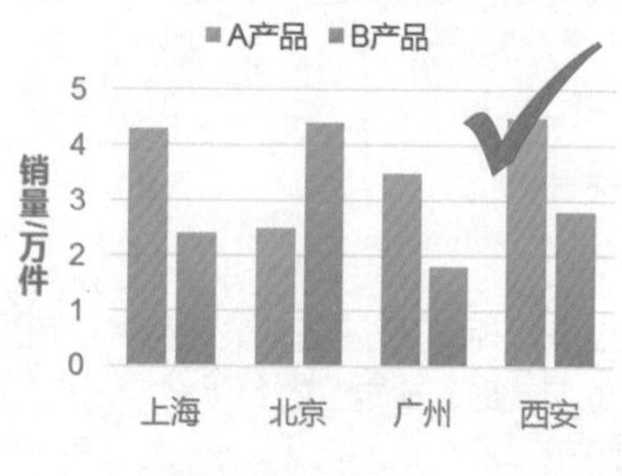

图 9-45 二维图表

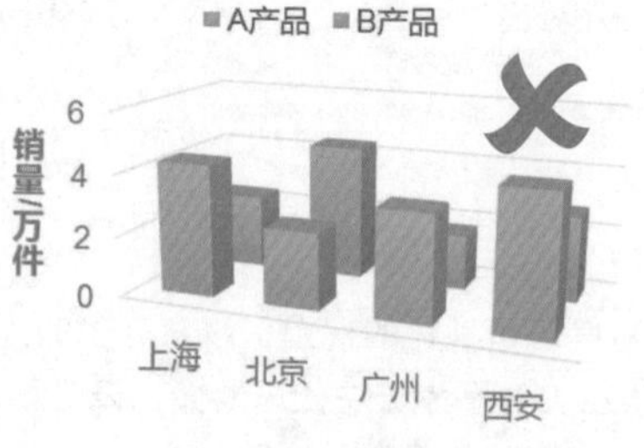

图9-46 三维图表

5 添加必要说明

对图表有需要特别说明的地方，一定要使用注释进行说明，如指标解释、异常数据、预测数据、数据四舍五入说明等。

如图9-47所示，饼图的数据标签为保留1位小数的百分数。在饼图下方对标签数据进行了说明，避免引起不必要的误会。

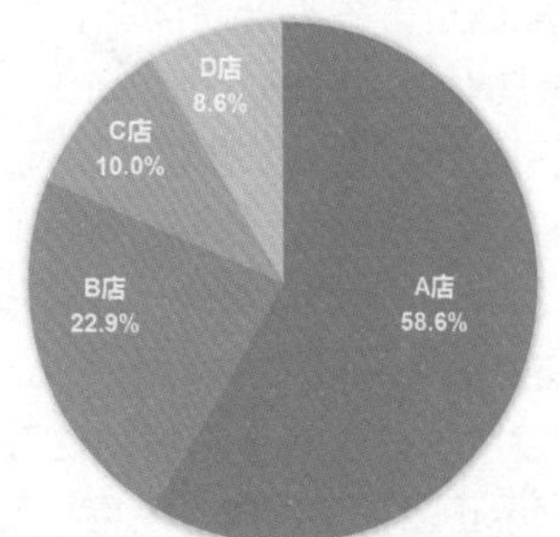

图9-47　添加了数据说明的图表

9.3.3 图表配色思路剖析

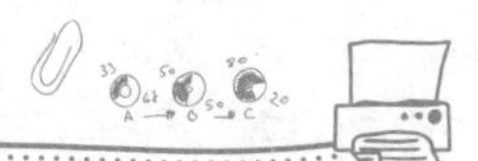

小李

张姐，我对您的崇拜犹如滔滔江水啊。上次您给我讲了专业图表的要点，我一下就明白了，图表水平也大有提高。但是关于图表，我还有一个问题，那就是配色。我知道可以找优秀的图表作品，通过吸管工具吸取配色，还可以使用PowerPoint中【图表工具—设计】选项卡下的【更改颜色】选项，快速为图表配色。除了这两种方法外，还有其他的方法吗？

张姐

小李，你说得对，这是两种常用的方法。不过我再补充一下，配色时，首先要考虑颜色的特殊含义，尽量让颜色含义与图表一致；其次在使用【更改颜色】中的配色方案时，可以选择单色方案，这样图表颜色更加和谐。如果你想自己搭配出和谐的配色，建议参照色相环，选择邻近色配色。

1 慎用特殊含义的颜色

为图表配色，首先不能踩到配色的雷区，误用有特定含义的颜色。由于文化、历史等原因，不同的颜色有不同的含义。总的来说，有3种颜色需要特别关注，分别是红色、黄色和绿色，其中，红色代表负数或危险的因素；黄色代表警示；绿色代表正数，或良好的情况。

如图9-48所示，在表示利润的柱形图中，使用绿色柱条表示正的利润数据，使用红色柱条表示负的利润数据。

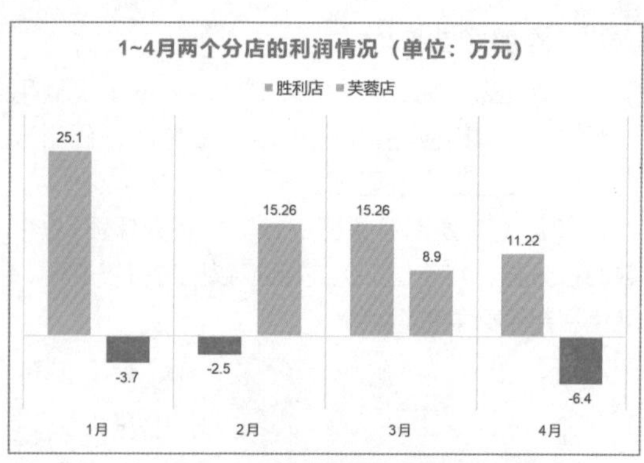

图9-48 用颜色代表正数和负数

2 使用协调度高的颜色

配色理论知识很多，如色系、色调、明度、亮度、对比色、相似色、邻近色等。对于非科班人士来说，学习这些理论比较枯燥，且不容易运用。那么保险的做法是，使用协调度高的颜色，让图表的配色不刺眼，具体操作方法如下。

（1）使用PowerPoint提供的单色方案。PowerPoint中提供了配色方案，其中单色方案使用同种颜色的深浅搭配，效果十分和谐。如图9-49所示，在【图表工具—设计】选项卡下单击【更改颜色】下拉按钮，从弹出的下拉列表中可以选择一种单色方案。这样做能保证图表整体配色的和谐。

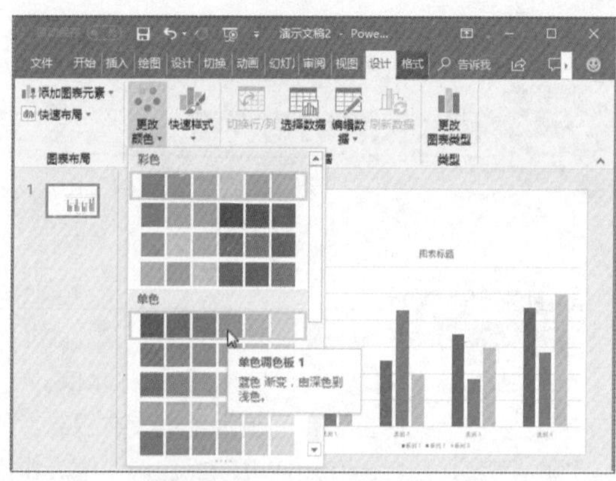

图9-49 单色方案

（2）使用邻近色配色。在色相环中，角度为90°以内的颜色互为邻近色，如图9-50所示。邻近色彼此近似，冷暖性质一致，色调统一和谐。因此在为图表配色时，可以在色相环中选择两三种邻近色为图表配色。

邻近色配色能让图表色调和谐。如图9-51所示，选择了3种邻近色进行搭配，图表效果十分协调。

3 模仿专业图表配色

如果不具备太多的色彩知识，不妨借鉴大师的专业配色方法。图9-52和图9-53所示是两张《华尔街日报》的图表配色分析。提取图表中的配色，将其用到自己的图表中，可以实现专业而快速的配色。

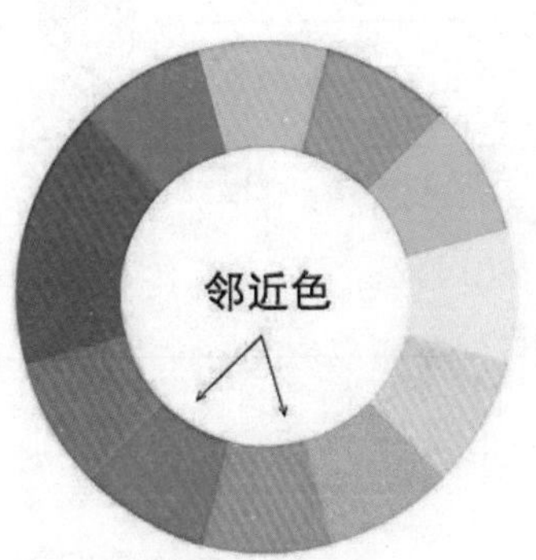

图9-50 色相环

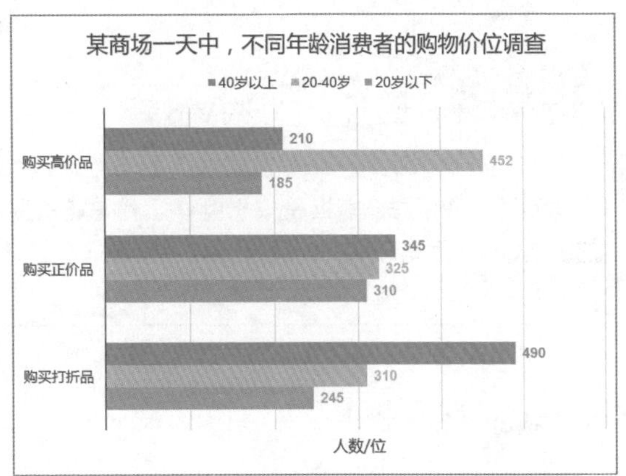

图9-51 使用邻近色配色

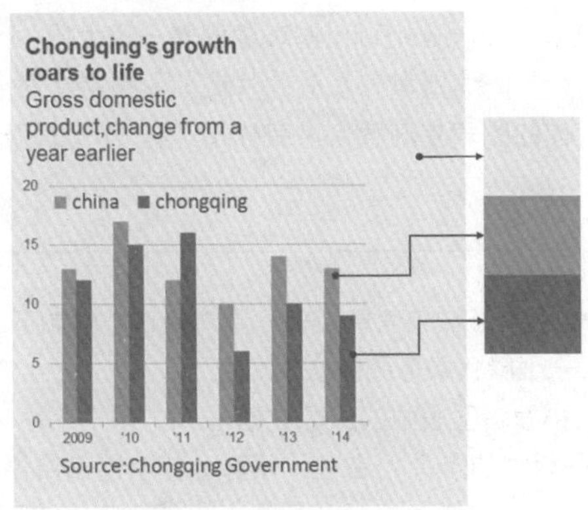

图9-52 专业图表配色（1）

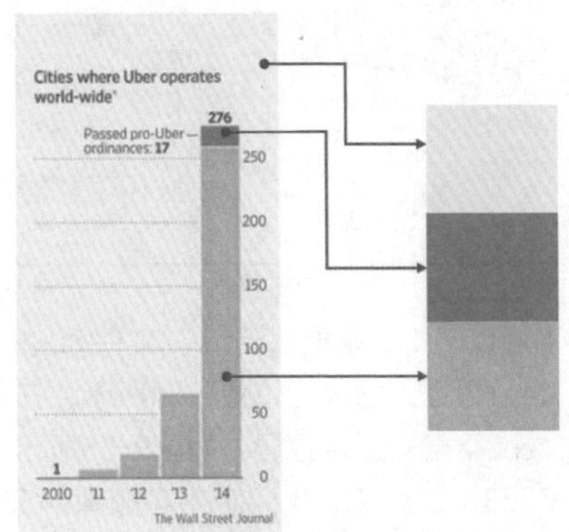

图9-53 专业图表配色（2）

 9.3.4 图表美化，只有想不到没有做不到

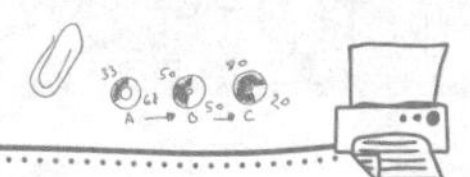

赵经理

小李，我们接下来需要谈一个合作，要向合作方展示我们的消费者调查情况。我需要你将消费者数据做成形象动人的信息图表。

小李

张姐，这次我有一个艰巨的任务要请教您。我需要做信息图表！我在网上找到了一些信息图表准备模仿制作，但是越看我心里越没谱，恐怕我要用的不是PPT，而是PS。

张姐

小李，别把信息图表妖魔化。PowerPoint图表隐藏着一个大招，那就是复制粘贴。你可以找到能代表消费者形象的图片或图形素材，然后复制素材再粘贴到图表中，你的图表立刻就会大变样了。这个方法简直太好用了，屡试不爽啊！

下面以“小人条形图.pptx”文件为例，讲解如何制作小人形状的信息图表，具体操作方法如下。

Step1：插入图表。如图9-54所示，在幻灯片中插入一张簇状条形图图表。

Step2：编辑图表数据。如图9-55所示，在Excel表格中编辑图表中的原始数据。

Step3：调整【分类间距】。如图9-56所示，选中图表中的条形，右击，从弹出的快捷菜单中选择【设置数据系列格式】选项，打开【设置数据系列格式】窗格，增加【分类间距】的参数值，其目的是让条形变得宽一点儿，方便显示小人图形。

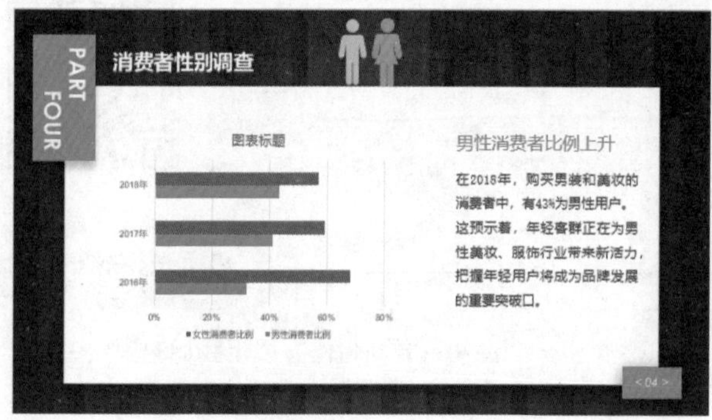

图9-54 插入图表

F12

	A	B	C
1		男性消费者比例	女性消费者比例
2	2016年	32%	68%
3	2017年	41%	59%
4	2018年	43%	57%
5			
6			
7			

图9-55 编辑图表数据

Step4：复制素材。如图9-57所示，选中幻灯片上方粉红色的女性小人素材，右击，从弹出的快捷菜单中选择【复制】选项。

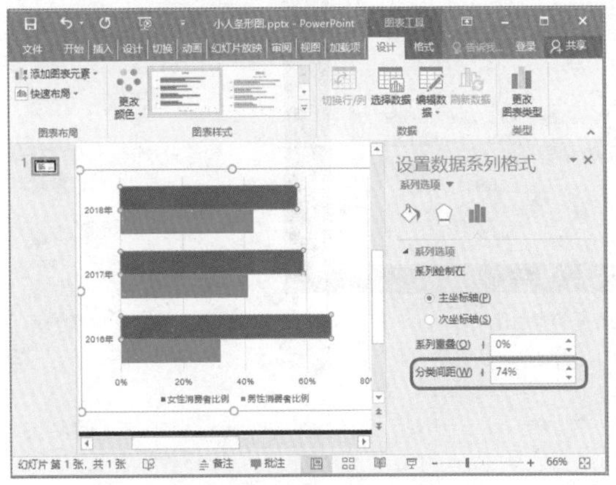

图9-56　调整【分类间距】

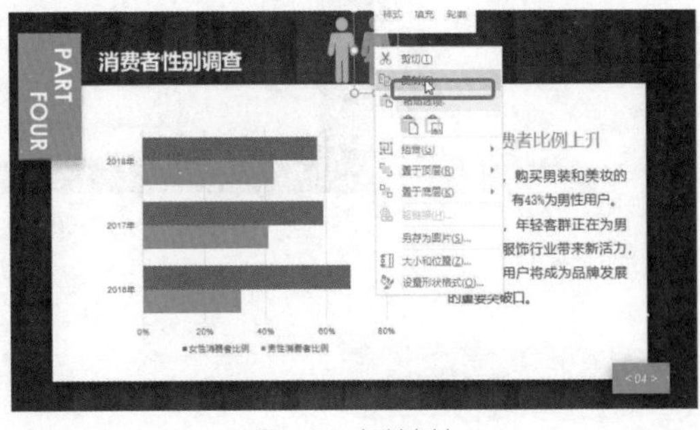

图9-57　复制素材

Step5：粘贴素材。如图9-58所示，选中条形图表中代表“女性消费者比例”的数据系列，按Ctrl+V组合键，粘贴素材。

Step6：调整素材的填充方式。如图9-59所示，在【设置数据系列格式】窗格中，设置素材的填充方式为【层叠】，此时就完成了代表女性消费者的条形替换。

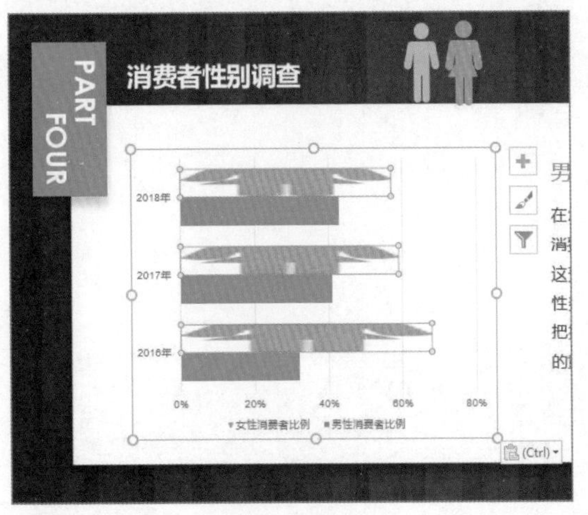

图9-58　粘贴素材

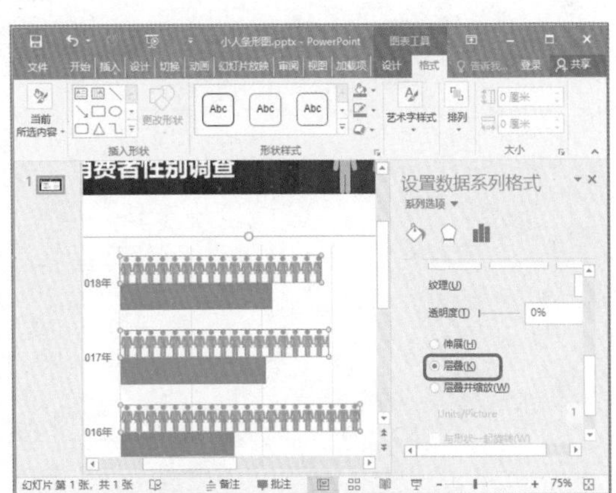

图9-59　调整素材的填充方式

Step7：完成信息图表制作。使用同样的方法复制男性小人，粘贴到“男性消费者比例”的条形上，再调整填充方式。删除幻灯片中的小人素材图形，一张生动有趣的小人条形图就完成制作了，如图9-60所示。

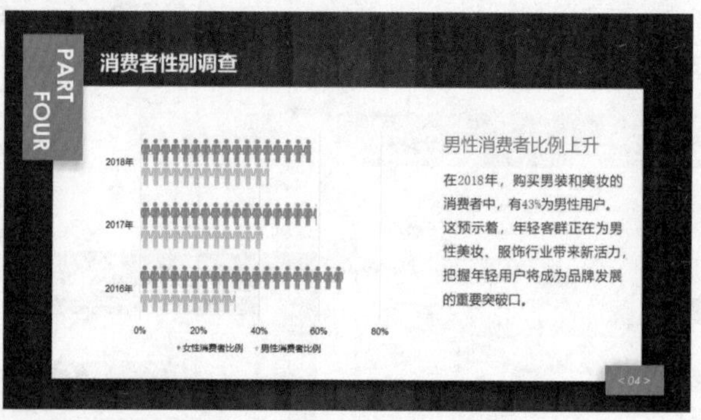

图9-60　完成信息图表制作

技能升级

利用复制粘贴法，可以完成多种信息图表的制作。例如，用比萨饼图片素材替换饼图的绘图区，得到展示市场份额的比萨饼图；用水果图片替换散点图中的散点，得到展示各地区水果消费数量的散点；用树木图片替换面积图中的面积，得到展示森林覆盖量的面积图。

CHAPTER 10

媒体动画：真正会用的人不到30%

自从我“学会”了设置幻灯片的动画，我就上瘾了。完成PPT制作后，总觉得动画效果越多越好。直到张姐告诉我“每个动画都有存在的意义”。我才明白，原来动画不是为了酷炫，而是为了更好地表达内容，帮助观众更好地理解内容。

为了让PPT有色更有声，我又开始学习在幻灯片中添加音频和视频。这两个操作看起来简单，却容易出纰漏。例如，背景音乐不会循环播放，视频插入后与幻灯片界面其他内容格格不入……真是“路漫漫其修远兮，吾将上下而求索”啊！

动画、音频、视频，容易上手，却不容易精通。这3个元素也不是PPT制作的主要内容，因此常常被人轻视。只有30%的人知道，动画不是为了让PPT动起来，而是根据内容的展示逻辑、顺序及目的来设置的。音频和视频起到锦上添花的作用，通过声音和视频元素增加幻灯片的趣味性，吸引观众的注意力。制作PPT时，需要考虑内容主题，选择性地添加音频和视频，再恰当地处理音视频文件，让其理想地播放。

10.1 音频让PPT有色更有声

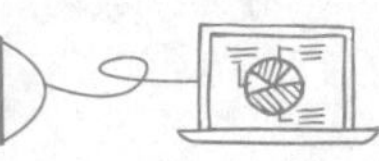

幻灯片的放映需求不同，音频文件的作用也不同。添加背景音乐是为了烘托气氛，添加特别的音效是为了吸引观众的注意力，添加音频解说是为了帮助观众理解幻灯片中的内容。不同的音频，需要进行不同的编辑，需要设置不同的播放效果。

10.1.1 如何添加和编辑音频文件

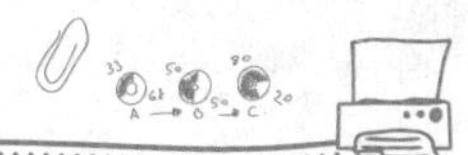

赵经理

小李，你之前为3月入职的员工做过培训了。下个月又有一批新员工入职，你按照同样的内容再做一次培训。不过上次有同事反映培训过程很枯燥，你调节一下演讲气氛。

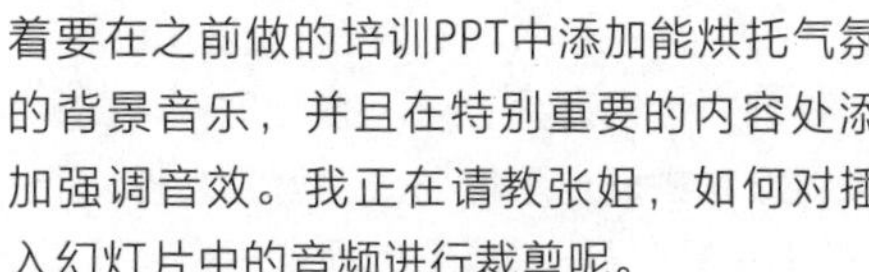

小李

嗯，赵经理，同事已经向我反映过这个问题了。我正寻思着要在之前做的培训PPT中添加能烘托气氛的背景音乐，并且在特别重要的内容处添加强调音效。我正在请教张姐，如何对插入幻灯片中的音频进行裁剪呢。

张姐

小李，音频文件的处理方式很简单，重点有3个：一是设置音频的淡入/淡出时间，让音频缓缓开始又缓缓结束；二是为音频添加书签，通过单击设置好的书签，可以让音频快速跳转到特定的位置播放；三是裁剪音频，你只需拖动滑块到音频开始和结束的地方就可以了。

下面通过“职业培训.pptx”文件，讲解如何插入并编辑音频文件，具体操作方法如下。

1 设置背景音乐淡入/淡出时间

背景音乐通常在PPT开始放映时就播放，因此需要添加在第1页幻灯片中。设置背景音乐的淡入/淡出时间，可以让背景音乐在开始播放和结束播放时有一个声音渐变的过渡。

Step1：选择【PC上的音频】选项。如图10-1所示，❶选中第1页幻灯片；❷单击【插入】选项卡下的【媒体】组中的【音频】下拉按钮，从下拉列表中选择【PC上的音频】选项。

Step2：插入音频。如图10-2所示，❶打开【插入音频】对话框，在原始文件中选择“背景音乐.mp3”文件；❷单击【插入】按钮。

图10-1 选择【PC上的音频】选项

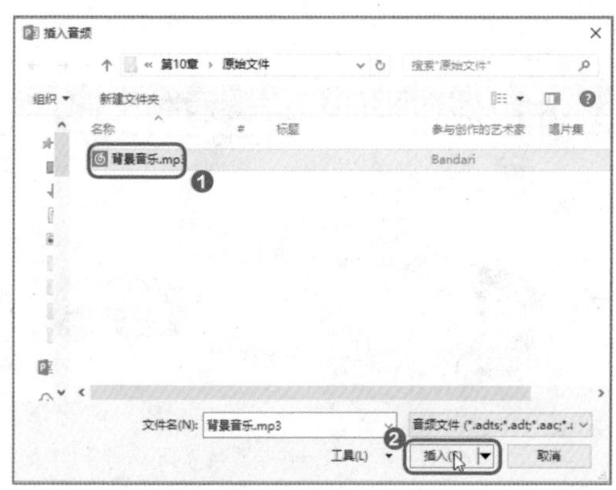

图10-2 插入音频

Step3：设置音频的淡入/淡出时间。此时，在第1页幻灯片中就成功地插入了音频文件。选中音频，在【音频工具-播放】选项卡下设置【渐强】和【渐弱】时间均为00.50秒，如图10-3所示。

图10-3 设置音频的淡入/淡出时间

2 为音频添加书签

在PPT中插入音频后，可以在音频的时间进度条上添加书签，用于提示音频剪辑中的关注点。

Step1：添加书签。选中第1页幻灯片中添加的音频文件，❶播放音频，在需要添加书签的位置处暂停；❷单击【音频工具-播放】选项卡下的【书签】组中的【添加书签】按钮，如图10-4所示。

Step2：查看书签添加效果。如图10-5所示，在音频暂停的地方有了黄色书签标记。

图10-4 添加书签

图10-5 查看书签添加效果

3 裁剪音频

对于插入的音频文件，如果只想提取其中的部分音效，可以通过裁剪得到想要的效果。

Step1：进入音频裁剪状态。在第3页幻灯片中添加“强调音效.mp3”音频，❶选中音频；❷单击【音频工具-播放】选项卡下的【裁剪音频】按钮，如图10-6所示。

Step2：裁剪音频。如图10-7所示，❶在打开的【裁剪音频】对话框中，拖动绿色的滑块到音频开始播放的位置，拖动红色的滑块到音频结束播放的位置；❷单击【确定】按钮，便可以完成音频裁剪。

图10-6 进入音频裁剪状态

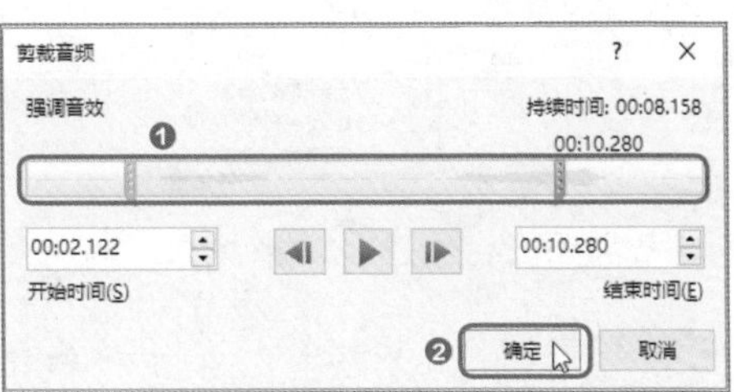

图10-7 裁剪音频

10.1.2 根据作用设置音频播放方式

赵经理

小李，我刚看了一下你添加了音频的培训PPT，音频的播放有点儿问题，背景音乐不会自动播放，你再检查检查。

小李

赵经理，我也发现这个问题了。张姐告诉我，背景音乐要设置成在开始播放PPT时就自动播放背景音乐，并且跨幻灯片循环播放，还要隐藏播放时的图标；而音效最好设置成单击时播放，并将音量调得大一点儿。我马上就去调整。

下面以“职业培训音频放映设置.pptx”文件为例，讲解如何设置音乐的播放方式，具体操作方法如下。

Step1：设置背景音乐的播放方式。如图10-8所示，❶进入第1页幻灯片中；❷选中幻灯片中的音频文件，在【音频工具—播放】选项卡下的【音频选项】组中，设置【开始】方式为【自动】，勾选【跨幻灯片播放】【循环播放，直到停止】【放映时隐藏】3个复选框。此时，就完成了背景音乐的播放方式的设置。

Step2：设置音效的播放方式。如图10-9所示，❶进入第3页幻灯片中；❷选中音频文件，在【音频工具—播放】选项卡下的【音频选项】组中，设置【开始】方式为【单击时】；❸设置音量为【高】。此时，就完成了音效的播放方式的设置。

图10-8　设置背景音乐的播放方式

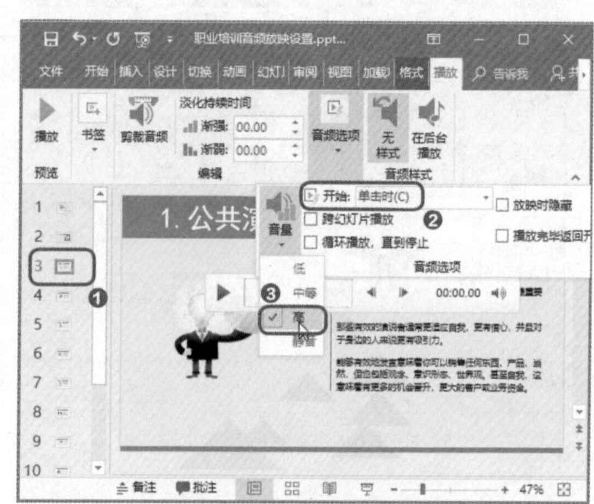

图10-9　设置音效的播放方式

温馨提示

如果在第1页幻灯片中先设置动画后添加音频，那么音频会在第1页幻灯片动画播放完成后才播放。此时，需要打开【动画窗格】，将音频的播放顺序调整到第1位。

10.2　用视频赶走观众的瞌睡虫

字不如图，图不如视频，动态的视频表现效果更强，也更能吸引观众的目光。所以当文字和图片不能全面说明内容时，需要添加视频辅助说明，通过视频的感染力来说服观众。

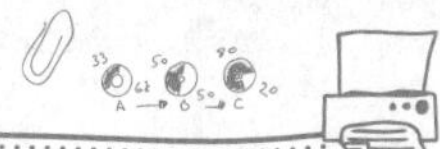

10.2.1 如何避免视频在PPT中格格不入

赵经理

小李，你在培训PPT中添加了视频，形象地向职工演示什么是决策力，这很好。可是你的视频添加到页面后，页面美观度大减，这个细节你得再修改一下。

小李

张姐，赵经理说我的幻灯片中的视频太丑。其实我也有同感。我试过为视频设置样式美化，让视频轮廓看起来更加美观。但是效果依然不理想，视频中画面的颜色与幻灯片颜色太不搭配了。难道我要换一个视频?

张姐

小李，将视频文件插入幻灯片中，很简单，难就难在让视频美观。你按这两个步骤来做，准没错。

在【视频样式】中选择一种样式，改变视频的轮廓效果；为视频设置【海报框架】，选一张精美的图片作为视频的封面，视频文件一定可以和幻灯片的其他内容相融合。

下面以“新人培训.pptx”文件为例，讲解如何插入视频并设置视频的美观效果，具体操作方法如下。

Step1：选择【PC上的视频】选项。如图10-10所示，❶选中第8页幻灯片；❷在【插入】选项卡下单击【媒体】组中的【视频】下拉按钮，选择【PC上的视频】选项。

Step2：插入视频。如图10-11所示，❶在打开的【插入视频文件】对话框中选择原始文件中的“视频演示.mp4”文件；❷单击【插入】按钮。

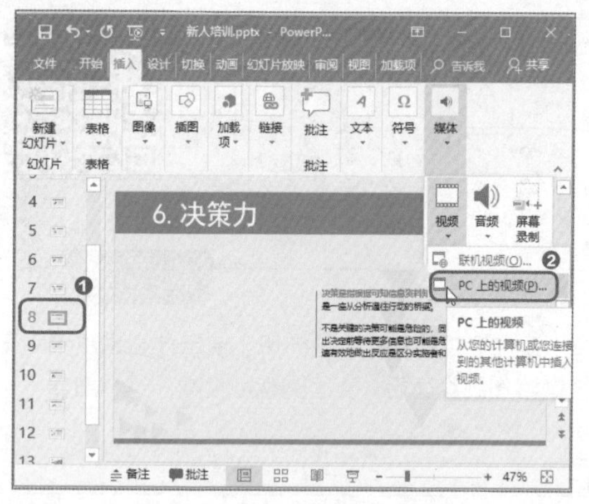

图10-10　选择【PC上的视频】选项

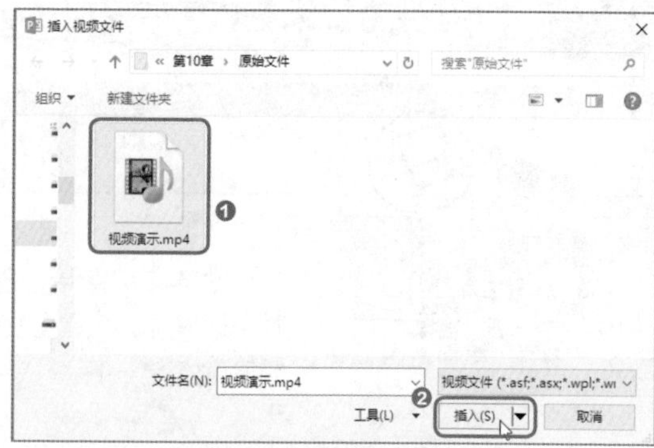

10-11　插入视频

Step3：调整视频大小和位置。如图10-12所示，视频插入幻灯片中后，调整视频大小和位置。

Step4：设置视频样式。如图10-13所示，选中视频，在【视频工具—格式】选项卡下的【视频样式】下拉列表中选择一种视频样式。

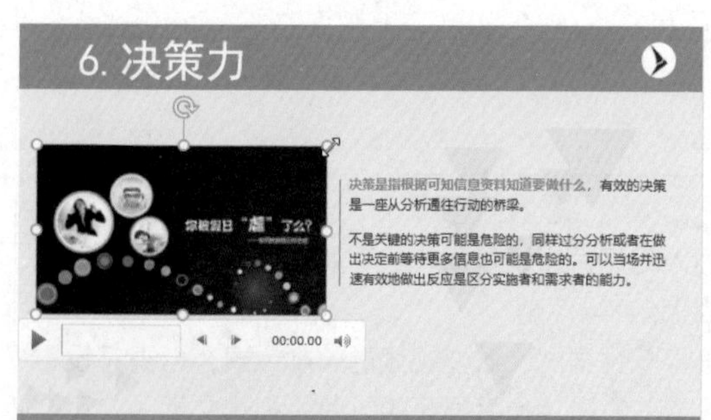

图10-12　调整视频大小和位置

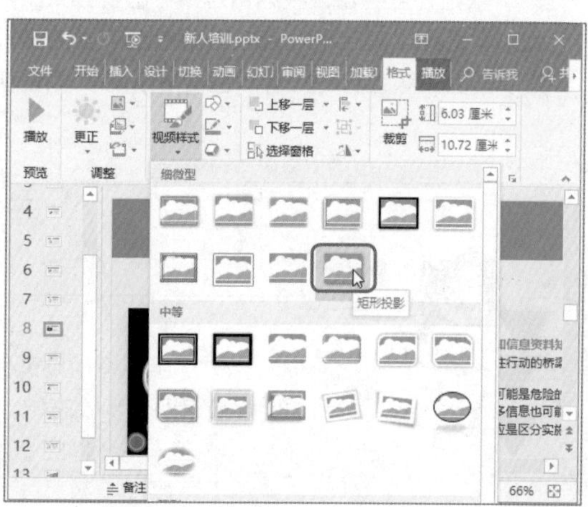

图10-13　设置视频样式

Step5：为视频设置封面。如图10-14所示，❶选中视频，单击【视频工具—格式】选项卡下的【海报框架】下拉按钮；❷选择【文件中的图像】选项。

Step6：完成视频设置。此时，插入幻灯片中的视频便设置了样式和封面图片，幻灯片的整体内容十分和谐，如图10-15所示。

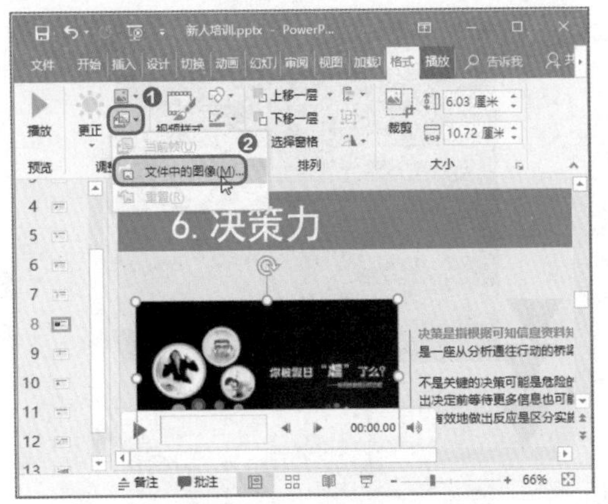

图10-14　为视频设置封面

图10-15　完成视频设置

10.2.2 根据情况设置视频效果

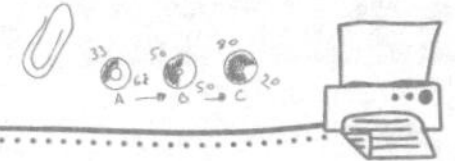

小李

张姐，我已经按照您教我的，在幻灯片中插入教学视频了。我想，视频和音频一样，应该也需要进行播放设置吧？我先请教您一下，避免赵经理再挑出我的错误。

张姐

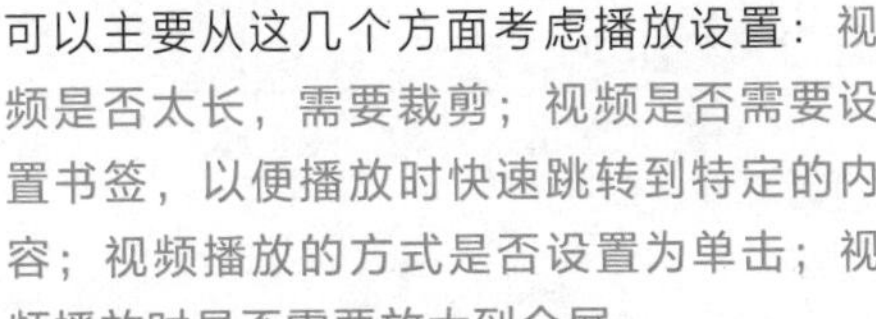

小李，你考虑得没错！插入视频后，可以主要从这几个方面考虑播放设置：视频是否太长，需要裁剪；视频是否需要设置书签，以便播放时快速跳转到特定的内容；视频播放的方式是否设置为单击；视频播放时是否需要放大到全屏。

下面以“新人培训视频设置.pptx”文件为例，讲解如何进行视频播放设置，具体操作方法如下。

Step1：裁剪视频。打开文档，进入第8页幻灯片中，选中幻灯片中的视频，单击【视频工具—播放】选项卡下的【剪裁视频】按钮，打开【剪裁视频】对话框。如图10-16所示，❶移动绿色的滑块到视频开始播放的位置，移动红色的滑块到视频结束播放的位置；❷单击【确定】按钮，此时就完成了视频裁剪。

Step2：添加书签。为了在播放视频时快速跳转到特定的位置，可以设置书签。如图10-17所示，❶播放视频，到需要添加书签的位置处暂停；❷单击【视频工具—播放】选项卡下的【书签】组中的【添加书签】按钮。此时，就在视频暂停的地方添加了书签。

Step3：设置视频播放开始方式和全屏播放。如图10-18所示，在【视频工具—播放】选项卡下的【视频选项】组中，设置【开始】方式为【单击时】，勾选【全屏播放】复选框。在放映幻灯片时，就可以通过单击让视频播放。在播放视频时，视频会放大到全屏状态播放。

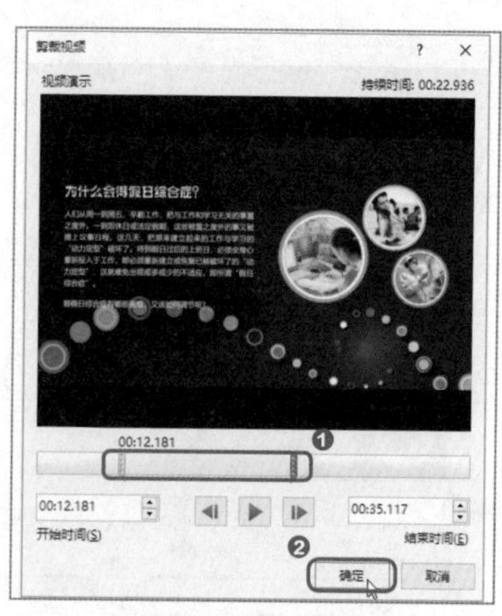

图10-16　裁剪视频

图10-17　添加书签

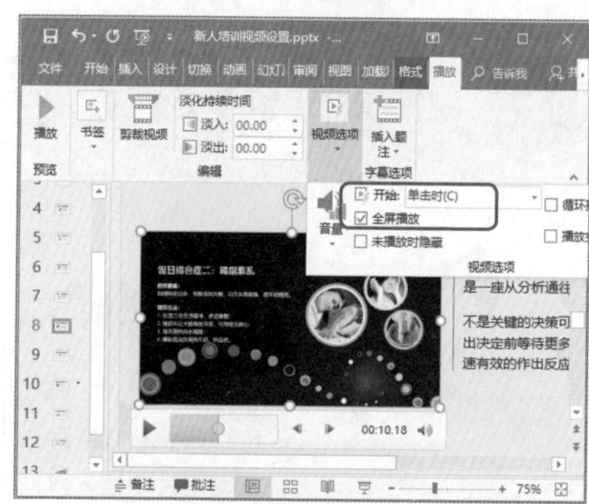

图10-18　设置视频播放开始方式和全屏播放

10.3　动画是天使还是魔鬼取决于你

很多人使用PPT动画，都是为了好玩，让页面吸引人。事实上，使用动画的目的是帮助观众更好地理解页面内容。如果不是出于这个目的，动画的存在只会干扰观众的注意力，甚至让PPT放映显得凌乱。

10.3.1 用好切换动画的关键思维

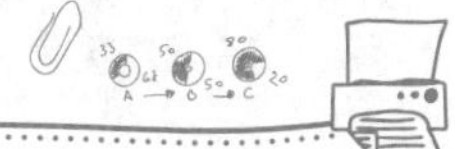

赵经理

小李，我刚才在看你新做的业务培训PPT，真是眼花缭乱啊。你恨不得为每一页幻灯片都设置一个动作最华丽的切换动画，没有必要这么花哨吧。

小李

对不起，赵经理，我只是想让PPT放映时更动人，我马上改。
张姐，切换动画，难道不是动作越大越好吗？

张姐

小李，很多人都会犯同样的错误，毕竟PowerPoint为我们提供了那么酷炫的切换动画，不用似乎就浪费了。

但是，PPT的切换动画选择要根据内容的主题来进行。例如，【日式折纸】动画，让页面像一只鸟飞走，象征着事物的消失、远去，可以用在表达抛弃旧观念的幻灯片中。一份PPT的切换动画数量最好控制在3种以内，如果是较为严肃的场合，建议使用简单朴素的动画，或者不用动画。

下面以“业务培训.pptx”文件为例，讲解如何设置切换动画，具体操作方法如下。

Step1：设置切换动画。打开PPT，进入第9页幻灯片中。这页幻灯片显示了PPT第二部分的标题——“刺激你的大脑”，让人眼前一亮，似乎打开另一个世界的大门。因此这里选择【门】切换动画，让页面呈现大门推开的效果，带领读者发现刺激大脑的新世界。如图10-19所示，❶选中第9页幻灯片；❷在【切换】选项卡下选择【门】的切换效果。

Step2：预览切换动画。单击【切换】选项卡下的【预览】按钮，预览动画，效果如图10-20所示，大门被缓缓推开，显示第9页幻灯片，动画与页面主题相契合。

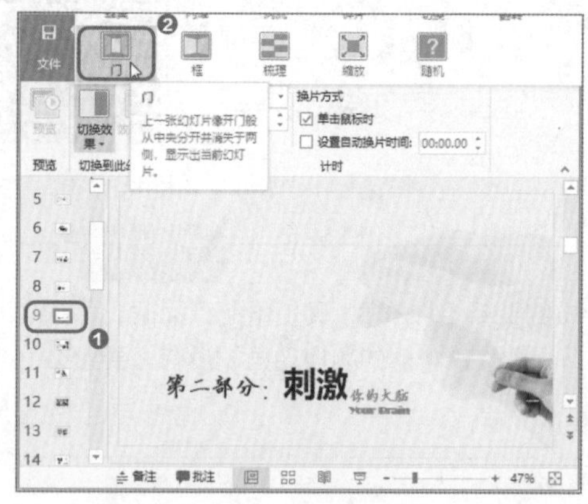

图10-19　设置切换动画

图10-20　预览切换动画

10.3.2 用好内容动画的关键思维

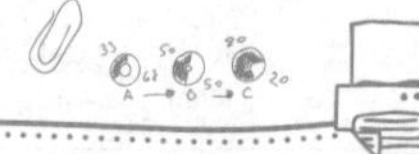

赵经理

小李，不错，你调整切换动画后，我终于不再眼花了。再给你一个任务，你将页面的动画也设置一下，有了动画，培训效果会更好。

小李

张姐，在切换动画上跌了个大跟头后，我现在吸取教训了。赵经理让我设置培训PPT的内容动画，我知道动画的设置必须有意义，所以不敢像以前一样随便设置动画了，还请您教教我内容动画的设置要点。

张姐

小李，设置内容动画，首先要考虑动画添加的目的。PowerPoint提供了4种动画，从字面意思就可以理解这4种动画的作用：【进入】动画可以让内容以某种方式出现在观众眼前；【强调】动画可以让内容以某种方式进行强调，引起观众注意；【退出】动画可以让内容以某种方式消失在界面中；【动作路径】动画可以让内容按照特定的路径进行移动。

张姐

在设计动画时，【进入】动画用得最多。例如，在培训PPT中，让每一个页面中的知识点按照先后顺序出现，便于观众理解。添加了动画后，需要设置动画的开始方式、顺序、持续时间等，以便让动画理想播放。

下面以“业务培训.pptx”文件为例，讲解如何设置页面内容动画，具体操作方法如下。

Step1：设置文字飞入动画。如图10-21所示，进入第7页幻灯片中，❶按住Ctrl键的同时选中页面中间的所有内容；❷在【动画】选项卡下选择【飞入】进入动画。

Step2：添加强调动画。如图10-22所示，❶保持选中上面步骤中的内容，调整动画的【开始】方式为【上一动画之后】，让动画可以自动播放；❷单击【动画】选项卡下的【添加动画】下拉按钮；❸选择【脉冲】强调动画。这样选中的内容就同时有了两个动画效果。

图10-21 设置文字飞入动画

图10-22 添加强调动画

Step3：调整动画的开始方式。如图10-23所示，❶单击【动画】选项卡下的【动画窗格】按钮，打开【动画窗格】窗格；❷选中【组合7】强调动画；❸设置动画的【开始】方式为【上一动画之后】。

Step4：设置图片的缩放动画。如图10-24所示，❶选中右边的图片；❷在【动画】选项卡下设置图片的动画为【缩放】动画；❸设置【开始】方式为【上一动画之后】。

Step5：设置图片的缩放动画。如图10-25所示，❶选中左边的图片；❷在【动画】选项卡下设置图片的动画为【缩放】动画；❸设置【开始】方式为【上一动画之后】。

Step6：调整动画的播放顺序。如图10-26所示，❶在【动画窗格】窗格中选择【图片2】的动画，即左边的图片；❷单击【向前移动】按钮，让左边的图片动画顺序在右边的图片动画顺序前。此时，就完成了这页幻灯片的内容动画设置，页面中的内容按照文字→左图→右图的方式依次出现在观众眼前。

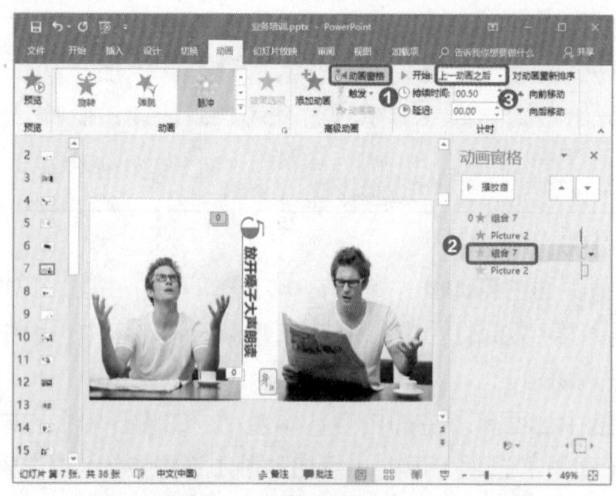

图10-23 调整动画的开始方式

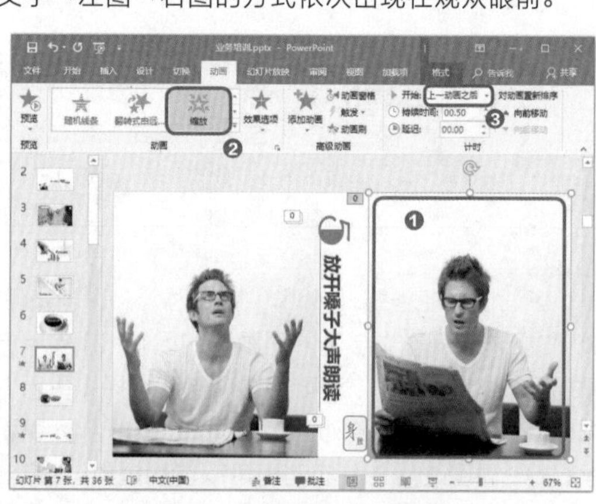

图10-24 设置图片的缩放动画（1）

图10-25 设置图片的缩放动画（2）

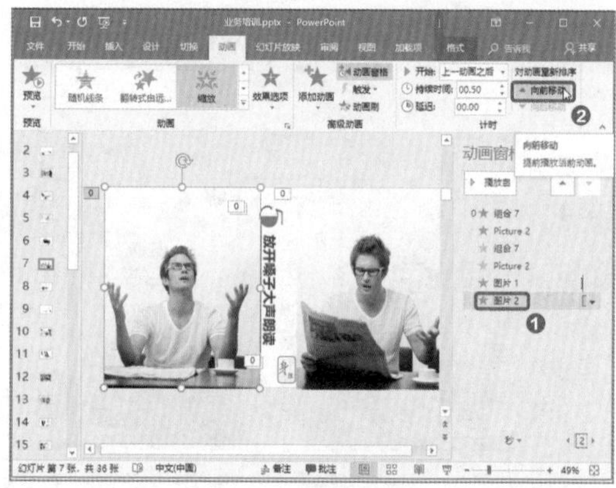

图10-26 调整动画的播放顺序

技能升级

在【动画窗格】窗格中，选中动画，按住鼠标左键不放，直接拖动，也可以调整动画的顺序。

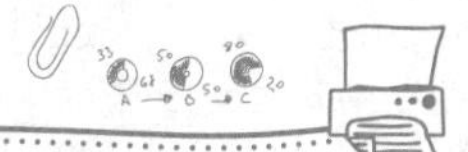

10.3.3 用触发动画调出图片

小李

张姐，我已经完成赵经理交给我的动画设置任务了。不过我还想做得更好一点儿，我想在页面中补充一些图片内容，当我单击特定的文字时才会弹出图片。我尝试了4种动画，似乎都达不到这种效果。

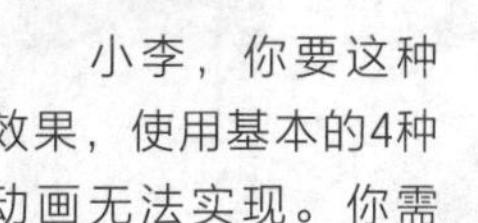
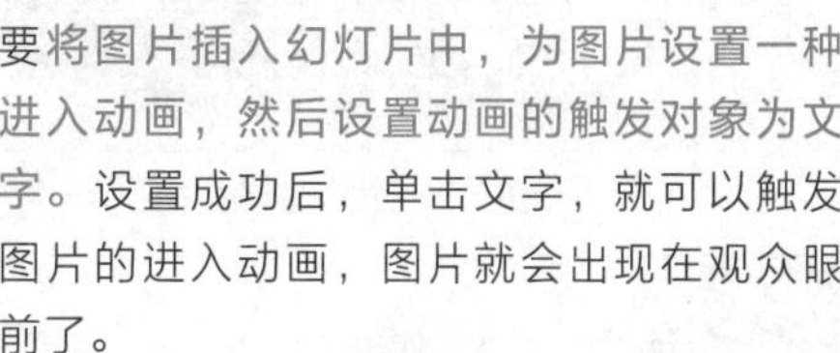

张姐

小李，你要这种效果，使用基本的4种动画无法实现。你需要将图片插入幻灯片中，为图片设置一种进入动画，然后设置动画的触发对象为文字。设置成功后，单击文字，就可以触发图片的进入动画，图片就会出现在观众眼前了。

下面以"业务培训.pptx"文件为例，讲解如何设置图片的触发动画，具体操作方法如下。

Step1：查看文本框的名称。要实现单击文本框弹出图片的效果，首先要确定文本框在幻灯片中的名称。如图10-27所示，❶进入第13页幻灯片中；❷选中"用左手"文本框；❸单击【开始】选项卡下的【选择窗格】按钮，在【选择】窗格中看到文本框的名称为【矩形4】。

Step2：设置触发动画。将图片插入幻灯片中，并放大到全屏显示。如图10-28所示，❶为图片设置【缩放】进入动画；❷在【触发】下拉列表中选择【通过单击】选项，选择触发的对象为【矩形4】。此时，就完成了图片的触发动画设置。

图10-27　查看文本框的名称

图10-28　设置触发动画

Step3：放映时单击文字。播放幻灯片，如图10-29所示。在放映这页幻灯片时看不到插入的图片，但是将光标移动到“用左手”文本框上时，便会出现手掌形状。单击文本框，弹出了图片，并且全屏显示，如图10-30所示。

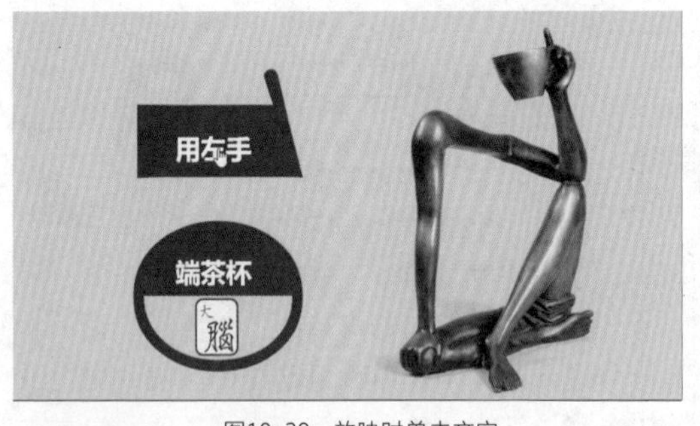

图10-29 放映时单击文字

图10-30 弹出图片

10.3.4 用超链接实现目录跳转

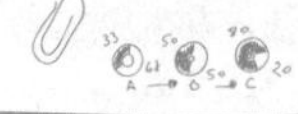

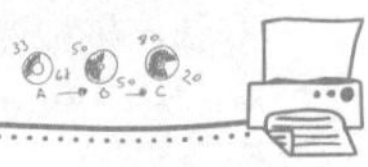

赵经理

小李，我对你的PPT水平越来越放心了。我下周要到集团总部以“大数据”为主题进行工作汇报。这个PPT交给你做。你需要注意一点，每节内容的幻灯片比较多，放映时我需要快速切换到目录页或各小节的内容页。

小李

张姐，我在为赵经理下周的工作汇报做PPT时，为了让赵经理能快速实现幻灯片切换，我研究过后的思路是：为目录页中每个目录设置超链接，链接到对应的标题页；为标题页的标题设置超链接，链接到目录页。我的做法正确吗？

张姐

点赞，小李呀，你离出师不远啦。你的做法完全正确。完成超链接设置后，赵经理在放映PPT时，单击目录页中的目录就可以跳转到相应的标题页，单击标题页中的文字又可以快速跳转到目录页。

下面以“大数据时代.pptx”文件为例，讲解目录超链接的设置方法，具体操作方法如下。

Step1：单击【链接】按钮。如图10-31所示，❶进入第3页幻灯片中；❷选中第1个目录文字；❸单击【插入】选项卡下的【链接】组中的【链接】按钮。

Step2：插入超链接。如图10-32所示，❶在打开的【插入超链接】对话框中，选择【本文档中的位置】选项；❷选择第4页幻灯片；❸单击【确定】按钮。此时，就完成了第1个目录文字的超链接设置。使用同样的方法，分别设置第2个目录链接到第9页幻灯片、第3个目录链接到第15页幻灯片、第4个目录链接到第20页幻灯片。

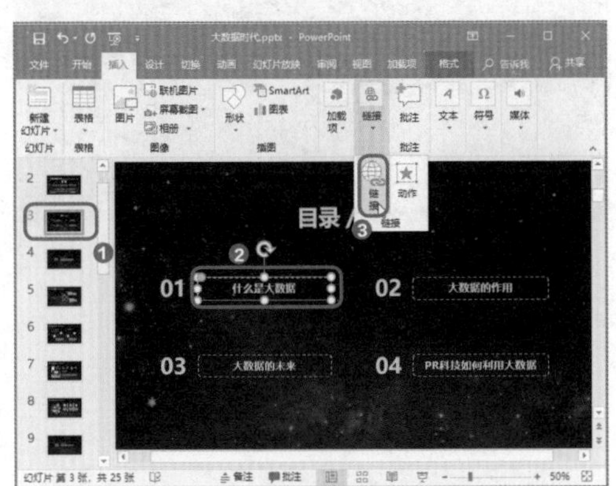

图10-31　单击【链接】按钮（1）

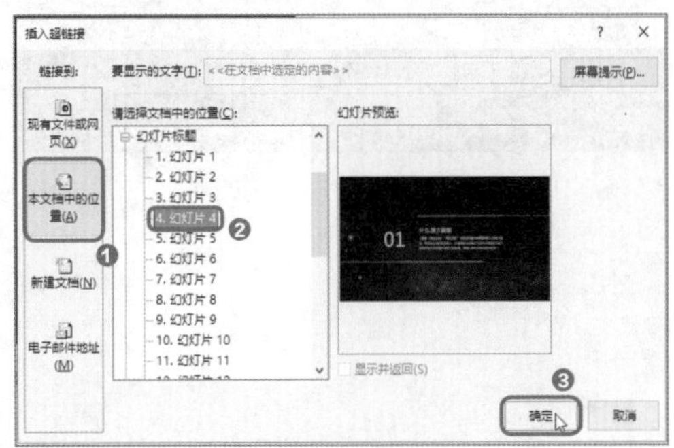

图10-32　插入超链接（1）

Step3：单击【链接】按钮。如图10-33所示，❶进入第4页幻灯片中；❷选中标题页中的序号01；❸单击【插入】选项卡下的【链接】组中的【链接】按钮。

Step4：插入超链接。如图10-34所示，❶在打开的【插入超链接】对话框中，选择【本文档中的位置】选项；❷选择第3页幻灯片；❸单击【确定】按钮。此时就将这页标题页链接到目录页了。使用同样的方法，将其他3个标题页也链接到目录页。

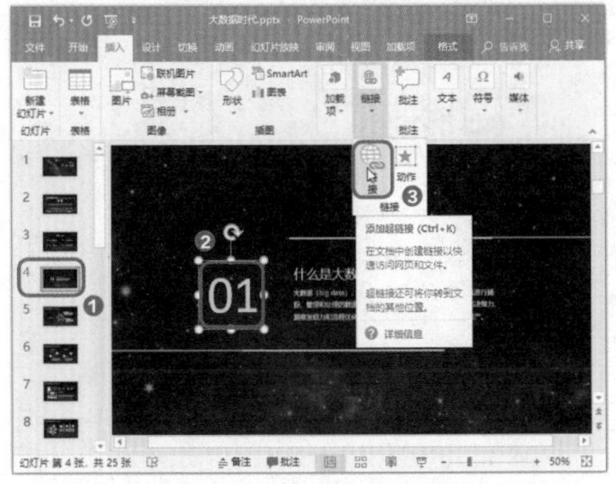

图10-33　单击【链接】按钮（2）

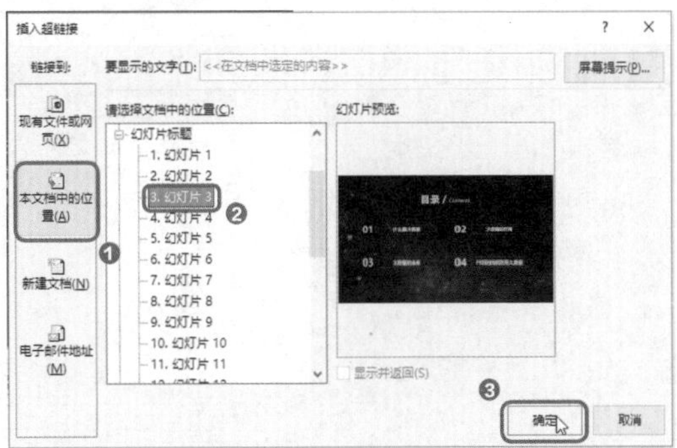

图10-34　插入超链接（2）

Step5：使用超链接跳转。单击目录中的目录，如图10-35所示。在播放目录页时，将光标放到设置了超链接的文字上，会呈手掌形状。单击第3个目录，页面会如图10-36所示，跳转到第3张标题页。如果此时单击标题页中的序号，页面又会跳转到目录页。

图10-35　单击目录页中的目录

图10-36　实现页面跳转

CHAPTER 11

疑难杂症：解决PPT放映的10个常见问题

小李

做PPT与做Word文档、Excel报表不同，PPT制作“行百里者半九十”，完成内容制作还不能算结束，只有完成一场精彩的演绎才能画上圆满的句号。

PPT放映时有多少人吃过以下这些亏：换台计算机播放PPT，音频和视频就不见了；放映PPT的计算机中，软件版本不相同，放映就会失败；观众与演讲者不在同一场所，如何同步演讲；放映时，如何为观众放大PPT细节，如何使用荧光笔标出重点……

PPT制作，犹如西天取经，少走一步都无法取得真经！

PPT放映是一件马虎不得的事。有较好职业素养的人，不会放过任何环节，从制作到放映，均需谨慎行事。说一个典型的事件：公司之前的一位客户经理，熬夜加班完成了产品介绍PPT。谁知他没有注意放映方法，在客户面前进行产品介绍时，幻灯片中的产品使用视频丢失，无法播放。客户认为经理没有做好准备，拒绝达成交易。

其实PPT放映，只要多花一点儿功夫，注意好容易出错的细节，将问题扼杀在摇篮中，就可以赢得阵阵掌声。

张姐

11.1 放映前，如何防止他人修改PPT内容

赵经理

小李，你昨天制作的新品介绍PPT，内容挺不错的。这是我们独家研发的产品，你先将内容传给其他合作伙伴，让大家了解一下产品，同时也将PPT发一份给我。PPT中涉及产品的重要信息，注意做好保密工作。

小李

张姐，赵经理要求我做好新品介绍的保密工作，您看我这样做是否妥当：发送给合作伙伴的文件，选择部分幻灯片导出成不能修改的图片格式，仅供大家浏览，涉及重要信息的页面则不会导出成图片让大家看到；发送给赵经理的文件，进行加密处理，并告知经理密码，防止文件被他人打开。

张姐

小李，你考虑得很周到。这两种方法确实可以保证PPT的内容安全。我再补充一点，如果只想浏览PPT内容，避免不小心修改内容，可以将PPT设置为只读模式，这种模式也能避免内容的修改。

下面通过“新品介绍.pptx”文件，介绍如何保护PPT的内容不被修改，具体操作方法如下。

1 将PPT导出为图片

将制作好的PPT导出为图片，可以更好地保证内容不被其他人恶意利用，又能有效展示排版效果，避免因为其他计算机中缺少PPT中使用的字体而用其他字体来进行替换。

Step1：另存文件。如图11-1所示，❶选择【文件】菜单中的【导出】选项；❷选择【更改文件类型】选项；❸选择【PNG可移植网络图形格式(*.png)】选项；❹单击【另存为】按钮。

Step2：选择保存位置。如图11-2所示，❶选择保存位置后；❷单击【保存】按钮。

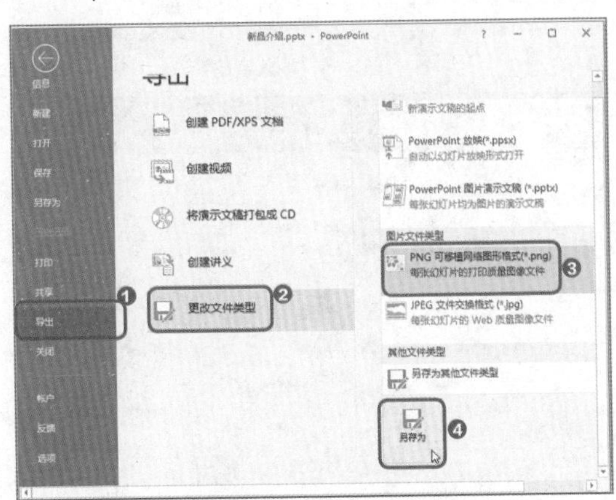

图11-1　另存文件

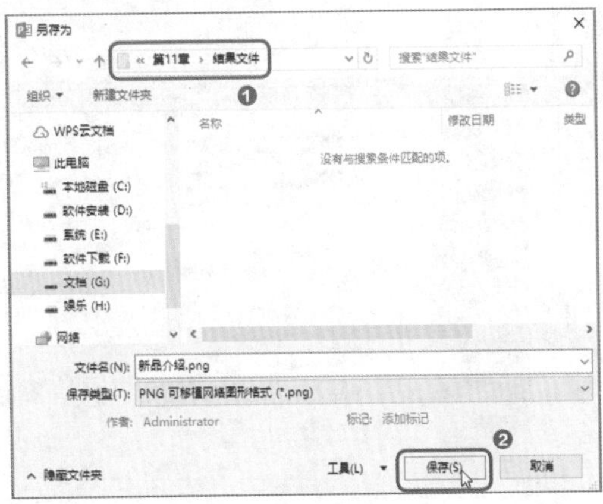

图11-2　选择保存位置

Step3：选择导出范围。如图11-3所示，单击【所有幻灯片】按钮，就可以将这份PPT的所有幻灯片都导出成PNG格式的图片了。然后在导出的图片文件夹中，将需要保密的重要内容图片挑选出来删除即可。

图11-3 选择导出范围

2 为PPT文件加密

为PPT文件设置密码，是保护演示文稿的常用方法。这样，只有持有密码的用户才可以打开或编辑PPT中的内容。

Step1：加密文件。如图11-4所示，❶选择【文件】→【信息】命令，在右侧界面中单击【保护演示文稿】下拉按钮；❷选择【用密码进行加密】选项。

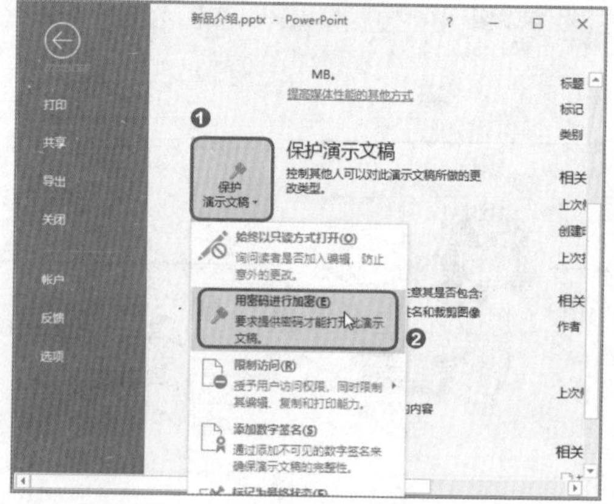

图11-4 加密文件

Step2：输入密码。如图11-5所示，❶在【加密文档】对话框中输入密码；❷单击【确定】按钮。接着再次输入密码，即可完成文档加密，后面的步骤这里不再赘述。

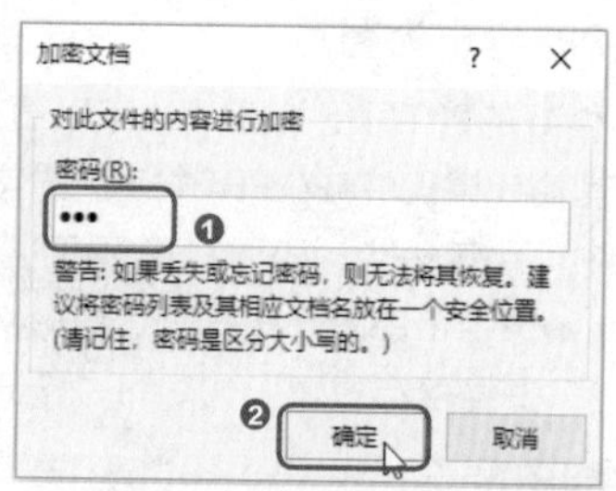

图11-5 输入密码

3 设置PPT文件为只读模式

设置只读模式。如图11-6所示，在【保护演示文稿】下拉列表中选择【始终以只读方式打开】选项。完成设置后，再次打开文档，文档显示为只读模式，如图11-7所示。

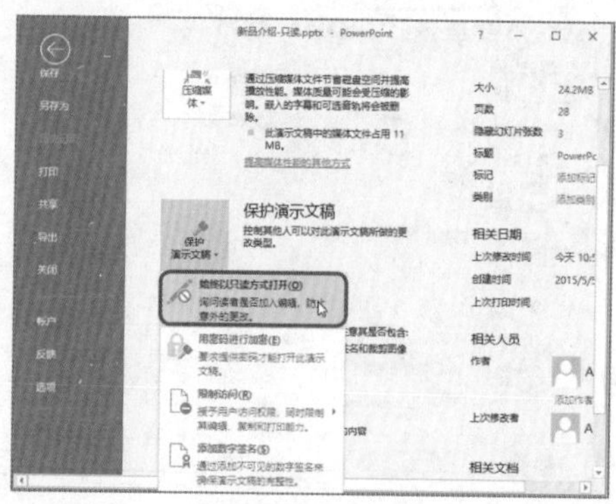

图11-6 设置只读模式

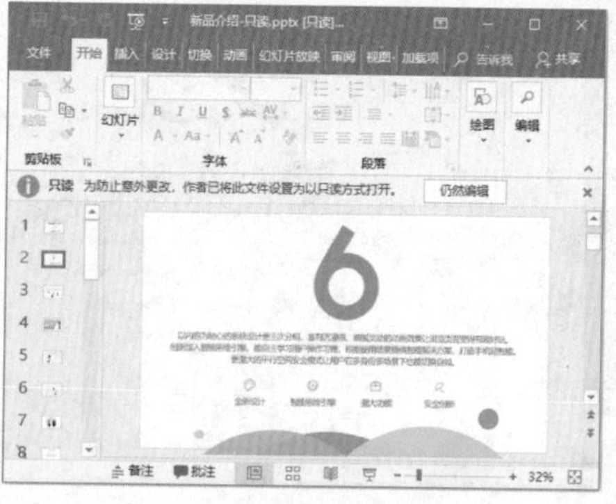

图11-7 在只读模式下浏览内容

温馨提示

只读模式的作用是防止意外更改，不能完全杜绝PPT被恶意修改。单击【仍然编辑】按钮，就可以将只读模式修改为可编辑模式。

11.2　为什么换台计算机播放PPT，内容就丢失了

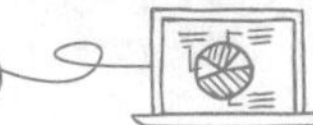

小李

张姐，我真的好郁闷。我最近制作的时间管理培训PPT出现了播放问题。我将文档复制后回家播放，准备演讲练习时，视频就无法播放了。还好我发现了这个问题，否则培训现场就丢人了。

张姐

PPT中有视频，就要万分小心。你换台计算机播放后，原文件中的视频链接就会出问题。解决方法是，打包文件，将PPT中所有用到的字体、音频、视频统统打包，保证不出问题。

下面以“时间管理培训.pptx”文件为例，讲解如何为视频打包，具体操作方法如下。

Step1：单击【打包成CD】按钮。如图11-8所示，❶选择【文件】菜单中的【导出】选项；❷选择【将演示文稿打包成CD】选项；❸单击【打包成CD】按钮。

Step2：复制到文件夹。如图11-9所示，❶在弹出的【打包成CD】对话框中输入文件夹的名称；❷单击【复制到文件夹】按钮。

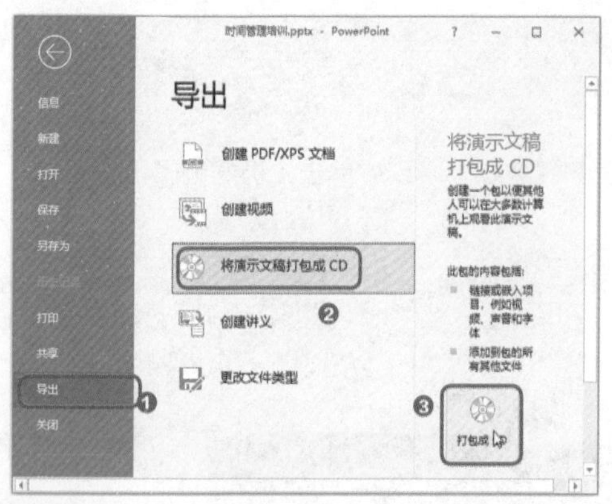

图11-8 单击【打包成CD】按钮

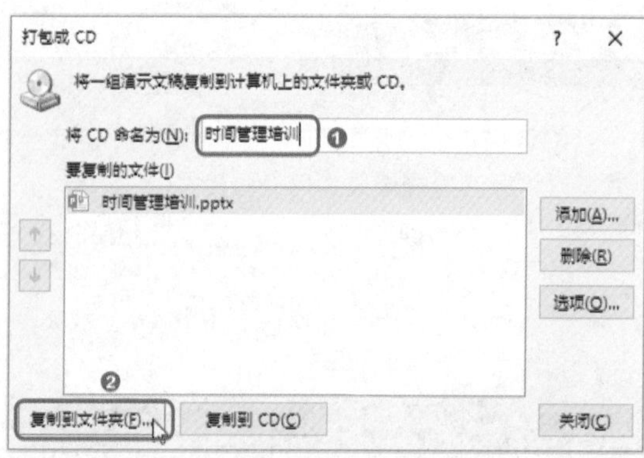

图11-9 复制到文件夹

Step3：确定打包。如图11-10所示，❶在弹出的【复制到文件夹】对话框中选择文件打包的【位置】；❷单击【确定】按钮。并且在随后出现的对话框中选择相应的链接，即可开始打包文件。

Step4：打包结果。完成文件打包后，打包文件中包含了3个文件，如图11-11所示。复制文件时，将整个打包好的文件夹一同复制，放映时单击文件夹中后缀为".pptx"的文件，即可正常放映演示文稿。

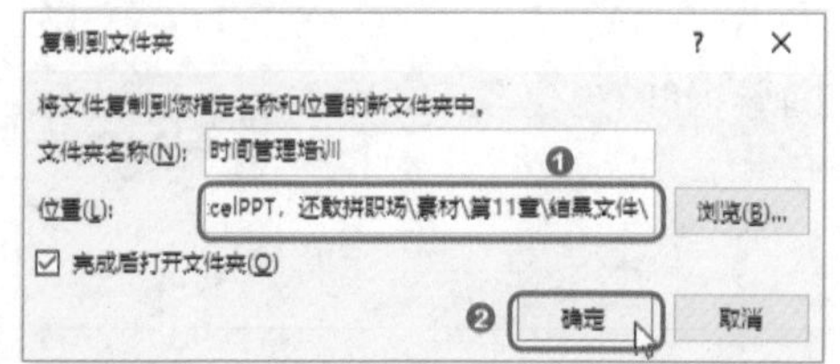

图11-10 确定打包

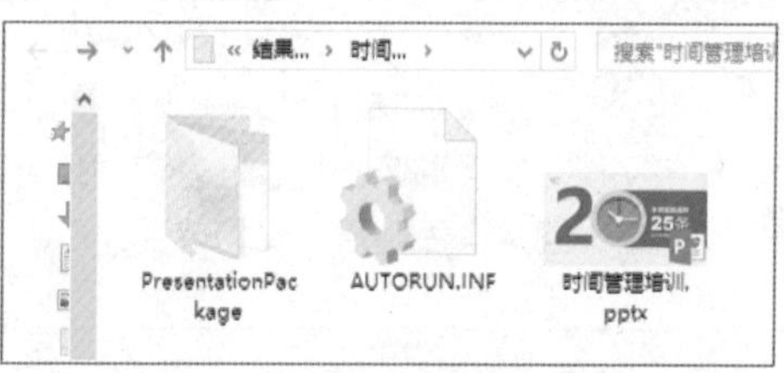

图11-11 打包结果

11.3 如何解决PPT兼容性问题

赵经理

小李，给你布置一项新任务。你帮忙检查一下培训课件PPT的兼容性问题。我需要与刘总讨论课件内容，但是不确定刘总计算机中的PowerPoint软件版本。

小李

对哦，兼容性是一个不可忽视的问题。小心驶得万年船，我去请教一下张姐，如何解决兼容性问题。

张姐

Office软件有“向下兼容”的特点，即高版本软件可以正常打开低版本文档；反之则不行。解决方法有两种：一种是让对方计算机也安装高版本软件，不过对方是级别比你高的领导，你自然不能贸然提出这个要求；另一种是进行文档的兼容性检查，将兼容性问题挑出来解决。

下面通过“培训课件.pptx”文件，讲解如何检查并解决文档的兼容性问题，具体操作方法如下。

Step1：检查兼容性。如图11-12所示，❶选择【文件】→【信息】选项，在右侧界面中单击【检查问题】下拉按钮；❷选择【检查兼容性】选项。

Step2：查看兼容性问题。如图11-13所示，显示了该文档用低版本软件打开时可能出现的编辑和放映问题。其中第一个兼容性问题是编辑问题，如果无须在其他计算机中编辑文档，则可以忽视。

Step3：取消形状组合。根据兼容性问题提示，如图11-14所示，❶进入第8页幻灯片中；❷选中幻灯片右边的形状，右击，选择【组合】→【取消组合】选项。使用同样的方法，取消第13页幻灯片中的形状组合。再将所有幻灯片的切换动画换成早期软件版本也能正常播放的【淡出】动画，就可以完成幻灯片兼容性问题的调整。

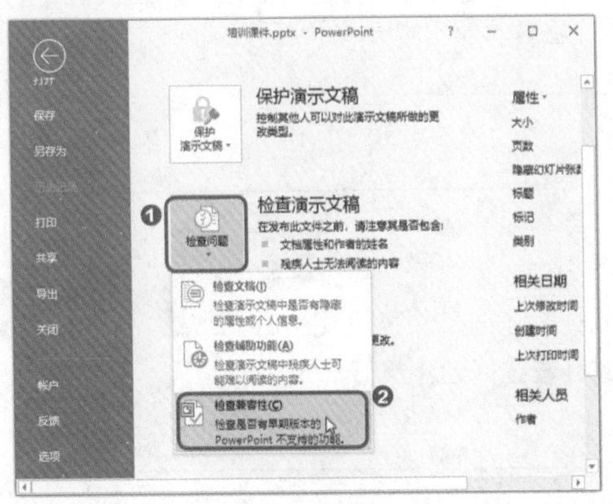

图11-12　检查兼容性

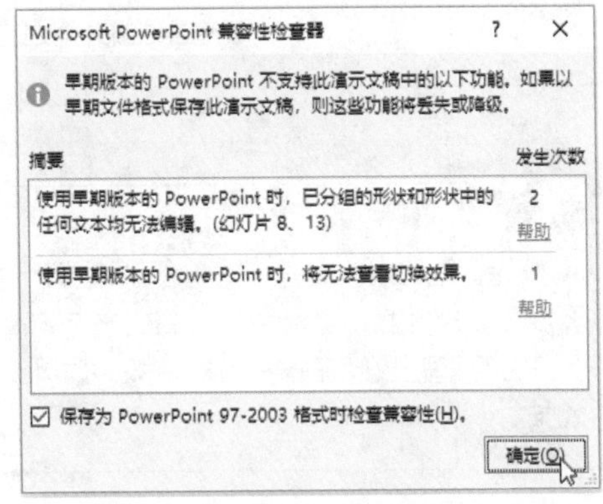

图11-13　查看兼容性问题

Step4：再次查看兼容性问题。再次选择【检查问题】下拉列表中的【检查兼容性】选项，在弹出的【Microsoft PowerPoint兼容性检查器】对话框中提示文档已无兼容性问题，如图11-15所示。

图11-14　取消形状组合

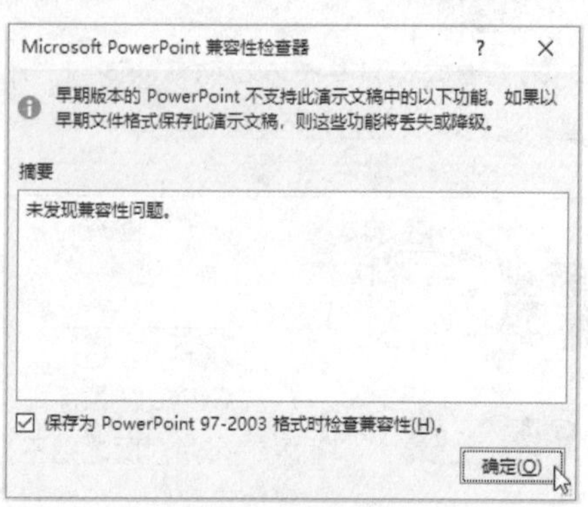

图11-15　再次查看兼容性问题

11.4　如何只播放部分幻灯片

赵经理

小李，你之前制作的产品介绍PPT，内容很全面。但是我明天在给客户介绍产品时，不需要播放全部内容。你设置一下，我只需播放第1、2、4、8、9、11、12、16、29页幻灯片，并且，第9页幻灯片的播放顺序要在第4页之前。

小李

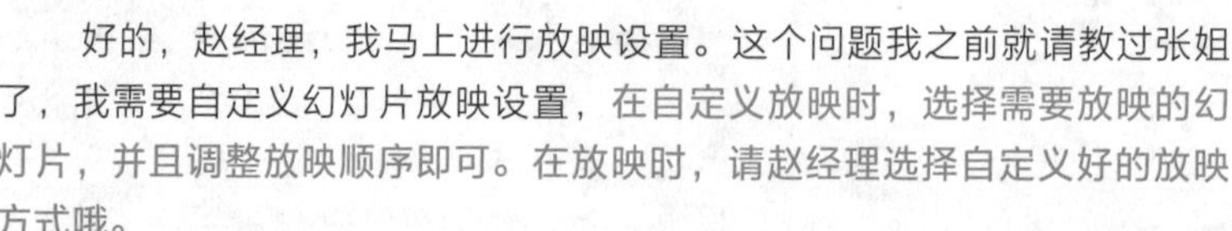

好的，赵经理，我马上进行放映设置。这个问题我之前就请教过张姐了，我需要自定义幻灯片放映设置，在自定义放映时，选择需要放映的幻灯片，并且调整放映顺序即可。在放映时，请赵经理选择自定义好的放映方式哦。

下面以“产品介绍.pptx”文件为例，讲解如何自定义设置幻灯片的播放内容及顺序，具体操作方法如下。

Step1：选择【自定义放映】选项。如图11-16所示，单击【幻灯片放映】选项卡下的【自定义幻灯片放映】下拉按钮，在弹出的下拉列表中选择【自定义放映】选项。

Step2：新建自定义放映。如图11-17所示，在弹出的【自定义放映】对话框中单击【新建】按钮。

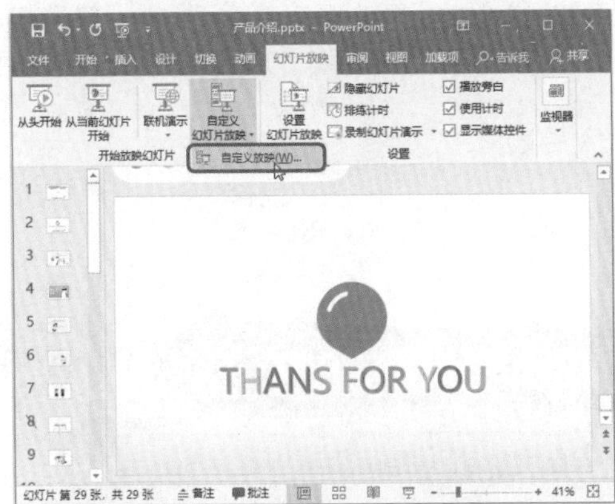

图11-16　选择【自定义放映】选项

图11-17　新建自定义放映

Step3：添加幻灯片并调整顺序。如图11-18所示，❶在弹出的【定义自定义放映】对话框中输入放映名称；❷在左边列表框中选择需要放映的幻灯片，单击【添加】按钮，将其添加到右边的列表框中；❸选中第9页幻灯片，单击【向上】按钮，往前调整第9页幻灯片的播放顺序。

Step4：确定自定义放映设置。如图11-19所示，完成放映幻灯片的选择和顺序调整后，单击【确定】按钮，完成自定义放映设置。

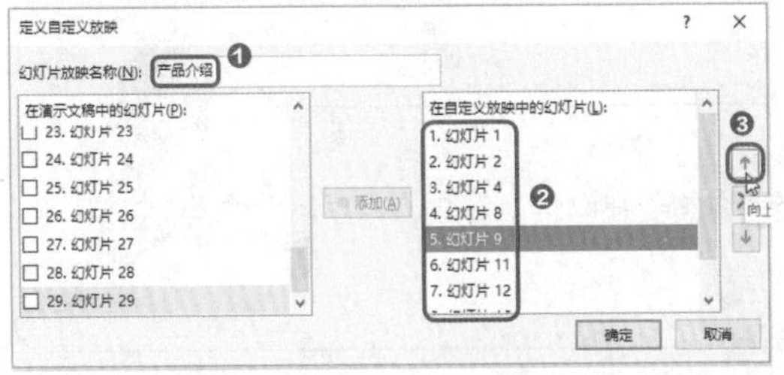

图11-18　添加幻灯片并调整顺序

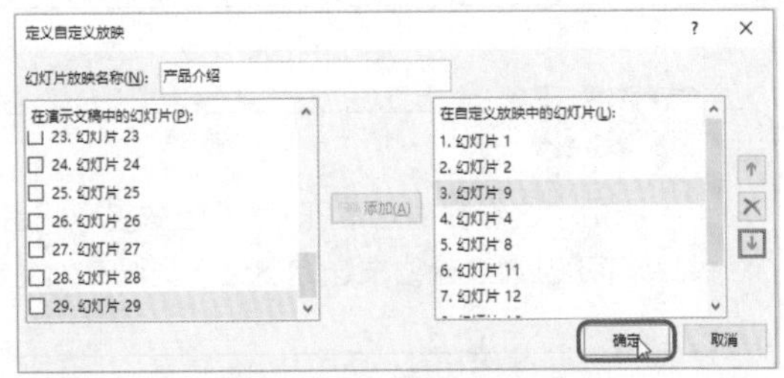

图11-19　确定自定义放映设置

Step5：进行自定义放映播放。如图11-20所示，完成自定义放映设置后，在【自定义幻灯片放映】下拉列表中出现了上面步骤中设置好的放映方式【产品介绍】，单击该放映方式，即可按设置好的幻灯片内容和顺序进行播放。

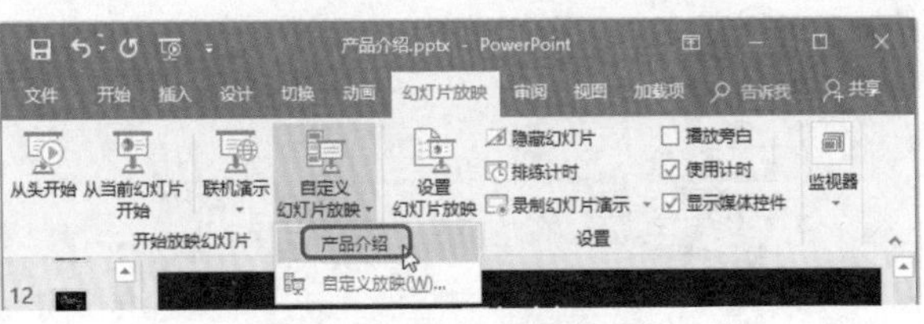

图11-20　进行自定义放映播放

技能升级

如果只想播放部分幻灯片，而不改变幻灯片的播放顺序，可以直接隐藏不需要播放的幻灯片。具体方法是选中幻灯片，单击【幻灯片放映】选项卡下的【隐藏幻灯片】按钮，即可让选中的幻灯片不进行播放。

11.5 开网络会议时如何同步播放PPT

赵经理

小李，我让你制作的营销方案PPT临时有点儿变动，你处理一下。由于几位同事有重要订单要签约，在外地暂时赶不回来。所以明天的营销会议需要在网络上开。

小李

张姐，这份营销方案PPT我已经做完了。赵经理说需要在网络上开会，我应该将PPT通过网络发送给参会人员吗？

张姐

小李，PowerPoint是一个智能工具，可以联网同步放映PPT。具体方法是进行【联机演示】，然后将生成的链接地址发送给参会人员。当赵经理播放PPT开始会议演讲时，通过链接地址打开PPT的同事看到的放映界面就与赵经理的放映界面同步了。

下面以“营销方案.pptx”文件为例，讲解如何联机放映PPT，具体操作方法如下。

Step1：登录账户。在联机演示之前，需要登录Office账户。如图11-21所示，在【账户】界面中成功登录账户。

Step2：联机演示。如图11-22所示，在【幻灯片放映】选项卡下单击【联机演示】下拉按钮，选择【Office Presentation Service】选项。

Step3：连接。如图11-23所示，在打开的【联机演示】对话框中单击【连接】按钮。如果允许远程查看者下载联机放映的PPT文件，可以勾选【允许远程查看者下载此演示文稿】复选框，然后单击【连接】按钮。

图11-21　登录账户

图11-22　联机演示

Step4：复制链接。完成连接后，会生成联机放映的链接地址。如图11-24所示，单击【复制链接】超链接，即可复制链接地址。将所复制的链接地址发送给其他人，其他人再将链接地址复制到浏览器中，即可通过浏览器同步观看PPT放映。

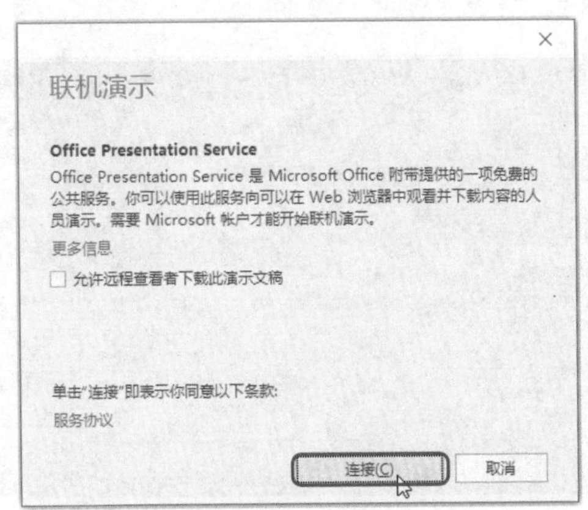

图11-23　连接

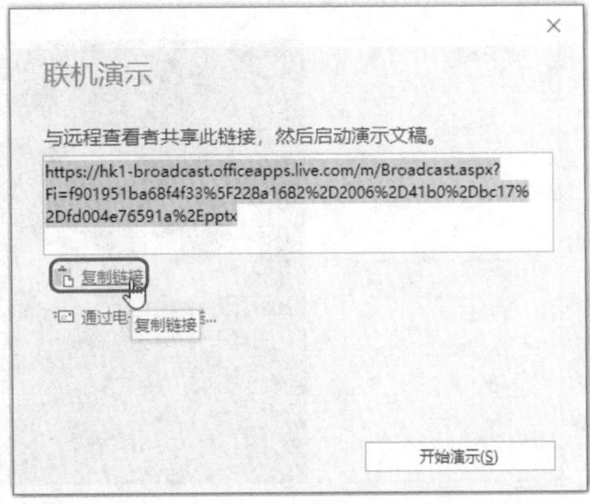

图11-24　复制链接

11.6　播放PPT时如何让观众看不到备注

赵经理

小李，这次让你做的培训文档需要根据内容写好备注，我时间比较紧，就根据你的备注进行演讲吧。到时候，你提前到会场，调试好设备，我到会场直接放映。

小李

请赵经理放心，关于备注放映问题张姐已经教过我了。我做完PPT后，提前两个小时到达会议现场，完成设备调试后，进行放映设置。到时候我为您设置成【显示演示者视图】，这样您就可以看到页面备注，而观众无法看到了。

下面以“工作培训.pptx”文件为例，讲解如何在放映PPT时让观众看不到备注。

打开文档，从头开始放映幻灯片。在放映第1页幻灯片时，在放映界面中右击，从弹出的快捷菜单中选择【显示演示者视图】选项，如图11-25所示。结果如图11-26所示，这是演讲者看到的界面，界面右边显示了幻灯片的备注，而观众则看不到这些备注内容。

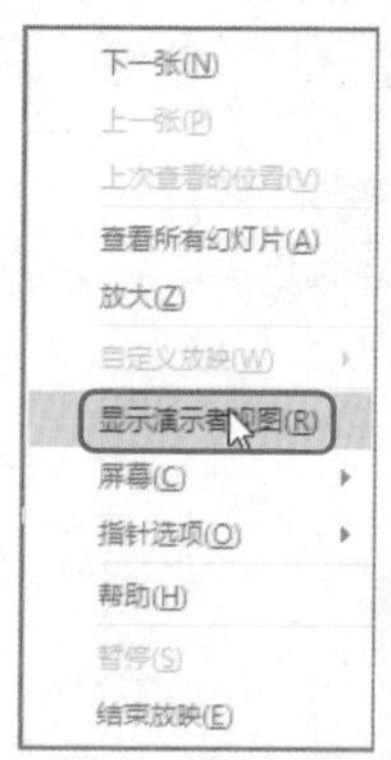

图11-25　选择【显示演示者视图】选项

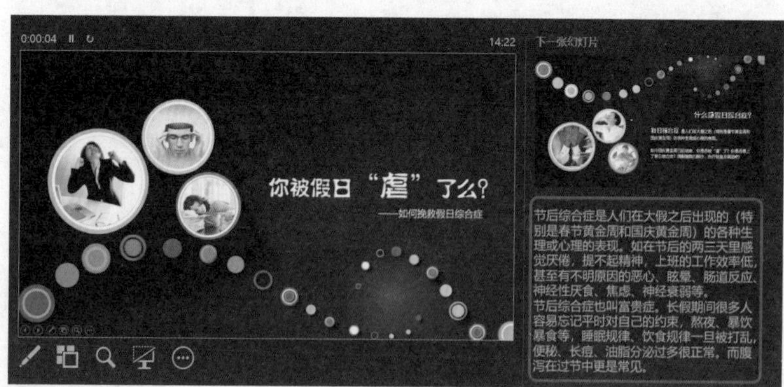

图11-26　演示者视图

11.7　事先排练PPT，确保万无一失

赵经理

小李，你多次为我制作各种演讲场合下的PPT，帮助我赢得了观众一次又一次的掌声。这次，我决定让你走上台，由你在公司领导面前进行工作汇报，你好好准备一下。

天啊，张姐，我好紧张。这次由我在领导面前进行工作汇报，我好担心自己无法完成这次任务啊。我尝试排练了一下，发现**我无法控制好每页幻灯片的演讲时间**，我的语气、姿态都需要调整啊。

张姐

小李，为什么不利用PowerPoint的【排练计时】功能呢？这个功能可以让你在练习PPT演讲时，**记录下你播放每页幻灯片的时间，你可以根据时间记录调整自己的语速，把控进度。**如果你保留计时，**还可以根据你排练时的时长进行幻灯片放映。**

下面以“工作汇报.pptx”文件为例，讲解如何进行排练计时，具体操作方法如下。

Step1：开始排练计时。如图11-27所示，单击【幻灯片放映】选项卡下的【设置】组中的【排练计时】按钮。

Step2：查看记录的时间。如图11-28所示，开始排练计时后，在放映界面的左上角，记录了每一页幻灯片的播放时长和这份PPT当前的播放时长。

图11-27　开始排练计时

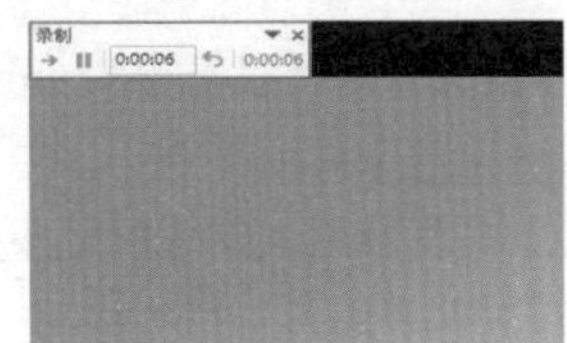

图11-28　查看记录的时间

Step3：保留计时。放映每一页幻灯片，并进行演讲，完成最后一页幻灯片放映后，会弹出如图11-29所示的对话框，单击【是】按钮。

Step4：查看计时。完成排练计时后，切换到【幻灯片浏览】视图状态下，此时可以看到每一页幻灯片的放映时长，如图11-30所示。排练者可以根据时长调整控制自己的语速和演讲内容，以便把控进度和时间。

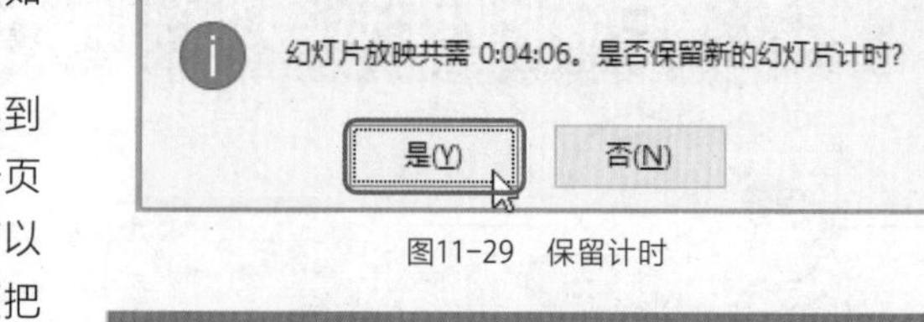

图11-29 保留计时

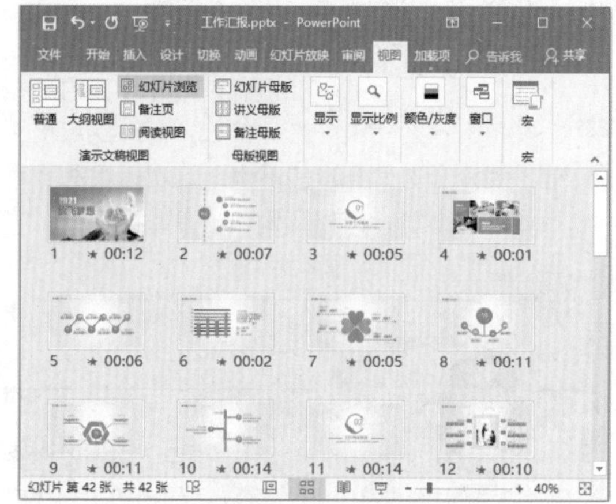

图11-30 查看计时

温馨提示

如果想按照排练计时的时间放映PPT，则单击【幻灯片放映】选项卡下的【设置幻灯片放映】按钮，在【设置放映方式】对话框中选中【如果出现计时，则使用它】单选按钮，即可播放排练计时的PPT。

11.8 如何让演讲者手动放映PPT

赵经理

小李，张姐说你很担心你的工作汇报演讲，别这么紧张。对于你这种新人来说，在演讲时最好将幻灯片的放映方式设置为手动放映，当你讲完一页内容后，再手动换片，这样你就有更多的主动权。没事，稍微超一点儿时间我们也能理解，多锻炼几次你就不会这么紧张了。

小李

谢谢赵经理关心，这几天我已经进行了多次排练，相信可以圆满完成这次工作汇报。

下面以“工作汇报.pptx”文件为例，讲解如何设置PPT手动放映，具体操作方法如下。

Step1：打开【设置放映方式】对话框。如图11-31所示，单击【幻灯片放映】选项卡下的【设置幻灯片放映】按钮。

Step2：设置手动放映方式。如图11-32所示，❶在打开的【设置放映方式】对话框中，选中【演讲者放映（全屏幕）】单选按钮；❷选择【手动】推进方式；❸单击【确定】按钮，就完成了设置。放映PPT时，需要演讲者单击或按Enter键，方可切换幻灯片。

图11-31 打开【设置放映方式】对话框

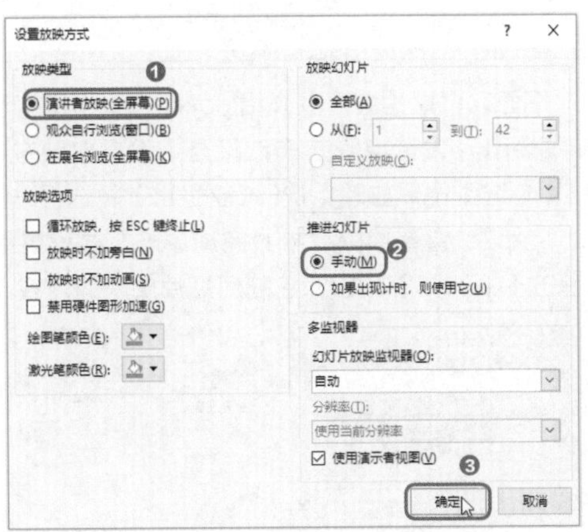

图11-32 设置手动放映方式

11.9 让PPT自动循环播放

赵经理

哎哟，小李，不错嘛，今天你的工作汇报很圆满。领导看重你的才能，指定由你负责咱们的产品展销会。你现在就出发，到会场去，先将产品介绍PPT播放出来，让客户自己观看。

小李

张姐，我的任务又来了。我需要在展会现场放映产品介绍PPT，让客户自己浏览幻灯片内容。那么PPT放映肯定要设置为自动循环播放，请问我该怎么做呢？

张 姐

小李，看来你已经被胜利冲昏了头脑，这么不细心。你在设置PPT放映时，难道没注意到【观众自行浏览（窗口）】这个放映选项吗？还有【循环放映，按ESC键终止】选项。只要选择这两个选项，就可以满足你的放映要求了。

下面以“展销会产品介绍.pptx”文件为例，讲解如何设置观众浏览放映方式，具体操作方法如下。

Step1：设置放映方式。打开【设置放映方式】对话框，❶选中【观众自行浏览（窗口）】单选按钮；❷勾选【循环放映，按ESC键终止】复选框；❸单击【确定】按钮，如图11-33所示。

Step2：查看放映效果。完成放映方式设置后，从头开始放映PPT，效果如图11-34所示。观众也可以单击【下一张】按钮，控制幻灯片放映的内容。

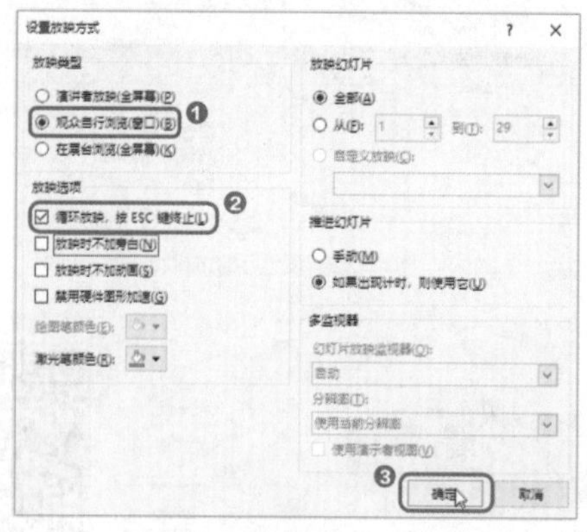

图11-33　设置放映方式

图11-34　查看放映效果

11.10　放映幻灯片时的十八般武艺

小 李

张姐，在您的指导下我真是飞速进步啊！我的PPT学习已经接近尾声了，我想要画上一个圆满的句号。我知道PPT放映时可以使用荧光笔标注重点、使用【显示演示者视图】显示备注，此外，还有什么放映时的关键操作呢？

张姐

小李，嘴巴这么甜，原来是有求于我啊，哈哈……PPT放映的操作，我再给你补充一下：①使用【查看所有幻灯片】功能快速浏览所有幻灯片，并锁定需要放映的幻灯片；②使用【放大】功能放大幻灯片细节；③使用【屏幕】功能，在中场休息时显示黑色或白色的屏幕，或者是打开计算机的其他程序。

下面以“工作培训.pptx”文件为例，讲解放映幻灯片时的操作。

1 查看所有幻灯片

放映幻灯片时，如果需要总览整个PPT中的内容，或需要切换到某页幻灯片时，可以跳转至查看所有幻灯片的模式下。

Step1：查看所有幻灯片。如图11-35所示，从头开始放映幻灯片，在屏幕上右击，从弹出的快捷菜单中选择【查看所有幻灯片】选项。

Step2：选择特定的幻灯片。如图11-36所示，此时放映界面中显示了所有幻灯片，如果想播放特定的幻灯片，则单击这页幻灯片，即可进入这页幻灯片的播放界面。

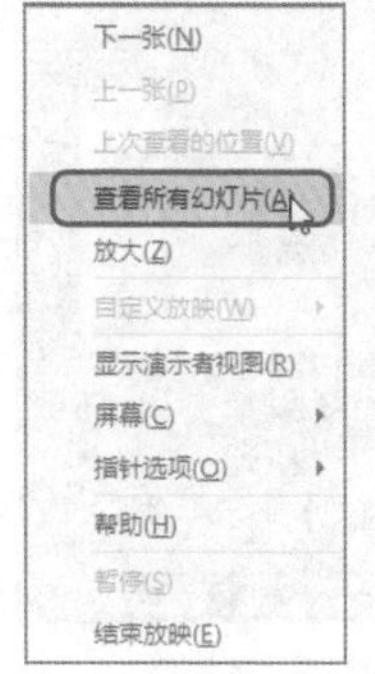

图11-35　查看所有幻灯片

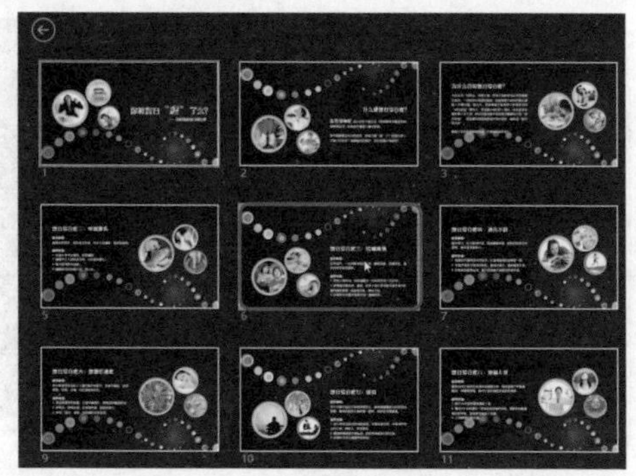

图11-36　选择特定的幻灯片

2 放大幻灯片细节

如果幻灯片中的内容需要放大查看时，可以在放映时放大局部效果，方便大家查看细节。

Step1：放大幻灯片。在放映幻灯片时右击，从弹出的快捷菜单中选择【放大】选项，然后将光标放到需要放大的区域上单击，如图11-37所示。

Step2：查看放大效果。如图11-38所示，光标选中的区域放大到全屏显示。

图11-37　放大幻灯片

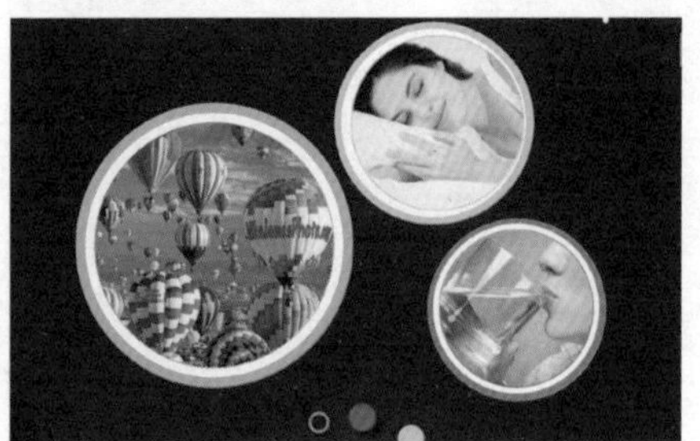

图11-38　查看放大效果

3 黑屏/白屏、打开其他程序

放映幻灯片时，是可以选择以黑屏或白屏来作为幻灯片放映的整个背景的。此外，在放映过程中，如果需要用到其他应用程序，可以先在全屏放映状态下显示出任务栏，然后进行程序切换，或打开其他应用程序。

Step1：显示任务栏。放映幻灯片时，可以让屏幕变黑或变白，也可以显示任务栏。如图11-39所示，❶在放映屏幕上右击，从弹出的快捷菜单中选择【屏幕】选项；❷此时可以选择【黑屏】【白屏】或【显示任务栏】选项，这里选择【显示任务栏】选项。

Step2：通过任务栏打开其他程序。如图11-40所示，此时在放映界面下方出现了任务栏，通过任务按钮可以打开计算机中的其他程序。

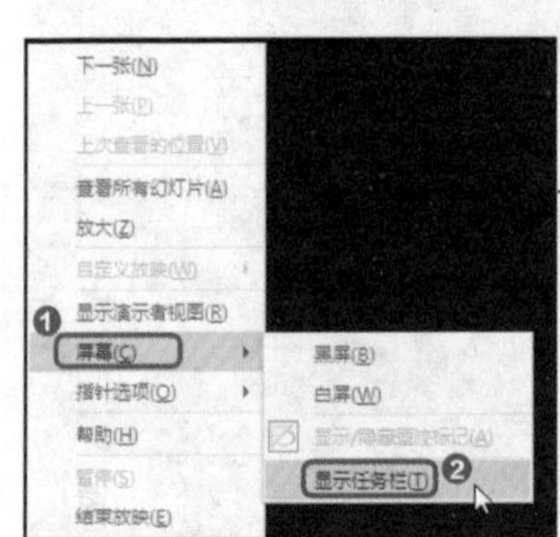

图11-39　显示任务栏

图11-40　通过任务栏打开其他程序

技能升级

为了方便，可以使用快捷键控制PPT放映。按F5键，可以从头开始放映幻灯片；按Shift+F5组合键，可以从当前幻灯片开始放映；想跳转到特定页面的幻灯片，按数字键后再按Enter键；按B键或W键，使屏幕黑屏或白屏；按Esc键，退出幻灯片放映。